全球环境风险社会性规制的法律实施路径研究

Research on the Approach of Legal Enforcement to Social Regulation of Global Environmental Risks

崔 盈 ◎ 著

图书在版编目（CIP）数据

全球环境风险社会性规制的法律实施路径研究 / 崔盈著 .—北京：知识产权出版社，2022.11
ISBN 978-7-5130-8489-5

Ⅰ.①全… Ⅱ.①崔… Ⅲ.①环境综合整治—研究—世界 ②环境保护法—国际法 Ⅳ.① X321.1 ② D996.9

中国版本图书馆 CIP 数据核字（2022）第 222599 号

责任编辑：王颖超 　　　　　　　　　　责任校对：潘凤越
封面设计：北京麦莫瑞文化传播有限公司 　责任印制：孙婷婷

全球环境风险社会性规制的法律实施路径研究

崔　盈　著

出版发行：	知识产权出版社有限责任公司	网　　址：	http://www.ipph.cn
社　　址：	北京市海淀区气象路 50 号院	邮　　编：	100081
责编电话：	010-82000860 转 8655	责编邮箱：	wangyingchao@cnipr.com
发行电话：	010-82000860 转 8101/8102	发行传真：	010-82000893/82005070/82000270
印　　刷：	北京虎彩文化传播有限公司	经　　销：	新华书店、各大网上书店及相关专业书店
开　　本：	720mm×1000mm　1/16	印　　张：	22.5
版　　次：	2022 年 11 月第 1 版	印　　次：	2022 年 11 月第 1 次印刷
字　　数：	330 千字	定　　价：	128.00 元
ISBN 978-7-5130-8489-5			

出版权专有　侵权必究
如有印装质量问题，本社负责调换。

缩略语表

序号	缩写	英文	中文
1	APEC	Asia-Pacific Economic Cooperation	亚太经济合作组织
2	BITs	Bilateral Investment Treaties	双边投资条约
3	CBD	Convention on Biological Diversity	《生物多样性公约》
4	CDM	Clean Development Mechanism	清洁发展机制
5	CEU	Council of European Union	欧盟理事会
6	CITES	The Convention on International Trade in Endangered Species of Wild Fauna and Flora	《濒危野生动植物物种国际贸易公约》
7	CJEU	Court of Justice of the European Union	欧盟法院
8	CMS	Convention on the Conservation of Migratory Species of Wild Animals（Bonn Convention）	《保护野生动物迁徙物种公约》《波恩公约》)
9	COP/MOP	Multilateral Environment Treaties of Conference of the Parties/Meeting of the Parties	多边环境条约缔约方大会
10	CPTPP	Comprehensive and Progressive Agreement for Trans-Pacific Partnership	《全面与进步跨太平洋伙伴关系协定》
11	CSD	Commission on Sustainable Development	联合国可持续发展委员会
12	DSB	Dispute Settlement Body	（世界贸易组织）争端解决机构
13	DSU	Understanding on Rules and Procedures Governing The Settlement of Disputes	（世界贸易组织）《关于争端解决规则和程序的谅解》
14	EB	Enforcement Branch	(《京都议定书》遵约委员会）执行事务部
15	EC	European Commission	欧盟委员会
16	ECHR	European Convention on Human Rights	《欧洲人权公约》
17	ECtHR	European Court of Human Rights	欧洲人权法院
18	EP	European Parliament	欧洲议会
19	ERT	Export Review Team	(《京都议定书》）专家审议组

续表

序号	缩写	英文	中文
20	FB	Facilitative Branch	(《京都议定书》遵约委员会）促进事务部
21	FIT	Feed-In-Tariff	固定电价收购计划
22	FTA	Free Trade Agreement	自由贸易协定
23	FTAAP	Free Trade Area of Asian-Pacific	亚太自由贸易区
24	GATT1947/ GATT 1994	General Agreement on Tariffs and Trade 1947/1994	1947/1994年《关税与贸易总协定》
25	GATS	General Agreement on Trade in Services	（世界贸易组织）《服务贸易总协定》
26	ICJ	International Court of Justice	国际法院
27	ICSID	International Centre for Settlement of Investment Disputes	解决投资争端国际中心
28	ICSID Convention	Convention on the Settlement of Investment Disputes between States and Nationals of Other States	《关于解决国家与他国国民之间投资争议的华盛顿公约》（ICSID公约）
29	IIAs	International Investment Agreements	国际投资协定
30	ILC	International Law Commission of the United Nations	联合国国际法委员会
31	ILO	International Labour Organization	国际劳工组织
32	ImpCom	Multilateral Environment Agreement Implement/Compliance Committee	多边环境条约执行委员会/遵约委员会
33	IMF	International Monetary Fund	国际货币基金组织
34	ISDS	Investor-State Dispute Settlement	投资者与国家间争端解决
35	ITLOS	International Tribunal for the Law of the Sea	国际海洋法法庭
36	KP	Kyoto Protocol	《联合国气候变化框架公约的京都议定书》
37	MARPOL	International Convention for the Prevention of Pollution from Ships	《防止船舶造成污染的国际公约》

续表

序号	缩写	英文	中文
38	MEAs	Multilateral Environmental Agreements	多边环境协定
39	MMPA	Marine Mammal Protection Act	《海洋哺乳动物保护法案》
40	MPSDOL	Montreal Protocol on Substances that Deplete the Ozone Layer	《蒙特利尔破坏臭氧层物质管制议定书》
41	NAAEC	North American Agreement on Environmental Cooperation	《北美环境合作协定》
42	NACEC	North American Commission for Environmental Cooperation	北美环境合作委员会
43	NAFTA	North American Free Trade Agreement	《北美自由贸易协定》
44	NCPs	Multilateral Environment Treaties of Non-compliance Procedures	多边环境条约不遵约程序
45	NGO	Non-Governmental Organizations	非政府间国际组织
46	OECD	Organization for Economic Cooperation and Development	经济合作与发展组织
47	OED	Operations Evaluation Department	（世界银行）业务评估部
48	PCIJ	Permanent Court of International Justice	常设国际法院
49	PDWOM	Convention on the Prevention of Marine Pollution by Dumping of Wastes and Other Matter	《防止倾倒废弃物及其他物质污染海洋的伦敦公约》
50	PPMs	Processing & Product Methods	生产加工过程和方法
51	PPP	Public-Private-Partnership	公共私营合作
52	RCEP	Regional Comprehensive Economic Partnership	《区域全面经济伙伴关系协定》
53	REPI	Resource and Environmental Performance Index	资源环境绩效指数
54	RTAs	Regional Trade Agreements	区域贸易协定
55	SCM	Agreement on Subsidies and Countervailing Measures	（世界贸易组织）《补贴与反补贴措施协定》

续表

序号	缩写	英文	中文
56	SEA	Single European Act of 1986	1986年《单一欧洲法案》
57	SICJ	Statute of the International Court of Justice	《国际法院规约》
58	SPA	Special Protected Area	特殊保护区
59	SPS	Agreement on the Application of Sanitary and Phytosanitary Measures	（世界贸易组织）《实施动植物卫生检验检疫措施的协定》
60	TBT	Agreement on Technical Barriers to Trade	（世界贸易组织）《技术性贸易壁垒协定》
61	TEU	Treaty of European Union	《欧洲联盟条约》（《马斯特里赫特条约》）
62	TFEU	Treaty on the Functioning of European Union	《欧盟运行条约》
63	TL	Treaty of Lisbon	《里斯本条约》
64	TPRM	Trade Policy Review Mechanism	（世界贸易组织）贸易政策审议机制
65	TRIPs	Agreement on Trade-Related Aspects of Intellectual Property Rights	（世界贸易组织）《与贸易有关的知识产权协定》
66	TTIP	Transatlantic Trade and Investment Partnership	《跨大西洋贸易与投资伙伴协定》
67	TPP	Trans-Pacific Partnership Agreement	《跨太平洋伙伴关系协定》
68	UNCHR	United Nations Commission on Human Rights	联合国人权委员会
69	UNCLOS	United Nations Convention on the Law of the Sea	《联合国海洋法公约》
70	UNCTAD	United Nations Conference on Trade and Development	联合国贸易和发展会议
71	UNDP	United Nations Development Programme	联合国开发计划署
72	UNFCCC	United Nations Framework Convention on Climate Change	《联合国气候变化框架公约》
73	UNECE	United Nations Economic Commission for Europe	联合国欧洲经济委员会

续表

序号	缩写	英文	中文
74	UNEP	United Nations Environment Programme	联合国环境规划署
75	USMCA	United States–Mexico–Canada Agreement	《美国－墨西哥－加拿大协定》
76	USTR	Office of the United States Trade Representative	美国贸易代表办公室
77	VCLT	Vienna Convention on the Law of Treaties	《维也纳条约法公约》
78	VCPOL	Vienna Convention for the Protection of the Ozone Layer	《有关臭氧层保护的维也纳公约》

前 言

遵守不仅意味着行为者要使其行为事实上与特定规范或标准的义务表达内容相一致，而且昭示着该特定规范或标准的内在要求得到满足的状态或事实。澄清不遵守产生的原因、设置更有效的遵守监督机制是关系环境风险社会性规制在国际社会各领域得到充分实施的重要论题。

就诺内特（Nonet）和塞尔兹尼克（Selznick）对法的类型化分析而言，将"权利"奉为圭臬的私法渊源不仅通过类比的逻辑方法深刻影响近现代国际法的建构，而且推动国际法逐步减弱自身的压制型特征，朝向旨在追求程序正义，从而更进一步限制国家权力的自治型法演变，并使国际法律秩序蕴含强调合作参与的回应性因子。其最突出的表现莫过于自20世纪90年代起，全球生态系统整体的持续恶化与环境治理实践的复杂化和博弈困境，共同驱使国际社会在深化全球环境保护合作方面的探索，由单纯强调国际环境政策规范的协商制定，转向更加重视反思和检视国际环境合作制度的有效性。国际环境法遵守实施机制也因此从以司法裁判为核心的强制执行，发展到条约执行机构主导下的遵约管理，乃至滋养出承载两者相互兼容支持、推动国际环境法实施的民主正当性与环境效率共向发展的合作规制。

作为促进国际环境法遵守的"第三条道路"，合作规制首先是以司法控制和机构监管两种主流遵守控制路径的互补关系为理论基础。其宏观理论架构和微观规制条件的初步建构，经历了路径选择理论由支持单一、平面化规制路径的替代性分析,转入主张改造和调整两种规制路径存在方式的互补性分析,从全球环境治理的主体、空间直至制度机制实现全方位合作的动态演进。立基于国际法强制执行理论的司法控制路径,借助发端自20世纪50年代国际司法机构的迅速扩散增殖和效力改革,以突出的公平性、稳定可预见性和透明度,尤其是立足于改善国家责任制度对国家行为的有限制约以强化"市民责任"的角度,构建超国家环境司法裁判的实践模式,成为传统国际法保障遵守的核心手段。司法控制一元论因而强调独立司法机制对促进国际环境法遵守的优先排他地位。而建立在蔡斯管理过程理论基础上的机构监管路径,经由现代国际法"人本化"进程的推动,创造出符合"谋求全人类福祉"核心价值的多边条约机构遵守监督模式。其以机构性、非司法性和规则弹性的独特效能,成为人权、劳工、环境等领域具有"社会法"特征的新兴国际法部门处理复杂博弈关系的有效方式,开创国际环境法遵守控制路径二元对立的新局面。然而,在国际环境法领域的司法控制和机构监管路径各自均存在功能优势和规制掣肘,缺乏独立发挥效用的合理性。无论反思司法裁判模式的有效性,还是调整管理性模式的包容性,都展示出在全面统筹法律属性因素、外部工具理性因素和观念建构因素等影响国家环境遵守行为的完整要素体系所提供的宏观分析框架基础上,将国家间或超国家司法裁判因素嵌入管理性遵守路径的先进性和可行性,遵守控制路径选择的理论分野由此逐步走向合流。

国际环境法遵守的合作规制路径也是跨国环境争端司法解决机制与多边环境条约遵约机制实践发展融合趋同的必然结果。依据米歇尔(Mitchell)"遵约机制模型"所提供的标准,国际司法机构和多边条约遵约机构在环境遵守控制上分别展现出"寄生性"和"自愿性"的功能特点。但伴随着协商性因素在司法裁判机制中日益强化,规则性因素陆续引入遵约机制,两者的理论交融也在实践中获得印证。这种趋同率先在《北美自由贸易协定》(North American Free Trade Agreement, NAFTA)中生成"合作规制"的实践雏形,《北美环境合作协定》(North American Agreement on Environmental

Cooperation，NAAEC）兼具"裁判"与"管理"因素的"公民申诉程序"，纵然被隔离于核心贸易规则之外单独运行，但其通过引入私人启动审议国家遵约行为的超国家司法因素对传统机构监管模式所做的改良，为寻求合作规制最优配置方案提供思路。并且，这种初步尝试进而在《跨太平洋伙伴关系协定》（Trans-Pacific Partnership Agreement，TPP）及其借壳重生的《全面与进步跨太平洋伙伴关系协定》（Comprehensive and Progressive Agreement for Trans-Pacific Partnership，CPTPP）中，转化为司法性和管理性因素的耦合衔接，由最初的简单合作规制，进阶为规制强度上的"软硬配比"、规制属性上的"公私关系"、规制价值上的"权义配置"，皆体现环境遵守控制内在平衡的复合型遵守规制体系。

国际司法体系本身的刚性规制，抑或多边条约遵约机构固有的妥协策略，都内含阻隔两种主流路径融会联结的制度障碍。而打破地缘局限的绿色化新型自由贸易协定，以其调整贸易与环境关系的规则塑造功能和在环境承诺遵守机制创新上的特色优势，成为合作规制的适格载体。这不仅是环境合作规制对处于自由贸易协定发展后进状态的中国产生重大影响的渠道，也是未来中国在全球可持续发展格局的重构中对合作规制展开调试与深化，进而参与全球环境治理改革的有效方式。

除绪论和结论外，本书主体部分的结构安排包含五章内容。

第一章为本书论述的缘起，分别从治理坐标、问题动因、效力依据三方面，集中阐述国际环境法遵守的"合作规制"路径赖以形成的重要背景和逻辑起点。首先，"合作规制"是积极适应全球环境治理范式价值转换的客观需求。传统上，根植于国家授权同意、体现自上而下特征的全球环境治理，不断呈现向以国家、市场和社会为基础，全球各独立治理层面间借鉴协调、交互影响的多中心混合治理过渡。全球环境治理范式的多层级协商合作转向为合作规制的孕育成长创造有机土壤。其次，"合作规制"也是消极应对国际环境规则执行困局的制度出路。现行国际环境合作制度体系的结构性缺陷，导致国际环境法执行博弈的无效均衡，环保公共物品的国际供给陷入执行阻滞和偏离正义的集体行动困境，为直面遵守环节的"合作规制"注入改善国际环境治理制度绩效的基础动因。最后，"合作规制"还是国际社会各类利益相关主体，旨在实现环保合作最优模式的应然选择。全球环境治理结构改革要求以法律形式引导环境合作制度体系的改进和创新，从而解决环保的公共产品属性与国际社会环境公共规制先天不足之间的矛盾，为"合作规制"的法律定位与效力来源提供依据。

第二章因循国际环境法遵守规制路径选择理论演进的时间轴线，确立"合作规制"路径的基本分析框架。首先，本书阐述了两种主流规制路径的理论依托、适用条件和规制特点及限度，并指出经历替代性分析阶段：一方面，研究者逐步明确两种路径各自发挥遵守规制效用的优势特点和缺陷问题，形成了管理学派与执行学派有关不遵约来源及其反应措施的学术对立；另一方面，不同理论间的激烈碰撞也令各自支持者开始关注两者在环境遵守控制上的实质共性，由此揭开互补性分析阶段的序幕。本书着重分析劳工、人权监督实施机制和世界银行核查小组机制持续创新国际法的遵守模式，国内环境公共规制领域"行政规制"和"司法诉讼"联合使用的日臻成熟，对在国际环境法遵守领域形成有关"合作规制"路径的宏观理论架构与微观分析条件，产生重要示范作用。

第三章围绕环境遵守规制强度、规制属性和规制价值的研究脉络，运用实证工具为国际环境法遵守的"合作规制"路径搭建实践支持。本书选取《关税及贸易总协定》(General Agreement on Tariffs and Trade, GATT)及其承继者世界贸易组织(World Trade Organization, WTO)的争端解决机制、欧盟法院(Court of Justice of the European Union, CJEU)和联合国海洋法法庭等三种极具代表性和司法活力的国际司法机制，以及作为多边环境条约实施范本的《蒙特利尔破坏臭氧层物质管制议定书》(Montreal Protocol on Substances that Deplete the Ozone Layer, MPSDOL)和《联合国气候变化框架公约的京都议定书》(Kyoto Protocol, KP)遵约机制，通过对其运行方式和效能的实证评估，从系统全局的角度分析司法控制和机构监管的效用特点与运作要件。并借由 NAAEC 培育的实践雏形，重新评估两者间的互补融合关系，证成合作规制路径在型塑遵守监督机制博弈关系最优均衡状态上所具有的合理性与先进性。

第四章以 TPP/CPTPP 环境承诺的"双轨"履约机制为基点，建构国际环境法遵守控制的第三条道路。本书立足于对该协定法律文本的规范分析，揭示其一改在消解贸易与环境冲突方面传统的"例外平衡"模式，逐步改善环保目标在贸易体制中的寄生身份，就促成两者的体制内均衡发展格局作出开创性制度尝试。随后，重点解析协定体现"合作规制"的内核，包含常规争端解决机制与"公民申诉程序"的环境承诺双轨履约机制，及其在促进国际环境法实施上的效率优势。相较于 NAFTA 简单将司法因素糅入管理性遵守机制，本书提出 TPP/CPTPP 因循更为全面复杂，体现柔性、综合化、回应型规制理念的复合型合作规制路径。

第五章落脚于国际环境遵守"合作规制"对中国的影响与启示。与司法控制借助国际司法体系的平台，机构监督依托国际环境条约体系的支撑迥然不同，"合作规制"路径选取当今国际经济治理秩序重构中最具活力的区域经济一体化机制为载体，展现其在国际环境法遵守控制机制发展创新上的独特优势。本书通过将新型自由贸易协定环境遵守控制模式的发展趋势与中国既存自由贸易协定后发状态进行对比剖析，指出中国应尝试利用其主导的自贸协定网络化战略，遵循体现其价值调试的"合作规制"路径，借此处理与国际社会其他行为体的环境治理合作关系，利用环境遵守控制的模式设计与实践，影响国际环境法遵守实施机制的改进方向。

目　录

绪　论

一、选题背景及研究命题的界定 ………… 001

二、国内外相关研究的学术史梳理及研究动态 ………… 012

三、研究思路、创新点和主要研究方法 ………… 026

四、学术价值和应用前景 ………… 029

第一章　全球环境治理的范式转换与国际环境法执行困局的机制破解

一、全球环境治理范式的多层级协商合作转向 ………… 031

二、传统国际环境合作制度体系的绩效现状 ………… 055

三、克服提供环境公共物品集体行动难题的遵守机制出路 ………… 067

本章小结 ………… 075

第二章　全球环境风险社会性规制法律实施路径选择的理据考察：从"替代分析"到"互补分析"

一、全球环境风险社会性规制法律实施路径的替代性分析 ………… 076

二、全球环境风险社会性规制法律实施路径的互补性分析 ………… 094

本章小结 ………… 117

第三章 全球环境风险社会性规制法律实施机制演进的实证分析：从"单一规制"到"合作规制"

一、"裁判监管"模式的实践机制及效能评估 …………………… 118
二、"管理性监控"模式的运作机制及效能评估 ………………… 175
三、国际环境法两种主流遵守规制路径实践模式的融合趋同 ……… 206
四、"合作规制"路径的实践雏形及效能评估 …………………… 218
　本章小结 ……………………………………………………………… 230

第四章 国际环境法"合作式"遵守控制模式的最新进展及有效性预判

一、TPP/CPTPP 探路"WTO+"新型多边贸易治理体制的秩序建构效应 ……………………………………………………… 233
二、TPP/CPTPP 贸易与环境协调机制的开创性规范增益 ………… 237
三、TPP/CPTPP 环境承诺双轨履约机制的"合作规制"内核及效用评价 ………………………………………………………… 239
　本章小结 ……………………………………………………………… 250

第五章 全球环境风险"合作规制"路径的重要运行载体及中国的尝试与深化

一、全球环境风险"合作规制"的 FTA 载体 …………………… 251
二、中国既存 FTA 对全球环境风险社会性规制及其法律实施的后发状态 ……………………………………………………… 275
三、中国 FTA "网络化"建设中环境遵守控制实践的应然发展与价值调试 ……………………………………………………… 293

结　论 ……………………………………………………………………… 331
附　录 ……………………………………………………………………… 333
参考文献 ………………………………………………………………… 334

绪 论

一、选题背景及研究命题的界定

(一)题解与选题背景

本书题眼语涉国际环境法"遵守控制"路径融合演进的"合作规制"态势。所谓"遵守控制"(Cmpliance Control),静态上是促进国际环境法实现效力的各种"规则导向型"制度工具;动态上则为促进行为体遵守和执行国际环境法,依据权威性指示,通过对争议中不同利益的承认、界分和保障,以预防、解决与管理冲突乃至实现责任追究的行为过程。而国际环境正义语境下的"合作规制"(Collaborate Regulation),既作为法律实在状态,以一种待实践的价值目标方式呈现,又以对现实国际环境合作制度规制演进的理论解释框架而存在,两者互相建构与催化,形成兼顾环境公平与环境效率的二维构成脉络。

法律的生命在于适用和实施,这也是在充斥着以利己主义为行动准则的理性个体所组成的高度分权、横向平行式的无政府世界中,针对缺乏核心立法机构和强制约束实施机制的结构性缺陷,国际法发挥了"稳定器"的作用从而避免导致集体非理性后果的核心问题。以民族国家为核心的国际政治经济结构,本质上决定了传统"国家中心主义"国际法的线性结构。国家意志和政治权力对国际法有效性的影响已从国际法的形成方式延伸到实施机制,使其呈现出"压制型法"的典型特征。❶ 建立在"国家同意"和"协调意志"

---

❶ 诺内特和塞尔兹尼克从法与社会的互动关系入手,将社会中的法律区分为压制型法、自治型法和回应型法三种基本形态。其中,压制型法以建构社会秩序为最终目的,法律规范匍匐于权力政治之下,服从于以国家利益为名的理由;强制,包含法定道德占据绝对支配地位,体现压制性工具主义的鲜明特色,法律呈现认同基础缺失的初始而不安定的状态。参见:诺内特,塞尔兹尼克.转变中的法律与社会:迈向回应型法[M].张志铭,译.北京:中国政法大学出版社,1994:16-18.

基础上的国际法规范在大多数情况下,依凭国家自助的遵守和执行措施。环境问题传统上主要凭借国家自身的调控进行分散化及与外部隔离的治理活动,更一度被认为是受国家主权调控的内政问题,仅当发生跨国环境损害时,才与国际法发生关联。就国际环境治理而言,更具实际价值的是形成确认国际法主体行为合法性、界分其法律责任的环境规则体系,对国际环境法遵守的控制仅在解决国家间环境争端的有限范围内存在。

然而,代表国际社会结构变迁的全球市民社会广泛崛起,标志着国际政治价值观变革的协商民主话语迅速兴起,共同推动当代国际法律秩序的结构由体现互惠对等理念的双边义务网,转变为不断容纳国际共同体乃至全人类义务概念的体系。国际法固有的"法治"和"基本权利"等"公共性特质"因而得到充分激发,多元主体的利益差异通过协商与合作途径不断得到弥合,非等级关系结构的跨国治理网络正在形成。"人类中心主义"的参与式国际法范式转换在冲击传统国际法主体构成的同时,也为国际法效力实现方式的多样化创造契机。这一方面表现为肇始自路易斯·亨金(Louis Henkin)在《国家如何行为:法律与对外政策》中作出"国家在大多数时候遵守大多数国际法"的论断,引发各理论流派从国家遵守国际法的动机入手,研讨强化国际法效力的有效途径。[1]跨学科研究的众多学者针对不同国际法领域的体系特点和适用条件,通过自成一格的理论模型,分别提出包括利益、威慑、制度(包括声誉和制裁)、规范、信念、合法性、国内政治结构和社会环境等一系列影响国家遵守决策的因素。另一方面也集中展现在20世纪90年代以来,国际环境法实施程序机制实践的不断创新,形成建构回应型国际法的坚实基础和强大推力。

当国际法经由依赖"国家同意"和"协调意志"的"压制型法",向非等级关系结构"跨国治理网络"支撑的"回应型法"过渡,尤其在环境等国家遵守能力差异巨大、遵守体现为持续过程、遵守情势快速变化,主要依靠国

---

[1] 20世纪90年代开始,针对8个国家及欧盟有关污染控制、自然资源保护等5项MEAs的遵约情况进行集中实证研究,试图通过跨学科、跨国界的遵守研究探寻影响国家遵守国际环境条约的因素。参见:WEISS B E, JACOBSON H K. Engaging Countries: Strengthening Compliance with International Environmental Accords [M]. London: MIT Press, 1998.

家自愿遵守以实现规制目标的领域，澄清不遵守产生的原因、设置更有效的遵守监督机制，是关系国际法得以充分实施的重要论题。

晚近，号称撬动全球经贸新规则的支点，"21世纪全面高质量、白金标准区域贸易协定"的TPP/CPTPP以及作为"未来贸易协定风向标和美国贸易政策黄金模板"的《美国－墨西哥－加拿大协定》（United States-Mexico-Canada Agreement，USMCA）规则体系，在环境承诺监督实施领域的嵌入式规制，为实现贸易自由化与环保的规则整合开创了重要先例。TPP/CPTPP规制体系环境章为缔约方设定具有约束力的一般承诺和针对遵守、执行1973年《濒危野生动植物物种国际贸易公约》（The Convention on International Trade in Endangered Species of Wild Fauna and Flora，CITES）等多边环境协定（Multilateral Environmental Agreements，MEAs）的特别承诺，使协定框架下缔约方环境权利义务的内容具体化。同时，还为环境章私人定制一套增强环境规则可操作性和执行力，包容公民意见书程序和国家间准司法裁判程序的"双轨执行机制"，体现兼容国际环境法遵守的司法控制与机构监管两大主流规制路径，呈现软硬搭配、公私共治、管制与自治合理配置特色的参与回应型"合作规制"取向。

国际法遵守动力理论的演进发展与区域经济一体化机制环境遵守控制的最新实践，得以推动从全球环境风险社会性规制的法律实施路径视角，对不同规制路径促进国际环境法实施的法理基础、影响因素和实际绩效进行考察，探寻在两种主流规制路径互补性分析基础上"合作规制"的可行性及其实践模式的理论构架与潜在风险，并旨在进一步增进国际环境法遵守机制的安定与效率，发掘"合作规制"在新型自由贸易协定（Free Trade Agreement，FTA）载体下运行的调适方案。因此，为日渐形成全球治理核心和基础的国际法探索在当代语境下获得遵守效力的法律依据，进而为身陷执行困境的全球环境治理突破多边谈判僵局，提供国际环境法实施保障问题的规范与实证研究支持，对国际法学者来讲其学术重要性和实践价值自不待言。更重要的是，立足于中国可持续发展，探讨如何运用"一带一路"沿线国家自贸区群环境遵守控制机制，主动化解中国有效参与国际环境合作的制度困境，有助于中国在深度融入国际社会的路径尝试上迈入新阶段。

（二）本书研究命题的界定

本书主要研究对象是国际环境领域社会性规制的法律实施路径选择问题。其落脚点和重心在于"合作规制"，着重剖析存在对立互补关系的两种主流遵守控制路径融合发展的"合作规制"态势，及其实践模式的基本理论架构与效用影响因素。由于对"合作规制"一词本身的认知就经纬万端，更何况与国内法体系相较而言，它在国际环境法领域还呈现独特的表现形式和内涵。因此，从本书研究目的出发，就研究所涉领域的相关概念进行界定，划定研究范围。

1. 涵盖广阔领域的"全球环境治理"：规则范围

1995年，《天涯成比邻：全球治理委员会的报告》指出：所谓治理是个体和机构，公众和私人处理共同事务的各种方法的总称和完整动态过程。借此可使各行为体采取合作行为，协调彼此间的利益冲突，弥合利益分歧。❶ 全球治理淡化国际、跨国或国内层面的区分，强调行为主体的多元化、治理活动的多层次和治理关系的合作性特征。其根本宗旨是将国际社会经济、政治甚至军事活动中的专断力量最终置于法治约束之下。

作为管理全球化世界新路径的全球治理实践意在运用协调方式构建多层次网络，通过各种路径对全球性问题进行综合治理。该过程既要因循有关人类生存和发展问题的整体路径，也应关注自然系统中的特定问题；既依赖市场和法律手段，体现以协商性、透明性和问责性为原则的决策过程，也在现存政府间机构的基础上，不断提升与私人和独立团体间的合作，更具包容性、参与性和民主性。

本书使用"全球环境治理"概念，旨在框定研究涉及的国际环境法范畴，主要意蕴有如下几方面。

第一，本书所研究的国际环境法遵守控制属于正式意义的法律制度安排，

---

❶ Commission on Global Governance. Our Global Neighbourhood: Report of the Commission on Global Governance [M]. Oxford: Oxford University Press, 1995: 3.

既涉及跨国环境争端的解决，也考虑 MEAs 的遵守，同时兼顾各类环境标准的执行监督。它遵循国际法治原则，由制度化机构发展并加以适用，具有较高透明度与合法性基础，是维护全球可持续发展的重要国际机制。

第二，本书所指国际环境法遵守控制凭以运作的法律渊源，既囊括条约和习惯国际法，也涉及国际软法。考察主要产生于三种渠道的国际环境法规范：其一，多边或区域环境协定及其相关制度框架；其二，处理议题关涉环保的其他国际条约及其发展的规则体系。如以 WTO 涵盖协定为核心的多边贸易规则体系和以双边投资条约（Bilateral Investment Treaties，BITs）及区域贸易协定（Regional Trade Agreements，RTAs）投资章为核心的投资规则体系；其三，联合国体系有关机构涉及环境治理的法律文件。

第三，本书涉及的国际环境法遵守控制包括生物多样性、水资源、湿地保护、自然和文化遗产保护、极地环保、气候变化、危险废弃物处置、海洋环境污染、核污染、荒漠化防治等所涵射的整体生态系统。

2. 包裹在法律实施概念群中的"遵守控制"：时空范围

相较于"争端解决"，本书选择使用"遵守控制"一词，意指确保国际环境领域法律规范实现其效力的制度工具或过程。这一方面表明研究所涉时空范围不限于跨国环境争端的处理，另一方面也指向这种监控行为或过程的最终目标在于引导和促进行为者实现对法律的遵守，对在可接受水平内偏离规则的异常行为给予柔性包容和灵活调节，是契合国际环境领域法律实施现实的理性回应。

（1）"遵守控制"概念的静态含义

遵守控制本质为一种新型国际机制，常见于军控、人权、劳工、环境等领域的国际关系中，是行为体愿望汇聚所形成的一整套明示或默示的原则、规范、规则和决策程序。[1] 其静态价值在于通过程序和规则形成的信息结构，确立判断国家行为性质的标准，并以所具有的合法性权威对国家遵守能力产

---

[1] KRASNER S D. Structural Causes and Regime Consequences: Regimes as Intervening Variables [J]. International Organization, 1982（36）：85-205.

生有效制约，增强对国际环境公共物品提供的成本控制与合理预期，是促进国际环境合作的相对独立变量。本书将该模型适用范围扩及条约之外整个国际环境法的实施，根据米歇尔蕴含基本规则设定、事实确认、法律评价和纠正建议四个要素的"遵约机制模型"，❶ 对国际环境法实施监督机制的运行效果作出整体评价。

（2）"遵守控制"概念的动态含义

完整勾勒"遵守控制"的轮廓还有赖于界清围绕在法律实施过程中的相关概念及其互动关系。

一是法律实施，广义上是包含遵守、执行、适用及监督的动态过程。因此，本书所指国际环境法的"实施"是国际法主体行使国际环境法规范所赋予的权利并承担的义务，以确保环境规则在国内和国际层面落实的一系列行为。

二是国际环境法的"有效性"或"效力"，通常描述作为国际环境法主要渊源的环境相关条约是否实现其所述目的与宗旨，是否使缔结条约旨在解决的问题得以恰当处理。它针对具体条约实际运行效果作出立法评价，表现为通过国家的遵守而实现环境条约对国家行为的影响程度。条约的遵守程度往往成为评价条约有效性的初步证据和指向标，这在如环境这样受到科学不确定性困扰的领域特别具有研究价值。本书对全球环境风险社会性规制路径实效的考察，本质上包含对不同规制路径确保环境条约有效性的检验。

三是国际环境法的"执行"，属于对不遵守环境义务的行为做出的事后法律救济。这蕴含可使国家履行其义务的所有行为，包括给予经济援助或资金支持的激励性措施，也涉及贸易限制、罚金、中止权利等强制执行措施，是遵守过程的重要组成部分。本书从不遵守情势的发现与确认，到不遵守原因的分析与归责，直至启动针对特定不遵守情势的反应程序，将这一连续执行过程都纳入遵守控制研究的时间轴。

四是国际环境法的"遵守"，应理解为国家做出与其所承担的国际环境义

---

❶ MITCHELL R B. Compliance Theory: An Overview [M] //CAMERON. Improving Compliance with International Environmental Law. London: Earthscan, 1996: 3.

务相符合的行为。[1]这里的环境义务既可以源自多边环境公约，也可能依据区域或双边条约，甚至是环境软法而确立；不仅包含对一切的义务，也包含彼此间的相对义务。对比"执行"概念，它不仅涉及对不遵守情势的处理，更关注促发国家遵守环境义务的方案。本书选取"遵守"作为研究对象，遵守控制的内容主要表现为对行为体在程序、实体和宗旨方面的全方位遵守要求，具有广泛触及国际环境法所有实施环节的动态价值。

3. 国际环境正义语境下的"合作规制"

（1）国际环境法律秩序的核心价值构成

正义所内含的公平与效率理念是法律制度价值目标不可偏废的两面，国际环境法领域尤为如此。因为扎根于国际政治经济旧秩序的国际环境结构性暴力以较为隐蔽的方式在这个非传统治理领域形成偏离正义导向的合作秩序，将国际环境治理合作引向濒临弛废的危险。发轫于美国国内意在消除环保中种族歧视的"环境正义"理念，渗透并决定环境立法与实施的价值取向，构成推进全球环境治理合作的动力基础。它一方面体现为所有主体在环境资源的利用与保护上权责对等、公平分配和利益平衡，即环境公平，既包蕴拥有平等分享环境利益的各种环境权，并负有保护和改善环境、不侵害他人及后代人获取环境利益的法律义务，体现为环境实体正义；也囊括所有环境权利应能得到充分及时的法律救济，对任何主体违反环境义务的行为都给予同等有效的纠正与制裁，体现为环境程序正义。另一方面，环境正义的概念还应关注代内与代际环境资源的配置、环境保护与经济发展、整体公益与局部效益实现融合协调、兼容均衡，当代人环境资源效益最大化行为所取得的物质文明与精神文明成果应契合生态发展规律，即环境效率。

（2）体现"环境正义"价值导向的"合作规制"路径

全球环境风险社会性规制路径的策略选择，不仅直接决定 MEAs 的执行效果和国际环境争端的解决实效，也能重构国际行为体对待环境问题的动机

---

[1] JACOBSON H K, WEISS B E. A Framework for Analysis [M] //JACOBSON H K, WEISS B E. Engaging Countries: Strengthening Compliance with International Accords. MA: MIT Press, 1998: 1−18.

和态度,进而潜在影响国际环境治理公平与效率价值的内在平衡。

面对呈现高度复杂性和不确定性的全球环境,"合作"成为在公共规制中兼顾公平和效率的核心理念与演进趋势。因此,全球环境风险的"合作规制"是为最大限度地获取国际环境制度所维系的共同体利益,而放弃在"司法控制"或"机构监管"上的排他性立场。它通过融合环境分层治理空间的各种合作因素,增强全球环境与经济治理体系的互动与共生,整合具有互补性关系的各类规制方法,形成旨在推动国际环境法实施的民主正当性与环境效率共向发展的柔性、综合化、回应型遵守控制路径。

具体讲,主体上,"合作规制"强调利益相关者的多元合作和公私共治,充分发挥公众,尤其是环境非政府间国际组织(Non-Governmental Organizations,NGO)辅助性规制作用,改善主权国家在遵守控制上基于互惠理念而产生的相互抑制效应及针对性信息不足的现状,体现环境民主;空间上,"合作规制"突出国家、市场和社会三维治理层级的合作贯通,结合国家主导型、自上而下的命令－控制式治理策略,市场激励型、理性选择基础上契约自由式治理策略,以及社会自治型、特定地域空间上环境利益共同体成员间的自主协作管理式治理策略,发挥三种不同社会机制在环境规制权力、效率以及克服政府和市场双失灵上的优势,通过国际环境法遵守模式的多样联合与创新,盘活全球环境治理存量,实现环境分配正义;规制方法上,"合作规制"着重通过规制工具的矩阵组合,建构灵活面向不同行为体遵守国际环境法的"选择性激励"措施,以解决国际环境公共物品提供的集体合作难题,实现环境矫正正义;规制载体上,"合作规制"突破传统国际环境治理局限于国际环境合作制度体系本身的藩篱,重视与贸易一体化机制的结合,借助 FTA 的全球治理与规则孵化功能,促进贸易自由化与环保规则的整合,实现环境效率。

(三)本书的研究视角

本书对国际环境领域社会性规制路径的剖析论证因循双线交融推进的论证结构:一是以时间为轴的明线,遵照理论演化与实践演变的进程,揭示

"合作规制"的趋势特征、体系构造及未来发展态势；二是潜藏法理视角的暗线，围绕"合作规制"在规制强度、规制属性、规制价值三方面所反映的内在逻辑关系，阐释其在促进国际环境法遵守上的功能效用。当两线交汇于以新型 FTA 为载体的合作规制，"一带一路"新型区域合作机制对全球环境风险社会性规制的路径突破和机制重塑，即可水到渠成、结论自见。

1. 规制强度：国际环境法遵守控制中的"软硬配比"

国际环境法领域存在独特现象，即从立法到司法、执法皆采取"软硬兼施"的渐进模式。从立法来看，不是首先设定义务底线，而是通过软法规范引导各国达成政治共识。缔结 MEAs 本身通常仅具宣示和倡议性质，旨在唤起国际社会对特定环境问题的重视，具体规则的设计则交给缔约方大会，经由多边谈判以议定书方式设立，表现为包含框架公约、议定书及其附件或附录的特有"三重结构模式"。这种有别于传统国际条约的内容结构和表现形式，体现为软法与硬法规范交错互补的条约模型，为形成国际环境法领域自成一格的遵守控制机制创造条件。

就司法、执法而言，国际环境法实施中的大多数问题事实上是由综合性国际司法裁判机构，针对特定争议组建的临时仲裁庭，人权、贸易、投资等其他领域的争端解决机构，以及 MEAs 遵约委员会和国际组织下设的监督执行机构，通过实体性和程序性的软约束或硬控制来处理。实体性控制方面，软硬控制的界分点存在于对遵守事实的查证和法律评价程序的宽严程度。硬控制往往在对相关规则解释和适用上采取较为严苛的态度，维持规则体系的相对封闭与自足，并对由此确认的不遵约情势施加诸如国家责任承担等较为严厉的应对措施。程序性控制方面，软硬控制又在具体程序制度的协商性、非对抗性、非惩罚性及管理性特征上产生差异。硬控制通常在启动遵守控制程序的条件上要求存在利益直接对立的当事方，在程序的管辖范围与执行措施上表现出一定的强制性，侧重对不遵守行为的事后制裁，其预防背离规则和增强履行能力的遵守管理空间有限。

国际环境法在实施上表现出科学基础的不确定性、规则适用情势的快速变动性以及遵守能力对规则实施的关键作用等特征，决定环境遵守控制应保持适当的灵活性、非正式性和去中心化，重视遵守能力建设与协商合作。然而，环境作为国际公共物品的外部性和环保措施的边际成本，又增加该领域的不遵守风险，引发遵守监督不充分的问题。完全摒弃硬法措施，又会将国际环境法置于缺乏保护力的状态。现行国际社会环境遵守控制的两大主流路径，无论因循"司法控制"路径、强调对抗性的"裁判监管"，还是恪守"机构监管"路径、以劝说为主的"管理型监控"，都存在软约束与硬控制的交叉并用，只是程度配比的侧重不同。本书以遵守控制强度"软"与"硬"的逻辑关系为视角，通过分析不同遵守监控模式的程序性和实体性要素及具体环境案件的处理实践，论证体现遵守控制路径选择理论和实践最新发展的"合作规制"，在提供多样化、竞争性的治理工具选择、融合不同国际法领域规制策略上的优势，调配出软硬控制之间的最佳共存状态。

2. 规制属性：国际环境法遵守控制中的"公私同治"

全球环境问题多中心合作治理的制度共识，使市民社会得以作为弥补国际环境法实施机制不足的主体因素获得制度性参与国际公共事务规制的法律资格，促成强调国家集权的公权治理与信奉自愿协议的私权治理之间的功能互补。这也从根本上使超越公权与私权属性二分法的遵守控制框架成为可能，体现遵守权责的相关性和共同性。国际环境法遵守控制中的公法性内容不再以命令为基础，而是以具有客观性的组织管理为主导；私法性内容也不再完全以个人权利与意思自治为圭臬，而渗入更多承担社会功能的理念。❶在环境遵守规制的公共行动网络中，国家可与各种非国家行为体就环境问题的治理在协商基础上达成合作共识，并通过遵守控制机制的创新和特定的制度装置，将其垄断的国际公共职能分散给其他环境治理主体，引入利害关系人及公众在国际环境法实施上充分合作与互动的监督机制，形成国家与市民社会多元主导的协同共治格局，以实现遵守任务导向下有效率的合作。

---

❶ 狄骥. 公法的变迁 [M]. 郑戈，译. 北京：中国法制出版社，2010：46.

本书选取遵守控制属性"公"与"私"的逻辑关系视角，衡量不同环境遵守控制模式在环境民主与透明度上的现实表现，分析"合作规制"路径在激励公众参与法律实施监督上的先进性，并以此为基础论证公众基于环境利益介入环境遵守控制机制的制度性障碍，及其参与本身给国际环境法实施带来的负面影响。这旨在界清"公私同治"与弱化国家主导国际环境治理能力的边界，借助非国家行为体所蕴含的集体理性与专家理性的重叠性共识，为全球环境风险社会性规制的实施凝聚趋向环境正义的巨大合力。

3. 规制价值：国际环境法遵守控制中的"权义均衡"

环境问题超脱传统单一范畴，始终与国际经济体系的重构、南北关系的协调及国家主权与安全观念的转变等密切交织，成为富含高度综合性和复杂性的全球问题。同时，全球范围内环境利益与成本的配置结构呈现出地域分布的不均衡性和影响力的不对称性。加之，环境退化对世界各国的损益影响状况迥异，引致各国对处理环境保护与经济发展的关系存在显著的观念分歧和能力差异，需在遵守国际环境法上拥有一定灵活的自治空间。国际环境法遵守控制中的"权义均衡"本质上是一个环境公平与效率的价值协调问题。各国在通过环境治理合作共同应对环境危机挑战的同时，也应有在环境公平条件下谋求共同发展的权利。国家基于全球共同体利益而在国际环境事务中的共同责任与基于主权而享有的生存发展权，应在实施国际环境规制的过程中适当加以平衡，以保证均衡发展与相互支持。

本书通过遵守控制价值"管"与"放"的逻辑关系视角，透视司法控制和机构管制两种传统遵守控制路径，解决环境权与发展权、环境保护与国家主权间剧烈冲突的限度。因此，就国际环境治理规范空间的合理配置而言，"合作规制"需考虑国际环境法的遵守控制方式与促进国家环境治理及提升经济竞争力的关系，既要确保环境问题的全球一致行动，又应为环境治理能力发展不均衡的各国预留决定环境规制议题顺序的自治空间，以实现全球公益与国家利益的协同发展。

二、国内外相关研究的学术史梳理及研究动态

全球环境风险社会性规制的法律实施路径选择本质上是立基于国际法遵守的动力机制，探讨改善全球环境合作制度绩效的国际实施保障机制。依据本书的研究目的，文献述评主要集中于以下几个方面。

（一）有关国际法遵守理论的研究

国际法何以得到遵守是与国际法的制定、实施和效力休戚相关的问题。❶有关国家遵守国际法的动机成为本书研究所涉话题的起点与根基。

最早为系统分析国际法遵守问题奠定理论基础的是美国国际法学者路易斯·亨金。其在《国家如何行为：法律与对外政策》一书中以分析激发和影响国家行为的因素与工具为视角，率先提出增强国际法遵守效力亟待解决的理论问题。❷

立足于国际法得以遵守的不同认知，国际法学、国际关系学、社会学、经济学等学科的众多学者发展出各种理论观点、研究方法和流派，使国际法的遵守问题被认为构成最具活力和生机的国际法分支领域之一。❸

1. 源于国际法体系自身的遵从动力理论

国际法各理论流派基于对国际法性质和国家意志的抽象分析，先后从国际法制度自身出发，建构影响国家遵守行为的认知模型。

（1）自然法学派

盛行于17、18世纪的自然法学派，以胡果·格劳秀斯（Hugo Grotius）、塞缪尔·冯·普芬道夫（Samuel von Pufendorf）和埃梅里希·德·瓦特尔（Emmerich de Vattel）为代表，主张国家对国际法的遵守是恪守居于更高层次

---

❶ 韩永红.国际法何以得到遵守：国外研究述评与中国视角反思[J].环球法律评论,2014(4)：167.

❷ HENKIN L.How Nations Behave: Law and Foreign Policy [M]. New York: Frederick A.Praeger, 1968: 5-8.

❸ MUSHKAT R.Dissecting International Legal Compliance: An Unfinished Odyssey [J]. Denver Journal of International Law and Policy, 2009 (38)：187.

自然法的需要，国际法构成国家间交往必须遵循的、具有超验性质的国家行为准则。❶20世纪重获复兴的新自然法理论进一步认为，体现全人类利益的"共同善"凝聚于国际法中，国家的遵从行为承载实现这些共同善的根本目的。❷

（2）实证法学派

19世纪占主流地位的实证法学派以奥斯丁（Austin）和格奥尔格·耶利内克（Georg Jellinek）为代表，将国家遵守国际法最直观的依据归结为各国基于自由意志而作出的义务承诺。一旦国家明示或默示作出承受法律义务的意思表示，就在国家间形成"共同意愿"，必须信守、禁止反言，即"国家同意"是国际法产生约束效力的根源。❸

（3）社会连带主义法学派

以莱昂·狄骥（Léon Duguit）为代表的社会连带主义法学派，将国际法看作反映包括国家在内不同集团成员间存在的社会连带关系。❹为避免形成牢固连带关系的不同民族集团成员产生整体上不遵守的社会崩溃后果，各国都应依据连带关系的要求行动，并需要通过国际法提供强力保障。因此，国际法的效力来源于各民族或各国间的连带关系。

（4）纯粹法学派

汉斯·凯尔森（Hans Kelsen）开创的纯粹法学派立足于法教义学分析，固守国际法与国内法关系一元论的前提，确认"约定必须信守"的习惯国际法原则作为一般国际法的最终上位规范，是国家遵守国际法的本质原因。❺

上述国际法各学术流派有关国际法遵从机制的理论研究，已然从国际法

---

❶ 格劳秀斯.论战争与和平法[M].何勤华，译.上海：上海人民出版社，2005：242.
❷ GRORGE R P.In Defense of Natural Law[M].Oxford: Oxford University Press, 1999: 228-245.
❸ WATSON J S.State Consent and the Sources of International Obligation[J].American Society of International Law, 1992（86）: 108; WEIL P.Towards Relative Normativity in International Law[J].American Journal International Law, 1983（77）: 413; PELLET A.The Normative Dilemma: Will and Consent in International Law-Making[J].Australian Year Book of International Law, 1992（12）: 22.
❹ 狄骥.宪法论：第1卷[M].钱克新，译.北京：商务印书馆，1959: 137.
❺ KELSEN H.General Theory of Law and State[M].Cambridge: Harvard University Press, 1949: 343.

制度本身的角度形成探求影响国家遵守行为的认知体系。整体讲，上述理论都是从国际法内部结构间接推理国际法遵行的应然状态，人为割裂对影响国家行为的外部因素进行综合考量。其结论难免陷于相对孤立和静止状态，需引入国际关系理论的经验分析。

2. 源于国家遵守动机的外部制约理论

国际关系学者通过引入对国家遵守行为外部制约因素的经验分析，使包含法律属性、外部工具理性和观念建构等影响国家环境遵守行为的要素体系日臻完整。

（1）以利益为基础的理论流派

第一，基于威胁而遵从的现实主义理论范式。古典现实主义国际关系理论，以爱德华·霍列特·卡尔（Edward Hallett Carr）的《二十年危机（1919—1939）：国际关系研究导论》❶和汉斯·摩根索（Hans J. Morgenthau）的《国家间政治：权力斗争与和平》❷为代表，主张国际法是国家利益的附属品，将遵守国际法视为国际法与国家利益耦合或强权压制与威慑的结果。以肯尼思·华尔兹（Kenneth N. Waltz）为代表的新现实主义，摒弃传统现实主义完全关注国际权力安排的单一视角，提出国际体系的结构功能主义理论。❸该理论主张国际体系结构而非国家本身是决定国家行为和国家间相互关系的主要因素，位于这个结构核心的正是指向国家利益的权力分配与力量较衡。

第二，基于利益计算而遵从的自由主义理论范式。以罗伯特·基欧汉（Robert O. Keohane）《霸权之后：世界政治经济中的合作与纷争》和《国际制度与国家权力》为代表的新自由制度主义，运用理性选择理论发展出一套

---

❶ E.H.卡尔.二十年危机（1919—1939）：国际关系研究导论［M］.秦亚青，译.北京：商务印书馆，2021.

❷ MORGENTHAU H J.Politics among Nations: The Struggle for Power and Peace［M］. 6th ed. New York: Knopf, 1985.

❸ 肯尼思·华尔兹.国际政治理论［M］.信强，译.上海：上海人民出版社，2003: 134.

系统的国际机制创设及功能理论，❶并将制裁解释为国际法获得遵守的最重要手段。❷但在国际法强制执行机制软弱和有限的情况下，制裁成功率低于5%，❸需寻找能有效促使国家遵守国际法的间接制裁作为补充，国家声誉利益因而进入研究者视野。安德鲁·古兹曼（Andrew T. Guzman）在《国际法如何发挥作用：理性选择理论》中，全面论证缺乏强制执行措施时，国际法影响国家行为的方式。❹通过构建由声誉（Reputation）、互惠（Reciprocity）和报复（Retaliation）组成的"3R理论"，他提出声誉考量左右国家遵守利益计算的可能性，主张"当遵守所获得的声誉收益超过违反可得的利益，国家会选择遵守"。❺

第三，基于工具理性而遵从的经验主义理论范式。杰克·戈德史密斯（Jerry Goldsmith）和埃里克·波斯纳（Eric A. Posner）所著《国际法的局限性》，利用博弈论在分析法律等非自由市场竞争制度上的优势，将信息与对策成本纳入理性选择的影响因素，以此构建一套包含利益耦合博弈、协调博弈、合作博弈和胁迫博弈在内的完整国家遵守模型。他们立足于经验主义视角指出，国家不存在遵守国际法的偏好，国际法所能实现的可能性效果受制于国家利益结构和权力分配。❻

---

❶ RUGGIE J.International Response to Technology: Concepts and Trends [J]. International Organization, 1975（29）: 557-583.
❷ RADINSKY M.The Genesis of a Law and the Evolution toward International Cooperation: An Application of Game Theory to Modern International Conflicts [J]. George Mason Law Review, 1994（2）: 58.
❸ PAPE R A.Why Economic Sanctions Do Not Work [J]. International Security, 1997（22）: 109.
❹ GUZMAN A T.How International Law Works: A Rational Choice Theory [M]. Oxford: Oxford University Press, 2008: 75.
❺ GUZMAN A T.A Compliance-based Theory of International Law [J].California Law Review, 2002（90）: 1823-1887.
❻ 杰克·戈德史密斯和埃里克·波斯纳为阐释国际法遵守的真实状态，构建分析国家间遵守行为规律的四种模式：第一种是利益耦合博弈，即国家间的行为模式产生于每个国家都无须考虑他国相对行为的情况下，依据自身利益行事的结果，国家本着互不侵扰的共存状态，达成国际关系中遵守策略的纳什均衡；第二种是协调博弈，即国家间通过在达成一致的各种临界点中进行相互协调，以实现彼此利益最大化的稳定状态；第三种是合作博弈，即国家间基于采取报复措施的威慑，在反复博弈和信息沟通充分的基础上相互克制短期利益目标需求，寻求共同利益的最大化；第四种是胁迫博弈，实力较强的国家或国家联盟，以胁迫方式驱使实力较弱国家从事与其国家利益相悖的行为，从而产生不对称的均衡状态。参见：杰克·戈德史密斯，埃里克·波斯纳.国际法的局限性 [M]. 龚宇，译.北京：法律出版社，2010: 9-30.

总之，以利益为基础的理论流派，将理性选择理论应用于对国际法遵守机制的解释中，通过成本－收益分析框架和博弈论的理论模型，动态分析国家作出遵守决策的选择动机。其中，现实主义围绕基于权力体制的分析，准确描述关涉国家根本利益的武装冲突与军事和领土安全方面"丛林秩序"的形成依据；自由主义则基于相互依赖的分析，恰当阐释国际经济领域法律规范效用发挥的制度机制；经验主义基于工具理性的分析，深刻揭示各国为克服囚徒困境，通过重复博弈实现守法状态的国际合作模式。

总体上，该理论仍存在以下解释障碍：第一，理论范式上循环论证的问题。该理论一方面将国家利益视为做出遵守行为的根本动因，另一方面依据国家行为来界定国家利益的边界；第二，以利益为基础确立对国际法的遵守，赋予国家在遵守国际法上的选择权，使遵守国际法陷于缺乏持久和稳定性的状态；第三，基于"主权至上"的规制理念，无法解释国家在诸如人权和环保等公共领域的行为实践，对国家在"对一切义务"的遵守问题上缺乏解释力。

（2）以规范为基础的理论流派

该流派凸显理想主义色彩，将国家创制和实施国际法归因于法律规范所体现的道德和社会义务观念，以及基于自愿遵守的信念而产生的规范主义认同。

第一，基于信仰而遵从的建构主义理论范式。作为主流建构主义的代表人物亚历山大·温特（Alexander Wendt）主张维护突出意识形态的弱式物质主义，即他在《国际政治的社会理论》中所称，国家权力和利益不是取决于权力强制下的服从，而是社会关系中共同体观念建构的结果。❶ 国家的国际地位产生于国家间的互动实践，通过逐步塑造相互认同和界定利益，并在此基础上确立共同行为准则和模式。遵守源于国家将国际法作为自身行为组成部分的信念。❷

第二，基于说服而遵从的国际法律过程学说。《新主权：对国际管理性协定的遵守》中，蔡斯夫妇全面阐释以"劝说力"为核心，促进国际法遵守的

---

❶ WENDT A. Anarchy Is What States Make of It: The Social Construction of Power Politics [J]. International Organization, 1992（46）：396.

❷ WENDT A. Social Theory of International Politics [M]. Cambridge: Cambridge University Press, 1999: 242-243.

"管理模式说"。❶ 该学说借助归纳推理和假说模型等实证主义分析方法，主张国家普遍具有遵守国际法的内在倾向；作为例外的不遵守情形，主要归咎于国际条约语意模糊而带来的不确定性、缔约方履约能力的不足和国际条约规定的滞后性。因此，不能简单要求国家行为与法律规则保持严格一致，国家对国际法律义务的履行应在非国家行为体的监控下实现弹性的全程管理。❷

第三，基于内化而遵从的跨国法律过程理论。高洪柱（Harold Hongiu Koh）指出各公共和私人行为体，包括主权国家、政府间国际组织、NGO、跨国公司及个人均同等参与国际规范的适用，并在全面互动基础上推动其进一步阐释和转化，❸ 最终以国内法形式重构法律过程参与者的利益和身份，实现国际法的自愿遵守。

总之，作为对利益导向理论的重要矫正和有益补充，以规范为基础的理论流派将关注点从利益转向观念，一改国际法遵守问题传统"防御式辩护"的被动困局，开启一个全新的"后本体"时期。该流派在体现"全球共同体利益""对一切义务"的国际环境法和国际人道法领域，对已形成共同行为模式的包括国际强行法和国际软法在内的相关法律的遵行状况，赋有独到说明力。但无论信仰、说服，还是内化，都是对国家与国际法规范间相互关系的状态描述，本质上未创设一般性、可验证的国家行为模型，不能更具体地解释和预测国家行为。而且，这些观念发挥效用的过程也都离不开各种"计算"，也有遭遇"威胁"的问题，仍不能完全摆脱利益作用的"阴影"，缺乏理论上的相对独立性。

（二）有关全球环境合作制度规制的研究

该领域不仅在具有国际环境"善治"内核，"多中心环境治理范式"的理论创新上获得突破，而且表现在因循"稀释"治理权、生成公共治理权威的

---

❶ CHAYES A, CHSAYES A H.The New Sovereignty: Compliance with International Regulatory Agreements[M]. Cambridge: Harvard University Press, 1995: 68.
❷ 亚伯兰·蔡斯, 安东尼·汉德勒·蔡斯.论遵约[M]//莉萨·马丁, 贝恩·西蒙斯.国际制度.黄仁伟, 蔡鹏鸿, 译.上海：上海人民出版社, 2006: 284-300.
❸ KOH H H.Transnational Legal Process[J]. Nebraska Law Review, 1996（75）: 183-184.

思路，解构政府管制、市场调控和社会协同在全球环境治理中的既有功能定位与相互关系，研商市民社会对环境事务国际规制的制度参与。此外，全球环境治理改革研究已跳脱仅关注领域内国际机制的局限，聚焦主动创新、合理运用跨领域综合治理机制，尤其是国际经济治理体系对环境外部性问题的规制，强调经济、社会与环境的可持续发展趋向。

1. 全球环境的多维、分层治理范式

环境问题并不遵循法律或政治边界，类似这样影响"全球公益"的问题缺乏以单方面力量解决社会成本问题的动力，理应通过全球层面的合作来获得解决。❶ 以文森特·奥斯特罗姆（Vincent Ostrom）、查尔斯·蒂博特（Charles Tiebout）和罗伯特·沃伦（Robert Warren）为先驱，开启多中心环境治理范式的研究。他们指出"多中心"意味着存在许多彼此独立的决策中心，相互形成竞争与合作关系，其责任配置与所能提供的公共服务规模相符，受众有机会依据对特定公共物品的不同需求挑选最适宜的提供者。❷

2. 全球环境治理的多元主体共治

国际环境法在内容和结构上的特殊性，决定其有效实施更加仰赖于国际社会各行为体尽可能多地参与构建全球环境合作体系，并本着最大诚意实现对其承诺义务的遵守，全球环境治理因而在本质上是多元主体的合作问题。

首先，就国家在全球环境治理中的主导地位及国家导向的国际制度协调全球环境风险规制的实际效果，有学者指出，尽管国家在应对全球环境公共危机上仍显现出单一主体的能力局限，但其对全球环境治理运作的强大权力保障和法律权威，以及作为完全国际法律人格者的合法性优势，都使其肩负协调全球治理行动的主要责任。❸

---

❶ COASE R.The Problem of Social Cost [J]. Journal of Law & Economics, 1960 (3): 1-69.
❷ OSTROM E. A Polycentric Approach for Coping with Climate Change [R]. World Bank Policy Research Working Paper 5095 33. (2009-11).
❸ KRASNER.International Regimes [M]. NY: Cornell University Press, 1983: 31; YOUNG O.International Cooperation: Building Regimes for Natural Resources and the Environment [M]. NY: Cornell University Press, 1989: 65.

其次，受新自由制度主义理论的影响，借助各种市场激励机制而实施的市场型间接治理方兴未艾。有学者对将国内环境法领域中诸如生态税、碳排放许可交易及自愿协议等市场措施引入 MEAs 实施机制，以及在改善条约义务遵守效率、降低执行成本上所产生的实际成效展开研究。❶

最后，受自然资源的"协同治理"理论及环境政策的分散化趋势的影响，❷ 当国家以公共产权信托人身份过度包办环境治理收效甚微，而市场机制又无力化解产权私有化交易成本的难题时，各种社会力量开始广泛参与全球环境治理。NGO 和社区内的集体产权治理成为弥补市场和国家治理双重失灵的重要方式。❸

3. 全球环境治理机制革新的可持续发展趋向

国际社会应对跨国环境问题的机制方法日益呈现多样化和复合型特征。已从国际环境法产生之初单纯被动防治污染、处理环境损害后果，演进到主动创新和运用各种跨领域综合治理机制，实现经济、社会与环境的可持续发展。

一方面，许多学者针对履行 MEAs 义务与国际贸易、投资规则体系之间产生的规则冲突，具体分析 WTO 多边贸易体制和以 BITs 为主要规范内容的国际投资体制中，环境规则与贸易、投资自由化规则发展的不均衡状态及冲突产生的制度根源。❹ 另一方面，贸易自由化与环保作为世界发展的两大潮流，两者融合发展成为全球治理的主流方向。因此，一些学者主张在宏观立法层面建立两大治理体制间的协调机制，从创新影响环境的贸易措施角度论及贸易体制中环境规制的存在方式，探究贸易与环境制度整合的可能路径。❺

---

❶ OLAWUYI D S.From Kyoto to Copenhagen: Rethinking the Place of Flexible Mechanisms in the Kyoto Protocol's Post 2012 Commitment Period [J]. Law Environmental & Development Journal, 2010（6）: 21-35.

❷ HURTCHROFT.Centralization and Decentralization in Administration and Politics: Assessing Territorial Dimensions of Authority and Power [J]. Governance, 2001（14）: 23-53.

❸ BETSILL M M, CORELL E.NGO Diplomacy:The Influence of Nongovernmental Organizations in International Environmental Negotiations [M]. MA: MIT Press, 2008: 39.

❹ GANTZ D A.Potential Conflicts between Investor Rights and Environment Regulation under NAFTA's Chapter 11 [J]. George Washington International Law Review, 2001（33）: 651-752.

❺ HUFBAUER G C, CHARNOVITZ S, KIM J.Global Warming and the World Trading System [R]. Washington: Peterson Institute for International Economy, 2009: 48.

总之，全球环境合作制度规制的研究有助于为国际社会行为体协同合作解决环境公共政策难题，提供公正合理的参数选择和切实有效的制度激励。但上述研究较少考虑治理的"民主赤字"问题，无论是全球治理惯常存在的大国控制局面，忽视对弱小国家环境权益的恰当平衡；还是专属于环境治理的"专家霸权"，丧失对公共环境问题所有利益相关者平等对待的公平价值，都需要通过创设国际环境法的实施控制机制，以确保全球环境合作法律制度体系的正义取向。

（三）有关国际环境法实施的研究

有学者关注国际司法机构在环境等社会公共规制领域实践司法性遵守控制的可能与限度；另一些学者集中探求权力外交与法律裁判之外，解决环境问题的管理性路径，论证MEAs遵约委员会管理下的遵守控制体系在构成、目标与功能方面体现的优势特点。

1. 国际环境法实施困境的成因

有学者指出尽管MEAs在推动设计和创新解决全球性环境危机的有效方案上发挥主要驱动作用，但全球环境整体状态并未获得如期改善，意在解决的生态危机仍在延续，国家对MEAs的遵守情况差强人意，国际环境法存在严重执行缺陷。[1]

杰弗里·帕尔默（Geoffrey Palmer）认为欠缺统一组织机构和法律机制是导致现有国际环保措施低效运作的根本原因。若不弥补国际环境法在产生渊源上的主要缺陷，未来国际环境治理的发展必将呈现分散化、不规则性、不成体系和随意性的局面。[2] 特瑞莎·伯威克（Teresa A. Berwick）主张MEAs本身的重叠性、不协调和碎片化导致日益严重的执行困境。[3] 艾迪斯·布

---

[1] WERNER M.A New World Order in Environmental Policy Making? A Review of the State and Social Power in Global Environmental Politics [J]. Environmental Law, 1995（25）: 239.

[2] PALMER G.New Ways to Make International Environmental Law [J]. American Journal of International Law, 1992（86）: 259.

[3] BERWICK T A.Responsibility and Liability for Environmental Damage: A Roadmap for International Environmental Regimes [J]. Georgetown International Environmental Law Review, 1997–1998（10）: 265.

朗·维伊斯（Edith Brown Weiss）也指出MEAs的模式是针对特定环境问题制定单一协定，每个协定拥有自身独立的监督和报告体系，包含只附属于该协定的秘书处，以及单独的资金机制对国家实施协定提供援助，如此情形下产生的"条约堵塞"，直接导致其运行效率的低下。❶

国际环境法实施存在的客观障碍和国际造法体系的固有缺陷之外，很多国际环境法专家也深入分析国家遵守国际环境法的意愿和能力。瑞纳塔·卢比亚（Renata Rubian）和林恩·瓦格纳（Lynn Wagner）认为很多情况下正是基于国家在实施其所签订的环境协定上缺乏执行意愿，才使MEAs面临成为"纸面协定"（Paper Agreements）的尴尬。❷

2. 遵守监控的法律化与国际环境司法

当代国际社会，任何国家都无法凭一己之力解决溢出主权管辖，涉及关系纵横交错的全球性问题，任何国家的遵约选择也都会对其他国家甚至全球整体利益产生巨大影响。有学者主张国际司法是国际法实施机制从原始自助实施向法律化发展的突出成果，并开始关注传统上被视为以争端解决为主要职能的国际司法机构在环境、人权等社会公共领域，进行司法性遵守控制的可能性与限度。❸

随着国际法规范结构的"三级规则体系"趋向均衡发展，❹ 以遵守控制为

---

❶ WEISS E B.International Environmental Law: Contemporary Issues and the Emergence of a New World Order [J]. Georgetown Law Journal, 1993（81）: 675-710.

❷ RUBIAN R, WAGNER L.Summary Report of the High-Level Meeting on Compliance with and Enforcement of Multilateral Environmental Agreements: 21-22 [R]. [2006-01-25]. MEA Enforcement and Compliance Meeting Bull.

❸ 阿尔弗雷德·勒斯特（Alfred Rest）认为根据分权理论，民主法治秩序的重要标志之一就是独立司法机制对立法和行政机构的遵守监控。同样，国际社会大量的环境规范和条约也必须通过享有独立授权的机构，运用司法控制工具来确保法律的实施、适用和执行。参见：REST A.Enhanced Implementation of International Environmental Treaties by Judiciary-Access to Justice in International Environmental Law for Individuals and NGOs: Efficacious Enforcement by the Permanent Court of Arbitration [J]. Macquarie Journal of International & Comparative Environmental Law, 2004（1）: 1-28.

❹ 即凭以界定国际法主体权利义务内容及其法律责任的初级规则，确认不法行为存在及其法律的次级规则，以及涉及法律责任实施及其救济方法的三级规则。参见：SCHACHTER O.International Law in Theory and Practice [M]. Norwell, MA: Nijhoff Publishers, 1991: 202.

核心的国际法实施机制呈现组织化、法律化和集中化的发展趋势，借助国际环境司法工具以促进国际环境法遵守的问题逐步进入国际法学者的研究视域。在欠缺专门性、单一国际环境法院的前提下，充分利用或改进现存国际法庭和仲裁庭，甚至是准司法性争端解决机构，使其对环境争议作出具有法律约束力的裁决，日益成为国际环境法的主流实施路径。❶

3. MEAs 遵约机制的构建

学界主要围绕以下三个层面的核心问题讨论 MEAs 的实施。

第一，价值层面，立足于协商民主的全球环境治理和可持续发展的原则，论证多边环境条约执行委员会/遵约委员会（Multilateral Environment Agreement Implement/Compliance Committee，ImpCom）管理下的不遵约程序（Non-compliance Procedures，NCPs），作为权力外交与法律裁判之外解决环境问题的独特方式，对构建 MEAs 实施与遵守机制的重要意义。❷

第二，方法论层面，从 MEAs 谈判与创制角度，阐明国际环境法实施的可行路径和遵约机制特点、目标与功能。❸ 尤其是米歇尔还提出包括初级规范体系、遵约信息系统及不遵约反应系统的 MEAs 遵约机制模型。❹

第三，具体制度层面，以对现有 MEAs 实施情况的实证评估和法律审查为基础，分析其遵守和履行程序设计的固有缺陷和完善方式。主要对开创软法治理先河的 MPSDOL，将实施方式多元化推向极致的 KP，具有确立环境优先价值里程碑意义的《控制危险废物越境转移及其处置巴塞尔公约》（Basel Convention on the Control of Transboundary Movements of Hazardous Wastes and Their Disposal，BCCTMHW，简称《巴塞尔公约》），在有关遵约机制灵活性和

---

❶ TUERK H.The Contribution of the International Tribunal for the Law of the Sea to International Law [J]. Penn State International Law Review, 2007（26）: 315.

❷ YOUNG O R.The Effectiveness of International Environmental Regimes [M]. Cambridge: MIT Press, 1999: 31.

❸ GUNTHER H.Compliance Control Mechanisms and International Environmental Obligations [J]. Tulane Journal of International & Comparative Law, 1997（5）: 29-50.

❹ MITCHELL R B.Compliance Theory: An Overview [M] //CAMERON.Improving Compliance with International Environmental Law.London: Earthscan, 1996: 3.

实施效率的结构改进方面存在的问题进行集中探讨。❶

4. 国际环境法实施中公众参与的法律规制

从私人作为当事方参与环境争端解决的制度建构而言，杰克逊（Jackson J. H.）深受《欧洲人权公约》（European Convention on Human Rights，ECHR）、NAFTA及《关于解决国家与他国国民之间投资争议的华盛顿公约》（Convention on the Settlement of Investment Disputes between States and Nationals of Other States，ICSID Convention）相关规定的影响，主张私人主体的有限当事方地位。个人和企业实体仅在用尽国内行政与司法救济，并经类似欧洲人权法院（European Court of Human Rights，ECtHR）设置的过滤机制筛查后，方可诉诸不提供有效制裁手段的多边贸易争端解决机制进行申诉。❷ 此外，也有学者对私人在其他全球性监督执行机制中的作用予以关注，着力钻研世界银行专家小组审查程序和联合国教科文组织有关个人申诉程序的规定。❸

就公众参与MEAs遵约机制的情况看，学者指出KP的遵约机制是最具透明度和公众参与性的国际遵守审议程序。它允许NGO以官方正式确认的"法庭之友"（Amicus Curiae）身份介入ImpCom组织下的任何遵约程序，并通过具体遵约执行机构主动征询专家意见，召开遵约审议的公众听证会等方式提升遵约程序的公众参与度。

同时，过分倚重私人在国际法实施中的作用也会损害法律实施机制的正

---

❶ （1）涉及《蒙特利尔议定书》遵约机制的研究，如：YOSHIDA.Soft Enforcement of Treaties: The Montreal Protocol's Noncompliance Procedure and the Functions of Internal International Institutions [J]. Colorado Journal of International Environmental Law and Policy, 1999（10）: 95-142；（2）涉及《联合国气候变化框架公约京都议定书》遵约机制的研究，如：STEWART R B, OPPENHEIMER M, RUDYK B.Building a More Effective Global Climate Regime Through a Bottom-up Approach [J]. Theoretical Inquiries in Law, 2013（14）: 273-306；（3）涉及《控制危险废物越境转移及其处置巴塞尔公约》的研究，如：COX G.The Transfigure Case and The System of Prior Informed Consent under The Basel Convention-A Broken System? [J]. Law Environment & Development Journal, 2010（6）: 263-287；（4）涉及其他多边环境公约的研究，如：SAGEMUELLER I.Non-Compliance Procedures Under the Cartagena Protocol: A Wise Decision for a 'Soft' Approach [J]. New Zealand Journal Environmental Law, 2005（9）: 163-208.

❷ JACKSON J H.The World Trading System: Law and Policy of International Economic Relations [M]. 2nd ed.Cambridge, MA: The MIT Press, 1997: 135.

❸ ROSSI I.Legal Status of Non-Governmental Organizations in International Law [M]. Antwerp: Intersentia, 2010: 328.

常运行，对国际法治产生消极影响。因此，各国国内司法改革中，为抑制私人主体不当诉讼行为而创设的有效措施也引起国际法学者关注，借以寻求对私人滥用国际实体和程序权利，危及国际法实施机制正当程序和运作效率的约束措施。❶

概括之，国外学者对国际环境法实施领域的公众参与主要以国际环境政治的发展进程为主线，动态描述作为市民社会内核的 NGO 在全球环境治理过程中的行动模式，侧重从国际法主体的视角审视非国家行为体在丰富国际环境治理维度、提供规制动力上的积极作用。但既有研究普遍将公众参与作为国际环境法实施过程中的依附性变量和体制外因素，缺少同环境正义相联系，论述其在遵守控制路径创新上的独立影响及责任机制。

（四）国内研究现状

总体上，围绕本书的研究主题，中国学者集中形成以下三方面研究成果。

1. 国际法实施机制的本体论层面

严格讲，中国国际法学界较为关注的是与国际法实施密切关联的国际法效力问题，涉及围绕国际法否定论而对国际法性质的论证、❷ 条约法的效力，❸ 以及国际强行法的渊源、作用和法律后果。❹ 有关国际法实施和遵守的研究成果主要表现在对国际法实施机制基本理论、发展现状和实施方式的描述，大多反映西方学者的理论存量。❺ 少见运用制度经济学、系统论、博弈论及国际

---

❶ TREVES T.Civil Society, International Courts and Compliance Bodies [M]. Cambridge: Cambridge University Press, 2005: 221.

❷ 主要从与国内法律体系的差异角度论证国际法的有效性，多数国际法教材均持国际法是法，但与国内法发挥作用的方式不同，强制力相对较弱的观点。

❸ 国际法学家李浩培从条约法角度对国际法的创制、规范等级和效力层级进行系统论述。参见：李浩培. 论条约、非条约和准条约 [M] // 中国国际法年刊. 北京：法律出版社，1987: 51-53.

❹ 中国国际法学者对国际法规范的研究集中于国际强行法，形成较为系统的研究成果。参见：万鄂湘. 从国际条约对第三国的效力看强行法与习惯法的区别 [J]. 法学评论，1984（3）：69-72；张潇剑. 论国际强行法的追溯力及对其违反的制裁 [J]. 中国法学，1995（1）：87-94.

❺ 笔者根据从读秀知识库学术搜索中的发现进行归类，80% 左右的研究成果属于此类，其中有代表性的包括：温树斌. 国际法刍论 [M]. 北京：知识产权出版社，2007；邵沙平，余敏友. 国际法问题专论 [M]. 武汉：武汉大学出版社，2002；王林彬. 为什么要遵守国际法——国际法与国际关系：质疑与反思 [J]. 国际论坛，2006（4）：7-12.

关系的利益分析理论等跨学科分析工具建立理论模型，建构体现中国法律思想和实证价值的国际法实施机制理论。总体而言，中国学者有关理论对国际法遵守发展的知识与经验贡献尚处边缘性定位，❶ 有待理论上继续凝练、深入与创新，更重要的是结合中国遵守实践进行广泛的实证研究。❷

国内最早涉及国际法遵守问题的学者是李浩培和王铁崖。李浩培认为国际法遵守的理论基础是相互原则，据此绝大部分国际法规则可在无须提供制裁的情况下得到遵守。❸ 王铁崖则主张国际法的遵守是主客观各种力量综合影响的产物，国家既承认有遵守国际法的必要，也迫于违反国际法所带来的不利后果。❹ 此后，有学者从国际法基本理论出发，开始对国家遵守国际法的依据展开论证。❺ 此外，还有学者深入条约依据和实践操作等微观层面，分析具体争端解决机制的国际法约束力问题，证实特定领域国际法实施机制的效力依据。❻

2. 参与国际法实施的主体层面

中国学者长久以来重视分析传统国际法理论中国家的自愿遵守和自力救济行为等自助方式在国际法实施上的作用及其限制。伴随全球公共风险的规制问题不断涌现，中国学者对国际法实施主体的研究才逐步转向国际组织及私人的制度性参与，如饶戈平主编的《国际组织与国际法实施机制的发展》和蔡从燕撰写的《私人结构性参与多边贸易体制》。他们选取非国家行为体的视角，围绕国际法主体理论，评价政府间国际组织及私人等主体在国际法实施中的功能定位和作用形式，尤其是 NGO 和跨国公司在促进国际法实施上的

---

❶ MUSHKAT R.State Reputation and Compliance with International Law: Looking through a Chinese Lens [J]. Chinese Journal of International Law, 2011（10）：723.
❷ 截至 2021 年，国内对国际法遵守的研究较多存在于有关 WTO 法的遵守问题，主要从 WTO 涉中国案件入手进行应对策略分析。参见：赵维田.遵守 WTO 进出口许可规则：解读《中国加入世贸组织议定书》第 7、8 条 [J]. 国际贸易, 2002（8）：42-47；贺小勇.WTO 裁决执行与否的法律机理 [J]. 法学, 2015（3）：116-123.
❸ 李浩培.李浩培文选 [M]. 北京：法律出版社, 2000: 485.
❹ 王铁崖.国际法引论 [M]. 北京：北京大学出版社, 1998: 13.
❺ 何志鹏.国际法哲学导论 [M]. 北京：社会科学文献出版社, 2013：280-306.
❻ 张乃根.试析 WTO 争端解决的国际法拘束力 [J]. 复旦学报（社会科学版）, 2003（6）：59-70.

制度安排。❶

3. 国际环境法的实施机制层面

学者罕见对遵守控制进行较为全面完整的体系化阐述,❷ 仅在晚近集中出现针对 MEAs 遵守与实施的局部研究成果。初步建构旨在促进国际环境合作,以报告制度为基础、以激励机制为导向、以非对抗性的不遵守情势机制为后盾的环境条约实施理论体系。❸ 触及国际环境法实施和遵守机制的研究成果仍以纵切的逐个剖析居多,缺少横切面上的比较分析,忽视在国际环境法遵守监督和管理上的规则创新,以及司法裁判、仲裁和条约监督机构等不同实施机制的体系关联和互补关系,未见从"合作规制"视角分析国际环境法遵守控制路径的发展趋势及实践应用。

三、研究思路、创新点和主要研究方法

(一)研究思路

本书通过对已有重要国际法遵守理论的系统分析,概括出全球环境风险控制效用的综合评估系统,并借此透视富有现实性的问题,构成本书研究的"基点";将国际环境规则在不同实施机制下的具体案件作为描述工具,运用所建构的评估系统对国际环境法遵守控制理论的运作实践进行实证研究,勾勒关于国际环境法遵守监督机制兼具连续性和变革性的发展过程,构成本书研究的"支点";将当代国际环境遵守"合作规制"的 TPP/CPTPP 模式作为检验手段,通过将已有评估系统和实证描述与当前的实践发展相结合,进行

---

❶ 除本书主要列举的两部著作外,涉及非国家行为体参与国际法实施具代表性的论著还有:曾令良.联合国在推动国际法治建设中的作用 [J].法商研究,2011(2):7-12;李洪峰.非政府组织制度性参与国际法律体系研究 [M].北京:中国社会科学出版社,2014;蔡从燕.国际关系格局变迁与中国国际组织法的新实践:上海合作组织和亚洲基础设施投资银行的"地缘法律"分析 [J].中国法律评论,2021(3):150-160.

❷ 大部分涉及环境问题的论著,都从具体国际机制中有关环保的法律制度角度进行论述。参见:李寿平.多边贸易体制中环境保护法律问题研究 [M].北京:中国法制出版社,2004;魏艳茹.国际投资协议视野中的气候治理 [J].江西社会科学,2021,41(9):193-203.

❸ 唐颖侠.国际气候变化条约的遵守机制研究 [M].北京:人民出版社,2009;王晓丽.多边环境协定的遵守与实施机制 [M].武汉:武汉大学出版社,2013;季华.《巴黎协定》实施机制与 2020 年后全球气候治理 [J].江汉学术,2020,39(2):46-54.

全球环境风险社会性规制理论的当代创新和针对中国的适应性制度设计，构成本书研究的"落点"。

（二）创新点

1. 立足于"合作规制"理念建构国际环境法的"复合型"遵守控制体系

学术思想上，本书从全球环境治理的范式转换和制度绩效入手，综合运用工具主义的社会控制理论和规范主义的合法性理论，以全球环境风险社会性规制路径选择的理论演进和遵守控制机制的实践发展为纵横坐标，将促进国际环境法实施的各种遵守控制措施置于一个完整的规制体系中进行实效分析，重视它们在处理环境问题上的交叠冲突与互动影响，展开一幅环境遵守的国际法控制"全景图"。进而，提出增强国际环境法遵守效果的第三条道路，将多元遵守控制措施整合于"复合型"遵守控制体系中，建构在环境规制强度"软硬配比"、规制属性"公私同治"、规制价值"权义均衡"的内在逻辑关系问题上，各种规制要素紧密关联、交互影响、贯通借鉴的功能体系。

2. 指明强化中国对全球环境治理改革影响力的 FTA 模式

学术观点上，本书突破传统研究或囿于不同国际法领域体系自足和规制碎片化的藩篱，或片面强调遵循贸易自由化思维品评 FTA 的窠臼，借由多边贸易体制和 RTA 网络"双轨推进"经济自由化的全球价值链时代，通过 TPP/CPTPP、USMCA、《跨大西洋贸易与投资伙伴协定》（Transatlantic Trade and Investment Partnership，TTIP）及《区域全面经济伙伴关系协定》（Regional Comprehensive Economic Partnership，RCEP）等 FTA 新一轮勃发浪潮中的代表，逐步展现作为环境合作规制路径的载体，整合贸易、投资与环境规则的全球治理功能和规则创新功能。并且，提出中国应通过其主导的"一带一路"沿线国家自贸区建设，因循"合作规制"路径创新反映发展中国家利益需求的环境遵守控制机制。本书提出身处全球 FTA 竞争性互动与砥砺格局的中国，亦应在未来区域经济整合中积极推动构建国际环境遵守控制机制。这不仅是在亚太地区对"美式 FTA"左右国际环境法遵守控制模式的有效牵制，也是转变中国对环境遵守控制的传统隔绝立场，采取"积极进攻型法律主义"政策，增强其在全球环境治理中话语能力的初步尝试。

3. 突出全球治理实现可持续发展的"合作规制"进路

研究方法上，国内环境领域的公共规制理论围绕政府管制、市场调控及社区治理的路径之争形成不同的治理模式。这一环境治理策略偏好选择的取舍难题，在国际层面上体现为公共治理"国家中心主义"导向的超国家司法裁判和国际环境条约机构管理性监控两种主流模式的互不相容与交替演进。本书另辟蹊径，围绕以国际环境法视角探寻贸易与环境国际协调机制的主旨立意，通过关注全球环境风险社会性规制两种主流模式的融合互补趋势，立基于研讨 NAFTA、TPP/CPTPP、USMCA 及日本－欧盟经济合作伙伴关系协定（Economic Partnership Agreement，EPA）环境承诺履约机制的路径选择理论与实证分析脉络，着力阐述"合作规制"作为促进遵守国际环境法"第三条道路"的正当性依据、参与主体、适用空间、规制方法和载体乃至潜在风险，全面揭示全球环境风险社会性规制路径的演进趋势。而且，适用范围上，本书对遵守控制研究的前瞻性突出表现在构建更加全面和周延的国际环境法遵守实施体系，不仅针对 MEAs 的遵约机制，而且涉及国际环境软法和习惯国际法的实施问题；在集中探讨管理性模式与裁判监管模式互补合作的同时，还强调包容市场和经济手段等其他有效工具，并指出应为强制措施的运用作出更有利于国际环境法实施的恰当调整。

（三）主要研究方法

本书围绕国际环境领域的法律遵守控制，在合作语境下进行多角度分析，国际法与国际关系、环境经济学、公共规制理论等研究方法交叉运用。

宏观架构方面，演绎法贯穿整部专著，首先以系统论的视角，指出"合作规制"产生和发展的治理范式背景与国际环境合作制度体系的运行现状；再采用历史分析方法，围绕全球环境风险社会性规制路径选择的理论演进，对"合作规制"路径生成和存在的合理性加以证成与臻善；运用实证研究方法，分类考察国际环境遵守监督机制的实践发展，尤其是当代国际环境治理对基于区块链技术的数字跨境贸易延展新监管需求。以法社会学及定性和定量分析相结合的方法,论述全球环境风险社会性规制法律实施路径互补性分析的理论框架和规制条件;在探讨 FTA 环境遵约机制的创新发展及中国对"合作规制"路径的尝试与深化中,广泛使用规范分析和比较研究的方法。

微观论证方面:第一,理性选择理论和博弈论的方法。全球环境风险社会性规制的路径选择过程本质上渗透国家对自身行为的理性选择及与追求不同最佳利益均衡点的国际法主体间的反复博弈。以博弈论为工具建构的国家行为模式,为分析全球环境风险社会性规制的动力机制和影响因素及绿色化 FTA 对促进环境治理国际合作的效率优势,甚至对在中国所签 FTA 中融入"合作规制"理念的可行性形成预判都提供有效分析框架。第二,类比研究的方法。对全球环境风险社会性规制路径选择理论旨趣转向原因的论证,类比适用国内环境公共规制领域中的协商行政和协同治理理论。此外,分析国际司法控制路径的运作限度,尤其针对国际司法强制执行措施和国际环境公益诉讼等具体问题的解决均使用类比方法,从国内法体系汲取制度建构的理论参考。

四、学术价值和应用前景

本书以国际环境治理的视角探寻贸易与环境国际协调机制,主张司法控制与机构监管二元对立的格局正经历核变,国际环保领域蕴含获得遵守控制系统性突破的土壤,滋养出承载两者兼容支持、推动国际环境法实施的民主正当性与环境效率共向发展的"合作规制"。因循这一崭新路径建构以 FTA 为载体,柔性、回应力、综合化的复合型遵守控制体系,具有先进性和可行性。这不仅揭示出国际环境法遵守实施机制的应然发展规律,而且阐明借助"一带一路"自贸区建设,对"合作规制"路径作出反映发展中国家环境利益的模式创新和制度调试,将成为在全球可持续发展秩序的重构中,我国深度参与国际环境治理改革的有效方式。

（一）学术价值

首先，本书丰富环境风险"多中心共治"的路径选择，全面阐释实现全球环境治理制度创新的"合作规制"路径，从国际经贸激励机制视角探究解决环境外部性的跨国影响，促成国际环境治理合作的有效方式。

其次，提出国际法主体理论新的演进方向，凸显国际公共规制领域国家强权效力弱化和多中心治理，推动传统国际法主体结构理论对国际法律人格的平面解析，在"社会法"范畴内呈现立体化发展。

最后，深化国际环境软法实施理论的发展，主张一贯采取"软法硬法化"间接实施方式的国际环境软法，经由引入外部申诉的管理性遵守机制获得直接遵约保障，丰富环境软法实施手段的同时也进一步改进国际环境法的既有渊源体系。

（二）应用前景

首先，为"一带一路"沿线国家自贸区群环境遵守机制的制度设计提供政策建议。从协商民主理念入手构建推动行为体自愿遵守国际环境法的合法性基础，化解"中国环境威胁论"，开拓中国主动参与国际环境治理的创新模式，在未来区域经济整合中融入和发展环境"合作规制"，以创新性思维为推动中国全面开放新格局的国际法治建设确立前瞻性指引。

其次，对解决其他全球公共利益保护的法律遵守控制产生示范和引领作用。在国际法日益受到国内法制衡和影响的"国家回归"趋势下，❶本书关涉环境公共风险遵守控制理论与实践的研究极具代表性和外部有效性。通过对全球公共治理规则执行与监督机制的路径创新，有效平衡国家主权行使空间与协同处理全球公共事务的合理范围，增进软硬控制的互补配合并实现多元主体的广泛合作，为应对诸如气候变化负面影响、突发卫生防疫事件等领域的国际公共规制提供方向指引和规制蓝本。

---

❶ CAI C.The Rise of China and International Law［M］. Oxford: Oxford University Press, 2020: 186.

第一章

全球环境治理的范式转换与国际环境法执行困局的机制破解

全球环境治理范式的转换与现行国际环境法的实施现状构成对人类价值观念、经济社会发展方式和国际秩序的重要挑战和深层冲击,是探索全球环境风险社会性规制路径的重要现实背景,也使有关遵守控制的模式创新具有超乎个案的普遍性价值。

一、全球环境治理范式的多层级协商合作转向

当前,全球环境治理在各种内外因素的共同作用下正经历"多中心"的价值核变。就全球环境治理范式转换的外在致因而言,呈现国际政治、经济与社会结构中强化环境公共规制的基本转向,涵盖国内与国际层面的环境政策联动、世界经济振兴与整体性生态环保的交叠融合,以及多层级治理权威的社会互构。而全球环境治理所依存的国际法内生秩序孕育着自身规范结构与实施机制的复合性演进。全球环境治理范式转换在治理实践中表现为多层级协商合作体系的雏形初现,并已在贸易、投资、金融等国际法领域展露出环保规制策略统筹互补的特征:一方面,主要依靠合作网络权威与法律导向的公众参与;另一方面,强调跨领域整合多样化、竞争性的治理工具。全球环境治理的范式变迁将有效促动国际司法控制与环境条约遵约管理的共融支持,为滋养国际环境法执行的民主正当性与环境效率的共向发展创造有机土壤。

（一）全球环境治理范式转换的外在致因

随着跨国环境损害风险的加大和社会公众自主治理实力的增强，全球环境治理浸润于国际政治、经济、社会结构的"多中心秩序"。它注重体现环境规制强度"软硬配比"、规制属性"公私同治"、规制价值"权义均衡"的内在逻辑需求，凸显范式核变趋势。重塑全球环境风险社会性规制路径选择的宏观理论架构，并推动贯通国家、市场和社会三维治理空间的环境治理国际合作机制改革势在必行。全球环境治理范式的多层级协商合作转向成为实现这一目标的重要背景和逻辑起点。❶

1. 国内与国际层面环境议题的协同决策

全球化的纵深发展不断提升国际社会各行为体间相互依存的程度，催生"全人类共同利益"❷的价值取向，民主、法治渐次渗入国际关系。多极化政治变革深刻影响对国际和国内法律问题的当代认知，使运用以国际法为核心的治理手段调和彼此间的利益冲突、对全球公共事务进行合作管理成为可能。在改进全球治理的过程中，国际政治与国内政治关系日益一体交融，环保等需要在国际和国内层面协同决策以获得解决的全球性问题应运而生。

（1）国内环境政策与环境利益的国际化

一方面，环境问题的传统内涵发生改变，已从一国内部的技术和社会问题演变为当代国际关系中体现"国际社会本位"的重大政治与新型国际集体安全因素。亚当·斯密时代将"地缘"作为政治生活的第一要旨，无法要求人们对所处地域之外的所谓跨主权问题投以更多眷注。❸ 当今国际社会中，边

---

❶ 殷杰兰. 论全球环境治理模式的困境与突破［J］. 国外社会科学, 2016（5）: 75-82.
❷ 全人类共同利益指向每个人生存和发展所必需的利益，既高于实质内核迥异的各国国家利益，也并非世界各国利益的简单叠加，而是将人类社会整体作为利益主体，要求所有人类活动应为人类社会整体谋求福祉，或至少限制不利于国际社会整体利益实现的人类活动。这一概念借助系统论的认识工具，突破以主权国家内在封闭与对等互惠为特征的传统国际社会秩序结构，在发展国家主权内涵与行使方式的同时，融入人本主义理念，构成"社会本位"国际法的价值基础。国际环境法上"对一切的义务""可持续发展原则"及风险预防原则的阐发与完善，均是以全人类共同利益为出发点和理论归依。参见：高岚君. "全人类共同利益"与国际法［J］. 河北法学, 2009（1）: 23-27.
❸ 约翰·迈克斯威特, 爱得瑞恩·伍德里奇. 现在与未来：全球化机遇与挑战［M］. 盛健, 孙海玉, 译. 北京: 经济日报出版社, 2001: 23.

第一章　全球环境治理的范式转换与国际环境法执行困局的机制破解

界设定的法律管辖范围失去绝对意义，各种国际环境机制广泛聚焦甚至积极介入跨界环境损害和生态退化问题，更为直接地寻求尊重和保护处在国内法控制之下的自然人及其集合。传统上国家实施排他性垄断的环境政策具有更多全球层次公共政策的意味。任何国内环境政策和国家环境利益的实现都牵动整个世界范围内环境系统的嬗变，显现人本化和国际化的趋势。因此，诸如美国制定和推行有关贸易协定的环保审议标准❶、欧盟航空碳排放交易体系❷，以及日本福岛核废水排海计划❸等，立足于个体资源与利益的单边主义环保措施，都是国际环境秩序不成熟的表现。其容易滋长环境霸权、恶化多边环境合作，最终难以对跨越边界的环境危机采取有效应对。因此，有必要推动国际社会的群体认同与全球共同体意识的形成，依靠国际机制来平衡环保的完整性与国际社会主权分割间的张力关系，培育全球环境治理合作的政

---

❶ 2000年12月，美国贸易代表办公室和美国环境质量署正式公布《对贸易协定进行环保审议的指导原则》，成为世界上首个在国内法体系内对贸易协定确立具体环保审议标准的国家。伴随该文件的正式生效，美国已逐步完成对NAFTA、美洲FTA等双边或区域贸易协定的环保审议，并通过其"301条款"的配合实施，逼迫其他国家在环境政策上作出妥协。

❷ 欧盟将航空业纳入碳排放交易机制（EU-ETS）并强制对进入欧盟空域的所有航空承运人征收碳排放额度（2008/101/EC号指令）。这不仅使相关法令域外管辖的合法性备受国际社会质疑，还演变为与美国、俄罗斯、印度、中国等超过30个非欧盟国家围绕"碳税"展开的航空贸易争端。直至2016年国际民用航空组织出台国际航空碳抵消和减排计划（CORSIA），"国际航空业的市场化减排"问题才借此重回多边框架下予以调控。参见：ICAO Secretariat.Climate Change Mitigation: CORSIA (Chapter Six) [EB/OL]. [2019-09-12]. http：//www.icao.int/enviromental-protection/Documents/EnviromentReport/2019/ENVReport2019_pgVReport2019_pg211-215.pdf. 同时，为加重其在航空碳税方面与其他国家谈判的筹码，抢占未来全球经济绿色增长源的规则主导权，欧盟低碳政策又脱离《联合国气候变化框架公约》及其KP确立的基本法律框架，自行制定全球海运业排放税征收价格单及关涉过境船舶的强制性减排标准，以推动实施碳排放交易机制，引发碳贸易战的进一步升级。国际海运组织则通过确立以技术和营运措施为出发点的海运减排制度，为所有国家设定强制性具体减排义务，并以《国际防止船舶造成污染公约》技术性修正案的方式推动国际海运减排向市场措施领域拓展，但在市场机制的运作方式上仍存严重分歧。参见：IMO's Marine Environment Protection Committee.Amendment to Chapter 4 of Annex VI of the MARPOL [EB/OL]. (2018-05-01) [2019-09-12]. httpː//imo.org.

❸ 2011年日本发生9级地震和海啸，世界上最大的核电站之一——福岛第一核电站发生自1986年切尔诺贝利核事故以来最大的核泄漏。东京电力公司出于经济成本的考虑，未及时阻止核反应堆融毁，造成放射性物质的大量释放，截至2022年9月此次灾难产生的核废水将达到储存罐上限。日本政府遂决定于2022年10月之后将受核污染的废水向太平洋倾倒。参见：高之国，钱江涛.日本福岛核废水排海涉及的国际法原则和问题 [EB/OL]. [2022-06-06]. http：//www.mp.weixin.qq.com.

治基础。

（2）国际环境合作政治合意的国内化

为全面协调愈发尖锐的全球公共风险，国际关系基本领域系统在国家主权与国际合作频繁的互动砥砺中发生重大变革，凸显国内化倾向。反映在环保领域，首先，从要求透明公开的国家环境立法到将环评作为国家工具来实施，以至在国家环境政策选择中广泛适用风险预防原则，国际环境法的国内实施范围不断拓展。其次，环境治理的全球合作被逐步纳入国内政治议程，环保的国际政治决策以更直接的方式回应主权国家保障国内福利和社会稳定的切身要求，主要国家的环境政策越来越多地嵌入各种全球性环境治理体制中。反之，全球环境政策制定权力的转移与重新分配，也必然受到国家环境政策自主权行使空间的影响。故而，单纯寻求国际社会的制度安排亦无法真正实现全球环保的政策目标，国家行为体之间环境政策法规的相互协作与支撑不可或缺。

2. 经济发展与环境保护的融合支持

无论是提出贸易增长的规模、技术和结构效应共同作用下环境压力与经济增长间呈"倒 U 型关系"的环境库兹涅茨曲线，还是认为一国环境法规和标准能够改变国际资本投资流向的"污染天堂"假说，抑或是主张自由贸易所导致的环境成本增加会将经济发展带入恶性循环的贸易诱致型环境退化假说，都深刻揭示贸易与环境间复杂的相互关系。作为经济全球化持续深入的必然结果，环保的国际化与国际贸易自由化这两个曾经独立产生、平行发展的议题，被推向全球治理舞台的中心。并且，两者展现出从相对约束到绝对对立，再到协调融合的共处轨迹。妥善处理贸易与环境的关系成为国际环境合作不可回避的关键问题。

重大全球环境问题尽管是以环境资源的枯竭和生态系统的退化为表象，实质上却是经济发展和生活方式及能源利用技术与全球环境治理的互动影响。面对金融和环境双重危机，一方面，全球环境治理不再单纯着眼于环境要素，更向引发环境问题的生产、消费、贸易等社会经济活动领域渗透；另一方面，

第一章　全球环境治理的范式转换与国际环境法执行困局的机制破解

全球经济治理规则的深度整合，又基于环境价值的经济化对全球环境治理提出复杂多面的要求，牵涉错综复杂的配置和各种价值的再平衡。

这尤以"蓝色经济"新增长为甚。在新一轮全球经济竞争博弈中，立基于海洋油气、远洋交通运输、海洋渔业、海洋船舶工业、海盐业、滨海旅游等核心领域的现代海洋产业结构体系，因年均产值保持10%的增速和产业结构高级化而迅速勃兴。❶为实现全球海洋经济的可持续发展，面对大型围填海、过度捕捞、陆源污染、船舶溢油及危险品海运泄漏事故等引致的海洋生态风险，势必随之伴生对其实施外部环境效应的影响评估与跨国协同控制。因此，有效的全球环境治理应具有谦抑性，在实现环保目标的同时，尽量减少对经济增长的不利影响，实现两者的激励相容与一体化。

3. 全球生态环境多元治理权威的公私同治

埃莉诺·奥斯特罗姆（Elinor Ostrom）所代表的印第安纳学派，以博弈论为基础创立发展"多中心治理"理论，贯穿以竞争与合作为主旨的整个共同体系。❷"多中心治理"囊括介于国家集权控制与自由市场竞争之间多种有效运行的中间治理方式和理论框架，体现社会治理公共性的再造过程。通过建构权利平等、治理权能广泛分化、利益相关者以竞争协作方式实现动态进化的决策结构，这种服务型公共治理模式能实现多层面公共权威与私人机构有机连接。同时，其在创制治理形态与治理规则上的能动性，也为解决跨国环境公共治理执行困境的制度安排注入活力。

（1）国际社会的结构演进与环境领域社会公共权威的勃兴

长期以来，大多数国家环保政策法规的制定与实施高度依赖政府和公共管理机构，社会公众及企业部门在环保措施的决策、监控和执行上所分享的权责相当有限。全球环境公共产品供给模式凸显"公权导向"的单中心特征。

国际关系从强权型向民主型转变的进程中，催生跨国社会运动、NGO、

---

❶ 林香红. 面向2030：全球海洋经济发展的影响因素、趋势及对策建议[J]. 太平洋学报，2020（1）：50-63.

❷ OSTROM E. A Polycentric Approach for Coping with Climate Change [J]. Annals of Economics and Finance, 2009, 15（1）: 97-134.

跨国公司等动态复合的多元化治理主体。其实质性影响或参与国际关系的能力显著提高，越来越多地作为法律意义上的国际社会成员与国家直接建立国际法律关系。❶他们势必要求治理权威的分享在法律层面获得表达，凸显以法律方式融入国际环境治理实践的主体性诉求，❷进而改变全球环境治理结构中的国家与非国家行为体。❸从经国际NGO之手支付人道主义援助和发展援助，到拟定统一环保技术标准，直至获取在国际环境执行机制中的程序性权利，私人实体逐步获得影响和实施全球环境公共规制的资格与能力。同时，其在环境治理合作的议题设置、规范的执行与监督，以及对不遵守行为的反应上不断积聚专业优势。由此，私人实体以其特有的公益性、高度敏锐性和积极自为性，打破传统公共事务管理单一服从、控制和消极制衡的局面，对调和国家环境政策、监督与执行国际环境规则发挥关键性作用。协商合作、良性互动的法治模式得以从国内环境公共规制扩展至国际环境治理。

总之，决策权威来源的多样化与私权控制的平行发展对环境治理权所产生的"稀释"效应，不仅强化对国家公共管理行为的监控，而且有助于提升国际环境立法与法律实施程序的规则导向。国际环境"善治"，仰赖于各类治理主体间良好合作的"去中心化"治理网络。

（2）国家中心主义的式微与环境领域国家治理职能的转变

在环境规制主体的权利能力方面，国家对环境规制的独占权威和公权控

---

❶ 主要表现在国际法规范及其实践中出现直接为个人创设权利的趋势。如国际投资法实践中具有"去政治化"和"私人化"特点的投资者—东道国投资争端解决机制，赋予投资者针对东道国直接触发国际仲裁的诉权和实现金钱补偿的法律能力。参见：崔盈. 可持续发展的国际投资体制下ICSID仲裁监督机制的功能改进［M］//中国国际法年刊：2015年卷. 北京：法律出版社，2016：314-342. 又如2001年国际法院在LaGrand案中指出，从文义角度看《维也纳领事关系公约》第36.1条创设受羁押者的个人权利。

❷ 李昕蕾. 美国非国家行为体参与全球气候治理的多维影响力分析［J］. 太平洋学报，2019（6）：73-90.

❸ "全球市民社会"概念是1991年史蒂芬·吉尔（Stephen Gill）在其《全球秩序和社会历史时代的思考》一文中最早提出，并由让尼·利普舒兹（Ronnie D. Lipschutz）基于国际政治的视角首次作出完整界定。它是用以描述在广泛范围内影响全球事务管理和世界秩序改善的公民组织和公民活动领域。其以NGO为主要活动主体，是推动国际关系朝一体化、民主化、法治化和多中心方向发展的超国家知识网络建构和公民行为，旨在应对日益严峻的全球治理危机、重构"冷战"后的国际新秩序。

第一章　全球环境治理的范式转换与国际环境法执行困局的机制破解

制空间受到限缩。这突出体现在环境、人权、国际刑事责任等领域，传统上以国家为中心和唯一权威主体的"压制型法"线性结构逐步被打破。同时，也表现为立基于成员国主权让渡和条约授权的政府间国际组织在运用治理权力的环境绩效方面，备受其内部机构和外部公众日益强化的法律监察与制衡。更多公共权益需要借助多元主体合力影响国际社会价值分配的全球体系，以获得国际层面的制度保障。

在环境规制主体的行为能力方面，国家固有的环境规制职权亟待"分解"，治理权力让渡需求显现。"领土型"威斯特伐利亚秩序中，国家对普遍性强制工具资源、民主正当性资源和经济资源方面具有得到确认和保障的垄断优势，正伴随着跨国互动的加强和国际事务相互交叠融合、模糊界限的状态而逐渐丧失，难以在国际社会所有领域做到全能全知。加之，环境管理的边际成本与日俱增，政府的科技创新与治理能力持续经受挑战。从分散治理职责的角度讲，主权国家也期望改变社会性规制"公私"二元分离的既有思维，通过向非国家行为体转移部分全球治理权力，以降低在国际关系活动上的公共支出。

（二）全球环境治理范式转换的内生秩序

作为全球环境治理最为倚重的核心工具，应然国际法在基本价值上倾注于可持续发展和人类基本利益；实然国际法规范和程序机制致力于在国家主权管辖范围之外的环境公益领域实现合作规制。因此，国际法在价值属性、规范结构、义务类型及实施机制等方面显露出新发展动向，成为推进全球环境治理范式转换的国际法内生秩序基础。

1. 国际法公共性的扩散，共存国际法与共同体国际法共时发展

1964年，弗雷德曼（Friedmann）着眼于价值取向标准，通过《变动中的国际法结构》一书对国际法的发展形态进行梳理，挖掘出国际法蕴含"共同之善"的应然价值取向。[1] 据此，从规范角度而言，共存国际法以主权独立为

---

[1] FRIEDMANN W. The Changing Structure of International Law [M]. New York: Columbia University Press, 1964: 60-71.

基础，主要协调国家间行为，侧重实现国家自身价值。共同体国际法则肯定非国家行为体的国际法地位，强调平衡主权权力与公共权利间的互动关系，关注臻善全社会人本价值。当代国际法渊源体系的结构变革和规范内容之公共属性的增强，已推动共存国际法向共同体国际法或合作国际法过渡。国际法规范属性的这种演进，将有效激活立体化治理层级规制工具要素间的耦合衔接，为全球环境多层级协商合作治理体系奠定法理价值与宏观制度架构。

实践透视下，国际法产生和演进的根基是平权国家间体现合意的一系列对等法律关系所维系的低限度中央集权。国际法规范被打上作为处理不同国家间利益配置关系的"个人主义"互惠烙印。❶ 超越私人和单个国家利益的人类共同利益所授予的权利体现出一致性特点，各行为体在此权利上均拥有共通的法律利益，即对世权（Right in Rem）。其延伸的义务亦有普遍性，无一例外地约束所有行为体，即对世义务（Erga Omnes），❷ 有鉴于此，建立在个体正义和正当程序基础上的国际秩序实践暴露出重大规制盲区。遂以联合国的成立，并在《联合国宪章》（Charter of United Nations）中第一次确立国际合作的国际法基本原则为分水岭，国际社会成员基于在全球性问题上不断累积的共同利益，形成日益清晰的共同体基本价值观。此后，1970 年国际法院（International Court of Justice，ICJ）"巴塞罗那电车、电灯和电力公司案"裁决，明确界分基于违反不同性质国际义务的请求权，❸ 标志着国际法规则体系中的共同体利益日渐得到重视。尤其是"保护的责任"（Responsibility to Protect，

---

❶ 高度组织化的国家理性仍不能从根本上排除基于其单个利益需求的个人主义行动倾向，在诸如环境等公共规制领域陷入集体行动困境，抑或国家间环境治理合作的零和博弈陷阱。参见：蔡从燕.国内公法对国际法的影响［J］.法学研究，2009（1）：178-193.

❷ 国际法院在"巴塞罗那电车、电灯和电力公司案"（The Barcelona Traction Light and Power Company Limited）中指出，对世义务是对作为整体的国际共同体负有的义务。参见：Barcelona T.Light and Power Company, Limited, Second Phrase［Z］. Judgment, ICJ Reports, 1971：56.

❸ 国际法委员会《国家责任条款草案》（二读）第 42 条对国际义务进行分类，并将对整个国际社会的义务置于国家责任体系的最高层。《维也纳条约法公约》第 60 条第 3 款（c）项和国际法研究院《关于国家对国际社会整体的义务的决议》（2005 年 8 月 27 日通过），都体现出禁止侵略和种族灭绝，保障基本人权、民族自决和环境保护等国际社会的基本价值观。

第一章　全球环境治理的范式转换与国际环境法执行困局的机制破解

R2P）概念的提出及其核心理念被逐步接受，❶ 意味着通过解构国家主权内涵的方式，重塑不干涉内政原则的适用与国际共同体利益保护间的互动关系，从而强化共同体法发展的国际法基础。简言之，"共同体利益"陆续得到确认强化与延展创新，❷ "共处法"与"合作法"并行发展的国际法实践，为全球环境公共治理模式的变革提供实证支持。

2. 国际法律义务类型复杂化，国家行为的国际法约束由表及里

传统国家义务根本上是以制止侵害为主的"消极不作为义务"。例如，确认和平共处五项原则作为处理国际关系的基本准则，国家行为的边界被清晰地限定为不主动侵害相互间的合法权益。在当代风险社会，国际法则施加更多"积极作为义务"。诸如对 WTO 成员方贸易行为的合规审查等，都要求主权国家采取更具透明度的国内措施，积极转化和履行国际义务。这在环保领域突出呈现于有关国际环境义务的国内履行信息报告和审议制度，以及一系列履约能力建设方面。国际法律义务性质的多元革新，引致法律救济方式突破传统国际司法救济的局限。因此，需针对不同义务履行的现实障碍采取更多相应管理性措施，就复杂义务规制，打造贯穿事前预防—事中监控—事后救济的完整遵守管理链条。

---

❶ 2001 年加拿大政府支持的 NGO——"干涉和国家主权委员会"发布名为《保护的责任》研究报告，首倡关于国际保护责任的"R2P"理论。报告主旨认为：主权不仅意味着职权，更代表国家保护其本国国民不受非法侵害的首要责任；在国家无力或不愿履行其保护责任的情况下，国际社会就负有采取相应措施进行干预的补充责任。作为国际法基本原则的国家主权原则与不干涉内政原则应服从于保护的国际责任。这在人道主义干涉的正当性备受质疑的情况下，为构建和推进开放、动态的基本人权保护模式提供新思路。尽管对"保护责任"是否构成国际法规范及其具体内容仍存分歧，但联合国安理会通过第 1674（2006）号决议重申 2005 年世界首脑会议成果文件对"保护的责任"概念的认可，并在 2009—2015 年围绕落实该责任的支柱战略和动态框架结构连续发布 7 份秘书长报告，保护的责任逐渐获得国际社会承认与适用。参见：Outcome of July GA debate: Adoption of First UN Resolution on RtoP [R/OL]. [2015-05-01]. http://www.responsibilitytoprotect.org/index.php/componet/content/article/136-latest-news/2549-un-resolution-after-july-r2p-debate.

❷ 从最初以国家本位的"国际共同体"，演进为以国际社会利益为主要价值目标、意在实现共赢共享的"人类命运共同体"，共同体利益的实质内核已经发生改变，并结合不同全球治理领域的特点衍生出一系列共同体利益形态。参见：姚莹."海洋命运共同体"的国际法意涵：理念创新与制度构建 [J]. 当代法学，2019（5）：138-147.

3. 国际法实施机制多样化、集中化，实体与程序规则趋向平衡

就法与社会的相互关系而言，根据"诺内特－塞尔兹尼克模式"，旨在围绕国家权力以建构秩序的压制型国际法，呈现出法律认同基础易受强权政治侵蚀的不稳定性。以此种法律模式为控制工具的国际秩序，是由若干规定主体权利义务内容的孤立实体规则组成的低级社会结构形式，缺少确定、援引、实现和救济责任的程序规则。其实体规则的解释适用、运作方式与执行效果，取决于国际法主体直接采取的自助措施和国家间互动机制。在向以人本权利为基础的自治型国际法和回应型国际法逐步过渡的进程中，国际法的实施在人权和环境等领域取得实质性突破。❶ 传统的国际环境裁判与责任机制，主要体现为具有国家间裁判特征的 WTO 争端解决机制、突出个人对抗国家模式的欧盟法院体系，以及打造多种性质各异争端解决工具的"选购市场"和呈现"混合诉讼"复杂设计的联合国海洋法法庭系统等。当代国际环境法实施机制融入履约信息报告审议、援助激励、监督核查等具有规则弹性的环境遵约管理程序，构筑对遵守国际环境法产生独有影响力的国际监督构造，共同促进国际法规范结构的平衡发展。

（三）全球环境治理范式转换的初步实践

1. 全球风险社会中"去中心化"治理合作网络深度介入环境事务

传统公共规制，国家基于主权对内最高和对外独立的效力基础，以国际社会唯一享有和实施治理权威的利益主体自居，形成对公共事务管理的主权垄断。它通过自上而下的单向度权力体系和执行机制，对社会公共事务施加体现权力导向、命令式和强制性的治理。

自 20 世纪 80 年代起，全球环境变化带给现代国际社会异常全面严峻而复杂多变的环境挑战，制定与实施全球环境规则的基本路径开始发生改变。为弥补国家独自应对共同体危机所显露出的能力不足，包含国际 NGO 的各种跨国机制复合体和公私合作组织代表的公共治理权威，迅速成为表达环保

---

❶ 李威. 责任转型与软法回归：《哥本哈根协议》与气候变化的国际治理[J]. 太平洋学报，2011（1）：33-42.

第一章　全球环境治理的范式转换与国际环境法执行困局的机制破解

国际意愿的主要源头和最积极有效的环境守护者。1989年，德国、澳大利亚和巴西等24国签署意在探索建立应对全球变暖新制度权威的《海牙宣言》（Declaration of the Hague）。尽管该宣言不具有法律约束力，却充分承认私人实体在国际环保中的法律权利和作用。它还主张发展包括规则执行补偿机制和资金制度在内的新型实施机制，标志着国际环境法在性质、结构和功能上的重大转折。此后，联合国体系、WTO、世界银行、MEAs执行机构及众多跨国行为体，纷纷尝试创新适用于环境领域的法律实施规则。[1] 至此，借助以市场原则、社会公益与观念认同为基础，上下互动的多向度合作网络，全球环境的"国家中心"治理体系逐步转向规则导向、自愿式和协商性的"多中心"全球治理。

公共权威全面介入环境事务的基本原理和逻辑依据，首先源于提升现存国际环境法适用与实施效率的需要。这是在厘清环境争议的同时，不断提出存在被忽视风险的环境问题、环境利益和环境因素，并以环境优先的理念影响人们对国际问题的认识。其次，从人权角度而言，无论社会公众通过参与环境决策来细化和延展政治参与权，还是借助司法和行政程序的矫正与救济践行公正审判权，环境事务参与权处处彰显对现存人权保护规范的公平适用和扩展。最后，环境决策与实施程序的适当透明度、监督控制及社会成员的合理参与，有效推动政府公共管理部门在正当性基础上实现规制功能，是改善环境公共决策中公私利益平衡、强化决策程序合法性的重要渠道。

2. 环境事务公众参与法律制度的深入发展

作为"多中心"全球环境治理范式的灵魂，环境事务的公众参与在适用范围、规制方式及内容要素构成上持续法律化完善。

（1）适用范围的国际性拓展

传统意义上的公众环境参与权通常是在国内法背景中论及。国际层面，即使环境软法先行，以1972年《斯德哥尔摩人类环境行动计划》建议39

---

[1] 王宏斌.治理主体身份重塑与全球环境有效治理[J].经济社会体制比较，2016（3）：137-143.

（a）❶、1982年《世界自然宪章》(World Charter for Nature) 原则23❷为蓝本，1992年《里约环境与发展宣言》(简称1992年《里约宣言》) 原则10全面确立了公众参与原则。这些软法规范依然未能超脱在国内法框架下描述公众参与机会的藩篱，❸其所倡导遵守和实施的公众参与本质上并不具有国际性。

但20世纪70年代后，以欧洲和美洲的区域国际法为代表，公众参与环境事务的法律发展率先在区域范围取得突破，明确支持加强在国际层面商讨环境参与权。其中，联合国欧洲经济委员会（United Nations Economic Commission for Europe，UNECE）围绕跨界环境问题中的平等进入和非歧视原则，形成包括《在环境问题上获得信息、公众参与决策和诉诸法律的公约》（简称《奥胡斯公约》）、ECHR 和欧盟法的区域法律规范体系以及经济合作与发展组织（Organization for Economic Cooperation and Development，OECD）一系列决议。❹进而，2001年联合国国际法委员会（International Law Commission of the United Nations，ILC）《关于预防危险活动的越境损害的条款草案》（Draft Articles on Prevention of Transboundary Harm from Hazardous Activities）显示出将

---

❶ Declaration of the United Nations Conference on the Human Environment [R]. (1972-06-16).UN Doc A/CONF 48/14/Rev.1, Recommendation 39 (a): It is recommended that Governments and the Secretary-General provide equal opportunities for everybody, both by training and by ensuring access to relevant means of information, to influence their own environment by themselves.

❷ World Charter for Nature [R]. GA Res.37/7, UN Doc A/37/51, principle 23: All persons, in accordance with their national legislation, shall have the opportunity to participate, individually or with others, in the formulation of decisions of direct concern to their environment, and shall have access to means of redress when their environment has suffered damage or degradation.

❸ 如该原则使用 "all concerned citizens" 的概念，而非 "all concerned persons"，表露出其所涉及的公共参与仍应限定于国内层面，各国仅对其本国公民的环境权益予以考虑。

❹ 1974 Nordic Environment Protection Convention, 13 ILM (1974) 591; 1977 OECD Recommendation on the Implementation of a Regime of Equal Right to Access and Non-discrimination in Relation to Transfrontier Pollution, C (77) 28 Final, (1977), 16 ILM (1977) 977; 1988 OECD Decision-Recommendation of the Council concerning Provisions of Information to the Public and Public Participation in Decision-making Process related to the Prevention of, and Response to, Accidents Involving Hazardous Substances, C (88) 85/Final. (1988-07-08); Aarhus Convention on Access to Information.Public Participation in Decision-making and Access to Justice in Environmental Matters, 2161 UNTS 447 [EB/OL]. (1998-06-25) [2015-09-09]. http: //www.oecd.org.

第一章 全球环境治理的范式转换与国际环境法执行困局的机制破解

公众参与作为一般国际法组成部分的迹象。❶

在此基础上，2012年里约可持续发展大会（里约+20）遂得以超越国家边界和国内法背景，扩展1992年《里约宣言》原则10适用范围，弥补拘泥于国内协调的缺憾。❷直至气候变化《巴黎协定》（Paris Agreement）及其实施细则与"卡托维兹一揽子计划"纲领文件，不仅创新多边环境治理"自下而上"的自主贡献模式，❸而且打造更具约束力和政治抱负的气候风险网状管理结构。这一系列应对气候变化的"巴黎规则体系"为非国家行为体创设议程设置、规则塑造与引领的法定权利来源，深刻影响公共参与气候共同治理的合法性依据。

（2）规制方式的适用性增强

1972年斯德哥尔摩人类环境会议唤起人类环境意识的觉醒，一些国家开始通过立法和行政的方式调整环境事务的公众参与。随后形成的相关国际法律文件也都不断重申采取立法和行政措施保障每个人获取环境信息、影响其所处环境资源的平等权利。1992年里约联合国环境与发展大会后，环境事务公众参与的国际法律体系在人权体制的培育下迅猛发展。一些人权领域的国际法庭和条约机构审查成员方遵守和执行状况时，引入环境事务信息获取、决策参与和司法准入的新概念用以分析既存人权，❹公众环境参与权经由"绿

---

❶ UN International Law Commission.Draft Articles on Prevention of Transboundary Harm from Hazardous Activities［R］. 2001 GAOR 56th Session Supp 10：370.

❷ 《我们憧憬的未来》（"The Future We Want"）作为"里约+20"可持续发展会议的主要成果文件，尽管最终并未吸收巴西有关公众参与原则全球行动的建议，但仍在全面考量各国独特的社会、经济发展与环保问题特殊性的基础上，提出环境领域国际合作与冲突机制对全球环境治理和可持续发展的国际管理体制所产生的重要价值，突出强调扩展《里约宣言》原则10的适用范围，鼓励在区域性、国家、次国家及地方层面采取措施，以促进环境利益相关方参与机制的创新。这一超越国界和国内背景的适用延伸，反映国际社会对不同范畴公众参与法规的需求增长。参见：Report of the United Nations Conference on Sustainable Development, UN Doc A/CONF.216/16［R/OL］.（2012）［2015-05-02］. http：//uncsd2012.org.

❸ VOIGT C, GAO X.Accountability in the Paris Agreement：The Interplay between Transparency and Compliance［J］. Nordic Environmental Law Journal, 2020（1）：31-57.

❹ ECtHR在对ECHR第6条公平审判权进行分析时，引入《里约宣言》原则10阐述的公众参与等新概念，确立参与权作为国际人权法律框架组成部分的基础地位，并将ECHR发展为推动环境领域公众参与的重要引擎。参见：ECtHR.Okyay v.Turkey, 36220/97［EB/OL］.（2005-07-12）［2015-09-09］http://www.echr.coe.int；Taskin v.Turkey, 46117/99［EB/OL］.（2004-10-10）［2015-09-09］. http：// www.echr.coe.int.

色化"法律适用程序得以矫正和救济。

（3）内容要素的结构性均衡

自 1985 年全球第一个《有关臭氧层保护的维也纳公约》（Vienna Convention for the Protection of the Ozone Layer，VCPOL）起，几乎所有 MEAs 都毫无例外地纳入信息交换条款，将信息获取作为公众参与环境事务的首要前提。一些环境条约体系下，公众可获得的环境信息广泛涵盖立法、行政当局决定及司法裁判。1998 年《关于在国际贸易中对某些危险化学品和农药采用事先知情同意程序的鹿特丹公约》（Convention on International Prior Informed Consent Procedure for Certain Trade Hazardous Chemicals and Pesticides in International Trade Rotterdam, Rotterdam Convention）更是细化公众信息获取的专门程序和具体标准。如此，保障和便利公众公开、充分、快捷的获取环境信息，逐步取代低水平的国家间信息互换，成为在最广泛意义上倡导公众参与的基本内容。

决策参与和司法准入则构成公众实质影响环境事务的实体性和程序性保障，被《里约宣言》公众参与原则所吸纳并得以完整诠释。两者与信息获取并行存在，构成决定环境公众参与有效性的三大因素。直至代表环境公众参与国际立法最高水平的《奥胡斯公约》，将环境与人权领域的法律发展融于一体，全面设定公众参与三大构成要素的最低标准。而且，根据其第 15 条构建起审查成员方执行情况的遵守机制，❶ 由独立遵约委员会主导，同时赋予成员方公众启动机制的程序性权利。借此，进一步奠定 UNECE 在促成《里约宣言》公众参与内容实施上的领先地位。

（四）全球环境治理范式转换的实践特征

全球环境治理体系冲破自身增量改革的共识困境，与其他领域国际法进

---

❶ Article 15 of Aarhus Convention: The Meeting of the Parties shall establish optional arrangement of a non-confrontational, non-judicial and consultative nature for reviewing compliance with the provisions of this Convention.These arrangements shall allow for appropriate public involvement and may include the option of considering communications from members of the public on matters related to this Convention. [2015-09-09]. http://www.unece.org.

第一章　全球环境治理的范式转换与国际环境法执行困局的机制破解

程平行发展的同时又展现繁密的议题交叉，旨在促进传统司法裁判与遵约管理机制乃至不同规则体系间有机合作的国际制度设计陆续涌现。这些环保国际规制的跨领域合作实践，印证"环境合作规制"交叠管辖、互动调试的特征，反映了实现可持续发展的目标要求。

1. 国际贸易规则与多边环境协定的相互渗透

（1）环境议题日益成为多边贸易体制的重要价值目标

多边贸易治理框架下，环境与贸易规制的最初关联源自《1947年关税与贸易总协定》（简称GATT1947）第20条一般例外。其有关保护人类、动植物生命与健康和可用竭自然资源的（b）款和（g）款，试图从发展角度建立关注环保的自由贸易政策体系。随后，GATT发起的第7轮东京回合贸易谈判，首次将调整领域从关税措施延伸到包括环保技术法规的非关税壁垒，并制定GATT第一个与环境相关的贸易协议，即《技术性贸易壁垒协定》（Agreement on Technical Barriers to Trade，TBT协定）。作为GATT承继者，WTO的争端解决机制形成涵摄货物、服务贸易及知识产权领域更为全面的环境规则体系。同时，环境问题还作为单独议题，在WTO多哈发展回合贸易谈判中占据重要地位。

更重要的是，赋有准司法特色的WTO争端解决机制，围绕贸易承诺义务环境例外条款的法律适用，作出具有"事实先例"效力的司法裁判。❶1991—1994年美国金枪鱼系列案件❷、1998年美国虾和海龟案❸、2000年欧共体与智

---

❶ 所谓事实先例，即裁决者于司法实践中对上级裁决机构的先前裁决予以充分尊重，但并非出自法律义务，先前判决也不能构成正式法律渊源。参见：BLACK H C. Black's Law Dictionary [M]. New York: West Publishing Co., 1990: 416.

❷ 主要包括1991年美国与墨西哥的金枪鱼案Ⅰ（39S/155, DS21/R）和1994年美国与欧共体、荷兰的金枪鱼案Ⅱ（DS29/R）。这是多边贸易体制首次触及已纳入国际海洋环保法律框架的"可持续发展原则"，开始审慎处理海洋环保政策贸易影响的重要转折，构成主宰GATT时代环境规制走向的风向标。参见：WTO.GATT Panel Report of United States-Restrictions on Imports of Tuna（'Tuna/Dolphin Ⅰ'）and United States-Retractions on Imports of Tuna（'Tuna/Dolphin Ⅱ'）[R/OL]. [2019-05-16]. www.wto.org/dispute_settlement_gateway.

❸ 该案是印度、巴基斯坦、马来西亚及泰国诉美国1989年《濒危物种法案》第609节，违反GATT 1994第11.1条有关一般禁止数量限制的规定，堪称通过司法手段协调WTO贸易体制与海洋环保关系的运作范本。参见：WTO.United States-Import Prohibition of Certain Shrimp and Shrimp Products, WT/DS58, WT/DS58/AB/R.WT/DS58/RW [R/OL]. [2019-05-16]. www.wto.org/ dispute_settlement_gateway.

利箭鱼案❶，成为WTO以"规则导向"模式协调贸易自由化与海洋环境资源利益关系的代表性争端解决实践。借助这些实践，WTO争端解决机构（Dispute Settlement Body，DSB）在"规范丛林"中主动与其他领域法律秩序形成规则解释上的互动砥砺。与环保相关的系列贸易争端裁决，从实体规则上确立多边贸易体系关涉产品标准绿色化发展的判例基础，开启贸易规范对海洋等国际环保规制执行层面的制度支持。❷

（2）环境规制在区域一体化安排中赢得重要突破

区域层面，NAFTA首创专门性的NAAEC，以监管成员方环保政策法规的制定与实施，并创立环境委员会协调处理缔约方之间与环境相关的事务。❸以此为发端，借由FTA轮轴辐射效应，就与贸易有关的环境义务单独设章，并采取专门化机构和措施保障义务遵守的制度设计，迅速被拉美和欧盟，甚至亚太地区所吸收和借鉴，成为晚近FTA规制环保问题的范本。

从NAFTA到USMCA，环保在美式FTA中逐步取得相较于多边贸易机制更为实质性的突破，发展成为与自由贸易同样具有独立价值的重要事项。同时，在强化高水平环保规则的可操作性与执行约束保障方面，美式FTA也提供比之MEAs更具效率的机制安排。❹作为全球一体化程度最高的区域性国际组织，欧盟也渐趋将环保问题纳入其可持续发展政策，采取政治、法律工具"双轨战略"来协调贸易与环境关系：一方面，通过其部长理事会提供有关环境与贸易的基本政治框架；另一方面，形成一系列旨在统一产品最低环境标

---

❶ 该案是针对智利环保法规有关箭鱼捕捞船的贸易禁令，在欧共体与智利之间就是否违反GATT 1994第5条（过境自由）等有关货物港口中转与进口限制的规定产生争端。参见：WTO.Chile-Measures Affecting the Transit and Importing of Swordfish，WT/DS193，G/L/367/Add.1［R/OL］.［2019-05-16］. www.wto.org/dispute_settlement_gateway.

❷ 李寿平.北美自由贸易协定对环境与贸易问题的协调及其启示［J］.时代法学，2005（5）：97-102.

❸ ROE R B. The Management of the Endangered Species Act, the Marine Mammal Protection Act and the Magnuson Fishery Conservation and Management Act［M］. Leiden：Martinus Nijhoff Publishers，1982：35.

❹ "Chapter 24：Environment"，Text of United States-Mexico-Canada Agreement［EB/OL］.（2019-05-30）［2020-10-01］. https：//ustr.gov/trade-agreements/free-trade-agreements/united-states-mexico-canada-agreement.

第一章　全球环境治理的范式转换与国际环境法执行困局的机制破解

准的环境指令。[1]

TPP/CPTPP规则体系促进亚太区域经济合作模式的转变。该体系融入反映FTA"多功能性"发展目标的环境规制思路，意图建构新一轮全球环境治理的示范性环境协定。这使得长期寄生在贸易体制下的环境非贸易价值逐步与经济发展要素达成对等平衡，环保义务已由自贸协定抽象宣言转向具有可操作性和执行效力的绿色化贸易承诺。

TPP/CPTPP规则体系通过与1973年《防止船舶造成污染的国际公约》的1978年议定书（MARPOL73/78）和1997年议定书（MARPDLPROT1997）（简称《海洋污染议定书》）、《南极海洋生物资源养护公约》（Convention on the Conservation of Antarctic Marine Living Resource）等特定MEAs直接挂钩，为缔约方创设海洋渔业生产补贴、禁止野生动物植物种群非法采伐及相关贸易等实体环境义务。[2] 更为重要的是，TPP/CPTPP规则体系设置环境承诺"双轨"履约机制，体现出遵约管理与司法裁判"合作规制"的特征。借此，TPP/CPTPP规则体系可将贸易制裁作为重要履约保障，并配置融常规争端解决机制和公民申诉程序为一体的控制工具，以实现对环境承诺从"软监督"到"硬控制"的过渡。

（3）MEAs贸易执行措施的遵守控制效果强势显现

国际贸易与环境规则的互动影响，不仅体现为贸易领域内更多与环境相关的议题出现，更体现为MEAs遵守实践中依赖运用贸易规制工具以实现环

---

[1] HENDRIK S. Article 9（3）and 9（4）of the Aarhus Convention and Access to Justice before EU Courts in Environmental Cases: Balancing On or Over the Edge of Non-Compliance? [J]. European Energy & Environmental Law Review, 2016, 25（6）: 5-92.

[2] TPP/CPTPP贸易规则体系高标准、深层次、强化执行力的规范内容，是美国晚近与秘鲁、哥伦比亚、巴拿马和韩国商签的4个双边FTA遵循将环境与贸易义务同等对待实践的延续，涉及FTA缔约双方共同参与的7个MEAs环保实体义务。这也明确列举在2007年布什政府与国会为美国扩展FTA网络所达成的基本环境法律标准中。主要包括：《濒危野生动植物物种国际贸易公约》（《华盛顿公约》）、《蒙特利尔破坏臭氧层物质管制议定书》、《海洋污染议定书》、《美洲国家热带金枪鱼协定》、《关于特别是作为水禽栖息地的国际重要湿地公约》（简称拉姆萨公约，Ramsar Convention）、《国际管制捕鲸公约》（International Convention for the Regulation of Whaling, ICRW）和《南极海洋生物资源养护条约》。参见：李丽平，张彬，陈超. TPP环境议题动向、原因及对我国的影响 [J]. 对外贸易实务, 2014（7）: 12.

保目标的取向。以 MPSDOL 为例，其被国际社会普遍认为是得到最有效遵守的 MEA。❶ 这一方面得益于在该议定书 ImpCom 主导下具有管理性特征的不遵约情势处理方法，通过多边环境基金和技术支持激励缔约方以合作为基础的自愿遵守；另一方面得益于其在缔约方与非缔约方及与有不遵约情势的缔约方之间，全面禁止进行有关消耗臭氧层管控物质及其产品国际贸易的限制性措施，有效发挥其经济杠杆和强力威慑作用。该议定书为履行环境义务而允许采用的贸易保障措施，主要包括诸如进出口许可证和配额管理、对非缔约方适用贸易措施的差别待遇、对相同产品不同生产过程的区别管制及贸易申报与事先同意程序，甚至对不遵约行为的贸易制裁等。就规范属性而言，这些措施似乎均与 WTO 非歧视原则、禁止一般数量限制及 WTO "涵盖协定"有关生产加工过程和方法（Processing & Product Methods, PPMs）的标准相悖。❷ 并且，也在援引 GATT 1994 第 20 条（b）款和（g）款环境例外作为合法抗辩上存在障碍。而 MEAs 环境义务实施机制与 WTO 争端解决及执行机制也存在场所及规则冲突。此外，MEAs 提供的多边环境基金也有构成 WTO 规则体系所认定的"补贴"嫌疑，在多边贸易体制框架下的合法性众说纷纭。❸

但 GATT 秘书处就欧盟提出关于该议定书贸易限制措施问题的回复表明：❹ 多边贸易协定已存在把此类措施归入环保特例，将 MEAs 贸易规则视为

---

❶ 2012 年，联合国环境规划署发布《全球环境展望 5》，基于对全球 90 个环境目标的实施进行全面评估，确认仅有臭氧耗竭物质生产和使用的减少、汽油中铅含量的减少、更好的水源获取及推动海洋环境污染防治四个领域的目标取得显著进展。

❷ 如 WTO 的 TBT 协定首先确认各国享有就环保问题采取贸易措施的权利。同时，又在第 2 条和第 5 条中，对成员方在制定和实施本国技术法规和标准方面承诺义务的环保例外作出具体规定。它要求在遵循最惠国原则且不得将环保标准用作限制进口手段的基础上，允许成员方采用的贸易限制措施仅限于针对与最终产品有关、直接影响产品质量和特征的 PPMs 所造成的环境污染。成员方采取涉及生产过程的 PPMs 标准并不属于符合该协定的合法贸易措施。

❸ 就解决 WTO 与环境有关的贸易规则同 MEAs 贸易措施间的冲突，WTO 具有规范各国贸易管制措施一般性公约的特征，而 MEAs 贸易措施显然是实现特定领域环保目的的具体条约。因此，从贸易措施的角度讲，MEAs 贸易措施可作为特别法而具有优先适用的效力。

❹ 朱源. 国际环境政策与治理 [M]. 北京：中国环境科学出版社，2015: 88-89.

第一章　全球环境治理的范式转换与国际环境法执行困局的机制破解

WTO 特别法予以适用的倾向。❶ 故而，贸易与环境措施可共同发挥对经济和自然资源的最有效配置，其相互支持推动国际环境法遵守的成效初现。❷

（4）环评或环境利益分析引领 FTA "绿色化"走向

晚近，贸易与环境规则相互影响的独特表现即对 FTA 谈判和实施展开环评或国家利益分析。借此可为贸易、投资政策的制定者识别并提供重大环境影响信息，包括 FTA 环境条款设定目标的实施及缔约方环境政策法规的改变状况。这将有效提高缔约方在国家层面环保与贸易政策的整体一致性，进而针对 FTA 潜在经济驱动可能产生的环境危害及环境规则影响设置环境合作项目，实现贸易政策的环境风险预防与环境损害救济。

例如，作为世界上第一个以法律形式确立环评制度的国家，美国依据第 13141 号总统指令和 2002 年《对外贸易法案》的规定，在美国贸易代表办公室（Office of the United States Trade Representative，USTR）主导下，通过跨部门贸易政策工作委员会（Trade Policy Staff Committee，TPSC），可对所签订的包括 WTO《乌拉圭回合协定》在内的全部贸易与投资协定，进行事前和事后环评，其内容侧重于评估对美国环境规制可能产生的负面影响。

欧盟则是通过从成员方国内环境法规升级为依赖国际贸易协定来实现环境调控。通过在其所签订的 FTA 中设置 "可持续发展影响的审议条款"，欧盟授权各成员方的公众参与程序和机构，从共同体市场整体的角度对协议实施的可持续发展影响进行审议、监督和评估，并突出关注 FTA 对欧盟之外缔约相对方可持续发展的影响。

发展中国家贸易政策的环评起步较晚，但也获得实质性进展。❸ 1998—

---

❶ 这也体现在多哈回合环境议题谈判中。各成员方向 WTO 贸易与环境委员会提交各自关于解决 WTO 贸易规则与 MEAs 贸易措施间冲突的意见主张，大致可归为维持现状、建立对 MEAs 贸易措施合法性的审查标准、豁免 WTO 项下义务、修改 GATT 第 20 条赋予 MEAs 以普遍例外权等四种方案。参见：WINTER R L. Reconciling the GATT and WTO with Multilateral Environmental Agreement [J]. Colorado Journal of International Environmental Law and Policy, 2000（11）：223-258.
❷ EPPS T, GREEN A. Reconciling Trade and Climate：How the WTO Can Help Address Climate Change [M]. Cheltenham：Edward Elgar, 2010：77.
❸ 谢来辉.全球价值链视角下的市场转向与新兴经济体的环境升级 [J]. 国外理论动态, 2014（12）：22-33.

2000年，联合国环境规划署（United Nations Environment Programme，UNEP）在阿根廷、中国、孟加拉国、智利、印度、菲律宾等发展中国家组织开展了贸易政策环境或可持续发展综合评价项目。墨西哥也于签订NAFTA之后对该协议进行了事后评价。❶

综上，传统FTA均是立足于贸易自由化思维考量其所产生的现实影响，很少关注各种因素叠加引发的可持续发展问题。随着国家政策的顶层制定者和贸易谈判代表日益重视贸易的环境影响，以及贸易政策制定与实施进程中公众参与的不断深入，国家环境与贸易部门间的互动逐渐增强。以美国对NAFTA的环评为发端，借OECD、联合国可持续发展委员会（Commission on Sustainable Development，CSD）等国际组织的强力助推，贸易政策的环评已在全世界范围内全面展开。由此，全球FTA网络的绿色化发展已构建出从经济、社会、环境三大方面对贸易协定进行可持续发展影响评价的基本框架和初步系统化的评价方法，形成较为成熟的FTA环评实践。

2. 国际投资规则对环境外部性问题的规制

与在贸易领域形成以WTO为核心、多边贸易统一规则体系的框架结构不同，作为世界经济发展的"两驾马车"之一，国际投资秩序并未构建起综合性多边投资公约，仅在WTO中局部实现对与贸易有关投资政策措施的多边约束，并就投资争端解决和投资担保问题制定单行多边条约。更多跨国直接投资活动仍处于近2900个BITs及大量双重征税条约、区域性投资协定及包含投资条款的RTAs多方位交错调控之下。

晚近，传统国际投资格局面临重大调整和变革，国际投资关系的多元化、国际投资体系的结构性转变及国际投资争议重心的转移，推动片面强调投资保护的传统国际投资法制呈现出可持续发展的规则趋向。❷国际投资争端解决机制进而也面临立足于可持续发展的立场，以重构投资者财产权益与东道国

---

❶ GALLAGGHER K P. Free Trade and the Environment: Mexico, NAFTA and Beyond [M]. Stanford: Stanford University Press, 2004: 125-126.

❷ 崔盈.可持续发展的国际投资体制下ICSID仲裁监督机制的功能改进 [M] // 中国国际法学会. 中国国际法年刊（2015）.北京：法律出版社, 2016: 314-342.

第一章　全球环境治理的范式转换与国际环境法执行困局的机制破解

公共管理职权间的纳什均衡。当代国际投资法制故而更关注国际直接投资新形式，例如，因海洋资源国际合作开发工程投资项目所引发的环境责任与生态补偿风险，并施以更全面的法律规制。

（1）多边投资规制中的环境软法

国际组织层面的规制，主要体现为一系列专门涉及加强国际投资中环保政策的软法规则和程序。1999年，得益于联合国"全球契约"计划的协助，UNEP草拟国际"负责任的投资原则"（Principle for Responsible Investment），致力于促成跨国公司对人权、劳工标准、环境和反贪问题的充分参与，减少全球化负面影响。该原则倡导将环境等要素融入投资分析过程和政策实践，提高境外投资，尤其是金融投资领域对该原则的接受和执行，为从事跨国直接投资的投资者提供环境及其他社会责任方面的决策与行动指南。OECD《跨国公司行动指南》蕴含的环境条款也直指成员方管辖下的跨国公司，具体阐述有关建立和维持环境管理制度、采取最佳环境技术实践等，符合可持续发展目标与东道国环境法制架构的环保措施。

此外，世界银行集团（World Bank Group，WBG）两大组成机构——国际金融公司（International Finance Corporation，IFC）和多边投资担保机构（Multilateral Investment Guarantee Agency，MIGA），针对业务范围内的项目融资和投资担保要求，分别设置严格周密的环境政策与绩效标准框架及环境评审担保条件，成为项目融资和投资担保领域富有影响力的自愿环境政策标准。❶

（2）设定国际投资协定特定义务的环境条款

国际投资协定（International Investment Agreements，IIAs）环境规制彰显于对环境条款的引介上。❷ 最早为缔约方协调环境与投资关系创设权利和义务

---

❶ JOHNSON L. International Investment Agreements and Climate Change: The Potential for Investor-State Conflicts and Possible Strategies for Minimizing It [J]. Environmental Law Institute, Environmental Law Reporter, 2009, 6 (12): 31-56.

❷ 新一代双边或区域投资协定纳入环境条款，确立不得以降低环保标准作为吸引投资的规则底线，界清东道国环境规制权行使限度，设定投资者及其母国的基本环境义务等事项已成为新常态。参见：韩秀丽. 中国海外投资中的环境保护问题 [J]. 国际问题研究, 2013 (5): 103-115.

的是 NAFTA 及其附属 NAAEC。NAFTA 投资章率先在第 1114 条中提出处理环境与投资关系的两项基本原则：一是保护外国投资和制定、实施与投资有关的适当环保措施，可在协定项下实现相互支持；二是不降低标准条款，即不应以降低环保标准的方式吸引投资。随后，在其第 1106 条有关履行要求、第 1110 条有关征收和国有化等涉及缔约方保护投资的具体义务规定中，都对东道国在非歧视和正当程序基础上实施环保措施作出例外规定。该协定创新的投资争端解决机制也为在私人投资者和东道国间处理环境与投资冲突提供直接法律依据。NAAEC 则进一步完善缔约方在实施贸易和投资自由化过程中执行本国环境政策法规的基本义务，并为规制缔约方环境遵约行为创设以"公民意见书程序"为核心的程序性规则。❶

BITs 可称为国际投资领域最具针对性和权力结构优势的造法途径。美式 BITs 较早开始尝试在投资协定中纳入环境条款。1994 年美国 BIT 范本首创以"序言"形式对投资中环境法规的遵守和执行予以原则性关注。随后，2004 年 BIT 范本又全面吸收 NAFTA 环境规制的成功经验。直至 2012 年 BIT 范本，直观反映出美国着意加强东道国环境规制权的投资政策。2012 年美国 BIT 范本第 12.1 条还首次确认 BITs 与缔约方参加或缔结的 MEAs 之间存在的互动关系，借以强化缔约方在执行国内环保政策法规上的实体义务。并且，该范本还在程序性规则上抛出针对环境问题的强制磋商程序。❷

总之，美国力主使其在国际投资保护和促进上的规则标准，经由 BITs 实践成为具有普遍约束力的习惯国际法。美式 BITs 环境立法模式和规则框架以及对各种环境规制方法的融合吸收，伴随着美国高度发达的国际投资活动迅速对全球其他 BITs 发展态势产生根本性影响，并不断获得国际投资仲裁实践的支持。

---

❶ 王艳冰. 国际投资法实现气候正义之理论路径与实践原则 [J]. 学术界, 2013 (11): 89-96.
❷ SAVERIO. International Investment Law and the Environment [M]. Cheltenham: Edward Elgar, 2013: 35.

第一章　全球环境治理的范式转换与国际环境法执行困局的机制破解

（3）"绿色丝绸之路"国际投资法制的可持续发展创新实践

作为中国"引进来"兼与"走出去"的投资政策转型，❶"绿色丝绸之路"倡议主动链接东亚经济与欧洲经济，尝试经由陆上与海洋共建亚欧全方位国际经贸合作机制。❷在投资规制方面，该倡议跳脱既往"个体理性决策"基础上利益导向和缺乏集体统筹约束的不可持续性投资模式，强调沿线国海洋等环境资源及野生动植物保护的国际法义务。该倡议在平衡可持续发展政策的切实落地与投资者既得权益保护的同时，❸创新中国与"一带一路"沿线国家间 BITs 实践的"共同发展"目标。❹其以跨国企业环境风险自愿管理❺与东道国环境规制权有序回归为原则，针对"一带一路"沿线国家独具生态环境敏感特性的重大基础设施投融资项目、低碳环保合作项目等，确立环境责任的标准化规则体系。并且，在弹性规则框架的基础上，建构符合"管理性"投资争端解决需求的多元化立体平台，凸显国际环境软法在跨区域经济合作中实现硬法化的全新模式。同时，该倡议利用绿色化贸易、投资、金融的经济驱动支柱，为增进投资者生态环保服务与能力建设提供"阶梯式"资助，

---

❶ 尽管受全球新冠疫情、单边经济制裁措施及俄乌冲突对跨境投资的重大影响，中国全行业外国直接投资仍以 21% 的增幅在数量上加快大幅增长步伐，且进一步谋取质量上的显著提升。得益于对服务业和高科技行业的强劲投资，中国继续向外国直接投资开放经济，2021 年流入中国的外国直接投资总额已达 1810 亿美元，为全球第二大投资目的国。2021 年在华注册的外商投资企业 4.8 万个，同比增长 24%，国际项目融资交易达创纪录的 25 个。2021 年，中国对外直接投资总额 1450 亿美元，对最不发达国家的外国直接投资存量 460 亿美元，较 2016 年增长 38%，成为全球最大的外国直接投资来源地。同时，中国制定可持续银行业指导方针，旨在将更多投资引导至关键的可持续发展领域，并引入适用于可持续债券或基金和其他金融产品的披露措施。参见：UNCTAD. World Investment Report 2022: International Tax Reforms and Sustainable Investment [R/OL]. [2022-06-10]. http://unctad.org/en/PublicationsLibrary/wir2022_en.pdf.

❷ 2013 年商务部联合环保部发布《对外投资合作环境保护指南》的规范性文件，标志着中国作为投资者母国对海外投资日益趋向严格的环保义务要求。环境保护部，外交部，发展改革委，商务部.关于推进绿色"一带一路"建设的指导意见 [EB/OL]. （2017-05-09）[2019-09-09]. http://www.gov.cn/xinwen/2017-05/09/content_5192214.htm.

❸ MARCONI D. Environmental Regulation and Revealed Comparative Advantages in Europe: Is China A Pollution Haven [J]. Review of International Economics, 2012, 20（3）: 616-635.

❹ 曾华群.共同发展：中国与"一带一路"国家间投资条约实践的创新 [M]//陈安.国际经济法学刊.北京：北京大学出版社，2019：1-33.

❺ 强调企业应在运营思维、治理方式及投资价值考量上实现"绿色改进"，进一步架构政策法规调查与风险预警系统、环境影响评价体系、企业重大决策的内部审查程序、信息披露与交流机制以及法律救济机制，对投资行为可能产生的环境责任风险予以监控。

成为展现国际投资法制可持续发展规则取向的最新实践。

3. 国际金融机构对贷款融资项目的环境影响核查

当代国际金融法与国际环境规则之间的互构影响，最突出的典范即为世界银行针对其涉及环境影响的业务管理行为所创设的外部问责机制，即世界银行核查小组。❶ 该机制具有核查职权的问责性与透明性，❷ 使因国际信贷融资活动导致环境权益受影响的广泛私人群体，能对国际法上享有特权与豁免的专业性政府间国际组织实施直接源于国际法授权的社会监督。环境权益受 WB 发展项目信贷融资活动影响的社会公众以及作为其代表的 NGO，可通过从外部启动这种中立性纠错机制，对融资项目执行部门、受款国政府及项目当地政府，在拟建项目的谈判、立约、设计、实施与监理等过程中适用的一系列环境标准，通过国际金融组织权威机构主导构建的核查程序与后续监督程序施加间接约束。这无疑可促进国际金融组织在制定和实施内部操作程序指令中更关注环境政策与生态保护服务标准及其相关国际规制。

更具创新价值的是，该机制将"第三方"公众纳入环境损害救济程序，赋予公众群体以影响项目融资活动的程序性权利，即使该"第三方"从未与此类国际金融组织的决策和实施形成直接法律关系。这在国际环境法基本原则和规则的基础上，为国际金融组织发展融资活动，尤其是关涉海洋能源开发的技术融资等关键新兴领域设定法律底线，推动改善其具体项目设计中的环境政策标准。同时，世界银行核查小组在开拓环境规制公众参与新路径上的有益尝试，也从根本上改善了国际金融治理的民主正当性基础。

简言之，国际金融机构以"参与回应性"程序机制助推实体规则的环境友好，并借助绿色金融体系的发展强化对海外投资企业环境社会责任的融资约束。这将在国际金融规则与国际环境法之间搭建相互连接和协调的桥梁，

---

❶ EARNHARTA D H, GLICKSMANB R L. Coercive vs.Cooperative Enforcement: Effect of Enforcement Approach on Environmental Management [J]. International Review of Law and Economics, 2015（42）: 135-146.

❷ VITERBO A. International Economic Law and Monetary Measures: Limitations to States' Sovereignty and Dispute Settlement [M]. Cheltenham: Edward Elgar, 2012: 28.

第一章 全球环境治理的范式转换与国际环境法执行困局的机制破解

进而对推动全球环境风险社会性规制的演进产生重要影响。

综上，影响全球环境治理的政治、经济、社会和国际法机制正经历结构性"核变"，人类文明的安全和可持续性理应置于同维护国家安全利益等量齐观的优先位置。根植于国家授权同意、体现自上而下特征的传统治理模式，已逐步向政府主导、市场推进、公众参与的三维治理层级贯通借鉴、交互影响的"多中心混合治理"新范式演进，并逐步生成柔性、回应力、综合化的复合型协商合作体系。

进而，当代环境治理在主体、空间、制度机制及实施上全面展露"共融"特征：全球环境治理活动在政府、市场及社会三维空间内的多元主体间广泛展开，并建立和发展多边规则和管理体系基础上的"多中心"合作网络。全球环境治理范式的多层级协商合作转变，在国际实践中体现为以法律形式引导环境合作制度体系的改进和创新。"向上"强化国际机制间的治理协调作用，"向下"提高公众对环境治理的法律参与。

在全球环境风险的社会性规制上，要求采取更系统、更综合和跨领域的方法，发展上下互动的多向度、可持续性环境治理系统。置身于高度分权、横向平行式的无政府世界中，改善治理效能本质上取决于形成符合环境规制内在逻辑要求、折射"司法控制"与"遵约管理"价值调试的合作规制路径，以减弱各国在实施环保政策方面不对等、非互惠基因所形成的制约，有效激发各种治理因素的正面影响。

二、传统国际环境合作制度体系的绩效现状

国际环境合作制度体系既限定环境资源博弈的参数条件，又充当全球环境治理实施活动的重要资源，是调整国际环境合作关系的行为规范。国际环境合作的执行过程浸润于制度环境中，其每一步发展都必然受到制度环境、制度资源、制度规制直接或间接的影响，并最终引导环境合作过程中各类利益主体的博弈获得发展及实现均衡的结果。因此，有必要对作为全球环境治理执行博弈外部环境和内部规则的国际环境合作制度体系展开绩效评估，以

发掘改善国际环境治理执行效果的法律路径。

（一）国际环境合作制度安排的法律失灵

根据新制度经济学理论，国际环境合作制度体系应包括三个层面：环境合作的制度环境、制度安排和实施机制。在环境合作制度的运行环境发生根本范式转换的前提下，对于环境合作制度的实际效用评估就取决于其制度安排的合理性与实施机制的运作实效。

1. 全球环境治理制度构架的形成和维护

全球环境治理体系的宏观发展轨迹是通过以1972年斯德哥尔摩联合国人类环境会议和1992年里约环境与发展大会，这两个在全球环保发展史中具有里程碑意义的事件为坐标描绘而成的。国际环境法最初是在1893年英美白令海海豹仲裁案、1938—1941年美加特雷尔冶炼厂仲裁案、1949年ICJ科孚海峡案和1957年西班牙与法国拉努湖仲裁案等4起司法判例中吮吸营养，并被赋予生命跃动。到斯德哥尔摩会议，国际社会开始围绕污染治理重新审视人类环保共识和原则，其所通过的《斯德哥尔摩人类环境宣言》和联大第2994（XXVI）号决议批准关于自然资源管理的行动计划，以及促成联合国专门环境机构的诞生，都为开启国际环境法蓬勃发展的新阶段奠定思想和组织基础。再到里约会议，人们不仅摆脱局限环境损害本身的事后治理，追溯环境问题产生的根源，提出环境与发展相互支持的可持续发展新模式；而且，还阐发共同但有区别责任和风险预防等国际环境法的核心指导原则，并以此为基础初步形成协调不同层面公共和私人管理机构间环境合作关系的规则体系，法律约束进一步趋向硬化，遵约机制日渐完善，公众环境参与的权利保障更加具体有效。

2. 国际环境合作制度体系的结构性缺陷

（1）组织建设上统一权威的缺位

基于国际社会缺乏统一的国际环境组织及其所支撑的监督执行机构，传统全球环境治理顺理成章地被置于联合国体系的管理和协调之下，期望借助联合国在全球和平与安全事务上的统一权威，加强国际社会对环保的

第一章　全球环境治理的范式转换与国际环境法执行困局的机制破解

整体规制能力。但 UNEP 在国际环境合作制度体系中的尴尬地位及其机构改革的缓慢推进，都使其事实上并不具备担当国际环境法制统一领导职责的合法授权与治理权威，环境治理权能分散于联合国及其专门机构、联合国主导的各类发展融资项目或基金及联合国系统之外的全球性或区域性国际组织。

MEAs 通过其条约机构进行的治理活动，成为突破主流国际组织结构安排、体现自我管理特征的新兴"制度化自治模式"。但由于条约机构的组织构成及职能划分存在不稳定、不均衡的表现，诸如 MEAs 决策机制是否受达致最低一致水平的法理规制；环境争端解决机制是否有权在多样性语境下妥善解释含糊晦涩的 MEAs 规则，并建构确保公平适用于解决争端实践的各种精密程序；类似秘书处这样作为专职遵约信息和数据的收集管理，对遵约的判定及不遵约情势的处理都具有关键意义的组织机构，在其行政职能之外是否有资格承担条约执行功能等问题都尚未厘清。而且，各类 MEAs 也存在差异化的规定，其遵约机构的规则解释效力与法律执行权威备受质疑。

这样，全球环境治理格局中肩负组织协调与统一管理的职能机构缺位，各种治理机构以及在针对不遵守 MEAs 的非对抗程序中发挥重要作用的各种环境 NGO，只能在具有离心倾向的环境遵守规制实践中依靠自发机制建立联系，相互间的协作更加困难。

（2）遵行单体规制的现行国际环境规范缺乏一体化整合机制

由于缺乏从宏观整体层面对保护和管理全球环境的统一指导，主权国家单向度的环境风险规制导致片断化和零散性问题。国家或 MEAs 环境政策的选择往往并非出于考虑环境规制整体的优先顺位，且经过深思熟虑的科学决策，却是源自于应对严重突发环境事件的被动反省和补救，或是受控于政治考量的结果。因此，国际环保权威的分散进一步造成 MEAs 的扩散、增殖和全球环境治理的碎片化。

第一，缔结 MEAs 具有应急性，彼此之间欠缺密切协作与规制的连贯性。大多数 MEAs 是在发生严重环境问题，作为凝聚应对共识、建立采取制度化补救措施的平台而缔结。从建构主义理论的视角而言，它是以环境灾害事件的频发、蔓延，并与特定历史和社会问题相互联结的复杂问题情境为背景因素建构的零碎应对机制与临时规则，缺乏全面、统一的规划。事实上，臭氧层耗竭、生物多样性灭失等环境威胁相互交织、彼此增效，并在不同社会发展背景下复制和扩展。但对全球环境所面临这些主要威胁的界定和环保战略优先目标的确立，皆是伴随全球环境治理机制的实际运作才逐渐清晰。而且，分领域制定的 MEAs 大多专注于自身环保目标的实现，缺乏从全球整体环境要素循环互动的认知出发，形成全球环境治理绩效的横向比较。这不利于打通环境规则的条块分割和整合杂乱无序的环保资源，从而难以实现治理经验的共享。

第二，MEAs 所涉议题累加重叠，功能分工与规范内容存在矛盾，暗藏实施隐忧。国家在国际环境规则体系下环保义务的来源与内容呈分散性和条块化。不同现行 MEAs 调整领域相近、管辖范围交叉，出现就相似问题分别依据不同标准作出规范的情况。如《保护世界文化和自然遗产公约》（Convention Concerning the Protection of the World Cultural and Natural Heritage，CCPWCNH）所覆盖的自然遗产事项与《生物多样性公约》（Convention on Biological Diversity，CBD）和 CITES 发生部分重叠；而且，也无法避免实体义务或程序规则的解释和适用产生潜在矛盾的可能。如有关气候变化的《巴黎协定》强调通过增强森林植被的碳汇吸收和固碳功能以配合减排措施，这与 CBD 强调维护生态系统多样性的目标背道而驰。如此，这将进一步导致治理资源的混乱和冲突，相同缔约方面临在实施不同 MEAs 间的"两难命题"。

（3）多中心治理结构中各决策主体的合作互动关系尚未建立

博弈论基础上发展创立的"多中心理论"认为：针对全球公共事务的治理，在国家集权控制与自由市场竞争之间存在多种有效运行的中间治理方式，它们将多层面公共权威机构与私人机构相联结，构成权利平等、决策权能广泛分化、利益相关者通过竞争协作实现动态进化的多中心秩序，为解决

第一章　全球环境治理的范式转换与国际环境法执行困局的机制破解

社会公共治理困境的制度安排注入活力。❶ 各种自发性的跨国联盟、议题网络（Issues Network）、社会运动、知识共同体、政策协调中心等自下而上探索环境规制演进路径的"全球风险亚政治"正在形成，❷ 需要构建政府、市场与社会三层治理空间共存互补的伙伴关系，多元治理主体依靠合作网络权威，连接具有公共性、集中性优势的公权管制与体现回应性、高效率特征的私权调控，发展体现分权和参与的多中心合作制度。

但反思传统环境规制理论将政府和市场工具置于相互对立和替代关系的公私二分法缺陷，整合公共与私人领域环境治理的有效路径尚待探索；能确保各类主体在平等和互信基础上合作参与全球可持续发展进程，并对国际环境义务的遵守、管理、履行激励与强制制裁，形成有效调控的监督协调机制仍处于"试错阶段"。全球环境合作治理多中心结构的现时演进，面临处理占据核心地位的主权国家间集体行动的困境与发挥补充调节作用的各种非国家行为体间治理合作的障碍。

（4）国际环境法律机制的部门封闭与体系自足

就国际环境治理体系的跨领域协调而言，MEAs 尚未被 WTO《关于争端解决规则和程序的谅解》(Understanding on Rules and Procedures Governing the Settlement of Disputes，DSU) 纳入"涵盖协定"（Covered Agreements）范围，作为非 WTO 法不能在争端解决中获得直接援引和适用，与其他部门国际法的关系从整体上也处于封闭状态。就国际环境治理体系内的沟通合作而言，各 MEAs 项下专属遵约机制之间缺乏必要的关联协作，所获取的缔约方遵守信息与不遵守情势的处理建议及执行监督情况，也未对国际环境司法机构裁判环境争议产生实质性影响，彼此间缺乏适当沟通机制，本质上属于"自足"的封闭规则体系。

---

❶ 奥斯特罗姆，帕克斯，惠特克.公共服务的制度建构：都市警察服务的制度结构［M］.宋全喜，任睿，译.上海：上海三联书店，2000：序言 11-12.

❷ ULRIC B, GIDDENS A, LASH S. Reflexive Modernization: Politics, Tradition and Aesthetics in the Modern Social Order［M］. Cambridge: Polity Press, 1994: 120.

3. 国际环境合作的制度供给瑕疵引致规则执行博弈的无效均衡

国际社会为解决日益严峻的跨国环境问题而形成以规制立法为主导的被动型应对模式。由于缺乏有效协调的密织环境规制法网，国际环境规范在取得井喷式增长的同时，也显露"规制疲劳"。这突出表现为"条约阻塞"（Treaty Blockage）[1]和规制实效欠佳，未能对在全球、区域和国家层面采取最佳行动提供充分激励，无法适应全球治理新范式对国际环境合作制度供给的需求，出现环境风险调控的法律失灵。

（1）MEAs"三重结构模式"加剧规则实施的模糊不定

多边公约是在环境领域建立国际规制新体系的惯用工具。但其在确定主体行为合法性的初级规则方面，[2]继承国际法一贯软弱、缺乏可操作性的立法特点，甚至基于国家主权与环境治理效率要求间的内在张力，将这种抽象性发展到极致。有关环保的大量国际文件以凝聚环境合作意愿、提高不同主体参与度的宣言、原则以及其他软法规范为主，较少对缔约方环境义务的范围作出明确限定，不能为国际环境法遵守规则与标准的建立提供直接指引。而在涉及责任认定及履行的次级规则方面，即使是作出明确权利义务界定的具体条约规范，也对其构成有拘束力法律义务的程度鲜有提及。更基于大多数跨境环境损害的不可弥补性，而使相关国际不法行为未能落入传统国际责任法的事后调整轨道。

加之，为适应环境风险的科学不确定性和环境标准的易变动性等特殊规制因素，MEAs突破传统条约的既定结构形式，采取"框架公约+议定书+附件"的自治性法律架构和灵活造法模式。进而，在基础性公约的框架下，不断通过"双重修订制度"逐步细化缔约方的具体权利义务和环保标准。[3]但

---

[1] PALMER G. New Ways to Make International Environmental Law [J]. American Journal of International Law, 1992 (86): 259-283.
[2] HART H L A. The Concept of Law [M]. Oxford: Oxford University Press, 1979: 86-96.
[3] 即公约附件中的技术性规定可根据科学技术的发展，经简单修订程序加以完善；公约及议定书中的实质性权利义务规定，则适用传统条约法修改程序，经缔约国一致或多数同意完成修订。参见：亚历山大·基斯.国际环境法 [M].张若思，编译.北京：法律出版社，2000：356.

第一章　全球环境治理的范式转换与国际环境法执行困局的机制破解

这种模式下的谈判缺乏正式体制，容易为大国所控制；形成的法律成果由于不附属于任何机构，传统实施机制难与环境领域的国际法律渊源体系形成耦合关系，没有任何第三方实体能对其遵守提供有效救济，存在实施上的风险。

（2）跨国环境治理机制的"寒武纪爆发"

国际环境制度作为全球公共物品，从供给的一般模型上讲，具有供给主体不唯一、权威空间分散的特点，形成一个包容各类决策主体，缺乏统一治理权威的复杂合作体系。在联合国体系及各国政府的规制活动之外，众多非国家行为体也都不断通过确立管理公共事务最佳实践（Best Practices）的多中心竞争，以谋求对跨国环境规制和治理权威体系的影响，为撬动传统自上而下的规范社会化治理结构增添活力和支点。但同时多中心行为体自下而上自发演化的社会管理方式也会产生"无中心"的倾向，❶挤压政府管理和市场调节的空间，进一步加剧跨国环境治理机制的碎片化和无序竞争。加之，由于环境供给和消费上的联合性特征，造成环境公共物品的权责不清、产权不明，在资源利用的博弈中频现囚徒困境。多决策中心的个体理性因缺乏有效的国际体制协调合作关系、促进良性互动、解决竞争冲突，最终可能引致公共利益实现的障碍。

（3）跨领域环境议题处理的规则冲突

第一，管辖权冲突。由于1989年BCCTMHW、1973年CITES等大量MEAs将贸易限制作为实施环境义务的有效工具，或者类似气候变化法律框架下缔约方通过碳排放贸易和碳关税等方式与贸易规则体系建立实质性联系。故而，尤以强制性碳排放标准和碳排放限额要求等"碳相关边境调整措施"（Carbon Border Adjustment Measures）为甚，这些在MEAs框架下的合法执行措施，甚至是有效清除环保"免费搭车者"（Free Rider）的利器，因涉嫌在WTO成员方间构成任意的歧视或造成变相贸易限制而违反贸

---

❶ 世界银行.2014年世界发展报告——风险与机会：管理风险，促进发展［M］.北京：清华大学出版社，2015：283-288.

易自由化义务，进而诱发 WTO 的 DSB 与其他国际环境司法机构的管辖权竞合。❶

第二，实体义务规则的潜在冲突。MEAs 通过对接受环保义务程度不同的国家适用差异化的贸易限制措施以促进实现其环保目标。《里约宣言》还为缔约方采取处理全球性环境问题的单边行动提供依据，《生物多样性公约卡塔赫纳生物安全议定书》（Cartagena Protocol on Biosafety to the Convention on Biological Diversity）甚至针对贸易活动中已确认突破风险临界线的环境损害风险，允许缔约方单方面采取禁止进口的措施。这都与作为多边贸易体系根基的非歧视原则及普遍取消数量限制规则相抵触，不仅同多边贸易体制支持和维护的自由贸易背道而驰，而且使其所极力反对和限制的贸易保护主义在绿色伪装之下变得真假难辨。同时，货物贸易规则方面，传统的关税、配额和许可证等关税贸易壁垒措施已通过多边贸易体制的有效约束而获得大幅度削减，但贴上绿色标签后又在 MEAs 框架下得到重新启用。而 WTO 对非关税壁垒的限制和约束并不区分是否具有环境友好的特征，一系列诸如环境补贴、生态倾销、绿色检验检疫及绿色认证制度等与贸易有关的环境政策，在 WTO 现行贸易规则中并未取得特殊待遇。因此，针对绿色贸易壁垒措施在 WTO 框架下的合法性出路，WTO 成员方围绕 GATT 1994 第 20 条（b）项和（g）项的解释和适用争议，一时间成为 WTO 争端解决机制的核心焦点。WTO 美国汽油标准案、美国虾和海龟案、欧共体石棉案、巴西翻新轮胎案及中国原材料案与稀土案等一系列与环境有关的贸易争端背后，都是外部环境成本内在化与多边贸易自由化之间不协调的集中表现。

第三，程序义务规则的不兼容。《联合国海洋法公约》（United Nations

---

❶ 如 2000 年欧共体与智利关于箭鱼进口措施案。由于牵涉贸易与环境的关系问题，WTO 贸易利益与《联合国海洋法公约》产生竞合，引发 WTO 争端解决机制和 ITLOS 的管辖权冲突：欧共体一方基于 WTO 法律框架下成员方的过境自由权和普遍取消数量限制的贸易义务，要求在多边贸易体制框架下寻求争端解决；而智利一方又基于环保政策提请 ITLOS 介入纠纷处理，将 WTO 争端解决机构置于应中止还是主张管辖的"二难命题"。最终，该案启动两个不同争端解决程序针锋相对的局面，以双方签订中止协议而告结束，但这场因箭鱼捕捞而引发的贸易与环境之争却仍因双方持续谈判而无限期搁置。

第一章　全球环境治理的范式转换与国际环境法执行困局的机制破解

Convention on the Law of the Sea，UNCLOS）第 311 条明确界定与其他国际协定间的关系。与此相反，WTO 争端解决程序仅遵循《维也纳条约法公约》（Vienna Convention on the Law of Treaties，VCLT）的规定，对涉及同一事项、相同当事国间的条约义务冲突，适用后法规则（Lex Posterior Rule）以及得到 ICJ 和国际法理论普遍承认的特别法规则等。❶ 其缺乏具有独立规范力量、适用空间特定的国际冲突规则，未涉及有关建立 WTO 法律体系与 MEAs 衔接关系的法律指引，❷ 增加法律适用的不确定性。这尤其体现在 GATT 受理的美国与墨西哥的金枪鱼案 I（39S/155，DS21/R）中，美国主张其《海洋哺乳动物保护法案》对处于其他国家管辖领域或公海海域中的海豚采取保护措施，符合 CITES 要求缔约方为保护管辖范围之外濒危野生动植物采取贸易限制措施的义务设定。但在 GATT 体系内，此项义务却因美国相关法案的域外适用，而被专家组排除了援引环境例外的资格，进而构成对多边贸易体系非歧视原则的违反。

（二）国际法实施"黄金期"国际环境规则的执行赤字

进入 21 世纪，整个国际法的优先事项已由为适应全球治理要求的大规模造法转向力促加强法律规则间的协调与合作，迎来提高整体运作有效性的黄金实施期。而国际环境领域也已经历 MEAs 大量涌现的造法高峰，全球环境治理推进至执行环保合作战略和改进机制运作的阶段。国际环境法律规范体系的建立与完善固然能够影响和改变国际社会行为体的行为方向，但这种影

---

❶ MARCEAU G.Conflicts of Norms and Conflicts of Jurisdictions，The Relationship between the WTO Agreement and MEAs and Other Treaties［J］. Journal of World Trade，2001（35）：1090.

❷ 处理 GATT/WTO 规则体系与其他国际法之间法律冲突的条款包括：（1）GATT 第 21.3 条，协定的任何规定不得解释为阻止缔约方为履行《联合国宪章》项下维护国际和平与安全义务，而采取的行动和措施；（2）TRIPs 协定第 2.2 条规定，其内容不与成员方在《保护工业产权巴黎公约》《保护文学和艺术作品伯尔尼公约》《保护表演者、音像制品制作者和广播组织罗马公约》和《关于集成电路的知识产权条约》项下相互承担的现有义务相背离。（3）SPS 协定第 11.3 条，有关其协定内容不损害各成员在其他国际协定项下的权利，包括援用其他国际组织或根据任何国际协定设立的斡旋或争端解决机制的权利。（4）GATT 第 25 条和 GATS 第 5 条有关区域贸易安排优先的规定。（5）1993 年 12 月贸易谈判委员会（Trade Negotiations Committee）通过《WTO 与 IMF 关系的宣言》主张除非另有规定，GATT 1994 规则应优于 IMF 规则得到适用。参见：许楚敬 . 非 WTO 法在 WTO 争端解决中的运用［M］. 北京：社会科学文献出版社，2012：148.

响并不必定奏效，甚至会出现执行悖论，即有关环保合作的规范越多，国际环境法在遵守和实施危机的泥潭中陷得越深。国际环境治理体系的结构性瑕疵始终酝酿着规则执行全面溃败的危险。❶

1. 国际环境法的执行阻滞

产生于执行过程相关利益主体博弈的无效均衡，国际环境规则的实际执行状况面临在确保效率与公正两个维度上的严重阻滞，需要从环境合作规则的特殊性出发解构现存实施机制。

（1）国际环境条约执行效率畸低

迄今为止，国际社会已形成跨越各类环境议题，超过 1000 个全球性或区域性 MEAs 的庞大条约群。❷ 然而，条约义务缺乏有效的国际监督实施机制始终是现行全球治理合作制度体系的核心缺陷。❸ 与贸易、投资条约不同，MEAs 的遵守并非完全建立在条约义务对等互惠的双边结构基础上。相反的，遵守国际环境义务更凸显其非相对性、预防性和累积性。多数不遵约情势是迫于国家履约能力的不足，大大限制传统国际争端解决和责任赔偿等强制性事后救济制度发挥促进遵守的作用，需要建立以风险预防为导向的充分执行激励和有效制裁。单凭众多 MEAs 各自分散运行于传统国家责任体系之外的实施机制难以实现，何况还有诸如《鹿特丹公约》等，由于缔约方对遵约审议程序的触发、履行信息的提交及不遵约情势的认定和处理存在重大分歧，而根本未能建立相应的遵约机制。加之，MEAs 往往未对缔约方义务的履行设置严格时限，存在较长执行周期，不能有效预防发生环境损害，并充分抑制损害结果的蔓延和恶化。因此，大量 MEAs 在缔约方不履行环境义务的"叠加与传导效应"和环保措施效力延迟的抑制作用下，面临条约目的落空的威胁。

---

❶ HIERLMEIER J. UNEP: Retrospect and Options for Reforming the Global Environmental Governance Regime [J]. Georgetown International Environmental Law Review, 2002 (14): 773-784.

❷ 根据美国俄勒冈大学罗纳德·米歇尔（Ronald B. Mitchell）教授创立的国际环境协议数据库项目显示，截至 2020 年 3 月，全球环境领域共有 1056 个多边条约、1658 个双边条约及 369 个其他条约。

❸ SAMAAN A W. Enforcement of International Environmental Treaties: An Analysis [J]. Fordham Environmental Law of Journal, 1993 (5): 267.

第一章　全球环境治理的范式转换与国际环境法执行困局的机制破解

（2）习惯国际环境法识别标准不确定

作为被杰里米·边沁（Jeremy Bentham）视为真正意义上具有约束力的国际法，❶习惯国际法的非合意性质使其生成、确认、实施和终止的条件，都不依赖其他法律渊源而自足存在。因此，国际法理论和司法实践中，如何对其国家实践（物质因素）和法律确信（心理要素）两大形成要件进行识别，成为能否在缺乏相应可适用 MEAs 的条件下，联结国际环境立法和司法的重要纽带。基于习惯法是在长期反复的一致行为实践中产生，有关其形成要件的传统国家实践决定论以归纳推理为导向，偏重国家实践要素，主张在物质要素基础上确认和描述习惯规则。❷如有关中立和外交特权与豁免的习惯国际法皆是如此。

然而，依据严格区分事实判断与价值判断的休谟法则（Hume's Law），"实然"国家实践与"应然"习惯国际法规范之间始终横亘着一条难以逾越的鸿沟。❸在这个从社会事实到法律规范的转化过程中，存在诸如国家实践转化为习惯规则的临界点及实践基础上形成的规范内容等许多不确定和无法解释的难题。因此，为增强习惯法识别的稳定性，现代法律确信决定论从演绎推理出发，关注法律确信要素，强调影响国际习惯形成的心理基础，❹并通过条约引证法律确信以加快习惯规则的形成过程。但仍无法避免这种脱离物质存在基础的先验性推定沦为主观臆断的危险。❺总之，产生于持续和连贯国家实

---

❶ 姜世波.习惯国际法的司法确定[M].北京：中国政法大学出版社，2010：55.

❷ 哈特（Hart）在《法律的概念》一书中基于习惯法的描述性特征，主张其法律效力的根源应来自事实。只有形成普遍行为模式的事实才具有规范性意义，否则会遭到轻易的违反。参见：付志刚.习惯国际法构成要素的法理学思考[J].江西社会科学，2006（6）：215-216.

❸ 休谟.人性论[M].关文运，译.北京：商务印书馆，1980：509-510.

❹ 1899 年弗兰克斯·惹尼（Francois Geny）在其《实存私法的解释方法与法源》一书中，通过对习惯概念的阐述，强调法律确信在区分习惯法上的单独作用。转引自：姜世波.习惯国际法的司法确定[M].北京：中国政法大学出版社，2010：87-90.

❺ ICJ 关于"美国在尼加拉瓜军事和准军事案"裁决中，通过审查有关国际条约的内容，认定"禁止使用武力和以武力干涉"形成习惯国际法。这长期被许多西方学者诟病其未能遵循传统习惯国际法的判断程序，是以存在先验性假设为基础，寻求恰当的法律证明。参见：ANTHONY D A. Trashing Customary Law: The Nicaragua Case[M]//ANTHONY. International Law Sources.Boston：Martinus Nijhoff Publishers，2004：174.

践中，掺杂众多模糊性因素的习惯国际法，在现阶段本就已充斥大量科学不确定性的国际环境法领域，注定缺乏适用的土壤。

（3）国际环境软法执行条件不充分

国际环境法是以 MEAs 及其议定书和附件为框架，将大量环境软法作为重要内容填充和衔接纽带，联结各国环境管理调控政策法规而形成的法律规范体系，其主要支柱与核心规范是各类国际环境软法。然而，非强制性、软约束、缺乏基本位阶序列的国际环境软法，通常是在国际硬法规范出现规制空洞的领域，依赖主观上在其形成过程中凝聚的内在道德理性和客观上适应规范国际关系需求的示范和补充作用，提供最基本的规则指引，形成影响国家行为的次优选择。❶

从法律规范的约束效果看，首先，无论国际软法的制定还是实施，都体现主体多元的特点。这些国际法律人格各异的不同主体制定了从国际组织或国际会议的决议到 NGO 技术标准等，表现形式异常多样的软法规则，不仅使其权利义务内容和效力范围都呈现不确定和模糊状态，造成法律解释和适用的过度宽泛和不稳定性；而且，进一步加剧国际法体系碎片化产生的权利冲突，使国际环境法的遵守条件变得更加复杂。其次，国际环境软法以"软约束"的方式为国家履行相关义务提供较为充分的裁量空间。因此，广泛的接受度和遵守控制的灵活性是其在国际环境法领域发挥积极作用的优势所在。但作为国家间在权利义务设定上政治妥协的结果，其限制条件的灵活与含混也是一把"双刃剑"，既弥合硬法规范的刚性规制所无法触及的调控需求，也为强权政治的不当操控和滥用埋下隐患，使综合实力对比不同的国家在遵守国际环境软法上存在显著的不对称性和间断性。

2. 国际环境法执行效果对环境正义的偏离

当前，众多 MEAs 的签署及其执行机制的建立都是强调资源配置效率的政治妥协结果，既未反映发达国家与发展中国家在分享环境权益和承担环

---

❶ MARTIN K.The Effectiveness of Soft Law：First Insights from Comparing Legally Binding Agreements with Flexible Action Programs［J］. Georgetown International Environmental Law Review，2009（21）：826.

第一章 全球环境治理的范式转换与国际环境法执行困局的机制破解

保义务上的实质公平,又无法兼及代际间环境资源利用的恰当平衡,不符合人本主义发展模式主张人类社会与自然环境和谐共存的可持续发展关系。这集中表现在应对气候变化法律框架辗转反复的艰难发展历程:从《联合国气候变化框架公约》(United Nations Framework Convention on Climate Change, UNFCCC)首开将气候变化纳入多边法律规制的先河,到KP奠定"自上而下"量化强制减排机制的法律基础,直至国际碳政治的零和博弈将后京都谈判推向覆灭边缘,却在2016年气候变化《巴黎协定》"自下而上"自愿减排模式中又见曙光。

发达国家基于成本效益核算主张着重在成本较低、效果潜力巨大的发展中国家优先实施碳排放控制,以实现全球减排整体效能的改善。而发展中国家则在共同但有区别责任原则基础上,力求将发达国家技术和资金援助义务的充分落实作为承担减排责任前提。两者冲突的背后,实质是暗藏于减缓和适应全球变暖趋势的集体行动困境中,环境效率与公平间的离心排斥。

三、克服提供环境公共物品集体行动难题的遵守机制出路

现存国际环境法制的制度绩效意味着,国际环境法领域的制度安排使作为理性经济人的各行为体遵循程序理性的环境行为,产生了非理性的实际效果。正是由于现行相关制度体系存在的问题和不足,影响国际环境法律实践外部环境的发展,导致一些不利于国际环境法执行的博弈行为,进而影响其执行效力的提升。因此,为最终解决环保公共物品的供给问题,必须通过对国际环境合作制度体系这一博弈规则和参数条件的改进与创新,才能从根本上解决环保公共物品提供的博弈困境,提升国际环境法的规制效用。对不同MEAs的整合与协调等立法层面的国际努力,虽然能以存量改革的方式改善环境合作的制度供给和实施效果,但仍应作出适应全球环境治理新范式的增量改革,直面实施环节,寻找解决环境合作制度安排失灵和执行缺陷的有效路径。

（一）解决环保集体行动困局的全球环境治理结构改革

1. 环保的全球公共物品属性及其集体提供的最优决定条件

（1）环保的公共物品属性

首先，环境资源在使用的空间维度上呈现非竞争性、非排他性，经济的外部性效应显著。环保作为正外部性影响，对以自利为动机，具有经济理性的使用权人而言，面临存量稀缺和供给不足。

其次，环境资源在使用的时间维度上突显时滞性。当代人可在代际间资源利用协商不能的前提下，无限透支环境权益，环保应着眼于维系人类代际与代内环境公共事项的"二维平衡"。

再次，有限的全球环境容量资源未能在市场体系中获得评价，其配置和消费处于无序和缺乏节制的状态，"公地的悲剧"由此产生。而环境问题发展和影响的外溢性与非线性特征，使清晰界定和规制环境产权，通过将外部效应内部化的方式来激励和约束经济主体，以单纯私有化的市场机制实现环保变得异常困难。

最后，环境损害后果具有滞后性、累积性和不可逆转性，并会产生全球扩散性影响。环保措施的关键是预防风险产生而并非事后救济和恢复，致力于促进国际社会的共同应对。故而，为获得环保公共物品的最优配置，不仅应协调主权国家间的环境政策，还必须通过制度化的环境合作予以规制，采取各类行为体联合供给的方式，并建立有效约束机制对资金和责任分担做出实质性安排。

（2）环保全球集体行动的制度依据

与市场经济中的单个交易主体相似，这种政府主导下联合供给和消费的国际机制会给环境公共产品附加强烈的外部性特征。曼瑟尔·奥尔森（Mancur Olson）"集体行动的逻辑"表明个体理性并不能自动导致集体理性，反而常常导致集体非理性。

环保的国际公共物品属性和全球环境公益本身，在激励国际环境合作制度遵守上的有限作用决定了在缺乏国际权威执行机构，并出于对其他国家在

第一章　全球环境治理的范式转换与国际环境法执行困局的机制破解

合作博弈中"搭便车"的担心，面对日益加重的治理成本和不断扩散的治理领域以及牵涉渐趋广泛的治理主体，集体利益未必能为可持续行动的整合与实施提供稳定基础，存在诸多不确定性。国际环境合作制度体系仍有产生集体行动的溃败和整体不遵守局面的可能。

因此，国际环境法的遵守不会因环境合作而自动实现，其本身的有效性也需要在一个合作框架内，通过履行环境义务的实施机制得以保障。

2. 国际社会公共规制的先天障碍

建立在持续性、非互惠基础上的全球环保联动机制，必须形成为所有理性行为体都认同的激励结构和约束机制，以确定主体的具体行为模式与防范合作欺诈，引导各方利益集团积极参与环境治理政策的制定、实施和监督，善意遵守国际环境义务，并使国际环境法的遵守与不断发生变化的制度体系内外部环境相适应。

然而，这对本质上具有原初社会秩序属性的国际社会而言无疑存在巨大的规制障碍：首先，它没有凌驾于主权国家之上的更高权威与核心立法机构，不能对平等国际法主体的异质造法活动进行协调，梳理处于松散杂乱和非等级关系的各种国际法渊源，呈现出不成体系和部门自足的状态。其次，它也缺乏充分有效的行政机构，以承担维护基本法治秩序和在公共事务领域进行社会性规制的行政职能。这引致主权中心主义导向的威斯特伐利亚体系身陷解决"国家之上公共问题"的结构性矛盾之中，环保成为国家间合作或协调博弈极易出现失灵的领域。最后，建立在国家同意基础上的国际司法体系，无法提供适合在国际公共领域实施国际法的有效救济。其有限的个案正义不足以促成国际司法机构的职能延伸，从而实现对现存国际环境规则的修正发展和司法监督。

3. 联合国体系内全球环境治理组织机构和制度实施改革的有限性

基于国际社会在环境公共规制上的先天不足，联合国是以确立"二战"后国际秩序基本架构的《联合国宪章》为基础，拥有最广泛国际认同和社会规制正当性的普遍性政府间国际组织与协调各国行动的中心，必然要以维护国际社会基本价值秩序与公共利益为宗旨，积极推动改善全球环境治理绩效，发挥协调各国环境政策和领导环境合作的重要作用。世界银行和联合国开发计划署（United Nations Development Programme，UNDP）通过对有关环境的可持续发展项目进行评价、融资贷款和援助，不断增强对全球环境事务的影响力；旨在为发展中国家执行 MEAs 义务承诺提供项目资助的全球环境基金（Global Environment Facility，GEF）运作进入正轨，并将涵射范围扩及生物多样性、气候变化等 6 个环境领域；UNEP 对世界各国环保努力的协调也由封闭的精英社团式，向开放式吸纳市民社会参与、强调公私伙伴关系的多层面联合转变，为履行环保国际义务提供更趋多元化的执行手段。

然而，由于各成员方在赋予特定国际机构对国际环境法遵守的监督职能方面未能达成主权让渡合意，联合国体系内承担环保职能的现行主要机构在推动环境关切的持续讨论和保障 MEAs 监督实施及环境规则的整合实践上力不从心，致使联合国主导下的国际环境治理收效甚微。

（1）致力于促进环保合作和统筹联合国体系内环境行动的 UNEP，发起了蒙得维的亚（Montevideo）项目和环境信托基金，被认为在确保国际环境法协调发展和鼓励实施 MEAs 上取得不可磨灭的成绩。但因未被赋予采取执行措施的任何重要权力，无法建构具有较强规范效应的指令性规则。其职权仅限于向联合国大会及联合国经济及社会理事会提交相关报告，并因在行政经费来源和信托基金运作上受到严格限制，而沦为协调各国环境政策措施的论坛与提供环境信息服务的咨询建议机构。❶

（2）1992 年旨在推进《21 世纪议程》有效实施而建立的 CSD，其被授权处理的可持续发展事务是一个涵盖环境、经济与社会发展及其他相关法律事

---

❶ 包括 1999 年起与 UNEP 理事会年会同时召开的主权国家部长级环境论坛（GMEF）；2000 年与部长级环境论坛同步进行，容纳市民社会成员参与的全球公民社会论坛（GCSF），两类不同性质的环境论坛平行互动，保持良好合作关系，为各类国际行为体提供环境合作的讨论和交流平台。参见：UNEP.The Global Civil Society Forum［R/OL］.［2016-11-05］. http://www.unep.org/civil_society/GCSF/index.asp；UNEP.Governing Council /Global Ministerial Environmental Forum［R/OL］.［2016-11-05］. http://www.unep.org/resources/overview.asp.

第一章　全球环境治理的范式转换与国际环境法执行困局的机制破解

务的庞杂领域，有限的治理资源使其就重要环境议题进行讨论和解决的能力受到限制。加之，复杂的报告程序、官僚化的管理制度和与其他国际环境组织间的沟通不畅，使其成员国政府始终未能遵守所作承诺。《21世纪议程》整体执行效果不尽如人意，❶并因此导致2002年召开世界可持续发展峰会，以探讨改革和完善国际环境治理体制问题的具体方案。

晚近，联合国一系列环境治理体制改革也在如何提高联合国机构在全球治理体系中的权威问题上踟蹰不前。如将UNEP升格为"环境安全理事会"，拥有类似安理会在世界和平与安全领域同样产生具有约束力决议和采取强制性集体安全措施的权力；或在UNEP基础上，参照国际劳工组织（International Labour Organization，ILO）或WTO，构建统一性的多边国际环境组织，拥有独立于成员国的组织机构和预算经费，更重要的是打造高度中立的司法化环境争端解决机构；又或将联合国托管理事会并入UNEP，以实现对全人类共同资源和环境的信托管理，并提出针对公海捕捞、海底区域的开采、南极资源及外层空间资源使用等方面的有偿实施措施，用以改善环境治理的资金支持。❷但这些改革方案终因未能在国际层面形成广泛的政治共识，而一一化为泡影。至于UNEP在推进全球环境事务上的内部改革，也主要聚焦各国环境政策的协调，为迎合环境合作形势而渐进、被动和滞后地进行治理方式的微调。

（二）全球环境风险社会性规制实施机制的本质特征及最优模式探索

治理的核心是制度，全球环境治理发生范式转换和国际环境法实施面临严重困难的前提下，以法律形式引导实施全球环境治理合作行为，须着重考察制度是否能为国家环境行为提供恰当激励和正确引导，防止合作投机行为；是否能保障有利于环保规则和政策的有效供给，建立稳定、透明的合作秩序；是否能建立引入公众参与为核心内容的社会机制，实现环境公平与效率的合

---

❶ United Nations. U.N.Panel Opens Meeting Amid Frustration of Slow Progress Since Rio Earth Summit, BNA International Environmental Daily [R]. (1994-05-18)[2016-11-05]. LEXIS, News Library, BNAIED File.

❷ BIERMANN F. The Case for a World Environment Organization [J]. Environment, 2000 (42): 22-31.

作平衡。

1. 全球环境风险社会性规制实施机制的法律属性

赫伯特·莱昂内尔·阿道弗斯·哈特（Herbert Lionel Adolphus Hart）的"法律规则理论"指出，法律即规则之治，是以义务为核心的规则集合体。但鉴于初级规则（Primary Rules）或义务性规则的不确定性和静态性格及维持规则所依赖的分散化社会压力，即私利救济，只有与识别、引入、调试和实施初级规则的次级规则（Secondary Rules）相结合，才能使国际法在结构上不仅拥有与国内法相近的功能和内容，而且更加贴近国内法体系的规则分层形式，发展成为真正意义上的成熟法律体系。就法律属性而言，全球环境风险社会性规制的遵守实施机制本质上属于哈特所称涉及国际法权利义务实施的次级规则，或曰授权性规则。❶ 它与国际环境法的制定、实施和效力休戚相关，以"国际法遵守理论"为基础，通过检验国际环境条约、习惯国际环境法及其他相关环境规范的有效性和适用性，旨在改善国际环境法律制度功能、规制全球环境合作的国际制度。

基于当代国际社会中下述因素的共同作用，使遵守控制日益获得在国际环境治理语境下的特殊关注：第一，国际环境关系的技术性和细节化趋向，环境的国际法规制中更多与行为有关的法律义务设定突显精密复杂特质，须对单个国家遵守状况施加有效国际调控；第二，环境领域造法性条约的履约成本逐渐上升，国家在监控其他国际行为体环境责任承担方面的利益需求持续增长，致力于在受环境制约的国际关系各领域中确保实现公平竞争；第三，环境领域特定国际造法结构势必引致较大的规则实施风险，遵守控制不仅可证成特定国家的遵约状况，也为澄清潜藏争议的条约规范提供确认实践。

---

❶ "二战"后，西方新实证主义法学家哈特在其著作《法律的概念》中系统阐述其法律规则理论。他指出，法律制度的中心问题是初级规则与次级规则相结合而产生的法律结构。初级规则设定具体权利义务，并据以确认主体行为的合法性，是法律体系中科予义务的首要规则；次级规则实施初级规则，包括提供法律渊源与其适用的优先顺序，以及赋予法律效力标准的"承认规则"、授权提出或废止初级规则的"变更规则"、赋予裁判权威解决争端的"调整规则"，是授予公共和私人权力的二级规则。参见：哈特.法律的概念[M].张文显，译.北京：中国大百科全书出版社，1996：81-100。

第一章 全球环境治理的范式转换与国际环境法执行困局的机制破解

2. 现行环境风险社会性规制的主要路径

全球环境风险社会性规制作为旨在降低国家环境决策的不确定性,平衡各方利益诉求而设定的游戏规则,是各国确定和实现国家利益应予以考量和仰赖的一系列创新性实体和程序规则。建构此概念的前提源于一个普遍信念,即国际行为体遵守环境义务的程度越高,则相应国际环境规则的有效性越强,其对全球环境的有益影响就越大。❶ 因此,它能从环境风险的特性出发,为各种缺乏制度保障的国际环境规范装配监控平衡装置,使其从人类的环境合作构想变为切实可行的环境行为准则。并且,在解决环境外部效应的内部化问题,增进国际环境合作制度的供给渠道和可操作性,以及释放国际环境法实施的各种激励因素,为衔接国际环境法与国内的适用和实施措施搭建桥梁等方面,显现出有效改善环境合作机制执行力度的优势。

考虑到不同领域国际法律秩序的特点、规制路径的创新成本及模式演进的路径依赖程度,为发挥各类国际法主体的治理优势,实现不同法律实施工具在公平与效率上的最佳配置状态,国际社会创立并逐步发展出关于全球环境风险社会性规制的两种主流实施路径。

第一,间接规制:国际司法控制(International Judicial Control)。这是通过由国家集团或整个国际社会建立具有一定司法权威的国际法庭或仲裁庭,以及以规则为导向、体系自足的准司法性争端解决机构,对涉及跨国环境争端的相关案件行使司法管辖权。以个案裁决的方式为行为体不遵守国际环境法的行为提供法律救济,借由国际争端解决间接触及所涉国际环境规则的遵守问题。传统上,鉴于国际司法裁判模式在确认环境规则是否被违反及环境权益如何得以救济等问题上所具有的终局性和权威性,强烈影响国际环境法的产生和发展,成为促进遵守极具吸引力的方式。❷ 其

---

❶ KNOX J H. A New Approach to Compliance with International Environmental Law: The Submissions Procedure of the NAFTA Environmental Commission [J]. Ecology Law Quarterly, 2001 (28): 1.
❷ HART H L A. The Concept of Law [M]. 2nd ed.Oxford: Clarendon Press, 1994: 93; BILDER R B.International Dispute Settlement and the Role of International Adjudication [J]. Emory Journal of International Dispute Resolution, 1987 (1): 131-174.

中，伴随当今国际社会越来越多个人或其集合，作为法律人格者介入国际司法机构的裁判活动，以私人申诉为特点的超国家司法控制，更是在国际法实施领域异常活跃，❶ 为增强国际环境法遵守的公正性和司法监督效率提供可能。

第二，直接规制：多边环境条约的机构监管（Institutional Supervision of MEAs）。这是通过运用系统性审查、评估和报告国家遵守义务的情况等"阳光方法"，针对影响国际环境法遵守的各种深层次原因，非正式地解决环境争端，以澄清环境法律义务存在的模糊不清；提供技术和资金援助以加强国家的环境遵守能力建设，依赖劝说而非对抗，以促进合作来推动环境问题的解决；仅在确认国家存在持续性、故意不遵约情形下，施加一定强度的对抗性遵守压力。多边条约机构主导下的此种管理性模式，强调将所有适当的遵守措施和工具统合于一个连贯一致的个性化遵守策略中。以对特定成员实施 MEAs 义务情况的系统审议和评估为基础，实时监控可能遭遇的履行障碍，通过与当事方的合作分析出现遵约问题的原因，并协商形成针对性的细致改进计划，使环境治理规则内容的差异性和适应性得到恰当平衡，国家也被充分赋予解释和证实其行为合理性的机会。同时，由于为国家具体不遵约行为开出提升和修正的药方，迫使其无法回避承担确保遵循条约执行机构指示建议的义务。伴随遵约审议的循环往复，偏离遵约方向的国家行为逐渐得以纠正，原本模糊抽象的环境承诺也通过条约机构与国家的反复磋商，而日益具化为详尽、具体和可衡量的义务。环境领域的管理性机构监管无须借助诉讼而直接触及遵约事实，是更强调规制弹性和充分遵约激励的渐进模式。

---

❶ 超国家裁判在国际法领域取得实质性进展，最突出的表现是 IIAs 中"去政治化"的投资者—东道国投资仲裁机制，以及 TTIP 谈判力推改革国际投资争端解决机制的常设国际投资仲裁法庭体系。在欧洲，尤其是人权法和环境法领域超国家裁判稳固存在。CJEV 和 ECtHR 在其管辖的相关事务中，私人针对国家的申诉十分活跃。其他一些区域经济整合协议的争端解决机构，如 NAFTA 争端解决机构也允许私人一定程度的介入。此外，WTO 上诉机构在接受 NGO 提交"法庭之友"意见上也开始赋予私人当事人获得参与贸易争端国际裁判的机会。

第一章　全球环境治理的范式转换与国际环境法执行困局的机制破解

本章小结

后工业化社会，国际环境治理系统面对纷至沓来的公共规制难题不断进行着自我建构。对强力控制的追寻，衍生出政府手中富有垄断性、权威性的公共权力；对竞争逻辑的推崇，投射出市场机制下，环境公共资源配置的不完全信息博弈。

而当权力衍生行政之恶、自由竞争偏离正义之本，预示政府与市场治理的双双失灵。公共性和政治性社会组织的勃兴又培育出衔接政府和市场的社会治理，全球环境治理的范式转换、国际环境法执行困局及环境治理合作的执行博弈，就成为致力于贯通三维治理空间的环境遵守"合作规制"得以生成的重要背景和逻辑起点。

从合作规制依存的治理坐标而言，政治领域，国内与国际层面的协同决策；经济领域，经济发展与环境保护的融合支持；社会领域，多元治理权威的公私同治；甚至是国际法领域，法律规范结构和实施机制复合性演进，共同促成全球环境的多中心混合治理模式和多层级协商合作范式的初步发展。

从合作规制产生的问题动因而言，由于现行国际环境合作制度体系的结构性缺陷，引致在国际法重心转向规则实施的黄金时代，国际环境法面临从 MEAs、习惯环境法到环境软法全面执行阻滞和偏离环境正义的执行赤字。

从合作规制发挥效用的法律依据而言，为解决环保的公共产品属性与国际社会环境公共规制先天不足之间的矛盾，通过国际环境法实施机制引导环境合作体系博弈规则和参数条件的改进与创新，是各类环境利益主体实现最佳博弈均衡策略的应然选择。

第二章

全球环境风险社会性规制法律实施路径选择的理据考察：从"替代分析"到"互补分析"

一、全球环境风险社会性规制法律实施路径的替代性分析

关于全球环境风险社会性规制法律实施路径的选择问题，存在执行学派（Enforcement Approach）的司法控制与管理学派（Management Approach）的机构监管间的理论分歧。[1]学术界关注的焦点是对抗性裁判与管理性监管之间的替代关系，旨在寻求互不相容的两种规制路径间，实现最优规制效果的选择。

（一）传统国际法实施的司法控制一元论

1. 国际法强制执行理论基础上的司法控制路径

作为国际环境合作的主流分析工具之一，博弈论为体现复杂、反复博弈过程的国际环境合作提供制度评价标准。一方面，实现博弈过程所有参与者最优策略的纳什均衡，即秩序公平；另一方面，实现博弈结果在资源配置上的帕累托最优，即制度效率。遵守控制中最常见的博弈模型是囚徒困境博弈（非合作博弈），它揭示在无法获知其他博弈者策略的情况下，个体理性决策与集体理性需求间总存在背离张力，合作制度安排既不稳定又缺乏效率。为克服囚徒困境实现全球公共物品的制度化供给，需要以具有强制约束力的外部实施措施防范和抑制囚徒困境下的非合作行为。

---

[1] TALLBERG J. Paths to Compliance: Enforcement, Management, and the European Union [J]. International Organization, 2002（56）: 609-643.

第二章　全球环境风险社会性规制法律实施路径选择的理据考察：
从"替代分析"到"互补分析"

与成熟的国内法律体系相较而言，国际法被认为是存在种种限制和缺憾的初级权力结构，因而冠以"弱法"或"国际道德"的属性标签。❶国际法理论有关超国家强制执行的效力依据争议不断，❷国家实践中由于缺乏完整而权威的法律实施机制又使国际法遵守状况复杂多变，都将对国际法"法律性"的质疑指向国际法的遵守制裁系统。❸然而，除在国家间协调意志和对等原则基础上，国家以单独或集体方式自助实施的强制执行措施外，❹伴随着国际社会的组织化演进，大量体现多边合作、运行机制自成体系的国际组织，尤其是维持国际和平与安全的联合国组织机构与致力于和平解决国际争端的司法或准司法机制，为国际法的强制执行提供更为有效的途径。加之，反映"国际公共秩序"要求的强行法观念及相关执行规则的发展，为国际法实施机制的"硬化"奠定法律基础。晚近，国际法实施机制的发展就突出地表现为国际司法裁判的强制执行，尤其是 ICJ 及其前身常设国际法院（Permanent Court of International Justice，PCIJ），作为以法律方法约束国家间关系、建构国际秩序最雄心勃勃的范例，更以其独一无二的普遍性管辖权成为国际司法公正的代名词，构筑起确保国际法得以遵守和不断发展的司法控制体系。

---

❶ 饶戈平. 国际法律秩序与中国的和平发展［J］. 外交评论，2005（6）：50.

❷ 美国国际法学者奥斯卡·沙赫特（Oscar Schachter）研究表明，国际法理论形成包括国家同意、承认规则、国际社会的意志及对权威的分享期望等13种有关国际法效力依据的认识。参见：SCHACHTER O.Toward a Theory of International Obligation［J］. Virginia Journal of International Law，1968（8）：300.

❸ 国际关系理论中以摩根索和肯尼斯·沃尔兹（Kenneth Waltz）为代表的现实主义和国际法理论中以奥斯汀为代表的分析法学派，都从法的实效视角对国际法在国际秩序建构中的实质性作用持否定态度。参见：杨泽伟. 国际法析论［M］. 北京：中国人民大学出版社，2007：9.

❹ 这里包含国家强制执行国际法的两方面法律基础：一是国家间的协调意志，这不仅是国际法的效力依据，也是强制执行国际法的正当依据。不同国家间通过协议形成设定彼此权利义务的实体规范，也以同样方式产生各种保障实体规范得到遵行的次级规范，成为各国强制执行国际法的根源。若国家间最终形成一致的执行意志，则可依赖集体强制措施；否则，只能由国家自助采取反措施，以实现单独强制执行。二是对等原则，这是国家主权平等原则在国际法实施上的表现，构成无政府的国际社会维持最低共存秩序的基本方式。其在积极方面体现为"互惠"的激励作用，即遵守国际法使国际社会各国行为体均能因此获益；在消极方面则表现为"对等"的报复威慑，即违反国际法的行为将招致施以同等对待，从而促使大部分以互惠为基础产生的国际法规则都能在无须制裁的情况下获得遵守。参见：李浩培. 李浩培文选［M］. 北京：法律出版社，2000：485.

以此为基础，许多学者主张国际环境法的遵守控制亦应遵循通过由私人主体以及在国家间启动的对抗性诉讼或仲裁及准司法性争端解决机制，形成具有法律约束力的裁决，并依赖强制制裁措施保障遵守和实施的司法路径。❶

2. 国际司法实践中国际法庭和裁判机构的扩散增殖与效力改革

为应对伴随各行为体社会依存关系不断加深所注定面临的共同危机，国际社会着力通过创设新的司法裁判机构与增强现有机构的强制执行能力与司法效率以改善国际法遵守机制，并于20世纪90年代集中出现不断强化司法实施作用的局面。国际司法机构数量迅速繁殖、利用率不断攀升及涵射领域不断拓宽的剧烈变化，俨然成为"冷战"后国际法发展最为显著的特征。相较于从前仅有6~7个司法机构活跃于国际舞台，现存超过50个国际法庭中60%是晚近20年迅速建立起来。❷

其发展创新的特点表现在：第一，运行效能方面，传统国际司法机构在强制管辖权和司法效率问题上实现全面改革升级，为素以"软法"形象示人的国际法增添"硬度"；第二，功能类型方面，国际法的司法实施机制在国际人权法、国际刑法和国际海洋法领域取得历史性突破，尤其是发展出国际刑事司法和环境司法的全新种属；第三，体系构成方面，大量具有准司法性质和深受地区法律传统与实践影响的区域性第三方争端解决机制不断涌现，国际争端的司法解决方法广泛覆盖各领域的许多问题。同时，在国际司法机构数量激变和效能改造的背后，蕴含的是其性质和功能方面质的拓展。它以实践和平解决争端的原初功能为价值皈依，同时衍生出发展法律、遵守控制，甚至推行宪政等非裁判功能，对全球治理及国际法律体系产生重要影响。

---

❶ SANDS P.International Environmental Litigation and Its Future [J]. University of Richmond Law Review, 1998 (32): 638; MCCALLION K F, SHARMA H R.Environmental Justice Without Borders: The Need for an International Court of the Environment to Protect Fundamental Environmental Right [J]. The George Washington International Law Review, 2000 (32): 353-365.

❷ ALFORD R P.The Proliferation of International Courts and Tribunals: International Adjudication in Ascendance [J]. American Society of International Law Proceedings of the Annual Meeting, 2000 (94): 160-165.

第二章　全球环境风险社会性规制法律实施路径选择的理据考察：从"替代分析"到"互补分析"

简言之，国际司法机构的迅速繁殖及其强制效力的增强带给国际法的改变不仅是规范性质上的"硬化"，愈加接近国内法意义上的实然法律状态；更是激发在国际司法体系内，寻求解决监督实施国际法的有效模式。

3. 国际司法机制促进国际环境法遵守的功能特点

罗杰·费舍尔（Roger Fisher）曾在讨论最大化司法裁决合法性的方法时指出，国际法实施机制首要的是不仅寻求对法律规范本身的遵守，更应强化遵守特定案件中纠正不法行为的裁决结果。❶ 作为长久以来被公认为综合、高效的环境遵守控制路径，司法控制的本质核心表现为其所蕴含的规则性因素，在功能上呈现以下显著特点。

（1）公平性

首先，作为一个基本正义问题，任何因国家违反其国际义务的不法行为而遭受环境损害的国际社会行为体，包括所有利益相关的个人或团体，都应有权通过诉诸国际法庭寻求权利救济。尤其是国际环境法领域的超国家裁判，既保留传统国家间司法裁判的优势，又能融入私人参与，以不受国家减损的方式直接在国际层面为保护个人环境权益提供可行路径，弥补国家在国内因素利益权衡上的缺漏。从本质上讲，与国际人权法和国际投资条约旨在保护个人权利类似，国际环境法领域中的个人是可加以证明的主要受益者，环境规则最终仍落脚于规范非国家行为体的行为。❷ 故而，赋予私人及其集合参与国际机制、有效救济单独存在之个人利益的程序性权利是环境正义的应有之义。

其次，环境义务的内容相较于其他国际义务蕴含相当的专业性和精确度。而 MEAs 中具有高度模糊性的义务规范，为缔约方决定符合义务要求的行为方式及平衡国内各种利益的冲突，创造异常宽松的行为空间。因此，通过国际法庭所提供的司法权威与合法、统一的法律解释，能对国家环境义务的遵守状况实施公正审议，在司法审查中增强国际环境法的确定性和合法性，进

---

❶ FISHER R.Improving Compliance with International Law [M]. Virginia: University Press of Virginia, 1981: 309.

❷ RAUSTIALA K.The "Participatory Revolution" in International Environmental Law [J]. Harvard Environmental Law Review, 1997 (21): 557.

而引导遵守行为。

事实上，尽管国际环境领域并不存在清晰的执行机制，单独依靠司法裁判也不足以确保执行其最终裁决结果或其所适用的基础环境法律，但国家通常都会基于国际法庭的公正性而选择予以遵守。[1] 即使国家最终并未实际遵守，国际司法裁决的作出也为原本存在公正性质疑的单边制裁措施提供合法依据。因此，早期 MEAs 实施机制的设计中，条约执行机构仅是为缔约方遵约信息的搜集和交流提供可靠平台，未被授予对缔约方遵约状况进行实质性评价，并对不遵约情势采取进一步执行措施的权限。大多数环境问题的协调仍有赖于启动争端解决程序。

（2）稳定可预见

这是法的安定性对司法裁判的必然要求和司法可信度的主要表现形式。国际司法裁判针对各类参与主体设定明确的法律地位，适用相对确定清晰的法律依据，以独立、公正的立场澄清和发展法律规范、审议国家遵守行为，并就环境争端提出具有终局性、精确度和专家权威的解决方案。它可避免将案件分歧及其背后所引发的环境损害带入政治博弈的讨价还价，以司法刚性为环境权在国际层面谋求透明可见的救济途径。其素以裁量行为的"规则导向"特征恰当中和国际环境领域"软法当道"所产生的不确定性影响，为国际环境关系提供稳定性和可预见性。

（3）厘清和发展环境实体规则

所有法律规范即使再严谨也都留有解释性演进的空间，且会因特定规制领域权利界定清晰度的降低而扩大，使司法裁判成为法官手中一杆可以立法的"笔"。由于以"国家同意"为基础，通过协商一致方式推进的传统国际环境立法，在全球环境治理范式转换的需求下已不堪重负。而国际环境争端的司法控制运用具有积累性、试错性和渐进性特色的方法，缓解国际社会权衡

---

[1] ICJ 法官在 1995 年所作的统计结果显示：1946—1995 年国际法院裁处的 58 起诉讼案件中，除 3~4 起外，大多数案件的裁决结果都得到当事方至少是部分的遵守。参见：AJIBOLA B A.Compliance with Judgments of the International Court of Justice [M] //BULTERMAN M K, KUIJER M.Compliance with Judgments of International Courts.Boston: Martinus Nijhoff Publishers, 1996: 35.

第二章 全球环境风险社会性规制法律实施路径选择的理据考察：
从"替代分析"到"互补分析"

各行为体复杂环境权益的难题，成为国际环境立法的重要补充。同时，它还能为可持续发展等国际环境法基本原则完善具体内容和创新适用方法提供实践方向。

（二）新兴部门国际法实施的机构监管一元论

1. 蔡斯管理过程理论基础上的机构监管路径

1995年，艾布拉姆·蔡斯（Abram Chayes）和安东尼娅·汉德勒·蔡斯（Antonia Handler Chayes）在《新主权：对国际管理性协定的遵守》[1]一书中详细阐述遵守管理路径的基本原理，将其促进遵守的"管理性模式"建构在两个前提之上。其一，作为现实问题，法律遵守的程度并不是个经验性、可量化操作的问题。制裁国际不法行为的强制性经济措施在当今国际体系中已不适应环境条约常规执行的需要，采取相关军事行动更是如此。因此，创设以"威慑"要素为基础的实施措施并将其嵌入MEAs中，很大程度上意味着低效遵守。其二，国家大多数情况下具有遵守国际条约的选择偏好，不遵守情势的出现并非对条约义务的刻意违反，而多是基于遵守能力限制、对条约规范表达的差异化理解及实际执行的时效等客观障碍。因此，应通过监督国家行为、增强遵守能力及非正式的解决争端等替代司法裁判的方法劝说国家遵守规则，不能一味通过惩罚措施加重遵守成本。管理性模式的本质是通过主体间的合作而非对抗，以寻求根本解决隐藏在不遵守行为背后的深层次问题。

以蔡斯为代表的管理学派围绕"全球共同关切事项"，对已形成共同行为模式的相关法律规范的遵行状况进行实证研究发现：在诸如人权和环境等领域，运用制裁和声誉方法促进遵守显露较大的局限性。同时，蔡斯还依据表现为国家通过国际体制强化其国际关系参与能力的"新主权观"，进一步推出其主要建立在信息交流与互助合作基础上，依赖国际机制促成的"正当性商谈"来改变不遵守国家行为偏好的弹性"管理模式"。其以取代基于强制性制裁手段迫使国家遵守国际法的"执行模式"，揭开国际法遵守控制路径的二

---

[1] CHAYES A, CHAYES A H. The New Sovereignty: Compliance with International Regulatory Agreements [M]. Cambridge, Massachusetts London: Harvard University Press, 1995.

元对立。

2. 具有"社会法"特性的新兴部门国际法发展国际监督制度

伴随现代国际法"人本化"的动态进程,"以人为本"的国际秩序发展趋向不仅推动外交保护法、国际刑法、海洋法等经典国际法部门摒弃陈腐观念,实现"以人类为本"的与时俱进,还直接催生国际法的新分支,❶创造出符合"谋求全人类福祉"核心价值的国际监督实施机制。自 ILO 首创对国家遵守情况的全面审议和评估体系,为人权、劳工、环境等具有"社会性"的新兴国际法部门树立以外部个人申诉为基础的条约机构遵守监督范例,蔡斯的管理过程理论学说自此开始获得遵守实践的支持。

为推动劳工、人权和环境条约在缔约方国内的有效实施,相关条约的缔约方全体纷纷通过建立专门的条约执行机构,通过将各国实施条约的目标进行分阶段量化,以实现对国家整个履行过程的全盘监督和集中管理。❷作为这些条约执行机构运作灵魂的是通过国家自行报告或国家间控诉与个人申诉的触发,启动对具体缔约方履行有关条约义务的状况进行系统审议和评估,并以此为基础劝说和帮助缔约方改善遵守。国际法在这一路径中并不被当作僵硬的规则体系,而更是一种根植于共同价值和目标的决策过程。条约执行机构主要依靠协商、信息沟通、专家建议、资金与技术援助及能力建设等非对抗性、非司法性和非约束性的措施与缔约方建立遵守的互助合作,通过影响国家安全与社会福祉的国际机制,潜在改变不遵守国家的行为偏好,促进自愿遵守。

3. 条约监督执行机制促进国际环境法遵守的功能特点

被誉为"在国际法遵守领域最令人满意的法律理论"❸和"经典性刷新"的

---

❶ 曾令良. 现代国际法的人本化发展趋势 [J]. 中国社会科学, 2007 (1): 89-102.

❷ 世界银行前副总裁布拉希姆·沙哈塔（Ibrahim Shihata）曾将这种主要以报告和监督检查为主的遵约管理称为"低组织化"执行方式。参见：IBRAHIM F I S.Implementation, Enforcement, and Compliance with International Environmental Agreement: Practical Suggestions in Light of the World Bank's Experience [J]. Georgetown International Environmental Law Review, 1996 (9): 37.

❸ GUZMAN A T.A Compliance-Based Theory of International Law [J].California Law Review, 2002 (90): 1830.

第二章　全球环境风险社会性规制法律实施路径选择的理据考察：
　　　　 从"替代分析"到"互补分析"

管理过程理论[1]，一改在国际法遵守问题传统上"防御式辩护"的被动困局，为国际环境领域开辟替代对抗性裁判、体现"主动协商"性质的遵守控制路径。其呈现以下显著特征。

（1）机构性

主要 MEAs 大多自含遵守监督机构。一方面，作为旨在促进遵约的专门机构，它能以更有针对性的专业判断处理专项领域环保目标设定、义务标准、技术手段等关键问题，增强缔约方利用机构监督的信心，也为环境争议的有效解决奠定法律基础。其所实施的机构监管相较于以裁判争端为核心、缺乏详尽专业领域分工的国际司法控制而言，更具针对性和实效性。另一方面，条约监督机制从司法控制所关注的"事后补救"移至"事前预防"和"实时管理"。它充分利用政府间机制所特有的共同体压力和缔约方相互间有关遵约的竞争性集体监督，有效缓解发达国家关注环保水平的提高与发展中国家环境管理能力不足间的矛盾，通过改善缔约方遵约意愿和加强遵约能力建设以实现环保实体性义务的渐进式履行。同时，由于国际环境条约机制从全球环境整体高度配置缔约方的权利义务关系，任一缔约方的不遵约行为势必对作为整体的全体缔约方构成利益损抑。

这一特性也能克服司法控制效果局限于个案裁判，在全球公域环保及牵涉国际社会整体环境利益维护上国际法依据的不足，使国际环境诉讼主体资格争议、诉讼程序启动乏力及跨界环境损害公益诉讼的可接受性等困扰司法控制的难题迎刃而解。

（2）非司法性

与体现双边对抗特性的司法控制不同，管理过程理论秉持机构监督应摒弃严格司法模式的立场，通过协商讨论和多边谈判，以公平基础上的利益权衡与政治妥协化解冲突、促进条约履行。[2] 整个监督过程以"事先预防"为导

---

[1] KOH H H.Why Do Nations Obey International Law？[J]. Yale Law Journal, 1997 (106): 2637.
[2] ROMANO C P R.The Peaceful Settlement of International Environmental Disputes: A Pragmatic Approach [M]. Boston: Kluwer Law International, 2000: 73.

向而非重在裁处争议，突出非对抗和非裁判的管理性特征，符合环境领域遵守控制主要依赖无法律约束力的软法文件，没有创制特定权利义务可供国际司法机构裁判援引的实然状态。尽管一些 MEAs 仍为缔约方设定援引国际性司法争端解决机制的程序性权利，但有关条约的解释和适用、违反情势的认定等争端，事实上仍主要通过条约机构予以解决。这就将对解释和发展缔约方具体环境权利义务内容的控制权交还缔约方全体。即使针对已确定的不遵约情势，拥有独立调查或调解权力的条约遵守监督机构也倾向于采用调解（Mediation）、专家裁定（Expert's Judgment）、事实发现（Fact-finding）、中立听证协议（Neutral Listener Agreement）等"预防争端"的替代性纠纷解决方法（Alternative Disputes Resolution，ADR），从而避免使用容易引发主权对抗的处理方式。

因此，机构监管能最大限度促成缔约方在条约框架下进行遵约合作，也与 MEAs 尽可能吸引全社会广泛参与环境治理的政策目标相一致。

（3）规则弹性

MEAs 体系下的履行问题需要包容和反映包括当事国及 NGO 乃至私人环境主体等各方面的多边利益需求，对抗性司法程序容易使条约履行缺乏弹性空间，而条约遵守监督机构通常不受严格程序规则的制约。管辖权上，监督程序的启动和运行也不以当事方同意为依据，能根据环境标准的变化和科学技术的发展做出实时反应，广泛运用当代意义的解释方法赋予环境条约规范更贴合现实的意义。遵约管理的过程中，条约机构还可依据不同缔约方的实际履约状况和有碍履行的具体国家情势量身打造专属履约建议，恰当分解实现缔约方环境承诺总体目标的规划步骤，提升国家遵约的自由度和灵活度，对国家主权的限制处于可控范围。

（三）全球环境风险社会性规制法律实施路径选择替代性分析的主要特点及局限性

1. 国际环境法遵守的司法控制与机构监管路径之间的替代关系

（1）传统司法解决方法实施国际环境规则的缺陷

管理性机构监管一元论的支持者主张，国际司法裁判一个世纪的实践证

第二章 全球环境风险社会性规制法律实施路径选择的理据考察：从"替代分析"到"互补分析"

实其缺乏作为国际环境争端解决方法的恰当性，尤其不能在主要依赖环境软法的情况下确保对不遵约事件的有效识别和处理，忽视对非国家行为体效用的考量。鉴于机构监管路径最直接的目的只是澄清含混的条约语言，因而拒绝在其管理性模式中融入司法裁判的因素，❶ 并在此基础上形成对司法裁判路径的理论批判。

首先，传统国家责任制度基础上国际环境司法机制的痼疾。传统上，国家对其国际法责任的确认和承担是国际法得以遵守的重要体现。国家责任制度强调对国家的国际不法行为进行否定性评价和事后救济，通过援引国家责任所施加的法律后果，运用其所蕴含的外部工具理性因素调控国际法主体的遵守行为。而国家责任的实施对当事国及国际社会整体的利益影响巨大，单边自力执行措施暗藏法律风险，有必要将其置于法律秩序之下。这就在国际司法机制与国家责任间建立天然联系：国际司法控制是国家责任的主要正当实现途径，而国家责任又构成国际司法控制效力发挥的重要保障。但由于国际环境法上国家责任制度的发展严重滞后于环保的现实需要和国际环境法初级规则的发展进程，借由国际司法机构实施国家环境责任存在先天障碍。

其一，传统国家责任制度认为援引和实施国家责任的主要依据是国家对其所承担国际义务的明确违反，即无义务则无责任。然而，国际环境法领域充斥着大量模糊具体权利义务界定的"软规则"，各国都竭力避免使国家责任原则的内容清晰化和实施程序便利化，❷ 主要国际环境法文件也都在因违反全

---

❶ CHAYES A.Managing Compliance: A Comparative Perspective [M]//WEISS E B, JACOBSOM H K.Engaging Countries: Strengthening Compliance with International Environmental Accords.MA: MIT Press, 1998: 39, 54.

❷ 如1954年美国与马绍尔群岛核试验案。美国政府将因其氢弹试验对日本公民人身健康和财产安全造成的损害而支付200万美元的自愿补偿视为"恩惠"（ex gratia）的结果，并特别声明补偿本身与任何法律责任缺乏实质联系，丝毫未涉及国家责任的确定。参见：王曦.国际环境法 [M].北京：法律出版社，2005：143. 又如1978年苏联"宇宙954号卫星案"。尽管加拿大主张国家应对极端危险行为承担绝对责任，但双方最终还是通过签订回避确立解决此案法律基础的议定书了结此案。苏联并未按照《关于空间实体造成损害的国际责任公约》进行完全赔偿，甚至不承认给予赔偿的法律义务。参见：帕特莎·波尼，埃伦·波义尔.国际法与环境 [M]. 2版.那力，王彦志，王小钢，译.北京：高等教育出版社，2007：271.

球性环境规则而产生的国家责任问题上持节制态度,❶较难形成能直接为国际司法机构据以认定和实现国家环境责任的条约义务。这种"软责任"一方面表现为在国家关系层面上,条约理论尚未廓清有关国际法不加禁止行为产生损害性后果的国家责任问题(引起此种责任的国家行为并不违反任何义务,即不具违法性)。仅在外层空间活动的国家环境风险责任上,明确接受以无过错责任作为归责原则。现有国际法实践并不支持将其推广应用于其他国际环境责任领域。另一方面,倾向于将国家环境责任引向国内法,以国际私法关系中污染者与受害者之间的民事侵权责任取代国际公法关系中国际不法行为产生的损害责任,❷架空和虚化国家环境责任制度。因此,国际环境法上国家责任构成的复杂性和特殊性超出司法控制的功能范围,减弱其遵守调控的权威和效力。

其二,传统国家责任原则立足于对等原则,强调国家责任的法律基础是权益与责任的密切关联,国际法主体对其承诺义务的背弃必然意味着对其他国际法主体不受外来活动非法侵害权利的减损,凸显双务、对抗关系。❸而对

---

❶ 1972年《斯德哥尔摩人类环境宣言》第22条、1974年《保护波罗的海区域海洋环境的赫尔辛基公约》第17条、1992年《里约宣言》第13条等虽都提及跨界污染的环境损害,却均未触及违反国际环境义务应承担的国家责任。《世界自然宪章》更是根本不涉及国家环境责任的问题。1991年联合国安理会关于伊拉克侵略科威特的第687号决议,是除1972年《空间实体造成损失的国际责任公约》和1982年《联合国海洋法公约》之外为数不多的以"违法性"为基础,明确确认国家对环境损害承担赔偿责任的国际法文件。此外,《欧洲共同体条约》等高水平区域一体化协定,以及一些涉及环保的贸易、投资协定中也出现围绕国家环保义务,要求成员方承担国家责任的概括性规定。

❷ 这突出表现在《联合国海洋法公约》第235条的规定中。该条首先确认各国对其履行关于保护和保全海洋环境的国际义务承担国际法责任。随后,为保障环境损害受害者的法律权益,要求污染者所在国确保在其国内法框架内提供充分的环境损害法律救济,并要求各国就跨界环境损害赔偿责任机制的健全开展国际合作,推动国际环境责任法的发展。尽管民事责任机制对于国际环境责任的实现不可或缺,但对影响范围广泛、损害后果严重的环境污染事件,国家责任的承担无疑对国际环境秩序的修复与改善起到关键作用。

❸ ICJ有关西南非洲案和尼加拉瓜军事和准军事活动案裁决意见,以及ILC在草拟《国家责任条款》时对界定"受损害方"概念的讨论,都印证国际社会通过限定受损害方范围,强调国家责任制度须以存在双边法律关系为基本适用前提的立场。参见:South West Africa Cases(Second Phase),(1966) I.C.J.4, 34, paras.50-52; Case Concerning Military and Paramilitary Activities in and Against Nicaragua, (1986) I.C.J.14, 127, para.249; Report of the International Law Commission on the Work of Its Forty-Seventh Session, U.N.GARO, 50th Sess., Supp No.10, at 112, para.279, U.N.Doc.A/50/10 (1995).

第二章　全球环境风险社会性规制法律实施路径选择的理据考察：从"替代分析"到"互补分析"

作为全球环境主体部分的公域环境及气候变化、生物多样性、臭氧层损耗等全球性环境责任问题而言，除国际海底区域存在享有环境损害国际求偿执行权的国际机构以环境信托方式实现全方位管理外，❶ 由于利益主体及托管代理人含混缺位，这些领域援引国家环境责任的主体资格不明，现存国际法与国际司法机构实践也并未就代表国际共同体提起的环境公益诉讼创设一般性规定。❷ 加之，作为主张跨界环境损害赔偿权利基础的"环境权"制度尚未清晰确立，环境也依旧未被国际法纳入财产权加以保护。而且，环境权利义务关系处于不对称的状态，呈现单务、公益性特征。大部分公域环境损害的国家责任无法通过双边诉讼模式得以援引，实际上长期游离于国际司法控制之外。❸

其三，传统国家责任理论中，国家责任的价值目标在于遵循违法性和公平原则，确立有效的事后赔偿方案，并通过增加国家背离共同体秩序的边际成本，以减损致害国国家利益的方式迫使其重回遵守轨道。与此相适应的是

---

❶ UNCLOS 第 11 部分及联大通过的旨在根本性修改该部分内容的《关于执行〈联合国海洋法公约〉第 11 部分的协定》，构成国际海洋法中涉及国际海底区域的基本制度框架。它确立国际海底区域适用的法律原则，详尽阐述区域内资源开发的具体模式，并就海洋资源管理和环保专门机构——国际海底管理局的机构设置与职能作出规定。第 137 条第 2 款明确指出："对区域内资源的一切权利属于全人类，由管理局代表全人类行使。"第 145 条委托海底管理局负责照管，以确保海洋环境得到有效保护。参见：帕特莎·波尼，埃伦·波义尔. 国际法与环境 [M]. 2 版. 那力，王彦志，王小钢，译. 北京：高等教育出版社，2007：134.
❷ ICJ 在 1966 年"西南非洲案"咨询意见中明确表示：目前国际法尚不存在为实现国际社会整体权益进行"集体诉讼"的权利。法院不能以《国际法院规约》第 38 条第 1 款（寅）项所列"一般法律原则"将该权利引入国际法。参见：詹宁斯，瓦茨. 奥本海国际法：第 1 卷第 1 分册 [M]. 9 版. 王铁崖，等译. 北京：中国大百科全书出版社，1995：4. 尽管 ICJ 在随后 1970 年"巴塞罗那电车公司案"评论意见中，引入"对一切的义务"的概念用以分析诉讼资格问题，并认为若此类义务遭到违反，国际社会任何国家都有权提起诉讼请求。1997 年国际法院"盖巴斯科夫－拉基玛洛大坝案"，卫拉特曼雷法官的个别意见书更是进一步就"对世义务"作出专门论述。但迄今为止，ICJ 尚未在除人权法或人道主义法之外的任何其他案件中阐释有关"国际公益诉讼"的规则制度。
❸ 如 1986 年切尔诺贝利核事故。作为迄今为止危险物质及活动损害后果最为严重的事件之一，曾在相当长时间内，导致至少 20 个国家的公民、财产和环境遭受相当浓度核辐射的损害。但由于国际社会在此方面的法律规则不系统和低层次，不仅在事故发生后苏联未能将事故立即通知有关国家，也因未得到紧急援助而导致严重污染迅速蔓延至周边其他国家。而且，基于缺乏相关公约对此类事故的实质性责任和义务作出界定，加之苏联国内局势急剧动荡，最终没有任何受害国就该事故提出国际求偿。参见：ANNELI S. Information Exchange after Chernobyl [J]. International Atomic Energy Agency Bulletin，1986（28）：18.

承担国家责任的方式从性质上讲主要限于财产性措施，最典型的是恢复原状和赔偿损失，具有滞后性、补偿性和一次性。然而，国际环境规制更强调各国环保措施的协调合作和对灾难性环境损害的预警与防治，体现预防性、合作性和实时性。因此，国际司法机构所提供的责任救济措施适用于责任标准及牵涉的损害类型，甚至是责任主体具有较大不确定性，损害后果多数不可逆转的国际环境领域，无疑存在一定限度，是一种低效率的损益分配手段。因此，国家环境责任的司法救济方式与国际环境价值的特殊要求不相匹配。

其次，启动国际环境司法程序的动力来源不足。由于跨界环境争端的当事国普遍认为国际追索方式不适合对国内更广泛利益的平衡，是否作出启动国际环境司法程序的决策往往取决于环保之外的众多因素。加之，将争端提交第三方机制解决意味着当事方放弃对案件走向的控制，而尚未有任何现存国际司法机构处理环境问题的公正性、专业能力和执行效力能在国际社会取得充分信任，各国对国际环境司法或仲裁裁决结果的不可预见忧深思远。因虑及裁决发生的效力可能会对日后国家环境行为创设具有负面影响的先例，主权国家往往对以司法方法行使其作为全球环境"监管人"的权利缺乏积极性，一般都不愿在MEAs中嵌入具有强制约束性的司法裁判机制，令传统政府间环境司法裁判陷入僵死状态。

从1893年美英设立临时仲裁庭解决两国有关保护太平洋毛皮海豹的争端，❶并提出猎捕白令海海豹的"公海自由"亦应遵循体现资源可持续利用的国际规则，自此揭开国际环境法的序幕，除少数例外情形外，国家几乎从未因跨界环境损害向另一国提起国际诉讼。❷大多数MEAs均以当事方"同意"为争端解决前提，很少为国家预设"在先权利"(Pre-existing Rights)。像ICJ"核试验案"这样直接因高度危险活动可能导致跨界环境损害而诱发的罕见案件，前后50年间围绕法国"核试验"行为的合法性及其损害赔偿责任历

---

❶ Behring Sea Fur Seals Fisheries Arbitration (Gr.Brit. v. U.S.), Moore's International Arbitration Awards 755(1893).
❷ BIMIE P W, BOYLE A E.International Law and the Environment [M]. London: Oxford University Press, 2009: 137.

第二章　全球环境风险社会性规制法律实施路径选择的理据考察：
　　　　从"替代分析"到"互补分析"

经两个阶段的环境诉讼，仍或因法国停止继续核试验的国际承诺，或因 ICJ 依据狭义解释而对管辖权的否认，最终都未能进入实质审理，更遑论对遵守环保规则的监督。即使是超国家司法裁判，尽管避开国家间相互问责或在其他领域产生互惠效果的影响，确为国际司法机构提供更为广泛的潜在侵害信息和深入确认与审查不遵约情势的机会，但都碍于跨界环境诉讼各当事方平等的司法准入资格无法得到保障，也仍然要解决理性经济人参与诉讼的激励机制与滥诉问题，因而缺乏稳定、优质的诉讼启动资源。

再次，司法控制过程的鲜明对抗性不能恰当适应环保国际合作的要求。环保从义务设定的性质来讲，具有很强的对世性，在义务履行上依赖主体间的广泛合作，这与司法控制过程突出的双边对抗性特点难以充分兼容。就国际环境法而言，需要针对性地为缔约方遵守行动设计较为宽松的选择范围，保障多样化主体的法律参与，过于严苛的遵守程序不利于针对全人类共同关切事项作出集体反应。国际环境司法机构个案裁处的运作模式和在吸纳环境专业技能上的短板，也难以形成权衡各国不同阶段遵守实践的评议标准和遵守建议。其独立于国家意志与环境风险受害者意志之外的刚性裁判和法律责任所内含的强制执行特质，不仅提升包含受害者在内的私人主体参与环境治理合作的难度，更在很大程度上侵蚀主权国家环境政策的独立性和政策调整的能力。

最后，国家环境义务履行的司法监督后续乏力。由于大多数国际司法机构对环境争端的管辖恪守"国家同意"准则，环境司法控制通常具有被动反应性：一方面，其对环境问题的处理结果仅涉及有限当事方和特定法律争议；另一方面，即使对当事方，国际法庭裁决的效力也严重受制于环境法律文件自身普遍缺乏可操作的执行规则条款。其主要效能局限在裁处争端是非、厘清法律适用结果，形成当事双方均予以认可的解决方案。一旦裁判结果作出，仅能将当事方拉向遵守的方向，对裁决执行和义务的实际遵守情况，通常不是持续的实时监控而是节点控制，且不溯及既往。因此，"既往不咎，嗣后丧失"是司法控制在国际环境法遵守上的显著特征。

（2）机构监管路径实施国际环境规则的障碍

国际环境司法控制一元论的支持者认为机构监管路径低估司法裁判在环境规则实施中的重要性。尤其无法解释具有拘束力的司法裁判所产生的强制制裁威胁使管理性遵约工具更为有效，❶进而反对将管理性遵约工具与司法裁判相提并论，主张机构监管路径存在致命缺陷。

首先，易受国家控制的干扰。在机构监管模式下，无论从对缔约方遵约情况的常规审议和评估，或是针对不遵约原因制定实现遵约的国家路线图，还是以选择性激励的方式改善国家遵约能力，乃至对确认不遵约情势的处理都严重依赖缔约方在环境承诺上的遵守合作。这种国家控制下的非对抗、非约束性合作机制，尽管赋予国家主导遵约过程和方式的主权空间，但同时也为国家提供更多避免遵约的机会，甚至使整个机制面临因被国家完全控制而陷入无效的危险。以最基本的国家定期报告为例，对国家自行报告作出制度要求的主要 MEAs，平均超过半数的成员方都未按期提交报告，即使提交报告的成员方也存在报告内容与实际遵约情况的严重不符，不利于遵约机构在客观评估基础上提供遵约建议。❷虽然机构监管也考虑就存在严重不遵约情势和抗拒遵约的国家提高对抗性压力的可能性，但条约体系内依旧缺乏抑制不正当国家控制的有效方法。而且，也与司法控制路径同样面临程序启动激励不足的问题，国家通常不愿将条约监督机构的关注引向自身或其他国家的履行缺陷。

其次，体现义务履行的妥协性。机构监管的整个运作过程处处涌动"协商合作"的主基调。一方面，"协商"意味着无论对遵约方式、期限和条件，还是遵约效果和目标，乃至在不遵约反应措施上都有广泛商谈空间，条约遵约机构对国家履行的影响和干预缺乏强力保障。另一方面，"合作"暗示环境义务履行的程度取决于国家的合作意愿。国家对遵约的考量主要基于自愿，在条约义务的执行标准方面拥有话语优势，甚至能将实际履行效果调整到可

---

❶ KOH H H. Why Do Nations Obey International Law？[J]. Yale Law Journal, 1997（106）: 2639.
❷ JACOBSON H K, WEISS E B. Assessing the Record and Designing Strategies to Engage Countries [M] // WEISS E B. Engaging Countries: Strengthening Compliance with International Environmental Accords. MA: MIT Press, 1998: 512-520.

第二章　全球环境风险社会性规制法律实施路径选择的理据考察：
从"替代分析"到"互补分析"

接受范围内，以维系最低水平的环境合作，一定程度上削弱环境条约缔结时旨在实现的既定规制目标。

最后，公正的环境利益平衡方案较难达成。机构监管模式下针对不遵约国家达成的履行建议和应对措施，尚未与具有强制性的独立第三方机制建立清晰关联。其既不严格依据条约文本进行事实和法律评价，也不必然因循既定程序澄清有关争议事项。本质上这以问题国家与条约遵约机构的协商为基础，是条约缔约方集体政治决策的结果，具有突出的模糊性、调和性和临时性，难以确保遵约方案的公正和均衡。加之，虽然仅对 MEAs 缔约方全体负责的条约遵约机构拥有就特定不遵约情势作出回应的自由裁量权，但鉴于遵约机制薄弱的法律基础使其最终决定对遵约事项所产生的法律约束效力备受争议。❶

2. 全球环境风险社会性规制法律实施路径"替代性分析"的主旨特征与成因

全球环境风险社会性规制法律实施路径的替代性分析旨在通过对两种规制路径各自优势特点与缺陷的分析，表明两种路径各自平行存在，不具有交融互通的可能性：司法控制的优势是国家主导的因素降至最低，但启动激励欠缺，国家普遍的认可度不高，无法处理遵守精细化协议规则的关键问题；机构监管的优势则是以围绕不遵守原因有针对性的管理措施，实现对国家遵守的有效激励，但在摆脱国家控制因素上存在不足，容易纠结于国家间的利益博弈。

由于国际环境法规则体系形成之初，国际社会对环境领域的关注有限，不仅 MEAs 覆盖的国家仅限于欧美发达国家区域，而且涉及的环境领域主要以生物多样性和污染防治为主，许多规制盲区尚待逐一填补，存在大量造法空间。因此，参照其他领域成熟国际法的实施方式，通过国际司法机构立基于公允、善意等国际法一般法律原则之上，针对具体个案作出的法律推理和

---

❶ Martti K.Breach of Treaty or Non-Compliance？ Reflections on the Enforcement of the Montreal Protocol [J]. Yearbook of International Environmental Law, 1992（3）：149.

裁决，并引申出适于处理国家间环境关系的基本准则和应对方法，在争端解决中被动建构国际环境规制的基本法律框架，无疑是唯一可行的道路。故而，国际环境法发展的初始阶段，以强制遵守为特征的裁判监督路径首先产生，并在 MEAs 遭遇发展阻力时通过相关国际判例的积累，以转化为环境软法或习惯国际法的方式保障环境规则与适用实践的同步发展。

随着国际环境立法的成熟和国际社会对司法裁判实施国际环境法的弊端逐渐建立清晰认知，正如威尔（Weil）曾指出，违反法律义务所招致的惩罚，在有些情况下还不及由纯粹道德和政治义务所引发的声名扫地来得明朗。❶因此，一种组织程度较低的条约执行方式开始出现在遵守控制路径的讨论中。它将实施目标量化，强调对条约履行各环节的积极介入，对执行过程进行全程监管，适时对缔约方可能发生的不遵守行为进行纠正。这样，从国际环境法的遵守控制来讲，在运行载体、适用主体、规制工具和功能效用等方面并存着两种截然不同，甚至本质上不相容的路径选择。

3. 全球环境风险社会性规制法律实施路径"替代性分析"的应然限度

全球环境风险社会性规制法律实施路径选择的"替代性分析"在解决国际社会环境规制问题上始终围绕"管辖权彩票难题"，❷通过对在国际环境法实施中司法控制和机构监管作用的法律评估，寻找促进国际环境法遵守的最佳进路。但两种主流规制路径理论所固有的下述缺陷直接制约"替代性分析"的效果。

（1）"遵守"衡量标准的绝对化

无论实证主义突出"强制制裁"因素的司法控制理论，还是规范主义以"观念建构"因素为基础的管理性监督学说，均在衡量国际环境法的遵守

---

❶ DIXON M, McCORQUODALE R.Cases and Materials on International Law [M]. 4th ed.Oxford: Oxford University Press, 2003: 52.

❷ 这是类比国内公共规制理论中，立法者面临的"代理权彩票难题"。主要含义是：直面跨界环境损害时，受损方（无论单一国家或国家集团，还是其他非国家行为体，甚至国际社会整体）将解释和适用及执行法律的权力授予国际司法机构，即选择司法控制路径；抑或授予条约遵约机制，即选择机构监管路径。由于这些国际机制间相互排斥且缺乏等级位阶安排，若发生管辖重叠，存在应如何化解规范冲突与竞合的问题。

第二章　全球环境风险社会性规制法律实施路径选择的理据考察：
从"替代分析"到"互补分析"

上坚持单一视角。要么将国家所有环境行为视作同其他军事或经济行为一样经验性的可裁判对象，套用国家责任标准确认和处理"不遵守"问题；要么将其置于绝对不可量化和测量的状态，依赖"正当性商谈"的反复互动过程，形成包含弹性标准的管理模式。事实上，根据索尼娅·卡迪纳斯（Sonia Cardenas）关于国际法遵守的"违反"和"承诺"两个维度来讲，❶ 都存在多样、复杂的可能性。尤其气候变化国际法领域，"共同但有区别责任"的广泛适用就意味着国际行为体在"遵守"标准和能力上的阶梯分化。

（2）同时发挥作用的遵守影响要素根本对立

以蔡斯为代表的管理过程理论所进行的替代性研究中，学者们基于将影响国际法遵守的国家利益、强制威慑等外部工具因素与内在主观价值观念因素解释为存在彼此不相容的排他关系，倾向于以非强制执行措施在履行环境条约中所具有的独特功能，证明"软执行"对"硬控制"的替代作用。❷ 但事实上，依据戈德史密斯（Goldsmith）和波斯纳（Posner）在《国际法的局限性》中建立的国家遵守模型，❸ 国家遵守国际法的决策会随各种相关影响参数的变化而发生改变，包括国家利益结构和权力分配在内的许多工具性因素往往与主观价值因素相交融，共同对国家行为产生重要影响。

因而，管理过程理论所强调的内在观念因素，很难说在所有国际环境法领域遵守实践的影响要素体系中都居于绝对优势的地位，使替代性分析不可避免地存在"选择偏见"，适用范围受到较大限制。

（3）存在互补关系的遵守促进措施被人为隔离

无论司法控制还是机构监管在国际环境法的遵守控制上都各具优势，也同样都隐藏着自身无法克服的缺陷。但两者之间并非绝对排斥和根本对立，

---

❶ CARDENAS S.Conflict and Compliance: State Response to International Human Rights Pressure [M]. Pennsylvania: University of Pennsylvania Press, 2011: 8.

❷ YOSHIDA.Soft Enforcement of Treaties: The Montreal's Noncompliance Procedure and the Functions of Internal International Institutions [J]. Colorado Journal of International Environmental Law and Policy, 1999 (10): 95-141.

❸ GOLDSMITH J L, POSNER E A.The Limits of International Law [M]. Oxford: Oxford University Press, 2005: 13.

通过对司法裁判路径的反思也能发现其在管理性监督模式下可获得比单独规制更广阔的发展空间，从而减弱其在处理敏感环境问题上与国家主权之间的内在张力；而对机构监管路径的调试，可融入具有司法裁判因素的措施，以增强管理性监督的效力，抑制国家的不当控制。

因此，两种遵守控制路径之间固有的互动联系被各自簇拥者人为割断，未反映国际环境法遵守实践的本质，无法对两种路径的传统理念及效力因素进行调整，以寻求促进两者相互作用、合作发展的方法。

二、全球环境风险社会性规制法律实施路径的互补性分析

尽管在国际环境法领域司法裁判和机构监督通常被视为两种完全不同的遵守控制路径。事实上，它们之间并不存在泾渭分明的界限，都对国家遵守行为实施审议，提出遏制特定不遵守情势的处理意见，也都涉及对相关国际环境法的解释和适用及裁决建议的执行问题。在国内法及很多其他领域国际法的遵守实践中，也逐渐出现两者相互吸收融合的景象。理论学者遂开始探寻在国际环境法领域，这两种遵守控制路径形成互补关系的可能性及实现合作的具体规制条件。

（一）全球环境风险社会性规制法律实施路径选择理论旨趣转向的成因及表现

1. 关注两种主流社会性规制法律实施路径互补关系的成因

（1）国际环境法既有实施方式独立运行的多方掣肘

第一，司法控制路径适用于国际环境法领域的"水土不服"。裁判监管在国际社会各行为体共同处理环境问题的社会心理基础上显著单薄，环境风险规制的司法策略与集体行动普遍存在"认同危机"，致使国际环境法的司法监督严重缺乏实施动力。而且，裁判监管不但在发挥对环境危害的事前预防作用上存在明显不足，也仅限于对争端方环境争议的协调，无法将对环保标准和规则的发展扩展适用至其他潜在行为体，国际层面环境公益诉讼的实现困

第二章　全球环境风险社会性规制法律实施路径选择的理据考察：从"替代分析"到"互补分析"

难重重。

第二，机构监管路径实现控制和促进遵约的"无米之炊"。以 MEAs 为基础的管理性监控需要面临的最大问题是对不遵约行为的发现和应对能力不足。大多数 MEAs 遵约机制的履行援助条款仅限于原则性规定，难以构建遵约评价和实施执行措施的明确具体标准，许多有关遵约的决议都缺乏充分事实论证和法律推理。同时 MEAs 遵约机制为促进发展中缔约方遵约能力建设所开展的财政与技术援助收效甚微，突出反映出发达国家与发展中国家在环保优先发展领域及环境权益分配上的矛盾分歧。

（2）其他部门国际法领域遵守机制理论创新的示范效应

首先是 ILO 实施监督机制。基于多边贸易自由化所维护的国际市场竞争对劳工权益保护产生持续压力，ILO 在遵守监督实践中对核心劳工标准的效力要求不断提升，逐步形成在国际劳工局（International Labour Office）❶ 管理下，成员国政府、雇主组织和劳工组织"三权鼎立"，从全面普遍监督到一般常规监督，直至特别监督程序，包含三方协商、提交定期报告、雇主与劳工组织申诉及国家间控告等监督手段的"合作式"集体实施机制。该机制设计展现独特的合作规制特点。

其一，国际劳工局和 ILO 理事会及其各委员会的管理性监督贯穿整个立体实施体系的各组成程序，充分发挥机构监管的效用。无论是在三方协商机制中发挥协调政府代表、雇主和劳工代表权益的桥梁纽带作用，还是在定期报告制度中承担与各成员方沟通劳工政策、公开执行信息及形成集体约束共识的组织平台功能，抑或是在雇主与劳工组织申诉和国家间控诉程序中扮演实质上的争端解决机构角色，都处处彰显国际劳工局和理事会在整个 ILO 实施监督机制中的核心地位。其所实施的监督通常不具有对抗性和司法性，强调以磋商、调查、调解方式为各成员方在遵守 ILO 劳工标准上进行充分合作，并对该标准在各成员方国内的实施情况及出现的问题和争端提供应对建议。

---

❶ 国际劳工局附属于 ILO 常设秘书处，主要为国际劳工大会提供行政服务和信息支持，处理 ILO 日常事务。

其二，ILO 争端解决机制在机构协调的基础上融入司法性因素，但未设立专门性的争端解决机构，个体申诉或国家间控告所产生的裁决也缺乏强制执行手段。ILO 实施监督体系既纳入雇主组织与劳工组织针对成员国政府启动的超国家争端解决，也保留传统国家间的争端解决，甚至包含 ILO 理事会自行决定或接受国际劳工大会代表提案而针对成员国提出的控诉，相较于三方协商和定期报告而言具有清晰的司法轮廓。但由于劳动争端蕴含人权问题的敏感性，并牵涉国家主权事务，无论是哪种争端解决程序，受理控诉的都是作为 ILO 行政机构的国际劳工局或 ILO 立法机构的常设执行机关——理事会及其相关委员会，并主要通过调查和调解或向国际劳工大会通报等方式，促进公约及其所确立的国际劳工法原则得到遵守和实施，没有专司处理申告和控诉的准司法性争端解决机构。即使如此，1984 年 ILO 理事会第 277 次会议，通过其调查委员会关于波兰违反保障遵守结社自由的第 87 号和第 98 号公约一案的结论和实施建议，曾一度造成 ILO 体系内东西方力量的冲突激化，以致波兰认为 ILO 干涉其内政事项而威胁退出 ILO。❶ 同时，作为对国家间控诉程序强制力的有效补充，若 ILO 框架下受到控诉的成员国对理事会指定的调查委员会所作涉及控诉事项的审议报告不予接受，在其表示同意接受管辖的前提下，可将 ICJ 司法程序接入争端解决进程。但对当事国不予执行 ICJ 裁判或建议的情况，ILO 仍缺乏充分执行手段，只能将这一结果向其最高权力机构进行通报，以公示不执行行为的方式，为成员国自愿遵守制造政治外交和舆论压力。

其三，围绕国际劳工公约核心劳动标准的监督日益强化集体约束效果，制度设计呈现出基本劳工权益保护的"对世性"特征。这一方面表现为 ILO 专门针对实施 1948 年《结社自由和保护组织权利公约》(第 87 号公约) 和 1949 年《组织权利和集体谈判权利公约》(第 98 号公约) 而创设特别监督程序。管辖范围上，其突破了传统国际条约仅为缔约国创设权益的"契约性"

---

❶ 林燕玲. 国际劳工标准 [M]. 北京：中国工人出版社，2002：282.

第二章 全球环境风险社会性规制法律实施路径选择的理据考察：从"替代分析"到"互补分析"

特征，而将非缔约国也纳入程序调整范围，使公约非缔约国在该程序下也有成为被指控对象的可能。这固然是基于上述公约经《国际劳工组织章程》和《关于国际劳工组织目标和宗旨的宣言》(简称《费城宣言》)已确立为国际劳工立法的一般法律原则，必然要求得到国际社会各成员的"一揽子"遵从；但也体现出作为基本人权的结社自由所具有的广泛约束力已超出条约法范畴，向国际强行法发展的趋势。另一方面，基本劳工权益保护的"对世性"亦表现在 ILO 独具特色的成员国定期报告程序。由于实施监督国际劳工公约不仅高度依赖国内法支持，而且侧重实践层面的效果评估，作为人权、环保、劳工权益等领域国际法实践最广泛采用的常规监督形式，ILO 定期报告制度以其所有成员国为报告提交主体。内容上，不仅包括 ILO 各成员国代表将国际劳工大会通过的一系列公约和建议提交本国主管机关的情况，而且涉及针对本国已批准公约的国内实施法规，甚至涵盖对本国尚未批准公约所采取的国内政策措施，以集体公布的方式敦促各国改变对未批准公约的接受立场。

此外，针对缅甸国内广泛而系统的强迫劳动严重违反有关劳工权益国际公约的情势，ILO 积极调动所有会员国及与其建立合作关系的国际组织，形成应对大规模严重践踏核心劳动标准的集体制裁网。2000 年，ILO 依据《国际劳工组织章程》第 33 条通过一项前所未有的提案，要求缅甸政府采取改善国内劳动标准的法律和行政管理措施，以执行调查委员会 1998 年关于缅甸国内强迫或义务劳动体制的评估建议。否则，将对缅甸实施包括在 ILO 体系内将其执行问题列入国际劳工大会议程，并建议全体成员和 ILO 理事会就保障缅甸国内劳工情势不至蔓延到其他国家的措施进行审查。此外，还在 ILO 体系外，通过要求联合国及其经社理事会与联大等国际组织与机构重新审查同缅甸的任何合作等督促缅甸执行 ILO 决议的制裁措施，体现出维护其核心劳动标准能力的全面加强。

其次是国际人权保护体制。作为人权全球化趋势下达成人权领域"善治"的要求，围绕层次分明、浩如烟海的国际人权法律文件，需促进国际人权条约的遵守，以构建"以人为本"的国际法治秩序。国际社会吸收 ILO 监督机制卓有成效的实施经验，在联合国人权条约机构主导下，形成以发挥人权委员会-人权理事会专门处理大规模侵犯人权行为的"1235号程序"和"1530号程序"核心作用的政治监督为基础，7个国际社会主要的普遍性人权公约实施机构的法律监督为框架，责任主体个人化、体现强制性普遍管辖的司法监督为保障，包含国家定期报告、国家来文控诉和个人申诉制度及国际刑事司法的国际人权监督体系。其对机构监管与司法控制功能互补产生重要示范作用。

其一，从宏观体系结构而言，政治监督、法律监督和司法监督并非各行其是地发挥功效，相反是协商管理与司法对抗因素相互融合、互为补充，形成有机联系的动态遵守监督体系。依据《联合国宪章》建立的全球性政治监督制度，围绕联合国及其专门处理人权事务的组织机构对成员国人权状况的普遍定期审议，与受审查国家就国内人权问题进行充分协商，并协助其通过贯彻有关能力建设和技术援助方面的建议实现自我完善。但同时，国际人权政治监督所采取的发布批评决议和进行实地调查的方式具有强烈对抗性质。❶ 其专门审议和处理大规模严重侵犯人权行为的"1235号程序"和"1503号程序"，也因安理会基于维护国际和平与安全职责作出集体制裁授权的权威保障，赋有更多法律约束意义。而从多边到区域人权条约的常规法律监督，也都无一例外地在事关一国内部政治结构的人权事务上强调协商合作。多数人权条约的强制性报告程序、国家来文控诉程序，尤其是个人申诉程序等具有强制性的监督程序，都包含任择性条款，将国家同意和用尽国内救济措施作为程序启动的前提，主张主权国家在人权义务实施方式和程度上拥有较为灵活的掌控余地。即使是主要通过人权法院司法监督人权义务实施的区域人权监督机制，也都大量通过人权法院的咨询管辖程序与其成员国进行磋商，为解释和执行区域人权公约提供建议。

---

❶ 范国祥.国际人权公约的法律监督［J］.北京大学学报（哲学社会科学版），1999（5）：38.

第二章　全球环境风险社会性规制法律实施路径选择的理据考察：
从"替代分析"到"互补分析"

其二，从人权义务遵守监督的法律形式而言，具有多层次、多样性，以及确保法律规制体系的相对统一与程序适用灵活性相结合的实践特色。现行国际人权监督体系存在明显的全球多边和区域"双层驱动"的发展趋势。全球性人权监督机制重在为人权保护的国际化设定基本法律框架。一方面，为结合本地区人权形势建立相适应的区域人权监督机制提供参照；另一方面，也成为针对具体人权事件，采取区域人权监督措施的基本依据和信息来源。而区域性人权监督机制，尤以欧洲、美洲和非洲为代表，则在法律监督的强制力上更胜一筹，以弥补国际层面"软监督"对国家拘束力的不足。经1998年第11议定书修订的ECHR将原来在欧洲人权委员会、ECtHR和部长委员会三部门间分配的监督权力统归于ECtHR，将司法诉讼作为监督公约实施的唯一形式。这不但集中法律监督的权能和资源，而且提升监督执行的强制约束效力。同时，现行国际人权监督体系采取以对话、和解、国家间控诉与个人申诉等反应性事后监督措施为主要形式，将联合国应对大规模侵犯人权情势的特殊程序与人权的国际刑事司法制裁作为补充和最后一道防线，针对不同人权义务要求实现监督强度逐渐递增的渐进模式。其中，国际刑事程序的创新，特别是永久性国际刑事法院的全面运作和认可度快速提升，其所确立的普遍管辖原则、对战争罪和侵略罪的重新界定和修正，以及发展有关被害人参与和赔偿等程序与证据规则，都为预防和惩治严重侵犯人权的国际罪行提供强力保障。

再次是世界银行核查小组机制。晚近，以1944年"布雷顿森林协议"为基础建立的世界银行将大量资金逐步转向用于减债和支持经济复苏的目的，对融资项目当地民众的族群身份认同、社会文化发展、生态环境等各种权益产生深远影响。由于巨额资金不断涉入，银行业务运作无可避免地遭受资金使用效率低下、项目设计拙劣和监管不力等方面的诟病。银行外部，鉴于世界银行融资借贷协议往往附加众多涉及借款国宏观政策改革和产业结构调整的条件，在南亚和非洲的运行表现不佳，被指责将发展中国家拖入更严重的经济动荡和负债状态。银行内部，世界银行供职人员，尤其经营管理层和项目执行机构,在项目规划、设计和实施运行中呈现明显的封闭性和官僚化,加之银行职员的基本构成充斥发达国家的控制,使其在发展融资产品和服务上表现出较强的"付款国导向"。更多关注在经济发展融资中举足轻重的国家所具有的利益关切,重视贷款项目的经济优先性和回报率,俨然成为所有发展中国家眼中发达国家用以主导全球各经济体的金融工具,反映出协调世界银行与其项目融资借款国和贷款国,甚至其成员国间利益关系的制度需求。更重要的是,世界银行众多经济发展援助项目闭塞项目所在地民众的知情同意与监督问责渠道,对所在地弱势群体造成严重环境损害,面临着在履行银行环境政策和程序上严重的正当性危机。

作为银行内部独享问询调查权,并可直接向银行执董会提交报告的业务评价部(Operations Evaluation Department,OED),承担对所有银行信贷资助下计划项目的运营效果在银行内部进行评估和审计的职能。一方面,OED的内部审计独立性有限,其部门成员与银行其他成员间保持普遍的人员流动,缺乏常设固定性,无法充分关注银行及其成员在遵守和执行项目政策与程序上的重大问题与不足;另一方面,OED的监督是片段性的,并未涉及项目循环每个阶段的银行操作。因而,就已经和正在规划的项目,缺乏针对银行及其管理层人员进行调查的监督机制。以印度纳尔默达(Narmada)大坝和电力项目及所引发的相关国际环境运动为导火索,❶在内外部改革压力的共同推动下,世界银行决定构建增强其项目问责和信息透明的法律机制。

1993年,国际复兴开发银行(International Bank for Reconstruction and

---

❶ 该项目是1985年世界银行批准实施的发展项目。拟将15万人迁离家园,以在印度纳尔默达河上修建30个大型水坝、135个中型水坝及3000个小型水坝,供灌溉与饮用水及进行水力发电。大多当地居民对安置条件、迁移时间及环境影响等方面的信息缺乏认知,由此引发1994年大规模的民众抗议活动,并通过加强国际联系使该事件迅速发酵,获得国际NGO的广泛支持和响应。受此影响,美国国会专门召开关于该项目的听证会,世界银行各成员国执行董事开始关注此事件。1991年成立的名为摩斯委员会(Morse Commission)的独立评审机构对项目执行情况展开调查。世界银行执董会根据其调查报告最终作出决议撤出世行资金投入,并向该项目银行管理层成员问责。此后,为改善和加强银行金融服务和产品的质量,保障银行相关环境政策和程序得到有效遵循,世界银行最终决定在其内部设立独立监督机构。参见:UDALL L.The World Bank and Public Accountability:Has Anything Changed?[M]//FOX J A,BROWN L D.The Struggle for Accountability:The World Bank,NGOs,and Grassroots Movements.MA:The MIT Press,1998:391-403.

第二章　全球环境风险社会性规制法律实施路径选择的理据考察：从"替代分析"到"互补分析"

Development，IBRD）与国际开发协会（International Development Association，IDA），根据1992年国际环境法中心（Center for International Environmental Law，CIEL）和环境保护基金（Environmental Defense Fund，EDF）关于确保独立申诉机制实现的具体建议，决议设立世界银行核查小组（Inspection Panel of World Bank）。[1]2012年，在1993年决议和世界银行执董会对该机制1996年、1999年所作评审的基础上，核查小组进一步明晰和完善程序构造：凡因世界银行投资项目而遭受环境影响的主体有权提出申诉。由核查小组对项目管理方的遵守情况进行审查和认定。世界银行管理层需提交对核查小组评估建议的实质回应，并由作为世界银行最高权力机构的执董会对核查小组裁决报告的效力及处理问题项目的建议作最终决定。该机制充分强调履行核查职能的独立性及公正处理各方利益关系的专业能力和经验。成员任命受利益回避制度的约束，履职过程拥有财政资源和特权与豁免方面的制度保障。核查小组在处理与世界银行及其他机构关系上拥有超然地位，体现其促进世界银行组织结构内权力优化与分工制衡的有序发展，推动发展援助项目中各方力量的权利衡平与互助合作，兼顾司法程序约束力与行政管理灵活性的特点。因而，1994—2014年，该核查小组受理的97起申诉中多数案件最终启动调查，遵守控制效果显著有效。

世界银行核查小组机制仅向作为争端一方的外部当事方提供平等申诉的权利，并依据其申诉请求启动核查小组程序，本质上具有混合行政程序与准司法控制的非传统特性。

司法特征上，尽管在世界银行执董会1993年建立核查小组机构的决议及核查小组操作程序中均未提及争端解决，也避免使用带有司法倾向性的术

---

[1] World Bank Group.IBRD Resolution Nos.93-10 and IDA Resolution 93-6, passed at a meeting of the Bank Executive Directors［R/OL］.（1993-09-22）［2016-11-22］. http://www.documents.worldbank.org.

语，❶意在掩盖其作为准司法机构运作的事实。但从管辖权和法律适用渊源方面，核查小组机制的运行活力来自受影响当事方（Affected Party）的申诉。其属人管辖（Ratione Personae Jurisdiction）涵盖项目所在国因违反世界银行项目政策程序行为而承受损害或损害威胁后果的所有当地群体；其属事管辖（Ratione Materiae Jurisdiction）仅涉及针对世界银行政策履行行为而在世界银行与外部当事方之间产生的争端。所适用的规则明确限于世界银行有关程序与操作指令的系列法律文件，排除其他适用法源。运行实践中，已有来自埃塞俄比亚和坦桑尼亚两国民众的申诉请求，因超越核查小组权限范围而拒绝受理。从运作程序方面，在核查小组受理调查请求后的规定时间内，银行管理层受类似国内民商事司法程序"举证责任倒置"证据规则的约束，须向核查小组提交不存在违反世界银行政策程序的证据。实践中，他们往往从技术和法律上质疑申请人的资格入手作出抗辩，表现出将核查小组视为司法机构的倾向。进而，核查小组在银行内部及项目所在国实施具体调查活动的过程中，通常采取由银行管理层和申诉方共同参加的聆讯方式，听取双方陈述、接受证据提交，甚至接受"地球之友加纳"等环境 NGO 提交的陈述意见书或证据，采取类似"法庭之友"的取证方式。此外，核查小组最终评估报告一定程度上也蕴含约束性特征。如银行管理层有义务依照核查小组的调查结果采取适当措施，所出具的负面报告可能引发银行对相关管理层官员的内部追责。

行政监管特征上，一是核查小组在自身所采取的程序、证据规则和证明标准上并未严格遵循司法原则。如申诉方并不需要证明请求核查小组予以维护的法律权利确实存在，只需提交其潜在或实际损害与银行操作政策和程序遭到违反的事实，即符合适格申诉人对争端具有充分利益的标准。相反的，

---

❶ 核查小组操作程序并未以传统富含司法意味的"Court"来定义其功能，而是使用"Forum"这个意蕴论坛或道德法庭等含义的词。其成员并不称为"Judge"，而是"Inspector"，从而刻意回避围绕核查小组司法性质可能引起的争议。参见：World Bank.The Inspection Panel：Operating Procedures，Washington，D.C.［EB/OL］.（1994-08-16）[2016-11-22]. http：//www.documents.worldbank.org.

第二章　全球环境风险社会性规制法律实施路径选择的理据考察：从"替代分析"到"互补分析"

核查报告往往涉及高度技术性问题，并就履行融资贷款项目作出事实认定和分析。而且，无法确保司法中立，不能避免具有强烈政治色彩的问题进入申诉程序。二是只限于审查违反银行政策的问题，并对是否应展开调查提出建议，发挥类似国内行政复议的作用。至于是否进行调查及如何处理问题项目，仍由执董会决定。核查报告既不能对银行管理层和问题项目产生直接法律效力，更不能审查和评议世界银行项目政策和程序本身。三是从执行层面上讲，核查小组本身并没有采取强制执行措施的能力。其评估建议只作为银行管理层和执董会调整项目计划的依据和参考，为银行采取进一步措施设定框架。其报告本质上所涉及的外部当事方与世界银行间的争议并未因报告的通过而尘埃落定，尚需通过世界银行具体执行部门制定解决方案。此外，根据核查小组操作程序，除外部申诉方请求下的正常启动，执行董事也可基于特殊原因启动核查小组程序，尤其是主张存在严重违反银行操作政策和程序的特殊案件。这并不符合建立"国际法庭"的法律要件，意味着执行董事并未将核查小组视为司法机构，而更多的是依赖核查小组较为中立的技术报告，实行内部行政调查和纠错。

因此，世界银行核查小组身兼专门调查机构和独立裁判机构的双重职能，结合政策性与法律化，既强调世界银行与包括项目国政府及其国民、国际 NGO、世界银行成员国等外部当事方，关涉环保的矛盾瓜葛与利益纠缠得到灵活处理，显示问题取向的管理性特征；又确保私人获得救济其环境权益的平等程序权利，体现"规则导向的路径"，为国际环境法遵守的合作规制探索操作程序提供重要借鉴。

（3）国内公共风险两大规制路径"双管齐下"的类比借鉴

后工业社会国家社会治理的真正挑战并非社会组织内部的不确定性，更多来自外部环境中接踵不断的复杂公共性问题。为对以环境污染为代表的公共风险进行有效规制，两大法系国家的公共规制法律均不约而同地发展出行政规制与司法控制两种典型规制路径，并在理论与实践中不断探索最佳路径选择。

20世纪初期，公共产品供给不足、市场垄断、经济的外部性和信息不对称问题共同诱发自由市场资源配置功能的局部失灵，并借由1929—1933年资本主义世界的经济危机，剧烈冲击传统国家与市场间的关系。旨在克服市场失灵的庇古福利经济学和凯恩斯国家干预理论及"罗斯福新政"的实践，为公共规制提供一条行政规制路径。

始于20世纪中叶，西方国家以"滞胀"为典型表现的"政府失灵"，也暴露出国家在制定和执行公共政策上的局限性。为此，新自由主义法学和法经济学，主张以私法观念和有效的产权保护体系等私法制度为基础，通过发挥私人民事侵权诉讼的激励机制和阻吓功能，为受影响的公共价值提供法律救济和实现保障，[1]以弥补政府调节市场的不足，促成司法控制路径的兴起。

此后，实现系统化规制的公法管制与焕发规制活力的私法自治路径，就在各国不断交替演化。从20世纪80年代起，西方公共规制理论在对司法控制与行政规制的替代关系进行规范研究与经验研究的过程中，通过评估上述两种公共规制路径的法律实施效果发现，具有"自实施"特点的司法诉讼，可在信息获取和规制手段运行成本等方面改善行政规制的效率，监督行政执法；以"直接控制"为特色的行政规制，则可有效缓解司法控制诉讼激励与判决执行力不足及规避诉讼的行为。两者所适用的规制方法存在互补合作的可能，联合使用能创造最优规制条件。[2]进而，基于行政规制和司法控制的不同适用标准，当立法者采取的行政执法标准位于其单独发挥作用时的社会最优标准之下，从而降低信息获取和执法运行的成本；同时，辅之以侵权责任制度作为事后规制，以补充与社会最优标准间的差距，并改善司法控制条件

---

[1] 弗里德里希·哈耶克（Friedrich Hayek）认为，通过私法救济对个人自由的保障能实现自发型社会秩序，法官的司法行为在其中发挥重要作用。参见：弗里德里希·哈耶克.法律、立法与自由[M].邓正来，译.北京：中国大百科全书出版社，2000：74.法经济学学者从理性经济人和效率标准出发，进一步论证侵权诉讼在规制公共风险上的有效性。

[2] 以美国法经济学家夏维尔和柏林斯基为代表，开始反思过分夸大司法控制效果的理论，从宏观分析框架和微观规制条件两方面阐述司法控制与行政规制路径的互补关系，论证合作规制的可能性。参见：SHAVELL S.A Model of the Optimal Use of Liability and Safety Regulation[J]. Rand Journal of Economic, 1984(15): 271-280.

第二章　全球环境风险社会性规制法律实施路径选择的理据考察：
从"替代分析"到"互补分析"

下潜在加害人对责任预期的不确定性。此时，行政规制与司法控制的无缝合作最大限度地利用两者间的互补和制约作用，以克服各自在法律实施上的弊端，实现最优规制效果。

劳特派特（Lauterpacht）对国际法上私法类比所作的系统性研究表明，❶国际法体系是一个通过模拟国内法秩序而不断发展成熟的后发法律秩序。国际社会和国际法价值的变迁，进一步强化"从特殊到特殊"的国内法类比推理对国际法的建构作用。而国际法上的类比，本质上取决于国际社会及国际法的根本属性。

首先，从与法律具有极强关联性的社会因素来讲，国际社会与国内社会存在逐渐增强的共同属性。尽管国际社会与国内社会之间被普遍确认存在显著的结构性差异，但国际社会与国内社会在社会关系形态及其治理模式的组织化上具有相似性。❷并且，伴随着全球化程度的加深和主权观念的开放及国际法人本价值的突显，非国家行为体作为国际社会成员直接参与国际关系成为可能。国际社会与国内社会以社会构成中同构化的"个人"成员和共同体观念为纽带，形成相互间充分的开放性与流动性。

其次，从对法律具有决定性意义的法律价值来讲，国内法与国际法之间具有日益显著的共性价值。虽然相较于国内法而言，国际法备受权力政治的影响，也曾经历被西方国家视为建立与维护霸权秩序重要工具的发展阶段，其价值体系尚待完善。但肇始自20世纪60年代，发展中国家为代表的新兴政治力量崛起，从根本上改变国际法的价值取向。国际法治、人权保护和民主参与

---

❶ LAUTERPACHT H. Private Law Sources and Analogies of International Law [M]. London: Longmans, Green and Co.Ltd., 1927: 85.

❷ 根据社会契约论，人类社会要经历从非组织化的自然状态到组织化状态的演进过程。自然状态下每个人都是唯一正当的平等治理主体。他们通过订立社会契约让渡其固有权利，转而由具有高度组织化的集团行使公意，从而摆脱自然状态。参见：卢梭.社会契约论 [M]. 何兆武，译. 北京：商务印书馆，2003：10-37. 因此，无论国内社会还是国际社会，都存在自然状态下基于同意而产生的横向社会关系与组织状态下基于公意而生成的纵向社会关系两种形态，也都相应地通过个人化的同意型治理与组织化的命令型治理来调整这两种社会关系。两类社会最明显的差异体现在是否存在高度集权并代行公意的"政府"。但无论是"有政府状态"还是"无政府状态"，性质上都不是社会形态与治理模式组织化的根本标志，只是组织化程度强弱差别的反映。参见：蔡从燕.类比与国际法发展的逻辑 [M]. 北京：法律出版社，2012：67-77.

开始作为国际社会的核心价值和原则，不仅广泛适用于国家间关系、重要国际组织的自身行动，也逐步向规范其他非国家行为体（如跨国公司和私人）的权责领域积极拓展。因此，国内法与国际法之间的类比具有基本正当性。

基于类比推理的或然性，为降低类比风险，就有关公共规制路径选择的特定类比而言，仍存在其独有的考量因素。

第一，法律因素。环境问题已从国际社会发展的边缘地带，日益走向与国际社会其他安全威胁盘根错节、牵动国际关系格局演变中各种力量消长变化的中心区域。在全球治理的新兴领域，国际环境治理尚处于不断试错的制度建构阶段，其范式的多层级协商合作转向要求改善现行国际环境合作制度体系的价值导向和执行效能。因此，借鉴国内社会公共规制路径选择的成熟化分析理论，无疑对促进国际环境领域的法治化进程有所裨益。

第二，政治因素。与国内社会旨在防止国家权力滥用、确保国家机器正常运转的国家职能分工理论不同，由于国际社会并不存在统一的司法机制与中央集权的行政体系，比照国内法体系发展的国际司法机构，其职能承担不受严格分权与制衡思想的制约。若基于各国国内法对行政行为构成的共通认知，可将全球治理的内容理解为广义形式上的行政行为，❶ 或者是"公共管理的全球化"。以全球治理为逻辑起点和理论根据、旨在实现善治标准的国际行政法，尚未对有效解决攸关全人类共同利益的公共问题及公权力行使的问责与监督问题，形成足以支撑全球治理需要的规则系统。因此，有关国际环境法遵守的司法控制与机构监管之间非此即彼的排他效应并不突出，显然存在较国内法体系更为充分的合作空间。

第三，主体因素。运用法律逻辑学对国内和国际环境公共规制路径的属性进行全面考察发现，规制主体上的相似性对提高类比的准确性具有重要意义。司法控制方面，一旦国际司法机构获得对环境争端的司法管辖权，其对遵守事实的认定和对相关国际环境规则的解释与适用以及对不遵守情势的处

---

❶ 本尼迪克特·金斯伯里.全球行政法的产生[J].范云鹏,译.环球法律评论,2008（5）：118.

第二章　全球环境风险社会性规制法律实施路径选择的理据考察：
从"替代分析"到"互补分析"

理，甚至是裁决执行的监督都呈现相对独立性。因循确定的国际法渊源体系和既有的程序规则，裁决结果至少就当事国之间的关系，拥有充分的正当性基础和最终法律权威。国际司法机构在环境规范的遵守问题上，能行使与国内法院大致相当的司法审查权。而机构监督方面，MEAs 实施机构和处理环境事项的相关国际组织职能机构，与国家行政机构间在产生依据、运作机制及职能行使方式上无疑存在明显差异。但两者均作为依据自愿订立的社会契约，受让个体社会成员的治理权利，从而形成高度组织化集体的代表。这在赋有实质性行使"公意"的职权，发展组织化状态下的纵向社会关系，以及推动形成有别于个体的基本共同体观念方面并无二致。

综上，基于国际法类比国内法的基本正当性，以及在有关公共规制路径选择理论的具体类比上法律因素、政治因素和主体因素所提供的可行类比条件，国内社会公共风险规制路径选择的互补性分析框架可为国际环境法遵守的合作规制路径奠定理论基础。

2. 全球环境风险社会性规制法律实施理论转入互补性分析阶段的具体表现

（1）国际司法裁判路径的有效性理论

一直以来，对抗性措施和强制制裁措施中的威慑因素都是国家遵从国际法的最直接原因。这也是国际社会评价诸如 WTO、国际刑事法院等国际争端解决机制有效处理争端的重要依据。但传统全球性国际司法裁判机构在环境、人权等领域的实践活动备受掣肘，显现出传统司法理论在这些领域中的不适应性。许多主张司法控制一元论的学者开始反思传统司法控制是否能在环境领域单独发挥效用。如奥雷果·维库纳（Orrego Vicuna）曾撰文指出，对遵守国际环境法原则和规则的实证分析表明，在存留较大科学不确定性的环境领域，仅以救济性措施作为对处理技术性和复杂问题的回应，避免和矫正不可恢复性环境损害，很大程度上是无效的。[1]

---

[1] VICUNA F O.State Responsibility, Liability and Remedial Measures under International Law: New Criteria for Environmental Protection [M] //WEISS E B.Environmental Change and International Law: New Challenges and Dimensions.Tokyo: United Nations University, 1992: 124-127.

进而，以劳伦斯·赫尔弗（Laurence Helfer）和安妮·玛丽·斯劳特（Anne-Marie Slaughter）为代表，开始发展有关超国家裁判模式有效性的模型和要素清单。❶ 通过比较超国家法庭在世界不同区域和不同法律领域的运作状况，谋求促使该司法模式更为有效的途径。这不仅就有关超国家法庭效力特征的系统性讨论奠定基础，还为管理性机构监督模式中依超国家裁判法庭原理运作的程序提供效力评估方法。基于运用其评价模型分析联合国人权委员会（United Nations Commission on Human Rights，UNCHR）各种以个人申诉为基础的程序，有学者主张应调整对超国家司法裁判内涵和效力因素的传统认知，确认其在管理性监督模式中的兼容性与获得有效发展的事实，考虑改进两者相互作用的方法。❷

（2）机构监管路径的包容性理论

通过研究 ILO 和 UNCHR 以个人申诉为基础的各种监督程序，主张机构监管一元论的学者也开始考虑管理性模式是否具有兼容司法裁判因素的可能。UNCHR 成员马克·培恒·德·布里相博（Marc Perrin de Brichambaut）就曾表示，UNCHR 兼具聆讯个人申诉与审查国家定期报告的双重功能，联合国每年接收热情高涨的私人申诉成为透析国家实际遵约状况的"指路明灯"。其与国家自行报告所展现的"人权全景图"一起，构成 UNCHR 对国家立法与实践是否符合国际法要求进行综合审议和评估不可或缺的依据。❸ 卡门·萨查理乌（Kamen Sachariew）则将遵守路径的整合称为"监督包"，认为司法裁判的大多数具体因素与沿管理性路线提高监督效力并不存在突出矛盾。应在特定条约体系内，建立不同监督模式的组织性连接，以创建其逻辑上的相互关联与

---

❶ HELFER L, SLAUGHTER A M. Toward a Theory of Effective Supranational Adjudication [J]. Yale Law Journal, 1997（107）: 273-391.

❷ KNOX J H.A New Approach to Compliance with International Environment Law: The Submissions Procedure of the NAFTA Environmental Commission [J]. Ecology Law Quarterly, 2001-2002（28）: 1-122.

❸ OPSAHL.The Human Rights Committee [M] //The United Nations and Human Rights.Oxford: Oxford University Press, 2006: 406-407.

第二章　全球环境风险社会性规制法律实施路径选择的理据考察：从"替代分析"到"互补分析"

实施优势上的结合互补，共同发挥作用以提升彼此的运作效力。❶这与前述从提升国际司法裁判效力角度所提供的建议殊途同归。

（二）全球环境风险社会性规制法律实施路径互补性分析的宏观架构

国家遵守国际环境法的行为是多种因素共同作用的结果，不同遵守控制路径的效用价值取决于依据特定国际机制载体的体系特性与实施条件对遵守影响因素进行调配的结果。因此，影响遵守国际环境法的完整要素体系为证成遵守控制路径间的互补关系提供解释性理论分析框架。

1．影响国家遵守国际环境法的内在法律属性因素

（1）全球公共利益

作为"国际法遵守研究"的早期代表人物，路易斯·亨金曾指出国家会依据法律自身的质量和所蕴含的"义务感"，来决定是否及以何种方式遵守国际法。❷随后，国际法学者托马斯·弗兰克（Thomas Franck）则在"公平"（Fairness）概念的基础上，从法律规范内在引导遵守的力量入手，将国家遵守国际法的根本动因引向存在"组织化"国际社会的先验前提和独立于法律适用状况的高度正当性（Legitimacy）。❸而罗斯科·庞德（Roscoe Pound）立足于社会法学的视角，善用"利益分析"的解剖刀将"法律"从19世纪概念法学的形式主义刚性法治确信中剥离出来，层层解构寓于利益因素的构成内核中，突出强调经由法律的社会控制在本质上就是对多元社会利益的确认、

---

❶ SACHARIEW K.Promoting Compliance with International Environmental Legal Standards: Reflections on Monitoring and Reporting Mechanisms［J］. Yearbook of International Environmental Law, 1991（2）: 50-51.

❷ HENKIN L.How Nations Behave: Law and Foreign Policy［M］. New York: Frederick A.Praeger, Publishers, 1968: 6.

❸ FRANCK T M.Are Human Right Universal？［J］. Foreign Affairs, 2001（80）: 191-204.在他看来，所谓"合法性"是指规则的品质，源于受其调整的对象认为该规则是按照正当程序产生的观念，引申为确定性（determinancy）、符号性合法化（symbolic validation）、一贯性（coherence）与规范等级序列（adherence to a normative hierarchy）4个因素所构成的引导遵守的能力。参见：FRANCK T M.Legitimacy in the International System［J］. The American Journal of International Law, 1988（82）: 705-759.

界分、协调和保护。❶ 因此，作为社会人的基本需要和期待是主体对法律形成认知的起点。法律调控的最终实现落脚于达成谋求个人自由与社会发展相互兼容的利益均衡。这不仅是实在法对自身所蕴含正义价值的自我反思和证成，也是其法律权威产生的内在动因。❷

因此，无政府的国际社会中，国家之所以接受国际环境法对自身主权所施加的各种限制，蕴含在国际环境法规中彰显社会利益保护与公平分配权利义务的正当性法律特征，以及国家由此产生作为共同体成员的"义务感"，无疑是国际环境法应予以遵守的重要原因。

（2）国家同意

奥本海（Oppenheim）主张国际社会成员在协调意志的支配下，确认国际法对其作为国际社会成员的行为加以规范。在此意义上，国家间协议成为国际法体系的效力依据。以国家同意为基础达成的国家间协调意志，不仅是满足国际秩序需要而创造国际法的主观动因；❸ 而且，也具有促进国际法实施的规范功能，通过国家间意志的协调，选择、建构、实施、改变或终止国际法的执行措施。如《联合国宪章》确立集体安全制度，通过安理会各组成理事国的协商合作，对危及国际和平与安全的侵略行为实施集体制裁。因此，国家主权是国际法存在与发展的基石。国际规范的制定与实施皆应以国家同意为前提，国家须遵守建立在共同同意基础上的国际义务，但这并不意味着构成国际法规则总体的各组成部分，都必须得到所有国家的明示同意才能产生约束力。

---

❶ 罗斯科·庞德借鉴新功利主义法学家耶林的"社会利益说"，发展自己的利益理论。其所谓的利益是人们无论以单独还是群体或其关联的方式，寻求满足的合理需要、欲望和期望。其中，个人权利源于人的本性或正义，这是法律世界中高于一切的自然权利，不可剥夺和让渡，具有优先于一切利益的地位。社会利益则是以最普遍形式呈现的个人利益，同个人利益一起构筑社会个体的利益结构。社会利益体系中的个体利益是彼此独立和完整的，但相互间存在充分的融通和互动，更容易形成法律秩序的正当权威基础。参见：罗斯科·庞德.通过法律的社会控制[M].3版.沈宗灵，译.北京：商务印书馆，2013：41-47.

❷ 崔盈.利益分析：法律控制的实用主义维度——从庞德《通过法律的社会控制》入手[J].武汉理工大学学报（社会科学版），2016（4）：650.

❸ 王铁崖.国际法引论[M].北京：北京大学出版社，1998：36.

第二章　全球环境风险社会性规制法律实施路径选择的理据考察：从"替代分析"到"互补分析"

（3）科学不确定性风险

不同领域环境行为的性质存在巨大差异，如同样是对大气层的影响，从实施环保义务的技术而言，控制消耗臭氧层物质相较于碳减排在技术手段和实施成本上更容易实现。前者仅涉及淘汰消耗臭氧层物质的设备，而后者则广泛涉及生产和生活各领域环境成本的内在化，关系协调环境与发展的宏观政策与经济转型问题。所以，KP 就比 MPSDOL 的遵守控制机制更复杂、更难实现规制效果。科技因素在国际环境法的规范构成中占有重要地位，成为判定遵守状况、确认国际环境责任及采取救济措施的关键考量。

2. 影响国家遵守国际环境法的外部工具理性因素

（1）国家利益

根据有限的理性选择假设，国家一切行为的根源是自身利益的最大化要求。从主观遵守意识而言，国家通过对遵守国际环境法的成本收益核算，作出环境遵约决策，不会背离自身的核心利益。这也是凡被国家纳入与国际机构订立的财政和技术援助协定，或与其他国家签署的贸易协定所吸附的国际环境义务大多能得到较好遵守的原因。从客观遵守能力而言，这也解释了发展中国家遵守国际环境法的主要障碍。以国家综合实力为支撑的国家公共管理能力，日益成为国家在国际社会中行为的利益聚集所在。任何创制精良的国际环境规则都离不开国内层面相关政策法规的配合与执行。一国在资金、技术和管理能力上的不足，使遵守国际环境法可能成为与国家根本利益相悖的决策要求。也正是国家利益因素的存在，为环境遵守控制设计有效的选择性激励措施提供依据。

（2）权力威慑

依据社会控制理论，"威慑"能改变社会行为体的行为决策，国家行为因此受制于国际关系中的权力分配结构。分析法学奠基人约翰·奥斯汀（John Austin）的"威胁命令说"就将"法律"概念解释为以统治者权力威慑为后盾，设定普遍行为主体遵守义务的一般命令。❶ 而国家间权力竞争的力量差距和强权压制下国家利益的考量，也构成现实主义国际关系理论分析国际法遵守动机的根本出发点。❷ 国际法学者戴利夫·瓦兹（Detlev F. Vagts）、何塞·E. 阿尔瓦雷斯（Jose E. Alvarez）分别从霸权主义国际法（Hegemonic International Law）的视角，论证大国凭借权力威慑促成生成新的条约与习惯国际法规则以实现其特权，通过法律形式建立和维护符合其国家利益的国际秩序。❸ 它意味着在一个遵守控制机制中，应存在强势推动社会规则系统运作的主导力量，这也是一个国际机制发挥约束功效的重要权威来源。此外，正如路易斯·亨金在概括报复对国际法实施的意义时所言："服从国际法的主要激励和对服从文化的主要贡献首先是受害国对法律的'横向实施'，受害国不可小觑的反应能力使其实施的可行性具有强大的威慑影响。"❹ 故而，针对 WTO 涵盖协定及 DSB 裁决，建立基于贸易报复威慑前提下的成员方自助执行，成为维系当今多边贸易体制安全性的核心支柱。

但支撑该控制因素的遵守资源和供给成本较高，且处于不稳定的变动状态，强势集团的力量衰弱和主导权力的更迭都会引发整个控制系统的混乱和崩溃。

（3）强制制裁

任何维度的法律体系中"强制执行"都是高悬于实体义务之上的"达摩克利斯之剑"，国际法体系亦然。尽管国际社会缺乏独占执法权的国际机构，

---

❶ 约翰·奥斯汀. 法理学的范围 [M]. 刘星，译. 北京：中国法制出版社，2002：17-41.
❷ 结构现实主义认为所有遵约都源于"强迫"，遵约只有在霸权国家以军事干涉、经济制裁或政治压力等方式提供强力保障的情况下才得以发生。参见：HASS P M.Choosing to Comply: Theorizing from International Relations and Comparative Politics [M] //Dinah Shelton.Commitment and Compliance: The Role of Non-binding Norms in the International Legal System.New York: Oxford University Press, 2000: 51-52.
❸ VAGTS D F.Hegemonic International Law [J]. American Journal of International Law, 2001 (95): 846; ALVAREZ J E.International Organizations as Law-Makers [M]. Oxford: Oxford University Press, 2005: 199-200.
❹ 路易斯·亨金. 国际法：政治与价值 [M]. 张乃根，马忠法，罗国强，等译. 北京：中国政法大学出版社，2005：68.

第二章　全球环境风险社会性规制法律实施路径选择的理据考察：
　　　　 从"替代分析"到"互补分析"

国际法自身的强制执行资源也高度稀缺，❶ 强制制裁仍存留浓重的分散化与自助性特征。但新自由制度主义者仍主张国际机制之所以能提供一条通过协调行动影响国家行为，确保国际法获得遵守的途径，最重要的是凭借制裁加重规则违反的成本，激活体现国际法"强制"属性的拘束效力。因此，无论是国际机制的其他参与国采取终止给予合作收益的对等措施，还是施加经济或军事报复，抑或是国际组织暂停或终止成员资格的制裁，当针对不遵守行为的负面累积超过遵守成本时，国家基于在不同行为选择间的损益衡量，通常都形成遵守国际法的决策偏好。

但这种突显纯粹工具主义态度的绝对理性因素，受其"双刃剑"效应和多边条件下"搭便车"诱因的共同影响而不得不面临"制裁者僵局"（Sanctioners' Dilemma），❷ 这在尤以环保为代表，约束性规则呈相对弱势，且涉及国际公共物品提供的治理领域存在较大的局限性。❸

（4）声誉标识

传统国际法就有"约定必守"的习惯规则，这甚至被纯粹法学派奉为一般国际法的最终上位规范，居于法律规范金字塔结构体系的最顶端。❹ 由于国际体系存在显著的不确定性，国家经历时间和信息的积累而在国际社会中形成的信誉特征就成为具有贝叶斯理性（Bayesian Rationality）的行为体间预判对方遵约选择重要依据。❺ 因此，理性的自利政府对即使在短期利益考

---

❶ 无论通过反措施和自卫的单独制裁，还是以国家联盟为基础的集体自助性制裁，都较大程度地依赖主权行动，第三方强制制裁仅在有限范围内得以例外适用。参见：DAMROSCH L F.Enforcing International Law Through Non-forcible Measures［J］. Recueil Des Cours, 1997（269）: 34.

❷ 这是从实施制裁的成本而言，多边体制下尽管惩罚违法者促进其遵守国际义务存在毋庸言说的巨大益处，但所有的制裁成本均由制裁者自行承担，包括制裁者会因报复措施而伤及自身，所衍生的利益却在全体成员间分散，这使单个国家往往缺乏实施制裁的动机。参见：THOMPSON A.The Rational Enforcement of International Law: Solving the Sanctioners' Dilemma［J］. International Theory, 2009（1）: 311.

❸ 就针对性的经济制裁而言，其实施的有效性不足5%，还可能产生"惩罚外在化"的负面影响，或者引发严重的人道主义危机，或者殃及第三国利益。参见：PAPE R A.Why Economic Sanctions Do Not Work［J］. International Security, 1997（22）: 109.

❹ KELSEN H.General Theory of Law and State［M］. Cambridge: Harvard University Press, 1949: 343.

❺ 王学东. 国家声誉与国际制度［J］. 现代国际关系, 2003（7）: 13-18.

虑基础上本不应作出遵守选择的国际法规范，仍会基于声誉对国家融入国际合作体系能力的影响而加以遵从。出于这种非物质性的遵守动机，国家意欲维系其一贯遵守国际法的声誉，这在强制执行措施不充分的重复博弈中，对国家行为具有一定塑造作用。如美国借口科学不确定性原因拒绝加入 KP，而中国与俄罗斯等新兴经济体在气候变化法律体系面临夭折危险的关键时期所表现出的遵约诚意，都对其在气候变化治理格局中的国际地位产生巨大影响，甚至波及相关国家在其他领域规则制定与实施中的行为影响力和话语能力。

因此，避免树立一贯藐视国际法律秩序的国家形象，促进国家通过参与和主导国际机制而在影响重大国家安全利益的问题上与其他国际行为体开展国际合作，以取得和维护国家在稳定、有效和可预见的国际法律体系中所拥有的长远利益，都渗透着促进国际环境法遵守的重要声誉因素。

3. 影响国家遵守国际环境法的观念建构因素

独立于以个体理性为基础的上述物质性因素之外，还存在立足于具有社会性的"规范"与"认知"，体现共享的意识形态和内化的共有观念等"弱式物质主义"的内生变量，❶对国家的遵守选择发挥重要影响。正是社会共同体间的互动实践和身份建构，为诱导国家改变行为方式，自愿遵行符合国际共同体生存和发展需要的软性国际法提供合法性基础。因此，尤其在缺乏强力驱使或利益基础薄弱的情形下，强制制裁和威慑无疑意味着实施国际法要付出高昂代价。若能遵循国家行为解释的"适当性逻辑"，专注法律规范所体现的道德和社会义务等观念，则通过确立遵守国际法的共同行为准则和模式，可充分激发国家守法行为中的自愿性成分。

根据有关"国际法遵守理论"的研究成果，观念因素主要存在三种影响、

---

❶ 建构主义国际关系学派代表人物亚历山大·温特，在他的《国际政治的社会理论》中认为，国际政治的基本结构是一种由信仰、规范、观念和认识等构成的社会体系结构。有关物质因素尽管客观存在，但并非国家权力和利益产生的直接根源，只有通过社会关系中共同体观念的建构才能发挥作用，主张维护突出意识形态的弱式物质主义。参见：WENDT A.Social Theory of International Politics [M]. Cambridge: Cambridge University Press, 1999: 242-243.

第二章　全球环境风险社会性规制法律实施路径选择的理据考察：从"替代分析"到"互补分析"

改变或建构国家行为的方式。

（1）行为体与国际制度间的互构。区别于结构现实主义以静态"物质力量的配置"（Distribution of Capabilities）作为主体行为的最终决定因素，建构主义将体现国际共同体动态"观念分配"（Distribution of Ideas）的制度规范视为影响行为体决策、对行为体身份和利益进行社会化建构的独立变量。❶ 其产生自主体间社会实践的相互作用，又反过来建构主体在国际体系结构中的身份和利益，构成自觉遵从法律的观念认同，从而调整主体的行为方式。

（2）国际机制成员间的反复说服与持续管理。国际法律过程学说以积极谋求国际机制成员地位、发展相互间共进关系的"新主权观"为本位，主张国际法是根植于共同价值和目标的决策过程，而国家的行为方式是共同体观念社会化作用的结果。这样，依赖反复劝说和旨在促进信息交流与互助合作的管理性工具，就可通过较"执行模式"更低耗和高效的"管理模式"，将违法抑制在法律体制所能维持的"可接受水平"，❷ 循序渐进地改变不遵守国家的行为偏好。

（3）跨国法律进程中的规范内化。耶鲁大学高洪柱"跨国法律过程理论"突破传统国家间表现为强制或利益计算的"水平管理"，提出一个解释国际法与国家遵守间关系的三阶段"垂直互动"过程：包括个人与少数利益群体在内的不同国内行为体与多元国际行为体，在外交对峙、司法争端、国际会议等多样态场所内持续发生制度性相互作用（Institutional Interaction），推动全球性规范的解释和转化，并进一步融入国内政治法律架构和价值体系，重构各行为体对国际法遵守的主观认知。各行为体通过参与这种"互动—解释—内化"的循环过程，表达自身利益、调整立场认同，形成出自"义务感"的习

---

❶ 建构主义的两个重要原则：其一，方法论上，不同于理性主义忽视国际制度影响主体行为的因果关系，建构主义重视从社会学视角分析国际制度的整体特征，主张其不仅对主体行为产生影响，还能建构主体的身份和利益；其二，本体论上，有别于以"物质力量分配"为核心的物质主义主张国际制度是完全意义上的物质性结构，而围绕"观念分配"的建构主义反对将物质性因素的客观存在作为解释主体行为的唯一原因，强调国际制度的社会性建构功能。参见：秦亚青.国际政治的社会建构：温特及其建构主义国际政治理论［J］.欧洲研究，2001（3）4-11.

❷ CHAYES A, CHAYES A H.On Compliance［J］. International Organization, 1993（47）: 175-205.

惯性遵守。❶

综上，国际环境法的遵守同时受内生与外在因素的双重制约。正如罗伯特·基欧汉（Robert O. Keohane）立足于本体论问题对建构主义的批判，任何国际体系结构的存在与发展都是观念与物质因素共同作用的结果，两者的矛盾并非不可调和。内生属性因素所蕴含的合法性权威，须依托外部运行因素的有效保障才得以呈现。观念性因素对国家行为的建构作用，也无法脱离物质性因素影响国家行为的因果关系而单独起效。❷因此，影响国际环境法遵守的各要素交叠融合的复杂存在关系，孕化出侧重不同要素的两种遵守控制路径融合互补的理论发展框架：以解决国际环境法的遵守效力问题为导向，通过联合具有信息资源和卸除国家干涉优势的司法控制与体现风险预防和遵守管理特点的机构监督；以规制机制、手段和程序的革新，引入在政府、市场、社会各层面多元利益相关主体的合作共治。

（三）国际环境法遵守的微观最优规制条件

全球环境风险社会性规制法律实施路径互补性分析的理论框架以解决遵守的效力问题为导向，立足遵守控制体系内各组成部分的宏观和谐与兼容，以灵活开放、优势互补为基本特征，致力于推动司法控制与机构监管两个方向上的共同演进。与替代性分析相较而言，其无疑具有理论先进性。

从微观规制条件来讲，鉴于环境遵守的管理性监督路径能充分激发影响国家遵守国际环境法的观念建构因素和非强制性外部工具因素，有利于凝聚各国在实施国际环境义务上的合作共识，适应环境规制国际机制为回应快速更新的科学见解或技术发展而对规范性条款作出的改良与扩展。其针对不同遵守障碍制定相适应的激励方案，通过遵守执行机构与当事国间的反复协商和劝说拆解遵守目标，灵活、渐进的遵守方式，更加切合国际环境法的实施

---

❶ 高洪柱将"跨国法律过程"（Transnational Legal Process）界定为通过行为者对全球规范的讨论和解释，以至于将其内化进国内法律体系，表现出制度性相互作用的复杂过程。参见：KOH H H.Why Do Nations Obey International Law？[J]. Yale Law Journal, 1997（106）：2602-2646；KOH H H.Transnational Legal Process [J]. Nebraska Law Review, 1996（75）：181-207.

❷ KEOHANE R O.Ideas Part-way Down [J]. Review of International Studies, 2000（26）：125-130.

第二章 全球环境风险社会性规制法律实施路径选择的理据考察：从"替代分析"到"互补分析"

特征，因而在合作规制中足以承担基础性遵守控制职能。而对抗性司法控制路径则围绕影响国家遵守国际环境法的内在法律属性因素和强制性外部工具因素，以其在厘清和确认环境权义上的公正、透明和裁断力及独一无二的强制执行效力，可有效抑制管理性监控路径中的不利因素，提供环境遵守的规则激励，成为合作规制中重要的辅助保障。因此，全球环境风险社会性规制法律实施路径互补性分析框架下，两种路径的最佳共存状态应是调整排斥司法控制的管理性监督模式，在建立外部申诉触发遵守机制的基础上，将国家间或超国家司法裁判的因素嵌入管理性遵守路径，使得两种规制模式在同一系统协调下都能获得有效加强。

本章小结

全球环境风险社会性规制法律实施路径的选择理论经历从司法控制与机构监管的替代性分析，发展到实现两者优势结合的互补性分析。替代性分析使执行学派和管理学派各自立足于"裁断"与"协商"两种主旨，形成两条宛若平行分离的遵守路径，发展出貌似存在根本分歧的控制理念与效力体系。然而，受国际层面劳工、人权，甚至金融治理领域监督实施机制的示范启发，并通过类比借鉴国内环境公共风险的合作规制理论，在改善现存环境风险社会性规制效力共同目标的促动下：一方面，司法控制一元论者开始反思传统国际司法裁判对促进国际环境法遵守的有效性，并从完善超国家裁判模式的视角本着充分发挥其遵守控制特质而选择管理性的"土壤"；另一方面，机构监管一元论者也着手斟酌调整传统机构监管对司法因素的包容度，并从提升管理性监督体系内的系统性联系与优势整合的视角，为盘活其环境遵守控制融入司法性"活力因子"。这样，原本处于一己世界中少有交集的两条路径，终被引向互补合作。

第三章

全球环境风险社会性规制法律实施机制演进的实证分析：从"单一规制"到"合作规制"

国际环境公共事务集体行动的实践中，权力关系的非均衡性往往诱发复杂治理系统的不确定性。因此，通过对这种不确定性形成根源的实证分析，能探寻重塑环境遵守监督机制权力博弈关系相对均衡状态的路径，进而建构有效率的国际环境合作秩序。

一、"裁判监管"模式的实践机制及效能评估

（一）承袭传统国际裁判"国家间对抗"特征的 GATT/WTO 争端解决机制

GATT/WTO 争端解决机制作为多边贸易体制独树一帜的实施机制，以卓有成效的运行俨然树立起全球声名赫奕、权重望崇的司法体制。它秉承协调和统一规范国际贸易秩序的根本宗旨，实际上承担在多边贸易法律框架下处理贸易与环境关系的主要职能，成为以司法裁判方法促进国际环境法遵守的典范。

1. GATT/WTO 争端解决机制保障遵守的程序要素

（1）DSB 强制管辖权凸显组织化的命令型治理

以社会契约论视角考察国际社会的组织化治理模式，超越国家同意原则的命令型治理无疑成为国际治理的新趋势，突出地表现在 WTO 争端解决机制创设不同于以往国家间司法裁判的强制管辖权（Compulsory Jurisdiction）。

第三章　全球环境风险社会性规制法律实施机制演进的实证分析：从"单一规制"到"合作规制"

传统上，国际司法机构以任意或自愿为基础的管辖权，成为否定国际法法律属性的重要依据之一。❶ 据此，国家仅在同意前提下，负有接受特定国际司法机构裁判的法律义务。未经当事双方同意，任何国际机制不得介入对其争端的实质审理。如《国际法院规约》(Statute of the International Court of Justice，SICJ)第 36 条及 ICJ 在东帝汶案❷等诉讼案件中的司法意见表明，其始终恪守国家同意的管辖权基础。

WTO 通过创设"反向协商一致"的决策机制，允许成员方立基于善意原则，❸单方面启动准司法性的专家组程序，从而以法律文本形式确立不以国家同意为前提的强制管辖模式。这使原本难以纳入严格意义"硬法"范畴的乌拉圭回合最后文件产生"硬约束"效果，有效排除成员方对专家组审议个案遵约情况的政治干预，强化多边贸易体制的遵守控制能力。

（2）事实上的"遵循先例"促进法律裁决的连贯一致

根据 DSU 第 17 条规定设立的常设上诉机构，管辖成员方因专家组报告认定的法律问题和法律解释而提起的上诉，并有权维持、修改或推翻专家组报告的结论，从而确立起 DSB 明确的等级结构（Hierarchical Structure）和功能划分。❹ 一方面，7 人上诉机构在合议制度上采 3 人组成"上诉分庭"具

---

❶ M. 阿库斯特. 现代国际法概论［M］. 汪瑄，朱奇武，余叔道，等译. 北京：中国社会科学出版社，1981：7.

❷ 该案是 1991 年葡萄牙以东帝汶托管国名义，基于澳大利亚与印尼缔结有关开发澳大利亚与东帝汶之间大陆架的协定侵犯东帝汶自然资源自决权，而向 ICJ 提起的诉讼。ICJ 虽认定民族自决原则具有强行法性质，却以受到该案实质性影响的印尼未同意法院管辖为由而撤销该案。此外，相关案件还包括"对尼加拉瓜进行军事和准军事行动案"（The Nicaragua Case, ICJ Report, 1984）、"利比亚/马耳他大陆架案"（The Libya/Malta Case, ICJ Reports, 1984）、"瑙鲁含磷土地案"（The Nauru Case, ICJ Reports, 1992）。

❸ DSU 第 6.2 条就申诉方提请设立专家组应满足的要求作出规定。其旨在提示申诉方可能面临的风险，但不作为专家组建立的必要条件。美国虾和海龟案中，上诉机构为说明界定成员方是否善意行事的依据及其与违反 WTO 特定实体义务的区别，而将善意原则解释为意在禁止权利滥用的一般法律原则和国际法基本原则，并以此形成对申诉方诉权的一般性约束。参见：韩立余. 既往不咎：WTO 争端解决机制研究［M］. 北京：北京大学出版社，2009：76-78.

❹ 专家组负有从形式和实质两方面对涉案措施的国内事实加以审查，据此作出事实和法律评估的职责；上诉机构则主要就专家组严重违反 DSU 第 11 条客观评估义务所作的法律结论与法律解释进行监督和纠正。

体受理上诉案件，其他成员参与讨论、交换意见的"集体商议"模式，❶构成对专家组裁决的统一监督纠错机制，以消解因其报告准自动通过而对司法可信性产生的消极影响。另一方面，DSU有关DSB具体工作程序和规则并不完整充分，专家组在裁判中往往拥有较大自由裁量权。上诉机构复审程序则可对专家组有关法律事实的司法证明和争议措施相符性的法律认定施加有效约束，❷实现WTO争端解决机制两级结构体系的机构平衡及WTO与主权国家间权力的动态配置。

因此，WTO争端解决机制通过对上诉机构及其工作程序的革新，并辅之以两级司法审议机构在实践中形成的互动关系，使前案争端解决中的基本原则和论证结论能在后案中得到最大限度的遵从，确保准司法裁决的前后贯通，事实上发挥普通法的先例作用。

（3）争端解决机制的正当程序原则发展司法能动基础上的遵守程序保障

证成GATT/WTO争端解决机制准司法特性的另一重要标志是一系列体现正当程序要求、日益具有规则导向和可操作性的解释与适用程序，以及争端裁决的遵守执行机制。尤其在多边贸易体系的演进中，鉴于大国缺乏推进WTO争端解决机制改革的政治意愿，DSB为确保程序正义而通过充分利用正当程序的固有弹性、发挥司法能动作用所实现的自主性发展，逐步形成兼具成文法传统与判例法特色的证据规则及有关争议措施相符性的严格审议标准。并且，对不遵守行为采取严厉对抗措施，为多边贸易框架下环境遵守的硬控制提供保障。

---

❶ 贺小勇.国际贸易争端解决与中国对策研究：以WTO为视角［M］.北京：法律出版社，2006：151.

❷ 2001年欧共体诉美国进口小麦和面粉保障措施案中，上诉机构基于专家组接受用以证明争端裁决的补充信息并未在其裁决中明确列明，认定专家组违反DSU第11条有关审查争端双方提交的证据，并就事实问题作出客观评估的义务。还以此案为基础，发展出判断专家组事实评估是否遵守DSU第11条的考察因素。从而，对专家组在争端解决中根据个案具体情形，确定事实评价标准的裁量权施加潜在控制。参见：WTO.United States-Definitive Safeguard Measures on Imports of Wheat Gluten from the European Communities, WT/DS166/AB/R［R/OL］.［2015-05-01］. www.wto.org/dispute_settlement_gateway.

第三章　全球环境风险社会性规制法律实施机制演进的实证分析：
　　　　从"单一规制"到"合作规制"

首先，证据规则方面。由于 DSU 存在先天不足，❶DSB 依据概括授权势必具有选取有利于发挥司法能动性的条约解释工具，以补充和扩张证据规则的倾向性。尤其是证据规则主要以技术性规范为主，本身较少牵扯成员方实体权益，呈现迅速标准化的发展趋势。❷如取证规则上，发展出弥补专家组信息捕获能力不足的"法庭之友"意见书程序。尽管实践中 DSB 对获取和使用这种来自受贸易争端影响的私人与 NGO 的信息仍持审慎态度，❸但也从根本上改变 WTO 争端解决过度依赖被诉方提供信息的局面。同时，还因循个案审议确立证据保密的程序规则，以解决 WTO 争端解决机制司法化进程中证据信息的保密与公开间愈演愈烈的矛盾。❹举证规则上，DSB 以"基本原则＋特殊例外"的框架结构为基础，创造诸如表面证据和优势证据规则及非违约之诉举证责任加重等独具特色的举证方法，在为争端解决提供可预见性的同时兼顾

---

❶ 作为专家组和上诉机构发展证据规则的主要法律渊源，WTO 涵盖协定并未专门对证据规则作出规定，而是在许多协定的条款中，间接触及证据规则。如 DSU 第 12~14 条及附件 3 就涉及专家组工作程序及其获取信息和信息保密等权责。此外，《实施动植物卫生检验检疫措施的协定》还对解决该协定项下产生的争端，作出可向有关专家进行技术咨询的授权。参见：吕微平.WTO 争端解决机制的正当程序研究——以专家组证据规则和评审标准为视角［M］.北京：法律出版社，2014：68-69.

❷ UMBRICHT G C.An 'Amicus Curiae Brief' on Amicus Curiae Briefs at the WTO［J］. Journal of International Economic Law, 2001（4）：773.

❸ "法庭之友"原意是作为未经要求和没有利益的旁观者，发表个人法律意见、提供事实情况以帮助法庭对案件作出公正裁决。尽管通过对 DSU 第 13 条关于专家组寻求信息的规定采取扩大解释，并根据 DSU 第 17.9 条与《上诉审议工作程序》的规定，专家组和上诉机构接受和适用未经要求的"法庭之友"意见书具有合法性，能为保证争端解决提供灵活的信息来源。但鉴于 WTO 争端解决实践中，"法庭之友"的中立地位无法得到有效保障，非争端方及具有利益关联的 NGO 试图以"法庭之友"方式对争端方权义产生影响，并与 WTO 成员方的证据保密义务频繁发生冲突，危及 DSB 裁决的合法性基础。因此，WTO 的 DSB 在对待"法庭之友"的态度上摇摆不定：1996 年美国汽油标准案、1998 年欧共体荷尔蒙牛肉案、2001 年波兰诉泰国 H 型钢材案及 2004 年巴西、泰国和澳大利亚诉欧共体糖补贴案，专家组都采取拒绝态度对待 NGO 主动提交的书面建议；而自 1998 年美国虾和海龟案专家组首次接受"法庭之友"建议后，陆续又有几起案件出现相同情况。晚近，诸如 2010 年日本和欧盟诉加拿大影响和限制再生能源措施案中，DSB 通常对是否接纳"法庭之友"意见书未置可否，而是在同争端各方就此问题进行协商的基础上，针对具体个案决定是否接纳"法庭之友"提供的信息。DSB 对其所提供信息没有进行分析和考虑的法定义务。参见：Canada-Certain Measures Affecting the Renewing Energy Generation Sector, WT/DS412/AB/R［R/OL］.（2010）［2015-05-01］. www.wto.org/dispute_settlement_gateway.

❹ 2005 年欧盟诉韩国影响商用船舶的贸易措施案专家组已尝试创制处理商业秘密信息的特别保护程序。参见：Australia-Subsidies Provided to Producers and Exporters of Automotive Leather, WT/DS126/AB/R［R/OL］.（1999）［2015-05-01］. www.wto.org/dispute_settlement_gateway.

适应性。

整体而言，WTO 争端解决机制的证据规则，既能在质证、认证环节刻意放松约束，确保 DSB 对整个司法证明过程享有足以实现解决争端目标和保证程序公正的自由裁量权；又能在取证、举证环节恪守 WTO 涵盖协定赋予成员方的实质权利与义务，采用稳定性与灵活性相结合的程序规则，以实现 WTO 实质正义与形式正义的弹性平衡。

其次，相符性审查方面。作为 WTO 对成员方贸易管理行为进行司法审查的程序工具，以 DSU 第 3.2 条、第 11 条及《关于执行 1994 年关贸总协定第六条的协议》（Agreement on Implementation of Article VI of GATT1944）第 17.6 条有关客观评审的原则为基础，DSB 创造出不同于任何国际司法机构的评审标准。它通过区分事实问题和法律争议，构建体现重新独立审议与全面遵循国内裁决内在平衡的差异化审议标准，充分发挥贸易协调和权力分配的功用，体现 WTO 规则一致适用的同时，又能充分尊重成员方重要的国内政策价值。❶此外，DSB 所进行的法律评审还逐渐将 VCLT 第 31 条和第 32 条确立为全面审查涉案 WTO 规则和非 WTO 规则的习惯国际解释规则。并且，还适当参考其他国际司法机构的相关实践，以文本解释为核心，发展出包括当代意义的解释、系统解释、目的解释在内的解释方法体系。

最后，裁决执行方面。由于 GATT/WTO 争端解决本质上是逐步调整和修改相关缔约方/成员方政府贸易政策的政治过程，❷一定程度的制度干预和裁判能对争端双方在此过程中达成彼此满意的解决方案有所助益。因此，与其他国际司法机构鲜少着墨裁决执行与义务履行的问题迥然不同，GATT/WTO

---

❶ 如 1998 年美国汽油标准案上诉机构指出，在与环保相关的贸易领域，WTO 成员方在决定环境政策目标及制定相应环保法规和标准方面享有充分自主权。但在 WTO 体系内，这种自主权的行使应与相关 WTO 协定的内容保持相符。参见：United States-Standards for Reformulated and Conventional Gasoline, WT/DS2/AB/R [R/OL]. (1996)[2015-05-01]. www.wto.org/dispute_settlement_gateway.

❷ HUDEC R E.The Adequacy of WTO Dispute Settlement Remedies: A Developing Country Perspective [M] //HOEKMAN B, MATTOO A, ENGLISH P.Development, Trade and the WTO: A Handbook.Washington DC: The World Bank, 2002: 90.

第三章　全球环境风险社会性规制法律实施机制演进的实证分析：
从"单一规制"到"合作规制"

争端解决机制为促进多边贸易协定义务的有效遵守和重建贸易关系平衡，量身打造一整套以DSU第21条和第22条为基础，包含针对一般性违反涵盖协定义务行为的补偿和报复两种临时性措施，以及特殊适用于反补贴领域的反措施标准。并且，从确定执行的合理期限到DSB对裁决执行的监督，再到就执行异议进行审查，直至以自愿补偿和授权报复方式，确立了实现被诉方完全履行裁决和义务的执行规则体系。

依据DSU第3.7条和第22条优于报复机制在先适用的补偿措施，实质是当撤销违反WTO协定义务的涉案措施不可得时，被诉方以非歧视原则为基础自愿选择符合贸易自由化要求的替代执行措施。这意味着双方达成的补偿协议成为一条可能通向最终履行DSB裁决的次优路径。出于DSU未对补偿的具体形式和围绕补偿进行的磋商提供制度保障，成员方因而依赖争端解决实践发展有关补偿的程序规则。如"美国版权法"第110（5）条案（U.S.-Section 110（5）Copyright Act）中，美国首次启用依据DSU第25条仲裁程序确定的补偿程度，向欧盟境内私人实体支付金钱补偿的新方式，❶探索在协商一致基础上既有效降低不适当补偿的法律风险，又使真正受损害者得到救济，兼具公平性与有效性的补偿方法。

依据DSU第22条实施的授权贸易报复，作为促进遵约的主要和最后手段，是WTO专门创制在利益丧失或减损的核定范围内，跨部门或跨协定的"交叉制裁"程序。贸易报复冲破既往单边制裁的固有藩篱，为经济规模有限的发展中国家凭借对发达国家施加更具实效的遵守压力，以在争议措施所涉贸易部门弥补自身与位于全球价值链高端、产业结构多元化的发达国家相比，所形成的相对劣势。不仅如此，DSB还进一步针对具体案件中超越DSU文本内容的执行问题，通过解释和澄清DSU第21.5条和第22.8条有关被诉方实质执行争端裁决的规定，发展后报复阶段终止报复的法定条件及处理执行异议的适当程序。

---

❶ United States-Section 110（5）of US Copyright Act, WT/DS160［R/OL］.（2009）［2015-05-01］. www.wto.org/dispute_settlement_gateway.

2. GATT/WTO 争端解决机制保障遵守的实体性要素

（1）基本原则

作为旨在促进贸易自由化的国际经济组织，WTO 在其宪法性文件——《建立世界贸易组织的马拉喀什协定》（简称《建立 WTO 协定》）序言中，开宗明义地将依据可持续发展目标促进世界资源的最佳利用，力求环境保护与经济发展相互支持，作为 WTO 多边贸易体系运作的根本宗旨和目标。这为 WTO 规则体系与其争端解决实践，触及原本属于绝对国内事项的环境政策提供法律依据。因此，可持续发展理念进入 WTO 基本原则体系，贸易自由化进程中对环境价值的平衡贯彻 WTO 环境遵守控制的始终。

（2）具体条款

在多边贸易体制框架下，并没有专门性环保协定，关涉环保议题的规范大多散见于三大贸易领域涵盖协定的具体条款中。但以 GATT 1994 第 20 条"一般例外"的（b）款和（g）款为模板，贯穿《实施动植物卫生检验检疫措施的协定》（Agreement on the Application of Sanitary and Phytosanitary Measures，SPS）序言、TBT 协定第 2.2 条、《与贸易有关的知识产权协定》（Agreement on Trade-Related Aspects of Intellectual Property Rights，TRIPs）第 27 条、《服务贸易总协定》（General Agreement on Trade in Services，GATS）第 14.1 条，以及《补贴和反补贴措施协定》（Agreement on Subsidies and Countervailing Measures，SCM）第 8.2 条有关不可诉的"绿灯补贴"（Non-actionable Subsidies）和《农业协定》（Agreement on Agriculture）"绿箱政策"（Green Box Policies）等相关条款，经由 DSB 判例法发展出 WTO 有关环保的例外制度。根据该制度授权，只要其满足为避免出于贸易保护主义目的滥用这些措施而设定的相关条件，包括实施方式的非歧视要求，成员方应享有采取与贸易有关环保措施的自由裁量权。

（3）环境议题的更新升级

作为议题开放的国际机制，从 1971 年 GATT 秘书处发布《工业污染控

第三章 全球环境风险社会性规制法律实施机制演进的实证分析：从"单一规制"到"合作规制"

制与国际贸易》(Industrial Pollution Control and International Trade) 研究报告，❶ 商讨环保政策对国际贸易的绿色保护主义影响开始，GATT/WTO 体系就通过持续不断的多边贸易谈判研商纳入环境议题的可行性。东京回合首先以技术贸易壁垒为切入口，形成有关环境技术标准的规则；乌拉圭回合正式引入环境议题谈判，除在最终文件中确立"可持续发展"的指导性法律原则，还将环境因素渗入主要涵盖协定；多哈回合则围绕 WTO 涵盖协定与 MEAs 适用范围的协调和组织机构间的合作问题，碳关税及环境友好型产品与服务的市场准入问题，启动新一轮贸易与环境谈判。因此，尽管多哈发展议程命运多舛，但 WTO 成员方依据 1994 年《关于贸易与环境的决定》(Decision on Trade and Environment) 建立的 WTO 贸易与环境委员会 (Committee on Trade and Environment, CTE)，❷ 仍成为 WTO 体制内沟通环保的"绿色窗口"。它通过探索环境措施的贸易壁垒效应等核心议题，为 WTO 成员方在环境技术援助、能力建设和环评方面提供建议，完善 WTO 机制与 MEAs 体系的协调渠道，进一步厘清 WTO 环境义务内容。

总之，上述有关环境遵守的实体规则意味着多边贸易体系主要围绕显著影响贸易的环境政策，以避免贸易规则与环保政策成为实现彼此规制目标的障碍。成员方在多边贸易体制中制定和执行相关环境政策拥有受 WTO "非歧视原则"(Principle of Non-discrimination) 限制的合法空间。WTO 各涵盖协定甚至采取赋予成员方环保例外权的方式，承认其单边环境措施的合法性。

3. GATT/WTO 环境遵约案件的实证分析

（1）GATT 审议与贸易有关环保措施的司法实践述评

1952—1994 年，GATT 专家组审查缔约方与贸易有关的环境措施案件共 7 起，主要围绕 GATT 第 20 条有关人类健康与环境例外措施是否能为特定案件缔约方与协定不符的贸易限制措施提供正当性依据。专家组报告通过对该

---

❶ GATT Secretariat.Industrial Pollution Control and International Trade, GATT/1083 [R/OL]. (1971-07-19) [2017-05-16]. http://docs.wto.org.

❷ Marrakesh Ministerial Meeting.Decision on Trade and the Environment (LT/UR/D-6/2) [R/OL]. (1994-04-15) [2017-05-16]. http://docs.wto.org.

条款适用要件的各种解释结论，无一例外地拒绝所有缔约方意欲援引第 20 条例外豁免或减损其自由贸易义务的主张，仅在阐述个别与环境相关的概念和原则时显露出对环保的顾虑。其环境司法审查的效用特点主要表现为以下几方面。

首先，恪守既定法源，规避回应规则冲突。1987 年围绕美国"超级基金法案"的争端中，❶ 美国指出其依据"超级基金法案"设立的新税种构成一项与 GATT 第 2.2 条（a）项和第 3.2 条相符的边界税调节措施，能有效确保对在本国进行生产的特定进口物质所施加的税收额等于所使用应税化学原料的税收总额。而欧共体则反驳认为，美国"超级基金法案"旨在为解决美国境内发生的危险物质泄漏事故治理及费用负担建立国家应急反应机制，并通过税收条款向超级环保基金提供主要资金保障。该法案实现环保目标的设计初衷使其不具有边界税调节措施的属性。❷ 而且，就"污染者付费"（Polluter-Pays）的国际环境法原则而言，仅美国生产者可从中受益，却要求进口产品分担环境成本，缺乏合理性。对此，专家组首先阐明 GATT 税收调节规则并不区分征税目标。进而，因其自身囿于授权限制，也无法就与控制污染和保护人类环境有关的 GATT 条款适用问题作出处理。由此，DSB 对美国超级基金法案与其环境目标，以及该法案与污染者付费原则的相符性问题都没有审查权。

该案说明当国际环境法进入第一次发展高潮，即使是处于运行成熟期的 GATT 争端解决机制，仍对触及国际环境法原则的遵守问题刻意采取回避态度，将其运作的法源系统严格限定于 GATT 的自足规则体系。这也为此后金枪鱼案

---

❶ 该案是 1987 年加拿大、欧洲经济共同体和墨西哥三方因 1980 年美国《综合环境反应补偿与责任法》的超级基金修正案和 1986 年授权法案（简称超级基金法案），对进口石油征收每桶增至 11.7% 的消费税，高于国内同类产品 8.2% 的税率。并且，还对使用应征税国内化学制品作为生产原料的特定进口物质适用新的国内税，却未对国内同类产品施加同等税收负担，构成违反 GATT 第 3.2 条有关国民待遇的规定。参见：WTO.GATT Panel Report of US–Taxes on Petroleum and Certain Imported Substances（L/6175-34S/136）[R/OL].（1987-06-17）[2016-10-22]. http://www.wto.org/dispute_settlement_gateway.

❷ WTO.GATT Panel Report of US–Taxes on Petroleum and Certain Imported Substances（L/6175-34S/136）[R/OL].（1987-06-17）[2016-10-22]. http://www.wto.org/dispute_settlement_gateway.

第三章　全球环境风险社会性规制法律实施机制演进的实证分析：
从"单一规制"到"合作规制"

I 专家组拒绝援引 MEAs 作为 GATT 第 20 条解释依据，在处理多边贸易体系与 MEAs 关系上，规避对两者发生规则冲突时的优先顺位作出回应埋下伏笔。❶

其次，严守适用环境例外规则的有限出口，审慎处理国家环境规制权。可以说，环境问题并未引起多边贸易体系足够关注的 GATT 时代，正值乌拉圭回合谈判期间，围绕美国因实施 1972 年《海洋哺乳动物保护法案》（Marine Mammal Protection Act，MMPA）所采取的金枪鱼进口限制措施，引发与墨西哥、欧共体及荷兰的 1991—1994 年金枪鱼系列案件，❷ 是多边贸易体系严守 GATT 第 20 条环境例外适用条件，对调整贸易与环境关系的疏离立场逐渐破冰，开始审慎处理环保政策贸易影响的重要转折，成为主宰 GATT 环境规制走向的风向标。

GATT 专家组针对金枪鱼系列案件的处理实践充分表达其在涉及遵守 MEAs 及国际环境法基本原则事项上的谨慎态度。因循高度司法克制立场行使解释和适用 GATT 第 20 条 b 款和 g 款的自由裁量权，以减少缔约方旨在实施公共政策的相关措施对贸易自由化产生不确定影响，避免使该条款成为有损于缔约方市场准入权利的合法通道。金枪鱼案 II 专家组更以此案为基础，逐步衍生出评价缔约方措施是否符合第 20 条文本要求的"三步分析法"，❸ 从

---

❶ 该案中，美国根据 CITES 要求缔约国为保护仅发现在其管辖权之外的濒危物种而采取进口禁止措施的规定，用以证实其 MMPA 域外适用的合理性。专家组则在必要性检测中指出，若美国对第 20 条 b 款的这种扩大解释被接受，每个成员方都可借此单方面决定有关生命或健康的公共政策，GATT 将不再能为所有缔约方提供稳定、可预见的国际贸易秩序。参见：WTO.GATT Panel Report of United States-Restrictions on Imports of Tuna（"Tuna/Dolphin I"），DS21/R-39S/155：5.27 [R/OL]. [2016-10-22]. http：//www.wto.org/dispute_settlement_gateway.

❷ 主要包括 1991 年美国与墨西哥的金枪鱼案 I（39S/155，DS21/R）和 1994 年美国与欧共体、荷兰的金枪鱼案 II（DS29/R）。参见：WTO.GATT Panel Report of United States-Restrictions on Imports of Tuna（"Tuna/Dolphin I"）and United States-Restrictions on Imports of Tuna（"Tuna/Dolphin II"）[R/OL]. [2016-10-22]. http：//www.wto.org/dispute_settlement_gateway.

❸ 首先，分析涉案措施所要实现的政策目标是否为第 20 条所涵盖；其次，针对第 20 条各款进行必要性测试和相关性测试，以确认争议的贸易措施是否为实现相关领域公共政策所必须（第 20 条 b 款），或是否为保护可用竭自然资源而采取的措施，且与对国内生产或消费的限制同步实施（第 20 条 g 款），从而为实现其目标提供有效限制；最后，还要审查此类措施的实施方式是否符合前言的要求，未在相关缔约方之间构成任意或不正当的歧视，不对国际贸易构成变相限制，体现国际法的诚信原则。参见：WTO.GATT Panel Report of United States-Restrictions on Imports of Tuna（"Tuna/Dolphin II"），unadopted by The All Contracting Parties：5.12, 5.29 [R/OL]. [2016-10-22]. http：//www.wto.org/dispute_settlement_ gateway.

GATT 目标和宗旨的要求出发，严格控制第 20 条适用条件。

然而，此阶段，有关必要性或相关性测试的客观分析标准尚未稳定成型。基于缔约方相关措施所依据的非贸易政策目标属于不受 GATT 质疑的主权决定事项，GATT 专家组以第 20 条 b 款和 g 款适用条件为基准进行的必要性检测（Necessity Test）或相关性检测（Related Test），既是审查缔约方相关措施与所追求的政策目标间关联程度所必需，更是协调自由贸易与国家经济管制间权力平衡的重要工具。这种规则评价方法，为衡量缔约方旨在保护人类和动植物的生命或健康及可用竭自然资源的贸易限制措施，是否在实现其目标所必要或相关范围内与多边贸易体制整体目标相符，进而在 GATT 框架下取得合法性提供客观依据。

金枪鱼案 I 中，专家组主张美国 MMPA 法案及其扩大域外适用范围的环保法令，❶ 不能以 WTO 环境例外条款作为合法抗辩，主要基于两方面原因。❷

其一，美国相关措施的政策目标是为保护漫游于其他国家和公海海域的海豚。专家组考察 GATT 1994 第 20 条起草历史、目标宗旨后指出，缔约方仅能对其管辖范围内的人类、动植物生命或健康采取保护措施，或对其本国范围内的可用竭自然资源实施有效控制。否则，任何缔约方都可以此为由采取单边保护政策，损及其他缔约方依据协定所取得的贸易权利。因此，域外保护措施超越第 20 条 b 款和 g 款允许缔约方背离多边贸易自由化的必要限度。

其二，美国未能证明其穷尽了为实现海豚保护目标所有可供选择的合理措施。尤其未与相关国家就海豚保护的国际合作进行磋商谈判。而且，美国相关措施规定在特定期间内，将墨西哥向美国出口金枪鱼应符合误捕海豚

---

❶ 金枪鱼案 I 中，墨西哥在陈述中指出，除依据美国 MMPA 法案对原产自墨西哥的特定黄鳍金枪鱼及其制品采取直接进口禁令和对转售此类产品的中间国家实施间接进口禁令外，美国总统依据 MMPA 和《渔民保护法案》第 8 节（Pelly Amendment），还有权将这些进口禁令扩展到来自墨西哥和中间国家的所有鱼类或野生生物制品，并对在东部热带太平洋捕获的金枪鱼制品适用《海豚保护的消费者信息法案》(Dolphin Protection Consumer Information Act, DPCIA) 的标准条款。参见：WTO.GATT Panel Report of United States-Restrictions on Imports of Tuna ("Tuna/Dolphin I"): 3.1 [R/OL]. [2016-10-22]. http://www.wto.org/dispute_settlement_gateway.

❷ WTO.GATT Panel Report of United States-Restrictions on Imports of Tuna ("Tuna/Dolphin I"): 5.24-5.34 [R/OL]. [2016-10-22]. http://www.wto.org/dispute_settlement_gateway.

第三章　全球环境风险社会性规制法律实施机制演进的实证分析：
从"单一规制"到"合作规制"

所允许的最大几率，与美国渔民在同等期间的实际记录相联系，使墨西哥当局无法及时获知其环保政策是否与美国的海豚保护标准相符。建立在这种不可预见基础上的美国贸易限制措施，既不是保护人类和动植物生命或健康所必要的，也对利用可耗尽自然资源施加有效制约不相关。此时，域外适用、穷尽所有合理方法及透明度，构成专家组必要性或相关性论证的主要分析框架。

金枪鱼案 II 中，专家组尽管否定 MPSDOL、CITES 和《巴塞尔公约》等 MEAs 建立有关环保域外管辖的连续实践，却转而以 GATT 1994 文本未提及可用竭自然资源的地域限制和一般国际法未原则上禁止国家行使域外管辖权为由，确认第 20 条 g 款涵盖美国在东部热带太平洋域外保护海豚的政策目标。随后，专家组将涉案贸易措施与保护可用竭自然资源的政策目标及与对国内生产和消费的同步限制措施进行比较，认为美国旨在保护海豚的贸易禁止措施，事实上仅在其他国家的金枪鱼捕捞实践和政策与美国相关标准不一致时才发生效力，应主要是作为迫使有关国家作出政策改变的手段。依据 GATT 1994 协定的目标和宗旨，若允许其通过解释第 20 条获得合法性，则使多边贸易纪律荡然无存。可见，金枪鱼案 II 中决定必要性或相关性测试的主要标准又转变为对其他缔约方权利和义务所产生的影响。

最后，产品同类性的识别要素体系开始渗透环境考量。GATT 第 3 条规定缔约方在国内税和国内规章方面应给予进口产品与国内同类产品（Like Products）同等对待的国民待遇要求。这将决定相关产品竞争关系、遵循个案评估的产品同类性识别问题，推向 WTO 义务遵守控制的核心关切中。[1]伴随着多边贸易体系调整领域的不断延伸和扩展，GATT 1994 第 3 条有关同类产品的法理也

---

[1] 1970 年《边境税调整的工作组报告》（GATT Working Party Report）第 18 段指出：解释"同类产品"应遵循个案逐个甄别的原则，通过对与具体案件所涉产品本身有关的各种不同要素进行客观评估和综合考察，确定具体产品间的差异和相似性，以稳定、可预见的判定标准，建立产品间的恰当同类性关系。参见：王淼，那力. WTO"相同产品"与环境因素[J]. 社会科学辑刊，2013（6）：76.

基于"滚雪球效应"趋向融入诸如环境、文化等新的非贸易考量因素。❶ 关于环保是否能借助 GATT 1994 第 3 条对产品标准的影响，在多边贸易体制中确立优先地位的争议，早在 GATT 时期就由于 1994 年美国汽车税案❷，引发广泛讨论。

围绕美国奢侈品税和大油耗汽车燃油税的合法性问题，该案专家组分别从"同类产品"的文义解释和上下文解释出发，并援引 1992 年美国麦芽糖饮料案专家组的结论作为佐证，指出应遵循第 3.1 条所设定的国内税费和法律规章"不得为国内生产提供保护"的宗旨，解读第 3.2 条"同类产品"概念。因此，判定是否构成同类产品，应旨在阻却缔约方通过在不同产品间实施差别化规制措施而为国内生产提供保护，并不排斥借此实现其他合法政策目标。鉴于此分析框架，专家组拒绝欧共体将产品最终用途、基本物理特性和构成及关税分类作为同类性分析标准的主张，转而运用目的和效果理论分析美国相关税收措施的立法意图和市场实施效果。并在此基础上，确认美国立法措施具有实现节能环保的善意监管目的，且未在竞争条件上产生更有利于国内汽车生产的改变效果，符合 GATT 1994 第 3.2 条项下的义务要求。某种程度上讲，该案尝试在不过度介入缔约方合法公共规制政策选择的同时，通过正当程序分析和识别贸易保护措施，为在确定同类性时适当考虑缔约方重要环境政策目标提供灵活性和可能路径。

---

❶ 如加拿大期刊案与中国出版物和试听产品案，都反映 DSB 在判定产品同类性方面，增加文化因素考量的需要。参见：石静霞．"同类产品"判定中文化因素考量与中国文化贸易发展［J］．中国法学，2012（3）：50-63．

❷ 该案是欧共体针对美国三项有关汽车的税收政策提起争端。第一，欧共体指出美国依据《1990 年综合预算调节法案》（Omnibus Budget Reconciliation Act of 1990, OBRA 1990）对售价超过 3 万美元的汽车征收奢侈品税。事实上是对欧共体主要向美国市场提供大型号进口汽车的歧视，构成对 GATT 1994 第 3.2 条国民待遇的违反。第二，欧共体主张美国依据《1978 年能源税法案》（Energy Tax Act of 1978）对油耗高于每英里 22.5 加仑的汽车征收燃油税，以燃油经济性为标准区别征税，违反 GATT 1994 第 3.2 条国民待遇要求。第三，欧共体认为美国依据《1975 年能源政策和节能法案》（Energy Policy Conservation Act of 1975, EPCA 1975），在与生产商和进口商控制权或所有权相联系的因素基础上，实施公司平均燃油经济性的强制核算，即 CAFÉ 法规，采取分离国产汽车和进口汽车计算系统的设计，使国产汽车得以适用更低计算标准，对欧共体进口汽车产生不合比例的影响，未遵守 GATT 1994 第 3.2 条、第 3.4 条和第 3.5 条规定的义务。参见：WTO. GATT Panel Report of United States-Taxes on Automobiles, DS31/R, 1994, unadopted by The Contracting Parties: 5.2, 5.19, 5.41 ［R/OL］．［2015-05-01］. www.wto.org/dispute_settlement_gateway.

第三章　全球环境风险社会性规制法律实施机制演进的实证分析：从"单一规制"到"合作规制"

作为多边贸易体制非歧视原则的重要组成部分，当涉及国内税和政府规制措施时，缔约方要求享有 GATT 1994 第 3 条所赋予的国民待遇应以进口产品与相关国内产品的同类性为前提。对此，GATT 并未形成严格的文本界定，而是根据国际社会发展的客观需要，通过嗣后工作报告及司法判例建立了一个包含从客观物质要素、关税分类到主观消费观念，以及相关规制措施的目的与贸易保护效果等一系列构成要素，具有较强伸缩性和开放解释空间的标准框架。❶ 无论恪守 GATT 法律文本，主要分析产品客观物质特性和用途及消费者主观体验的传统特征功能方法，从而为多边贸易规则提供可预见性；❷ 还是兼顾对缔约方国内政策因素的考量，重在审查争议措施是否具有立法善意及是否实际产生贸易保护效果的目的效果方法，从而使多边贸易规则更具灵活适应性，都是被 DSB 用作审查争议措施所涉产品本身（包括产品生产原料）的同类性判定标准。一方面，这两者都只涉及作为生产终端的产品自身因素，未对生产过程中虽不影响产品最终属性，但会产生不同环境影响的标准因素予以探究；另一方面，无论哪种方法都不可能包罗解决特定产品同类性问题的所有合理因素，不同识别因素间也存在发生抵触的可能，反映贸易自由化与国内监管自主权之间的尖锐冲突。因而，"同类产品"概念这把"手风琴"需要引介非贸易因素以建立不同政策考虑间的价值平衡。

可以说，此案中两种同类性判定标准的冲突，实质上体现贸易与环境在多边贸易体制内的互动砥砺。尽管该案专家组报告因欧共体的强烈反对而未能获得通过，但其将环保作为进口国实施差别化环境税收政策的正当依据，基于能源效率和对环境影响程度的不同以区分产品类型的理念，为后来 1996

---

❶ 1970 年 GATT 缔约方全体会议通过《边境税调整的工作组报告》，提出产品的质量和物理特性、产品的最终用途及不同国家消费者的偏好等，作为识别"同类产品"的参考标准。而在诸如日本酒类税案等后续争端案件中，DSB 还确立参考海关合作理事会 1983 年签署的《商品名称即编码协调制度的国际公约》规定的产品关税分类（CCCN）以及各国的关税承诺减让表中有关产品的关税分类，来考察产品同类性的相关因素。参见：魏圣香，王慧. 从产品标准的解释看环境税在 WTO 体制下的法律地位 [J]. 世界贸易组织动态与研究，2013（1）：81.

❷ SNELSON J H. Can GATT Article Ⅲ Recover From Its Head-On Collision with United State-Taxes on Automobiles [J]. Minnesota Journal Global Trade, 1996（5）: 467-480.

年欧共体荷尔蒙牛肉案、1998年美国虾和海龟案等WTO争端解决实践,进一步放松GATT 1994对生产制造过程中环境影响因素融入产品同类性标准框架的严格限制,❶确立PPMs标准在WTO体系中的合法性提供判例基础,成为GATT/WTO贸易体系产品标准绿色化的发端。

（2）WTO审议与贸易有关环境措施的司法实践述评

与GATT争端解决机制对环境问题的消极回避态度不同,WTO时期围绕GATT 1994第20条的适用,DSB以更为积极和极富创造性的司法化方法处理环保政策与贸易自由化之间的相互关系。尤其是有别于WTO传统贸易与环境之间的冲突性质,有关成员方可再生能源产业政策而诱发的新一代绿色贸易争端中,DSB充分运用司法决策,致力于弥补WTO涵盖协定协调贸易与环境关系的不足,抑制全球金融危机后以环保措施为掩护卷土重来的贸易保护主义,对减轻自由贸易所产生的环境损害后果发挥关键作用。

首先,排斥界定国际环境法基本原则,创新具有管理特性的裁决执行工具。欧共体荷尔蒙牛肉案❷围绕欧共体第2003/74号和第96/22号新旧两项有关禁止进口含人工荷尔蒙生长素牛肉及其制品的指令,与GATT 1994、SPS、TBT和《农业协定》及DSU相关条款的相符性审查,耗时近20年,是WTO争端解决历史上罕见的将为促进义务遵守而提供的所有方法都悉数用尽的案件。它从以下两方面反映WTO环境遵守控制的特点。

实体性保障方面,核心焦点是关于风险预防原则（Precautionary Principle）在WTO体系中的法律适用。由于国际环境法大量充斥间接涉及实体权利义务的抽象性原则规范,其在WTO法律体制内的遵守和实施,就需着重考察DSB对国际法一般原则和习惯规则的适用标准。SICJ作为国际司法机构法律适用渊源的指引,其第38条第1款明确将国际法一般原则和习惯规则视为基本渊源

---

❶ OLE K.Environmental Taxes and Trade Discrimination [M]. Leiden: Kluwer Law International, 1998: 25.
❷ 本案是美国和加拿大因欧共体基于保护消费者健康的目的,针对进口牛肉及牛肉产品实施的荷尔蒙禁令而提起的申诉。参见:WTO.European Communities-Measures Concerning Meat and Meat Products (Hormones), WT/DS26/AB/R, WT/DS48/AB/R: 123-125 [R/OL]. (1998) [2016-05-01]. www.wto.org/dispute_settlement_gateway.

第三章　全球环境风险社会性规制法律实施机制演进的实证分析：
从"单一规制"到"合作规制"

之一，而 GATT/WTO 也在 1996 年美国汽油标准案❶中形成适用解释国际公法习惯规则对争议措施进行法律认定的实践支持。但基于 DSB 对直接适用非 WTO 涵盖协定的外部法源缺乏正当法律依据，故只能通过重新进行法律审查，才可将其作为 WTO 协定条款的辅助解释工具。

然而，针对欧盟以国际环境法风险预防原则作为违反 SPS 第 5.1 条有关卫生或植物卫生措施应以风险评估为基础的抗辩理由，该案上诉机构明确指出：风险预防原则仍在作为国际公法领域确定的一般原则方面缺少权威性认定，对该原则地位和范围的国际法界定存在风险。这一结论充分体现 DSB 普遍不接受成员方对国际环境法基本原则的解释意见，转而更信赖援引国际组织官员和专家意见以及法律著述的主张，或尤以 ICJ 为代表的国际司法机构裁判为指导，作出对该原则是否构成国际法一般原则的法律认定，并据此确定是否接受和适用该原则。而对国际环境法基本原则的界定和阐述，DSB 通常持高度谨慎态度，仅限于形式上的界定和含义的简单阐述，回避对国际环境法基本原则和习惯规则的存在、内容范围及限制条件作出全面裁定。许多概括性国际环境法原则因而未能在争端解决实践反复不断的浸润中充实和发展具体内容，增强可操作性。

程序性保障方面，本案的突出亮点是当事方就争端解决的理想执行方案僵持不下时，具有经济激励导向的灵活性补偿措施发挥关键作用。本案涉及国内公共政策的贸易争端在走完 WTO 全部解决程序后，在欧共体履行 DSB 裁决的方式和效果上仍未能达成争端各方都满意的解决方法。传统自愿性关税补偿和金钱补偿、授权贸易报复，甚至美国在报复产品清单范围问题上采取的所谓"轮番报复"，❷都未能给这一旷日持久的贸易争端划上句号。最终，该案是在准司法程序之外，欧共体分别于 2009 年和 2011 年同美国和加拿大

---

❶ WTO.United States-Standards for Reformulated and Conventional Gasoline，WT/DS2/AB/R［R/OL］.（1996）［2015-05-01］. www.wto.org/dispute_settlement_gateway.

❷ 这即是由于 DSU 并未对实施授权报复的具体产品或服务的范围作出规范。美国有权在 DSB 授权范围内自行决定报复的产品清单范围，使其不仅能确定中止哪种义务或减让，而且可单方面判断该义务或减让水平是否与执行仲裁庭所确定的利益丧失或减让水平（报复水平）相一致。参见：李晓玲.WTO 争端解决裁决的执行机制研究［M］.北京：中国社会科学出版社，2012：318.

就执行争端裁决达成谅解备忘录。通过分阶段对不含荷尔蒙、产自美加两国的高质量牛肉不断增加额外关税配额，从而扩大其市场准入的方式，为终结争端设定路线图。欧共体为在特定时间内继续维持被确认与 WTO 协定不符的措施，而与争端相对方达成的自愿补偿办法，存在违反 WTO 最惠国待遇义务之嫌。但这种以贸易优惠激励环境标准实施的突破性执行方法，蕴含"管理性"监控的因素。这不仅能达成争端各方贸易利益的再平衡，也能发挥贸易自由化手段对遵守环保标准的积极促进作用。

其次，贸易与环境关系的影响覆盖进出口，新成员遭遇环境例外的适用障碍。中国 2012 年原材料案❶与 2014 年稀土案❷互成镜像关联，均涉及对中国就具有高污染性基础产业及其储备原料所采取的管理方式和具体措施合规性的法律评估，深刻影响新兴经济体基于环保目标实施外贸管理的主权能力。❸两案中，中国的针对性出口限制措施均明确与其加入 WTO 时有关数量限制的普遍承诺和出口税的单向承诺相悖，违反 GATT 1994 第 11 条、《中国入世议定书》（Protocol on the Accession of the People's Republic of China）第 11.3 条及附件 6 的规定。因而，两案核心问题转移至中国背离"超 WTO 义务"（WTO-plus）的行为能否在 WTO 例外条款中获得阻却违法的依据。从而，合

---

❶ 该案美国、欧盟和墨西哥主张中国为限制用于加工工业的铝土矿、焦炭等 9 种原材料出口而采取出口税、出口配额、出口许可证及最低出口价格要求，违反《中国入世议定书》第 1.2 段、第 5.1 段、第 5.2 段和第 11.3 段，《中国入世工作组报告》第 83 段、第 84 段、第 162 段和第 165 段，以及 GATT 1994 第 8.1（a）条、第 10.1 条、第 10.3（a）条和第 11.1 条。参见：WTO, China-Measures Related to the Exportation of Various Raw Materials, WT/DS394, 395, 398/R [R]. (2012) [2019-06-06]. www.wto.org/dispute Settlement gateway.

❷ 该案美国、欧盟和日本认为中国对稀土、钨、钼采取的出口税、出口配额等限制措施及配额管理和分配制度，与中国在《中国入世议定书》第 1.2 段第 I 部分、第 5.1 段、第 11.3 段（这些承诺包含在《中国入世工作组报告》第 83 段、第 84 段、第 162 段和第 165 段中）及 GATT 1994 第 11.1 条项下的义务不符。参见：WTO.China-Measures Related to the Exportation of Rare Earths, Tungsten and Molybdenum, WT/DS431, 432, 433/R [R/OL]. (2014) [2015-05-01]. www.wto.org/dispute_settlement_gateway.

❸ 全球化条件下，主权概念在内容上是一个逐渐呈现层化趋势的范畴。它主要由权威和能力两大方面构成，包含身份（status）、职权（authority）和能力（capacity）三重含义：主权权威表现为彰显国家对内对外关系、具有法律意义的主权身份层面和界定国家具体法定权力的职权层面。而主权能力则体现在国家的实际政策自主能力和主权管辖领域内的控制能力。其中，主权身份具有核心基础性，不可转让和分割；而职权和能力则可受限和共享。参见：任丙强. 全球化、国家主权与公共政策 [M]. 北京：北京大学出版社, 2007：66-70；王逸舟. 主权范畴再思考 [J]. 欧洲, 2000（6）：8.

第三章　全球环境风险社会性规制法律实施机制演进的实证分析：
从"单一规制"到"合作规制"

法开启多边贸易体制为成员方渐进式贸易自由化提供的"安全阀"，进一步触及WTO法律和机制内，包括WTO"一揽子"协定、新成员加入文件等不同规则文本间的体制性关系。这个有关中国的系列案件中，WTO争端解决机制环境司法控制的发展呈现下述新问题。

第一，WTO体制对自由贸易与环境保护关系的协调已从单纯的进口措施延伸至出口领域。成员方环境公共政策的实施不仅可能对进口产品和服务实施约束，也需要在出口产品管制上拥有偏离贸易自由化的合法权利。WTO出口税约束纪律有必要在国家的自然资源管理主权、经济发展和环境保护间寻求新的平衡。而现行WTO体制在出口限制上存在两个极端：一端是大多数成员方几乎完全自由地施加出口税，致使WTO有关出口税的多边纪律几近瘫痪；另一端是为新加入成员设定禁止基于任何目的而使用出口税的刚性义务，新成员只能在GATT 1994第20条下苦苦寻找合法性依据。

事实上，这两起案件的裁决，对自然资源产业政策的法律影响并不仅限于中国的出口管理制度。一方面，通过两案DSB对GATT 1994第11.2（a）的解释和适用，❶承认成员方可为满足本国产业政策需要，采取与GATT 1994第11.1条规定不符的出口限制措施。但也就GATT 1994第11条自身附带的特殊例外，进一步澄清其适用时间的临时性❷、适用产品的必需

---

❶ 根据GATT 1994第11.1条一般禁止数量限制原则，WTO对除采用关税和国内税费方式之外，通过制定或维持配额、进出口许可证及其他措施禁止或限制其他成员方产品的进出口，持明确否定态度。从协定文本意义上讲，WTO不仅涉及处理进口措施对国际贸易造成的扭曲影响，同时也涵盖对出口措施的管制。但GATT 1994第11.2条（a）项又在其第20条之外，为出口贸易限制措施提供额外的安全例外出口，构成成员方豁免数量限制义务的特殊例外规定，即允许为防止或减缓出口国粮食或其他必需品严重缺乏而临时实施的禁止或限制出口措施。这样，事实上，成员方拥有行使出口管理的充分裁量空间。参见：GUSTAVO.Export Controls as Industrial Policy on Natural Resource/Regulatory Limitations on China-Raw Materials and China-Rare Earths Cases [J]. Brasilia Journal of International Law, 2014（11）:82.

❷ 原材料案专家组从字面含义出发，认为协定文本中使用"临时地"（temporarily）意味着一个有限的时间范围，出口限制措施的适用将存在固定的时间期限。而且，该案专家组在继续进行上下文考量后主张，若GATT 1994第11.2条（a）项不具有时间性的特征，则会使成员方就有关可用竭自然资源的问题，应援引第GATT 1994第11.2条（a）项，还是第20条（g）项，感到无所适从，从而损害有效解释的原则。参见：WTO.WTO Panel Report of China-Measures Related to the Exportation of Various Raw Materials, WT/DS394, 395, 398/R: 7.255 [R/OL].（2012）[2016-05-01]. www.wto.org/ dispute_settlement_gateway.

性❶，以及防止或减轻短缺的效果条件。❷该条所赋予大多数成员方在实施出口管制上的自由裁量空间，因而受到明确限制。另一方面，作为成员方实施贸易自由化的"安全出口"，GATT 1994第20条除环境例外需要符合从相关措施的政策目标到实施方式极为严苛的相称性标准，诸如作为环境例外解释上下文的第（i）款和（j）款等其他条款，也通过针对中国的这两起案件明确排除对普通环保产业政策的考量，将适用条件限定在须与执行国家稳定计划或应对国际经济突发事件密切相关的情形。❸

第二，作为融入多边贸易体系分享全球自由市场红利的"入门费"，WTO体系扩展中为新成员单独创设的"超WTO义务"在WTO框架下的恰当履行，❹能否与其他WTO既存义务一样基于环保目标而获得豁免依据，取决于该

---

❶ 原材料案专家组对出口限制法律界限的界定，首先确认DSB在评价一项产品是否为成员方所必需上具有独占决定权，排除实施出口限制措施的成员方对产品必需性的认定；其次，通过文义解释将"必需品"（Essential）界定为绝对必不可少或必要的产品。同时，该案专家组还主张，应将有关成员方适用限制措施时所面临的具体情势作为必需性认定的考量情形。参见：WTO.WTO Panel Report of China-Measures Related to the Exportation of Various Raw Materials, WT/DS394, 395, 398/R［R/OL］.（2012）［2016-05-01］. www.wto.org/dispute_settlement_gateway.

❷ 原材料案专家组沿袭前两个概念的解释方法，认为构成第11.2条（a）款适用条件的"为防止或减轻严重短缺"（to prevent or relieve critical shortages）是要求缔约方通过在临时基础上实施的出口限制能达到有效减轻或防止现存严重短缺情况的目的。短缺应是现实存在的绝对不足，而不考虑相对不足的情况。该案上诉机构在有效解释原则基础上，又进一步认定依据GATT 1994第11.2条（a）款主张的"短缺"应比第20条（j）款所划定的范围更窄。参见：WTO.WTO Appellate Body Report of China-Measures Related to the Exportation of Various Raw Materials, WT/DS394, 395, 398/R：325［R/OL］.（2012）［2016-05-01］. www.wto.org/dispute_settlement_gateway.

❸ 原材料案专家组对GATT 1994第20条（i）款和（j）款，都是作为分析第20条（g）款的上下文来解释。就GATT 1994第20条（i）款而言，原材料案专家组主张为成员方出现造成国家动荡局面的事件时，作为国家稳定计划的组成部分而进行的出口控制提供合法性依据；而对GATT 1994第20条（j）款，则应遵循在普遍或局部供应不足的情况下，任何成员方所采取的措施不能妨碍其他所有成员获得此类产品国际供给的平等份额。该款为出口限制提供的实施空间也仅包括国家稳定计划，以及出现由于战争或其他紧急情况导致的严重短缺等情形。参见：WTO.WTO Panel Report of China-Measures Related to the Exportation of Various Raw Materials, WT/DS394, 395, 398/R：7.384-7.386, 7390［R/OL］.（2012）［2016-05-01］. www.wto.org/dispute_settlement_gateway.

❹ 涉及《中国入世议定书》"超WTO义务"履行争议的案件是：2016年12月12日就美国、欧盟依据该议定书第15条有关对WTO《反倾销协定》第2.1条和第2.2条确定产品正常价值法律框架的例外规定，在针对中国产品的反倾销调查中使用替代国做法，是否符合中国在加入WTO时所做双边承诺，中国所提起的争端解决。参见：WTO Secretariat.China Files WTO Complaint against US, EU over Price Comparison Methodologies［R/OL］.［2016-10-31］. www.wto.org/english/new_e/new16_e/ds515_516rfc_12dec16_e.htm.

第三章 全球环境风险社会性规制法律实施机制演进的实证分析：
从"单一规制"到"合作规制"

义务的设定与 GATT 1994 一般例外的关联程度。也就是说，GATT 1994 第 20 条例外须遵循特定适用范围，并非包括新成员加入议定书和工作组文件在内的所有涵盖协定屡试不爽的有效抗辩。GATT 1994 之外其他涵盖协定的承诺义务要寻求其第 20 条的合法性庇护，必须依照逐案审查的方式予以确定。

由于动态开放的 WTO 体系并未对新成员加入议定书与 GATT 1994 间的关系作出清晰界定，DSB 的解释就成为平衡成员方权利义务，协调环境与贸易冲突的关键所在。而该两案有关中国违反加入议定书特定承诺义务不适用 GATT 1994 第 20 条环境例外的裁决，在解释路径上尚存下列争议。

就文本和上下文解释而言，两案 DSB 都在否定加入议定书相关条款作为 GATT 1994 必然组成部分的前提下，将注意力集中于是否存在建立 GATT 1994 第 20 条与加入议定书第 11.3 段相关性的特定条约用语和上下文关系。当未发现有关 GATT 1994 第 20 条的明确适用指示，尤其未就条约用语简省的不同含义作出区分时，❶ 即推定中国放弃诉诸该条主张义务豁免的权利。❷ 这造成本案中同为加入议定书内容的第 11.3 段和第 5.1 段，在援引 GATT 1994 第 20 条例外上呈现"差别待遇"，被认为是将多边贸易体系置于纷争和不理性风险中的做法。❸

就目标宗旨解释而言，WTO 序言中明确昭示的目标和宗旨本身就意味着

---

❶ 针对《中国入世议定书》第 11.3 段存在的条约用语简省，原材料案上诉机构运用整体解释的方法，通过对该条上下文的分析以判断简省的含义。但事实上，对第 11.3 条上下文范围的确定受到诸多限制。一方面，由于上诉机构认定 GATT 1994 与议定书第 11.3 段没有明确的文本关系，故排除将 GATT 1994 作为上下文。而作为最近上下文的议定书第 11.1 段和第 11.2 段，都明确包含指向 GATT 1994 的用语。另一方面，基于《中国入世工作组报告》第 170 段属于涉及"影响对外贸易的国内政策"，缺乏与第 11.3 条的实质联系，而拒绝将其作为议定书第 11.3 条的上下文。并以 2007 年中国出版物案所涉入世议定书第 5.1 条为佐证，否定第 11.3 条的用语简省，影响 GATT 1994 第 20 条的可适用性。参见：WTO Appellate Body Report of China-Measures Related to the Exportation of Various Raw Materials, WT/DS394, 395, 398/R: 230, 233, 298-299 [R/OL]. (2012) [2016-05-01]. www.wto.org/dispute_settlement_gateway.

❷ 即条约解释者有关"沉默即为放弃"（Absence Equates Waiver）的理论。参见：WTO.WTO Appellate Body Report of China-Measures Related to the Exportation of Various Raw Materials, WT/DS394, 395, 398/R: 293 [R/OL]. (2012) [2016-05-16]. www.wto.org/dispute_settlement_gateway.

❸ BARONCINI E.The Applicability of GATT Article XX to China's WTO Accession Protocol in the Appellate Body Report of the China-Raw Materials Case: Suggestions for A Different Interpretative Approach [J]. China-EU Law Journal, 2013 (1): 1.

在 WTO 规则框架下，贸易自由化义务有基于环保等非贸易价值而受到减损的可能。因此，DSB 采取由文义解释出发，推及其他解释要素，直至能得出其所需结论的固定审查顺序，使原本处于平行地位的各种解释要素具有不同的效力位阶，造成对完整解释体系的人为分割。其结果是：一方面，背离作为 WTO 争端解决实践基础的 VCLT 第 31 条和第 32 条习惯解释规则所建构的完整分析框架；❶ 另一方面，结合 WTO 协定序言所确立的可持续发展目标，尽管稀土案专家组确认任何对主权国家采取保护环境和人类生命与健康的措施设置障碍的解释路径都是对 WTO 序言宗旨的背离，❷ 但最终未能实现 WTO 不同价值目标间的恰当平衡。

最后，WTO 新型环境争端有关禁止性补贴判定依据的可持续发展衍化。在气候变化国际法由 KP 下的强制量化减排，向 2016 年气候变化《巴黎协定》的升温控制自愿承诺过渡的转折期，2013 年加拿大可再生能源项目气候变化补贴措施案，❸ 是 WTO 阐明其协调气候变化政策与贸易自由化规则之间关系所持立场的气候变化争端第一案。该案作为因国家绿色产业政策而引发贸易与环境冲突在 WTO 中的最新表现，不仅围绕 WTO 框架下气候变化补贴政策的合法性问题，反映现行 WTO 补贴规则在调整各国应对气候变化措施上的不适应性；而且，为 2016 年气候变化《巴黎协定》缔约各方考量未来采取与

---

❶ 作为 WTO 规则框架中规范争端解释的重要条款，DSU 第 3.2 条要求在不增加或减损成员方依据适用协定所确立的权利和义务前提下，依照国际公法的习惯解释规则所提供的解释路径澄清现有协定的内容。据此，GATT/WTO 体系结合国际社会主流观点，逐步形成以《维也纳条约法公约》第 31 条、第 32 条有关善意解释、文本解释、上下文解释和目的与宗旨解释等基本要素为指引，贯穿整个解释过程的司法实践。如 1996 年日本酒类税案（WT/DS8/AB/R，WT/DS11/AB/R）、欧共体无骨冻鸡案（WT/DS269/Ab/R，WT/DS286/AB/R）及美国汽油标准案（WT/DS2/AB/R）等。
❷ WTO.WTO Panel Report of China-Measures Related to the Exportation of Rare Earths.Tungsten and Molybdenum, WT/DS431, 432, 433/R [R/OL].（2014）[2015-05-01]. www.wto.org/dispute_ settlement_ gateway.
❸ 该案是日本和欧盟主张加拿大安大略省 2009 年实施的 FIT 计划，有关使用本地生产材料的要求形成对进口产品的歧视，违反 GATT 1994 第 3 条和 TRIMs 第 2.1 条国民待遇原则。并且，认为安大略省依据 FIT 对符合上述使用国内产品的可再生能源生产商提供价格和入网支持的行为构成进口替代补贴，违反 SCM 协定第 3.1（b）条和第 3.2 条关于禁止补贴的规定。参见：WTO.Canada-Measures Relating to the Feed-in-Tariff Program, WT/DS426/6 [R/OL].（2012）[2015-05-01]. www.wto.org/ dispute_settlement_gateway.

第三章　全球环境风险社会性规制法律实施机制演进的实证分析：
　　　　从"单一规制"到"合作规制"

WTO 规则相符的方法履行"自主贡献"承诺，提供参考和借鉴。

根据 SCM 第 1.1 条对补贴的界定，判定一项政府行为是否构成受协定约束的补贴，必须符合：补贴的提供者；财政资助或 GATT 1994 第 16 条意义上任何形式的收入或价格支持；授予相关企业或产业某种利益三方面基本要素。其中，补贴利益的证明则构成决定补贴认定的关键环节。

本案上诉机构和专家组对加拿大固定电价收购计划（Feed-in-Tariff, FIT），是否在相关电力市场上赋予接受者更有利市场地位的利益分析中，❶就采用哪些因素界定"相关市场"（Relevant Market）存在分歧：专家组基于不存在单一可再生能源市场的立场，倾向于从整个电力销售市场的需求层面确定比较 FIT 电力价格与非可再生能源电力价格的市场基准；而上诉机构则从 FIT 计划旨在创设新市场的角度，强调应从供给层面划定评价 FIT 计划利益授予的市场条件。❷但两者都对环境友好产品生产所特有的条件持开放态度，❸主张新能源应免受普通能源市场补贴规则的约束，为解决 WTO 规则在适用有关气候变化政策补贴方面的固有困难搭建桥梁。

本案 DSB 对 SCM 具有造法性质的解释结论，相较于以往将补贴认定与其适用动机相隔离的做法，无疑表明 WTO 争端解决机制继 GATT 1994 第 3 条

---

❶ 2002 年安大略省建立竞争性电力市场，并于 2004 年重建一个在核心生产、输送、分配和零售等方面公共和私人实体共同参与的混合电力系统。为实现电力供应的多样化和促进清洁能源产业的发展，根据安大略省政府 2009 年 FIT 计划，政府与可再生能源生产商签订 20 年（风能或太阳能光伏发电）或 40 年（水力发电）的电力输送协议，确保这些生产商能以较高的固定价格，向安大略电力系统销售来自清洁能源供给的电力。同时，该计划为鼓励行业投资和分散风险，还规定凡进入该行业的电力企业，若拥有的设备 60% 以上来自安大略省，则可享受政府提供的价格和入网的优惠支持。参见：NILMINI. Climate Change Dispute at the World Trade Organization: National Energy Policies and International Trade Liability [J]. San Diego Journal of Climate & Energy Law, 2012-2013（4）：213-216.

❷ 欧共体飞机案上诉机构就曾指出，相关市场的界定应结合供给方和需求两方面因素进行考量。参见：WTO. Appellate Body Report of European Communities and Certain Member States-Measures Affecting Trade in Large Civil Aircraft. WT/DS316/AB/AR [R/OL].（2011）[2015-05-01]. www.wto.org/dispute_settlement_gateway.

❸ 专家组接受诸如促进新能源投资和保护环境等其他非经济因素作为利益分析法律评估的组成部分；上诉机构则主张将诸如电力产生方法的因素，以及国家选择对其更有利的电力供应结构的权力都视为与利益授予测试的法律分析相关。参见：KENT A. The WTO Law on Subsidies and Climate Change: Overcoming the Dissonance [J]. Trade Law & Development, 2013（5）：374.

项下"同类产品"标准之后,又开始在 SCM 补贴措施的"相同市场"认定中融入对环境政策的考虑。其积极运用法律解释技术,避免有利于激励环境公共产品提供的政府行为,被动辄归入禁止性补贴的司法决策倾向,为 WTO 补贴规则实现环境有益方向的改革提供实践依据。

总之,从 GATT 到 WTO 不仅是多边贸易管理机构国际法律人格的完备,更意味着全球贸易治理所赖以存在的外部环境发生重大变迁,建立与贸易相协调的环境政策和规则逐渐成为国际贸易规则扩张异化的实践动向。多边贸易体制经历由 GATT 消极一体化的贸易规制模式,发展为 WTO 积极一体化的贸易整合模式,❶对影响贸易自由化目标的环境等非贸易价值实现主动调控。进而,在处理环境与贸易冲突的调整方式上,也凸显从 GATT 时代权力导向的"软控制"进阶至 WTO 年代规则导向的"硬约束"。WTO 以其全面强化执行力的争端解决机制,辅之以发挥"软性诱导"功能的贸易政策审议机制,展开摆脱 GATT 临时适用性质的普遍性专门治理,GATT 与 WTO 环境遵守规制的重心呈现从权义配置转向监督执行的效能演进。

4. GATT/WTO 争端解决机制环境"遵守监控"的效用特点

(1)目标定位偏离公正、有效的环境保护

由于环境与贸易始终是互不隶属,存在正当性冲突的两种价值。当不同价值体系的优先目标相互抵触时,反映各自价值判断的条约体系发生的纲领性冲突❷也将 WTO 拉入权衡取舍的泥沼。

作为多边贸易体系准司法机构的 GATT/WTO 争端解决机制,更是始终秉承多边贸易体制的核心价值理念。无论法律适用、论证方法,抑或是条约解释,皆为实现自由贸易服务,强调充分利用贸易规则的自身弹性,促使环保

---

❶ PETERSMANN Ernst-Ulrich. From Negative to Positive Integration in the WTO: Time for Mainstreaming Human Rights into WTO Law [J]. Common Market Law Review, 2000 (37): 1364-1365.

❷ 让·纽曼(Jean Newman)从规则角度对国际法规则冲突的类型进行探析。其《WTO 法与其他国际法秩序的协调》提出了简单规范冲突与纲领性冲突(Programmatic Conflict)的概念。后一种冲突须通过不同国际法体系间的协调合作,方可获得有效解决。参见:余敏友,陈喜峰.欧美 WTO 研究动态——以制度挑战滋生的力量问题为核心 [M] // 武汉大学中国高校哲学社会科学发展与评价研究中心.海外人文社会科学发展年度报告 2006.武汉:武汉大学出版社,2007:213-217.

# 第三章　全球环境风险社会性规制法律实施机制演进的实证分析：
从"单一规制"到"合作规制"

融入多边贸易体制。通过有效规范诸如碳关税、生态标签、环境补贴等绿色贸易壁垒，尽可能避免因纳入环境问题而为贸易自由化进程增添变数。环保条款在内容上主要涉及发达国家具有经济实力和科技优势的环境事项，用语普遍笼统、概括，稳定性和可预见性不足。

而且，国际环境法有关国际合作和共同但有区别的基本原则也未能在其遵守实践中得以充分体现。环保仅作为国家豁免贸易自由化义务的例外原因而存在。环境标准实施的适当程度仍属于国内法调整的事项，不会对各国执行国际环境法的具体措施和标准形成实质性约束，其环境遵守控制具有间接性。

（2）环境遵守规制强度偏重"硬主软辅"

WTO 争端解决机制整体上趋向机制化和司法化，在全球性国际司法机构中显现出独一无二的规制效力和运转活力，赢得成员方高度信任。尽管笼罩在全球公共卫生事件与 WTO 上诉机构停摆的阴霾之下，截至 2021 年 11 月，WTO 已受理贸易案件 607 起，年平均新增案件 36 起。仅 2020 年即启动 7 个案件的专家组程序，作出 11 个生效的争端解决报告，核准 2 起案件的胜诉方采取贸易报复措施。共计 365 起案件进入专家组程序，2020 年平均每个月都有 37 个专家组处于解决争议的活跃状态，发展中国家和发达国家发起的争端解决案件各占 68.4% 和 31.6%。针对已发布专家组报告的案件，189 起提交上诉机构，上诉率为 68.8%。除启动上诉程序外，依据 DSU 第 21.5 条遵约控制程序组建专家组审查 WTO 裁决履行状况的案件 51 起，占发布专家组报告案件的 19%。❶甚至有国家在对 DSU 改革建议，❷以及 WTO 司法机构成员的选任意见

---

❶ WTO Secretariat. WTO Annual Report 2021：Economic Resilience and Trade：139–143［R/OL］. (2021-11-16)[2022-06-16]. http://www.wto.org/english/res_e/booksp_e/anrep_e/anrep21_e.pdf.

❷ 美国在 DSU 改革进程中所作提案表现出增强世贸成员控制争端解决程序能力的问题，如与智利的联合提案指出专家组和上诉机构超出授权范围作出裁判，试图填补 WTO 法律规则的空白或使用其他国际法规则予以解释；更在其单独提案中，建议争端解决报告应删除与解决相应争端无关的内容。参见：WTO.TN/DS/W/28, 23 Dec 2002, TN/DS/W/52［R/OL］.(2003-03-14)[2017-01-15]. www.wto.org.

中，❶高度关注WTO"过度司法"的系统性问题，强调DSB应恪守其确保贸易争端获得积极解决的职能定位，严格遵守成员方全体的授权范围和法律要求，并主张在利用WTO争端解决机制上因循司法克制原则。❷因而，GATT/WTO环境遵守控制在持续强化"硬规制"的同时，也附随某些"软监督"特性。

首先，准司法争端解决机制残存政治权力控制。DSB依托体系封闭自足的实体性规则作出具有强制拘束力的最终裁决，意在为成员方贸易管理行为提供具有稳定性和可预见性的一致标准，从而发挥WTO的宪法性功能，监督和保障成员方国内法规措施与其WTO承诺义务保持相符。从这个意义上讲，GATT/WTO争端解决机制同国内的司法审查具有相似性，都遵循正当程序，强调对国家行为的合法性审查。

所不同的是，WTO作为契约型国际组织，其争端解决机制正当程序所依存的宪法性结构存在缺陷：并未形成国内三权分立体制下清晰的职能分工；立法和行政执法机构相对弱势，DSB肩负混合性功能。因而，GATT/WTO争端解决机制并不能像国内司法审查一样建立制约与平衡职能机构间权力实施的有效机制。一方面，DSB对遵守非WTO涵盖协定的外部法源问题缺乏明确管辖权，也没有像TRIPs并入《保护工业产权的巴黎公约》(Paris Convention for the Protection of Industrial Property)、《保护文学和艺术作品伯尔尼公约》

---

❶ 2016年5月USTR结合具体争端案件，从WTO制度要求和个人行为特征两方面阐述其反对韩籍上诉机构成员张胜和连任的法律依据。美国主张WTO争端解决机制以及上诉机构在多边贸易体系中最核心的功能，应是处理有利于妥善解决相关争端的必要问题，任何偏离涵盖协定确立的权利义务以及DSU所做授权的独立调查与造法行为，都会侵蚀WTO成员方对争端解决机制的信心和司法权威的确立。这一做法遭到WTO上诉机构13位前成员的激烈抨击，指称其将多边贸易体制中的政治对抗代入独立司法人员的任命，损及准司法机制的公正性和法律特征。参见：WTO. WT/DSB/M/379 [R/OL]. (2016-08-29) [2017-01-15]. www.wto.org.

❷ 美国尤其反对DSB在交叉援引VCLT和WTO涵盖协定条款的基础上，通过司法造法以填补WTO协定法律文本的空白。而美国国会正是以此为条件，同意执行乌拉圭回合谈判结果及批准其贸易促进授权法案。2004年时任WTO总干事发布的"素帕猜报告"也指出，WTO协定义务应是成员方谈判的结果，而非司法解释的结论。因此，为解决法律规范辞意模糊的问题而在解释和适用WTO协定时填补协定空白的做法，对WTO争端解决机制而言是不适当的。参见：WTO总干事顾问委员会.WTO的未来：应对新千年的体制性挑战[M].商务部世界贸易组织司，译.北京：中国商务出版社，2005：96.

第三章　全球环境风险社会性规制法律实施机制演进的实证分析：
从"单一规制"到"合作规制"

（Berne Convention for the Protection of Literary and Artistic Works）部分条款一样，引入 MEAs 等国际环境规范在体系内的直接适用。如在 GATT 有关环境争端解决的早期实践中，美国金枪鱼系列案件的专家组就坚持依据 GATT 相关规定处理涉案事项，基本排斥对 MEAs 的援引。只是在美国虾和海龟案之后，WTO 争端解决机制才逐渐显露出有限接受外部 MEAs 作为解释渊源的意向。❶ 但迄今为止，仍尚未就 WTO 外部其他国际协定在 WTO 规则框架中的地位和遵守实施问题发展出一致的司法实践，反映出强化自身规则适用效力与协调部门国际法规则冲突间的犹豫不决。另一方面，DSB 也无权在诉讼事项的司法技术和经济细节方面广泛接受外部的观点和主张。尤其是 NGO 主动提交的"法庭之友"意见书，甚至就适用判决先例作为规则解释渊源，亦缺乏明确的法律依据。

总体而言，为避免因解释和适用 WTO 规则而改变成员方在 WTO 涵盖协定项下的既成权利和义务，DSB 司法实践确认 VCLT 第 31 条、第 32 条构成 DSU 第 3.2 条所称之解释国际公法的习惯规则，始终固守文本解释的立场。并将司法解释恪守与 WTO 涵盖协定的关联度视为其裁判效力的合法依据，一贯以谨慎态度对待所有外部法源的适用问题。因此，WTO 民主合法性基础的缺失某种程度上削弱了其争端解决机制环境遵守控制的强度。相较于立法决策和行政执法而言，异常强大的司法机制所能发挥的国家政策协调作用，保留某些外交谈判的权力取向，显露出无法通过 DSU 司法机制改革本身而得以完善的固有限度。

其次，裁决执行措施鲜明的自愿协商意味。GATT/WTO 争端解决机制的法律化发展在执行阶段产生断裂，其既往不咎的特性延续国际司法裁判一贯

---

❶ 这包括 1998 年 European Communities-Measures Affecting the Importation of Certain Poultry Products,（WT/DS69/R）案 DSB 审议巴西与欧共体间的《油菜籽协议》，1998 年 European Communities-Customs Classification of Certain Computer Equipment（WT/DS62/AB/R，WT/DS67/AB/R）案审查《商品名称及编码协调制度的国际公约》，1999 年 Turkey-Textile and Clothing Products（WT/DS34/R）案审查土耳其根据 GATT 1994 第 24 条签订的区域协议，以及 2000 年 Canada-Certain Measures Affecting the Automotive Industry（WT/DS139/R，WT/DS142/R）案审查加拿大和美国缔结的有关汽车产品的双边协议。

"重裁判，轻执行"的传统。严格讲，DSB 裁决并未被赋予明确法律地位，即专家组或上诉机构报告所作事实认定和法律建议究竟是达成争端方可作出"有效违约"（Effective Breach）的合同，强调对申诉方损害的补偿；还是产生执行效力的法律判决，旨在促进 WTO 协定义务的遵守和实施，直接影响对违反 WTO 义务应采取的救济方式，❶争端裁判的执行阶段因此仍存留较多的权力导向因素。这使作为强制执行保障的 WTO 报复制度，在成员方遵守决策的成本利益分析中形成天壤之别的影响效果。❷甚至基于其"双刃剑"的实施效果，而在很多情形下并不是国家遵守裁决的决定性因素，仅发挥威慑象征和声誉激励的作用。而具有软控制特性的补偿措施，也在 WTO 报复制裁方式身陷适用危机的情形下，由于缺乏 DSU 充分的制度保障，执行补偿协议高度依赖被诉方的自愿行为；同时，临时补偿协议对最惠国待遇原则的背离，也导致不同成员方在贸易补偿获得上的不平等，丧失消除争端方裁决执行障碍问题上的吸引力，成为对当事方不执行或未完全执行 DSB 裁决"理论上"的救济途径。❸

此外，涉及诸如环保等政治敏感性争端的裁决执行困难，也使 WTO 环境遵守控制的有效性面临严峻考验。就深层体制性致因而言，WTO 多边贸易

---

❶ 若是前者，则违反 WTO 协定义务的成员方可选择不遵守专家组或上诉机构的建议和裁决，而以提供补偿或接受报复的方式实现违约救济；若为后者，则争端裁决事实上为争端各方创设国际义务，成员方即使可临时采取救济措施，但最终仍须完全遵守 DSB 裁决，使其国内政策法规与 WTO 协定义务相符。WTO 恰好未对 DSB 裁决的法律效力作出明确界定，但规定补偿和报复等临时执行措施，这使得对成员方是否可以"买断"执行 DSB 裁决的义务产生争议。参见：JACKSON H. International Law Status of WTO Dispute Settlement Reports: Obligation to Comply or Option to 'Buy Out'? [J]. The American Journal of International Law, 2004 (98): 121-122.

❷ 本质上，这是 WTO 成员方在多边贸易体制内集体与个体角色不断转换的必然结果。尤其在报复实施上体现出不同个体成员间相互关系的双边特性，申诉方成为集体授权下唯一行使违约监督与制裁职权的自力主体。以欧共体香蕉案Ⅲ为例，在申诉主张得到 DSB 全面支持后，同为胜诉方的美国和厄瓜多尔就呈现出完全不同的执行状态。美国一方面通过在国际层面渐次递进的政治施压，以逼迫欧共体作出让步；另一方面在国内层面又为合理执行期满后进行贸易报复作出充分制度安排。而作为发展中国家的厄瓜多尔，虽经 DSU 第 22.6 条仲裁程序获得在 TRIPS 下进行交叉报复的授权，但由于实施交叉报复存在较大的现实与法律障碍，使其实际报复中所采取的措施受到报复能力的巨大限制，仅能发挥象征性的震慑效果，难以与美国的现实报复能力相匹及。此外，发展中国家在进行报复时还存在其他政治考量，如实施报复将可能导致丧失发展援助、政治支持和普惠制等优惠性市场准入安排，甚至影响正在进行的 FTA 谈判。

❸ COTTIER T, OESCH M. International Trade Regulation: Law and Policy in the WTO, the European Union and Switzerland [M]. London: Cameron May Ltd.London, 2005: 188.

第三章 全球环境风险社会性规制法律实施机制演进的实证分析：从"单一规制"到"合作规制"

体制存在多边谈判和行政职能与争端解决间的结构失衡。争端解决机制已成为各国在国际层面实现本国贸易政策、进行贸易博弈的重要场所和工具。高效率的争端解决机制甚至部分替代持续阻滞不畅的 WTO 决策立法机制与长期缺乏实质性权力的组织行政机制。由此，WTO 贸易管理的负荷日益加重，在争端解决的执行末端日益显示出疲软态势。尤其当成员无法就涉及更广泛经济和社会利益的非贸易议题达成稳定清晰的规则时，WTO 争端解决机制不可持续的发展，终将环保等体现社会公共利益关切的敏感问题堆积在执行阶段。而争端裁判阶段的规则导向延伸至执行阶段，则演变成霸权国家的权力主导。这也就是仍有 1/5 的 DSB 裁决根本未实施任何执行措施，❶ 裁决执行的严重迟延或未获执行，均主要涉及欧盟和美国两大经济体，并集中发生在环保等领域的重要原因。

（3）环境遵守规制属性摒斥私权治理的缓慢"破冰"

由上述多边贸易体系涉及环境的争端解决可知，WTO 争端解决机制所实施的环境司法控制集中体现为对国家环境政策实施的公法性规制。在其所创设的共同体法律秩序中，私人被排除在法律主体范围之外。GATT/WTO 涵盖协定及其司法解释的内容对全球市场上的个体经济经营者并无直接法律效力，包括 NGO 在内的非国家行为体也不享有同成员方政府一样启动 GATT/WTO 争端解决机制的法律权利。但对具有共同利益和价值及身份认同的整个GATT/WTO 国际共同体来讲，其形成和维护要受到法律性因素和社会性因素的双重作用。❷ 诸如进出口商及消费者等私人行为体，则在社会学意义上构成多边贸易体制的主要组成部分，具备在 WTO 体系中成为法律意义上行为主体

---

❶ EPSTEIN D, HALLORAN S O, WIDSTEN A L. Chapter 5: Implementing the Agreement: Partisan Politics and WTO Dispute Settlement [M]//Trade Disputes and the Dispute Settlement Understanding of the WTO: An Interdisciplinary of the WTO. Oklahoma: James C.Hartigan, 2009: 121-137.

❷ 法律性因素主要体现为确立成员间的权利义务关系，有利于促进共同体各成员在特定政治、经济及文化观念方面的交流互动，增进相互间的观念认同和行动协调，进而有助于国际共同体的可持续发展。社会性因素主要表现为身份认同和价值趋同，它作为国际共同体的内在价值，可为法律外在建构的共同体社会发展提供持久动力。参见：蔡从燕.类比与国际法发展的逻辑[M].北京：法律出版社，2012：47-48.

的坚实社会学基础。至于对其法律权利的具体确认和实施,却主要是国家政治博弈的结果。因此,私人是否应当以及如何参与多边贸易体制,尤其是私人运用GATT/WTO争端解决程序的问题,始自GATT一直延续到WTO久议未决,根本上体现出对提升公法治理与私法治理融合共进问题的踟蹰不前。

晚近,WTO实体义务发展出现停滞的情况下,DSB在司法实践中逐渐形成向私人主体有限放开争端解决程序的司法决策。与其具有最为密切联系的即是有关争端解决的透明度问题。严格来讲,WTO最初是毫无保留地继承GATT保密规则。它不仅要求被允许获得、使用秘密信息的人员承担证据保密义务,而且对DSB召开的听证会和审议内容,以及争端解决程序参与各方提交的书面陈述都不予公开,甚至是专家组和上诉机构报告中的个人意见也以不具名方式出现。可以说,WTO争端解决机制是以其在全球性国际司法机构中较为突出的保密性来赢得争端方的信赖,从而促进高效快捷地解决贸易争端。

私人对WTO争端解决程序的两种特殊介入方式也悄然改变WTO严控公众参与的固有立场,为私权提供了更多影响争端解决进程的途径。

一是对"法庭之友"意见书的接纳和考量问题。从私人在WTO争端解决程序中的法律地位来看,由于其并非WTO涵盖协定的缔约方,不具备在WTO框架下直接承担权利义务的法律基础,无权以程序当事方或权利参加方身份提出诉讼主张。但DSB已开始通过司法实践对DSU第13.1条有关专家组寻求信息的权利作出开放性解释,逐步向个人或机构作为许可参加方提供"法庭之友"意见书打开封闭之门。

二是私人法律顾问直接参与争端解决的问题。从20世纪80—90年代起,发达国家率先启用由具有独立利益取向的私人财团所拥有的法律顾问,而不是传统政府官员作为其推进争端解决程序的法律代表。❶此后,DSB通过2005年欧盟诉韩国影响商用船舶贸易措施案❷和2010年泰国诉菲律宾香烟进

---

❶ PALMETER D, MAVROIDIS P C. Dispute Settlement in the World Trade Organization: Practice and Procedure [M]. 2nd ed.Cambridge: Cambridge University Press, 2004: 165.

❷ WTO. Korea—Measures Affecting Trade in Commercial Vessels, WT/DS273/R [R/OL]. (2005)[2016-11-15]. www.wto.org/dispute_settlement_gateway.

第三章 全球环境风险社会性规制法律实施机制演进的实证分析：从"单一规制"到"合作规制"

口实施海关和财政措施案❶，重申允许包括私人律师在内的任何人参与其所代表当事方的一切争端解决活动。并且，总结出诸如向 DSB 和其他当事方通报所聘私人法律顾问的授权信息等，就获取和使用秘密信息规范的私人法律顾问权责内容，以及默许私人主体以法律代表方式参与争端解决的合法性，进一步引发有关改善 WTO 争端解决机制透明度的争论。

（4）环境遵守规制价值强调为国家环境管理行为设定义务标准

无论国家在 WTO 框架下的协定义务是否涉及环保等非贸易价值，GATT/WTO 体制整体始终围绕对与贸易有关的政府管理行为进行规范和协调。在成员方主权让渡范围内，一方面，作为现实立法，WTO 对现实国际贸易格局和成员方政府的管理现状作出回应。它承认和允许各国自主选择推进贸易自由化的方式和优先领域，给予成员方基于环保等特定目的而暂停履行 WTO 协定的义务豁免权。另一方面，作为期待立法，WTO 又通过"一揽子"协定所构建的经济关系网络，设置对成员方贸易权益期待的有效分配和统一的管辖权能，为国家未来经济及相关社会管理行为设定可预见的规则底线与纪律约束，以稳定贸易自由化的既有成果和发展进程，抵御贸易保护主义的倒退。因此，从环境遵守控制价值"管"与"放"的逻辑关系视角来看，GATT/WTO 争端解决机制更注重从避免对贸易自由化构成障碍方面，建立国家行使环境管理职权的约束性标准，限制性内容在 WTO 环境规制中占据主导地位。而有关实现环保目标的权利保障和具体程序控制则留给各国国内法自行处理，赋权性内容对 WTO 环境规制发挥补充和辅助作用，鲜少直接涉及环境权与发展权之间的冲突协调，整体上突出环境效率。

总之，GATT/WTO 争端解决机制所进行的环境司法控制，无论通过专家组和上诉机构的争端裁决，还是借助 WTO 框架下的软法措施，都旨在确保成员方对 WTO 涵盖协定的遵守，使成员方贸易行为与 WTO 规则相符，并未直接涉及成员国对国际环境规范的遵守和执行。在罗杰·费舍尔所界定的遵守

---

❶ WTO. Thailand-Customs and Fiscal Measures on Cigarettes from the Philippines，WT/DS371/R［R/OL］.（2010）［2016-11-15］. www.wto.org/dispute_settlement_gateway.

层级上❶应属强调通过司法机构裁决的有效执行，以保障遵守国际法的二级遵守。其争端解决效率和强制执行力虽因精妙绝伦的程序设计，而在传统以国家间对抗为特征的全球性国际司法机构中空前绝后，但贸易与环境规则间的互动影响因司法控制的特性而被人为阻断，就国际环境法的遵守控制而言无异于隔靴搔痒。

（二）彰显超国家裁判"私人对抗国家"特征的欧盟法院系统

国际法上欧盟法律秩序堪称"自成一类"（Sui Generis）。❷为促进欧盟一体化进程中整个欧洲经济与社会发展的平衡和可持续发展，协调以共同市场与经济货币联盟为核心内容的欧盟法律体系变革在宗旨和一般法律原则上与欧盟基本宪章相一致，❸"法律规则"导向的欧盟创设拥有广泛管辖权和强大职能的专门司法机构。并且，通过解释和适用欧盟基础条约及其制定的次级法律，该机构可实现对欧盟机构及成员国行为合法性的司法审查，从而促进欧

---

❶ Fisher's concept of first/second-order compliance includes whether a ruling truly contributed to promoting compliance with standing rules (the first-order compliance), whether that ruling was actually complied with by the Parties (the second-order compliance), and how such first/second-order compliance could be improved. 参见：FISHER R.Improving Compliance with International Law [M]. Charlottesville: University Press Virginia, 1981: 25.

❷ 本书所称欧盟法，是以历史上各共同体条约和欧洲联盟基本条约等核心法律文件为基础逐步形成，包括后续体现对核心法律文件的修改、补充和实施的条约、欧盟机构立法、欧盟确认的一般法律原则、欧盟软法措施及CJEU的司法决策等。自1952年6个西欧国家创立欧洲煤钢共同体，并赋予其在煤炭与钢铁生产、销售领域的超国家权力开始，欧盟的一体化就经历由单一部门领域的关税同盟，过渡到《单一欧洲文件》统合下的统一共同市场，再以欧洲政治合作机制从法律上正式融入欧共体为依托，驶向区域经济货币与政治联盟轨道的发展进程。欧盟经济一体化的上述演进性，加之，欧盟继承欧共体取得独立于其成员国的国际法律人格，作为现今欧盟最高法的《里斯本条约》（Treaty of Lisbon TL）也兼具宪法和条约的两重性，共同造就欧盟法性质定位的独树一帜。CJEU曾在Van Gend en Loos案中，明确将欧盟法界定为有别于一般国际法的"新兴法律秩序"。它包含独立的法律渊源形成机制、独特的治理结构和效力范围及专属的法律遵守与实施机制，构成具有"超国家"特性的自足体系。参见：王铁崖.国际法[M]. 北京：法律出版社，1981: 407.

❸ 2009年取代《欧洲宪法条约》生效的TL，对《欧洲联盟条约》（Treaty of European Union，TEU，即《马斯特里赫特条约》，Treaty of Maastricht）和《欧共体条约》（更名为《欧盟运行条约》，进行改革。修订后的这两部条约共同构成欧盟的宪法性法律文件，是指导欧盟立法及其他活动的主要法律依据。鉴于欧洲一体化的法律原则、规则、规章和制度主要集中反映于欧共体，而自TEU生效以来欧共体已成功嵌入欧盟法律体系中，TL更是赋予欧盟享有承继自欧共体的所有权能。即使是TEU生效前已存在的欧共体，也可视为整个欧盟一体化的发展阶段。因而，如无特别说明，本书使用的欧盟概念，广泛涵盖欧洲一体化不同时期存在的各类共同体，不对欧盟与欧共体作严格概念界分。

第三章　全球环境风险社会性规制法律实施机制演进的实证分析：
　　　　从"单一规制"到"合作规制"

盟机构、各成员国及其国内私人主体对欧盟法的统一遵守与实施。

以1985年围绕法国执行欧共体理事会关于确保安全收集和处理废弃石油指令的 ADBHU 案为标志，❶CJEU 作为主导欧盟范围内实施国际环境法的司法监督机构，通过处理大量环境案件以确立环保目标在欧盟法律体系中的基础地位，在国际环境法遵守的司法控制上发挥独特示范作用。❷

1. 欧盟环境遵守控制的路径取向

欧洲是最早品味工业文明增添的社会福祉，也最先孕育共同体环境法治的社会基础，从而领跑全球环境治理的区域。与欧盟在农业、工业及竞争政策和社会政策等其他领域的立法相比，欧盟环境规则在创制、适用及效力方面都独具特色。欧盟环境法律体系是发轫于1986年《单一欧洲法案》（Single European Act, SEA）赋予环保在欧洲一体化制度体系中的明确法律地位，兼容成员国国内环境法、区域环境基本法及国际环境法的多层级混合法源系统。它囊括300多个单行环境指令、条例和决定，具有结构繁复、规范属性复合的特质。更重要的是，它培育一个体现继承和创新欧洲法律文化与传统，汲取现代环境法思想精华、内部构造协调有效的环境法遵守实施机制，在遵守控制路径选择上显现如下特征。

第一，作为以法治为基础的共同体，欧盟实现最紧密的多边国际合作形

---

❶ The Case C-240/83 [1985] ECR 531, p.13, which is reference to the Court under Article 177 of the EEC Treaty by the Regional Court, for a preliminary ruling in the proceedings pending on the interpretation and the validity of Council Directive No 75/439/EEC of 16th June 1975 on the disposal of waste oils (Official Journal 1975 L 194, p.23), based on which a French Decree prohibiting burning of waste oils was adopted, to be compatible with the principle of freedom of trade. [2016-10-09]. http://curia.europa.eu/case_information.html.

❷ 作为欧盟司法机构统称的 CJEU 是由三部分组成的三级法院体系：一是1952年设立，旨在确保欧盟立法统一适用和遵守实施，拥有全面管辖权的欧洲法院，其前身是欧共体（TEU 前称为欧洲经济共同体）、欧洲煤钢共同体和欧洲原子能共同体的共同司法机构；二是1988年创立，负责受理由自然人或法人，包括企业和企业协会直接提起法律救济诉讼的普通法院（也称为初审法院）；三是2004年建立，主要审理欧盟机构与其公务员之间案件的欧盟公务员专门法庭。其中，欧洲法院和初审法院（原为欧共体法院的内设审判机构）积极运用其独有的司法职能，不仅在欧盟一体化进程中发挥重要功能，还为国际法院和法庭处理环境争议提供大量具有深远影响的经典判例。因此，本书研究所涉欧盟判例法主要是这两类法院在欧盟法框架内依据《欧盟运行条约》处理的案件。

式，兼具政府间国际组织与超国家机构的混合特性。它主张通过法治手段监督和保障统一环境政策的实施，强调欧盟环境基本法的司法化。这不仅要求建立成员国国内环境法与国际环境法的稳定协调关系，还需公平处理各成员国环境政策与欧盟基础环境规则间的相符性问题。

第二，以超国家的司法控制为核心主线。欧盟环境法律体系是包含初级规则和次级规则的多层次复杂结构。其中，能为个人权利提供有效法律救济的"超国家"欧盟司法机构，处于连接欧盟体系内各层级环境规制的枢纽环节，对确保遵守欧盟基本环境条款与维护共同体单一、完整的环境政策发挥关键作用。具体而言，专享如下职权：（1）围绕处理具体个案中的跨界环境争议，界清欧盟与其成员国间环境管理事项的权限划分；（2）解释和阐发初级规则，审查和矫正成员国次级规则；（3）通过司法判例提高成员国环境立法的适应性，显现在环保领域的强大造法功能。

第三，欧盟统一执行机构为司法控制提供动力支持和辅助监督。欧盟环境遵守控制，尤其是对整个欧盟区域内环境公共利益的保护，不可或缺的司法动力源自欧盟委员会（European Commission，EC）。作为负责监督执行欧盟各项法律文件的常设执行机构，EC 对共同体根据《欧共体条约》第 300 条订立并约束所有欧盟机构和成员国的国际协定，亦负有确保其得到遵守和适用的职责。为此，EC 可依据《欧共体条约》第 169 条和第 171 条的授权，向不履行国际协定义务的成员国提起诉讼，或就成员国执行 CJEU 裁决的问题进行审查，并提请法院施加相应惩罚措施。[1]

2.CJEU 对国际环境法遵守的实体性控制

欧盟环境规制，尤其在自然环境保护和危险废弃物管理两个领域，已先后通过立法实现对现存主要 MEAs 的全面遵守。因此，至少在这两个领域，欧盟及其全体成员国依据《欧盟运行条约》（Treaty on the Functioning of European Union，TFEU）第 300 条所设条件订立的重要 MEAs，成为共同体法

---

[1] KRAMER L. Public International Litigation in Environmental Matters before European Courts [J]. Journal of Environmental Law, 1996 (8): 2.

第三章　全球环境风险社会性规制法律实施机制演进的实证分析：
从"单一规制"到"合作规制"

律秩序的组成部分，对所有欧盟机构和成员国具有法律约束力，并按与此相一致的方式解释欧盟次级立法，已构成欧盟法的基本原则而非例外。❶ 这样，CJEU 通过严格解释和适用，旨在执行特定 MEAs 的欧盟立法，使其与 MEAs 保持严格相符，以保障对纳入欧盟体系内 MEAs 的有效遵守；而在缺乏欧盟立法的情形下，则可直接适用其所签署和缔结的 MEAs，这反映出 CJEU 在遵守国际环境法的实体和程序控制方面日趋强化的"硬化"趋向。

（1）CJEU 环境遵约实体性"硬约束"的表现形态

首先，CJEU 对 MEAs 的"隐性执行"。这意味着 CJEU 在实施国际环境法的遵守控制时，尽管未提及某些 MEAs 或未直接规定构成违反特定 MEAs 的判定标准，但仍倾向于采取环境友好的司法解释，以实现 MEAs 目标和宗旨的方式执行相关欧盟立法。如在意大利乌迪内地方法院就解释和适用欧盟理事会（Council of European Union，CEU）执行《巴塞尔公约》的 1991 年有关危险废弃物的第 91/689/EEC 号指令，以及据此建立危险废弃物清单的 1994 年第 94/904/EC 号决议而提交的先行裁决中，❷ CJEU 指出为确保实现欧盟更高水平的环境保护，共同体环境政策应考虑欧盟各区域内环保状况的多样化。因此，1991 年危险废弃物指令并不禁止成员国在主要危险废弃物清单之外进行其他形式的归类。成员国有权为禁止危险废弃物的随意丢弃、倾倒或失去有效控制的处置，采取更为严厉的保护性措施。上述情况证明，尽管实施"隐性执行"，仍不妨碍 CJEU 通过较 MEAs 更为严格的解释方法审议成员国的履行措施。而对经司法审查确认的不遵守行为，也能苛以包括金钱制裁在内的强硬手段，通过援引国家责任的方式予以纠正。

其次，CJEU 对 MEAs 的"显性执行"。这表示 CJEU 在实施国际环境法

---

❶ HARTLEY T C.International Law and the Law of the European Union: A Reassessment [J]. British Year Book of International Law, 2001（72）：1-28.

❷ 该案中意大利乌迪内地方法院根据 TFEU 第 234 条的规定，对在福纳萨尔（Fornasar）等人被诉造成有毒有害废弃物污染的刑事审判程序中，涉及本案特殊类型的废弃物超出欧盟生效相关立法所确立危险废弃物清单的问题，提请 CJEU 作出司法解释。参见：CURIA.The Case C-510/99（European Court of Justice 1990）ECR I-7777 [EB/OL]. [2016-10-11]. http://curia.eu.int/en/content/juris/index.htm.

的遵守控制时，将特定 MEAs 作为违反欧盟法的衡量基准，或确认其在欧盟区域内的直接适用。若争议问题是与执行 MEAs 的欧盟立法有关，则 CJEU 将在对相关欧盟环境规则进行解释时，考虑有关 MEAs 环保标准。如在 EC 诉荷兰违反欧盟鸟类指令案❶中，CJEU 援引作为该鸟类指令要求各成员国划定自然保护区立法基础的《关于特别是作为水禽栖息地的国际重要湿地公约》（Convention on Wetlands of International Importance Especially as Waterfowl Habitat，RAMSAR）第 4.1 条、《保护野生动物迁徙物种公约》（又称《波恩公约》）（Convention on the Conservation of Migratory Species of Wild Animals，CMS）第 2.1 条解释该指令要求。同时，还依据一项包含欧盟重要鸟类保护区详细名录的非约束性国际法律文件，作为评估荷兰遵守特殊保护区（Special Protection Area，SPA）分类义务的参考基础。由此，认定荷兰作为共同体成员有义务为确保欧盟层面统一环境政策的实施，履行根据相关 MEAs 制定的鸟类指令，对其管辖区域内的 SPA 进行分类。但荷兰划定的 SPA 区域无论在数量还是总面积上，都明显少于鸟类指令第 4.4 条的分类要求，构成对该指令的违反。

若争议问题与执行 MEAs 的欧盟立法无关，CJEU 也会对相关领域经欧盟立法承认的 MEAs 予以考虑。如在 CJEU 审理的 Wallonia Waste 案❷中，尽管案件争议问题与执行《巴塞尔公约》的欧盟立法并无关联，但 CJEU 仍依据《巴塞尔公约》有关危险废弃物处置的就近原则和自足原则，❸认定争议措

---

❶ 该案是 EC 以荷兰未履行欧盟理事会执行 1971 年《RAMSAR 公约》、1979 年《波恩公约》等的 1979 年鸟类指令（Council directive 79/409/EEC）第 4.4 条关于建立 SPA 的要求，而向 CJEU 提起的诉讼。参见：CURIA.The Case C-3/96 Commission v.Netherlands（1998）ECR I-3031：70 [EB/OL]. [2016-10-11]. http://curia.eu.int/en/content/juris/index.htm.

❷ 该案是 EC 向 CJEU 起诉比利时，主张其有关在瓦隆（Wallon）区域禁止存储、倾卸或倾倒来自另一成员国或比利时其他地区废弃物的地方法规，违反欧盟立法禁止歧视的原则。参见：CURIA.The Case C-2/90 Commission v.Belgium（1992）ECR I-4431 [EB/OL]. [2016-10-11]. http://curia.eu.int/en/content/juris/index.htm.

❸ 根据该公约的"就近处置原则"，危险废弃物应尽量在接近产生的地方获得处理；而"自足原则"主张国家应确保废弃物在产生的地域内通过与环境无害管理相一致的方法加以处理。Article 4（2）of the Basel Convention, para.8 of the preamble of the Convention provides as follows: "Convinced that hazardous wastes and other wastes should, as far as is compatible with environmentally sound and efficient management, be disposed of in the State where they were generated". [2016-10-13]. http://www.unep.org.

第三章　全球环境风险社会性规制法律实施机制演进的实证分析：从"单一规制"到"合作规制"

施坚持对危险废弃物的源头削减，作为实现环保的必要条件具有合理性。而且，此案成员国更严格的国内措施并不与欧盟禁止歧视的立法原则相冲突。另外，作为显性执行最极致的表现，还存在 CJEU 径行适用诸如 1995 年《保护地中海海洋环境和沿海地区公约》（Convention for the Protection of the Marine Environment and Coastal Area of the Mediterranean）及其《雅典议定书》等 MEAs 的许多司法实践。

（2）CJEU 确保环境遵约"硬约束"的实体性要素

首要的是欧盟统一环境政策。受欧洲高度一体化演进实践的支持，经历 30 余年发展的欧盟统一环境政策确立了旨在考虑共同体不同区域差异情势基础上，实现高水平环保和区域及全球合作的宗旨。而 CJEU 的实体硬控制正是这一政策目标的应有之义。欧洲着力打造智能型、可持续和包容性经济体的进程中，从 SEA 首次以基本条约方式将环保考量融入欧盟一体化政策开始，到 TEU 以修改 SEA 环境条款为基础，明确在核心条文中将环保作为与发展内部共同市场并行支持的专门政策领域，改善共同体以特定多数表决为主的环境决策机制，加入体现一体化要求和高水平环保（标准）的政策目标，逐步进入成熟化的运作阶段。

演进至 TL，决策机制上，强化欧盟环境政策制定的持续性和接纳度，提升 CEU 和欧盟总务理事会（General Affairs Council of European Union）对成员国实施欧盟环境政策的协调能力。环保政策重心的转移上，注重将环保纳入其他相关政策领域的合作治理，如将在国际层面落实"遏制气候变化"的环境政策目标与新能源政策相结合。实施机制上，既强调解决欧盟与成员国职能分配矛盾的授权原则和相称性原则以约束成员国，突出欧盟对环境管理权限的主导地位，又通过欧盟体制内的加强合作机制（Enhanced Cooperation System）❶和推动

---

❶ 这是 TL 推进欧盟内部成员国间深入合作的创新举措。欧盟环境法律框架下，允许 9 个以上成员国继续开拓和深化彼此间符合欧盟政策目标的一体化合作，包括健全各类环保标准和指标体系，并以非歧视方式向所有成员国开放。参见：邓翔，瞿小松，卢光亚.《里斯本条约》后欧盟环境政策的变化及对中国西部环境保护的意义［M］//西部发展评论（2013）. 成都：四川大学出版社，2014：102.

参与外部全球环境合作框架，鼓励成员国不断提高环境标准。整个欧盟环境政策日趋严密和法制化，需要 CJEU 通过在环境案件中的积极态度和不断增强执行效力的法律机制，充分保障统一环境政策对建立共同市场法治秩序的促进作用，为不断强化 CJEU 对共同体机构及成员国环境措施合法性的监督，确保各成员国独立环境制度在适用上的协调一致提供坚实的法律基础和目标基准。

其次是 CJEU 强化环境遵守司法控制的立场。尽管 CJEU 在人权法和贸易法等非环境领域也存在将国际法作为违反欧盟法衡量基准的情形，但国际环境法，甚至无约束力的国际环境规则在大量案件中的援引和适用尤为突出。这为解释与执行共同体立法提供有效指引，显现出 CJEU 对环境领域实体标准非常强硬的遵守控制思路。最突出的表现是，MEAs 在 CJEU 司法实践中发挥证明特定事实的功能，产生证据效力。如《巴塞尔公约》就成为各成员国应在共同体层面以协调一致的方式调整废弃物运输和处置问题的事实证据。而且，MEAs 还作为法律适用渊源，在论证更严格国内环保措施的合法性问题上发挥法律证明效力。如在法国格勒诺布尔（Grenoble）地区刑事法庭提交有关塞维尔·特里东（Xavier Tridon）贩卖金刚鹦鹉刑事犯罪的先行裁决案❶中，基于被告特里东提出"圭亚那法令"（Guyane Degree）违反 CEU 执行 CITES 1982 年和 1996 年条例（Council Regulation3626/82/EEC and 338/97/EEC）的抗辩意见，CJEU 依据 CITES 目标、原则和相关具体条款对上述条例作出解释，并以此为基础认定该法令符合欧盟立法比例原则的要求，具有合法性。

最后是欧盟环境法规的一体遵行。立基于构筑共同市场和全面系统环境政策的一体化要求，CJEU 处理不遵守欧盟环境立法情势时，对存在欠缺遵守能力的善意不遵守行为不做特殊安排。一定过渡期后就不再为成员国规则适用的现存差异保留姑息空间，而强调以相对一致和非歧视的方式实现欧盟环

---

❶ 该案涉及针对塞维尔·特里东提起的刑事诉讼程序中，围绕本案审理所适用的有关禁止土生金刚鹦鹉物种交易的 Guyane 地区法令是否具有合法性问题而申请 CJEU 作出解释。参见：CURIA.The Case C-510/99 Tridon（2001）ECR I-7777：25 [EB/OL]. [2016-10-11]. http：//curia.eu.int/en/content/juris/index.htm.

第三章　全球环境风险社会性规制法律实施机制演进的实证分析：
从"单一规制"到"合作规制"

境规则的遵守和实施。CJEU 在环境遵守实体控制上的这一强硬立场，也得到加入欧盟条件的立法确认和欧盟扩张实践的有力支持。如欧盟针对奥地利、瑞典和芬兰等国制定明确的入盟标准和政策条件，其中就要求新加入成员接受欧盟在建立政治和经济联盟方面，包括环保在内的政策目标。为推动新成员接近加入欧盟的环境政策条件，欧盟除提供财政支持外，还通过在加入协议中纳入有关公共健康和环境方面规定特定国家的条款，给予其差别化适用加入条件的过渡期。

（3）CJEU 环境遵约实体性"硬约束"的限制

首先是 GATT/WTO 环境义务在 CJEU 的间接实施。与 CJEU 在援引和适用 MEAs 上的积极开放态度有所不同，由于 GATT/WTO 协议是以体现对等和互惠安排的多边谈判为基础，加之 DSB 创造性解释活动及突破传统国际法理论的强制管辖与执行机制，其义务内容显现出极强的灵活度和可操作性，致使所涉环境问题皆附有敏感的贸易影响。因此，除非共同体希望执行 GATT/WTO 法律框架下的特定义务，或共同体法案明确提及其在 GATT/WTO 中的承诺义务，否则 CJEU 对遵守 GATT/WTO 约束性环境义务的实体控制都不可能以显性方式呈现，也不能提请 CJEU 审查欧盟机构不履行 GATT/WTO 涉环境争端裁决的行为。这不仅是出于欧盟统一法律秩序的要求而对 GATT/WTO 法律体系乃至其强制性争端裁决的主动防御，也体现出相较于对等互惠的贸易义务而言 MEAs 义务实施的特殊性。本质上，MEAs 多以不具有约束性义务内容的软法规则为主，CJEU 对遵守这些"软性"义务所实施的实体性控制很大程度上依赖欧盟机构的立法转化。这些 MEAs 模糊的条约用语、抽象的义务标准都使其无论作为事实证据，还是法律论证依据皆凸显间接性。而且，尽管一些包含尊重环境权利、提高环保水平的一般法律原则，已伴随共同体环境政策的法律化融入欧盟法律体系，但仍不能改变 CJEU 主要服务于确保内部共同市场有效运作，提升欧盟立法效力层级的基本职责。CJEU 就共同体环境措施所做的合法性审查，任何情况下都不允许对奠定共同体法律秩序基础的原则提出挑战。

因此，与对多边贸易规则体系产生影响的实质考量相同，CJEU 作为欧洲区域经济一体化组织的司法机构，若以符合 MEAs 的方式解释和适用欧盟环境立法，将共同体与成员国分享环境治理权能的混合环境协定及其他国际司法机构的环境裁决等外部法源纳入区域环境治理机制，都应受欧盟法律体系自治性和共同体统一理念的严格限制。

其次是欧盟其他机构对 CJEU 环境司法控制的权力制衡。TFEU 赋予欧盟其他机构在实现环境政策目标上的自由裁量权，也对 CJEU 的实体硬控制构成影响。基于通过机构间充分合作以维护欧盟体系内在法治秩序的考量，TFEU 授权 CJEU 之外的其他欧盟组织机构，尤其是 EC 和 CEU 大量干预和影响环境司法控制的自由裁量权。

依据 TFEU 第 169 条、第 300.6 条，EC 成为触发 CJEU 诉讼程序和意见程序的关键因素。并且，基于成员国消极行使控诉权利和私人当事方申诉资格受限的司法运作现状，EC 事实上包揽 CJEU 大部分环境案件的程序启动。而且，EC 通过对争议案件的诉前审议和对法院裁决的执行监督，获得是否启动审查成员国法律措施合法性的违反条约程序，是否将欧盟机构或成员国的相关不遵守情势提交 CJEU，以及是否中止或减少共同体给予成员方财政资助或施加金钱制裁的最终决定权。

此外，TL 通过改革欧盟现行决策和行政体制，进一步加强 CEU、欧洲议会（European Parliament）对欧盟成员国环保法规和标准的统筹协调作用，扩大其在环保议题决策和欧洲基本环境条约的修改及欧盟预算控制方面的权力，趋向建立代议制民主的政治框架。这无疑是对 CJEU 实施环境司法控制的权力制约。

最后是 CJEU 推进贸易自由化的价值目标抑制环境司法控制的应然强度。CJEU 基于推进区域经济一体化和自由贸易的需要，为确保共同市场内产品和服务自由流动与经营者公平竞争机会的目的，以相关贸易、投资活动不对环境构成威胁为限，减弱环境司法控制的力度。而对成员国在欧盟为执行特定 MEAs 的相关环境指令之外采取更严格的国内环境措施施加约束，形成 CJEU 在遵守国际环境法实体硬控制上的必然限度。如在荷兰国家委员会提交关于

第三章　全球环境风险社会性规制法律实施机制演进的实证分析：
从"单一规制"到"合作规制"

杜塞尔多普（Dusseldorp）诉荷兰住房、区域发展和环境部不当裁决的先行裁决案❶中，CJEU 认为若成员方要维持或采取比欧盟环境指令更严格的措施，应符合 TFEU 第 30 条有关禁止施加进出口限制的例外规定。而欧盟有关执行《巴塞尔公约》的第 75/442/EEC 号指令和 1993 年废弃物运输条例（Council Regulation 259/93/EEC）都未就进出口用于回收的废弃物适用自足原则和就近处置原则作出规定。事实上，1993 年条例为成员国规范共同体内运输可回收废弃物提供更为灵活的机制。其目的是在废弃物运输不对环境产生损害威胁的前提下，确保此类物品能在对其进行有效处置的成员国间自由流动。据此，CJEU 否定荷兰环境执法部门超出欧盟有关废弃物运输和处置的环境立法具有合法性，拒绝对可回收废弃物适用《巴塞尔公约》的相关原则。

3. CJEU 对国际环境法遵守的程序性控制

CJEU 依据 TFEU 第 46 条有关管辖事项的原则性规定，通过司法实践不断扩张其在解释和适用共同体法方面的专属管辖权，形成具有全面管辖权和多样程序支撑的垄断性司法权能。

（1）CJEU 环境争议处理程序的性质评估

CJEU 处理成员国遵守国际环境法的问题，可适用的程序包含以下两类。

第一类是意见程序（Opinion Procedure）。根据 TL 第 300.6 条，CEU、EC 或成员国政府可就拟定条约是否与 TL 规定相符，要求 CJEU 提供意见。它针对欧盟组织法律属性的混合特征，为决定欧盟体系纳入 MEAs 的方式提供司法裁判途径，确立 MEAs 在欧盟区域内发生效力的适当法律基础，有效解决欧盟组织机构及成员国围绕 MEAs 赋予的权利义务在欧盟体系内进行分配所产生的争议。因此，该程序关注的重心是对共同体缔约权力实施预防性控制，

---

❶ 该案源自杜塞尔多普向作为荷兰受理有关行政事务最高上诉机构的国家委员会起诉荷兰住房、区域发展和环境部的行政诉讼案件。围绕杜塞尔多普要求认定该部依据 1993 年欧盟废弃物运输条例第 7.2 条、第 7.4 条（a）(条)，1993 年荷兰处置危险废弃物的长期计划所做决定，以及在该决定基础上拒绝批准其将包含滤油器和可回收废弃物的两集装箱货物出口至德国的行政行为无效。荷兰国家委员会就欧盟废弃物处置的法令是否允许将《巴塞尔公约》就近处置原则与自足原则适用于可回收废弃物的问题，提请 CJEU 作出解释。参见：CURIA.The Case C-203/96［1998］ECR I-4075［Z/OL］.［2016-10-09］. http：//curia.europa.eu/case_information.html.

以实现共同体组织机构及成员国之间权力与责任分配的均衡。

第二类是诉讼程序（Contentious Procedure）。有关欧盟环境法的诉讼案件同其他领域欧盟法律规则一样以直接或间接方式提交 CJEU。

A. 依 TFEU 第 230-232 条的合法性审查程序（Legality Review）。这是成员方、EC、CEU、EP、欧洲审计院（European Court of Auditors，ECA）、欧洲中央银行（European Central Bank，ECB）及单独的相关私人当事方，针对欧盟机构的法令、措施、行为的合法性及效力而提起的诉讼。

B. 依 TFEU 第 235 条的损害赔偿之诉（Compensation）。这是因欧盟机构及其人员的职务行为造成权益损失的任何相关主体，都可提起的诉讼。

C. 依 TFEU 第 226-228 条的违反条约之诉（Infringement Proceedings）。这是 EC 和成员国政府基于共同体其他成员国违反条约义务而提起的诉讼。❶

D. 依 TFEU 第 234 条源于欧洲统一理念的先行裁决程序（Preliminary Rulings Procedure）。这是在适用欧盟法产生横向或纵向效力冲突时，为确保欧盟法律秩序的完整和统一，共同体成员国法院或法庭及私人当事方，提请 CJEU 就与欧盟法有关的法律问题及其产生的法律效力作出解释和判断，作为成员国司法机构审理相关案件的依据。❷

上述程序尽管在法律依据、管辖事项、启动主体和法律效力上存在显著差异，但就全球环境风险社会性规制的性质而言都是具有硬约束特征的司法程序。

第一，非协商一致（Non-consensual）。所有上述程序，都在程序启动上引介对抗性因素，允许相关当事方向法庭提交书面评论和发表口头意见，以

---

❶ EC 将此类程序处理的案件分为三类：第一，沟通不当，成员国没有或未及时将其执行欧盟立法的状况，包括相关国内法和其他国内措施与 EC 沟通；第二，义务内容不相符，成员国虽及时向 EC 提交相关国内执行措施的法律文本，却未充分反映共同体指令下的义务，未能正确将共同体义务转换为国内法；第三，不良适用，无论国内法是否作出规定，成员国在具体实践中未能适用共同体义务。参见：CHURCHILL R R, YOUNG J R.Compliance with Judgments of the European Court of Human Rights and Decisions of the Committee of Ministers: The Experience of the UK [J]. British Year Book of International Law, 1991 (62): 283.

❷ 20 世纪 80 年代中期，CJEU 应意大利地方司法行政官的请求，就有关保护或改善淡水资源质量的法律问题，对 1978 年欧共体理事会第 78/659 号环保指令作出解释，为 CJEU 在刑事污染诉讼案件中辨识潜在被告，并确认其法律责任提供指引。参见：CJEU.The Case C-14/86 Pretura di Salo ECLI 275 [EB/OL]. (1987)[2016-10-09]. http://curia.europa.eu/case_information.html.

第三章　全球环境风险社会性规制法律实施机制演进的实证分析：
从"单一规制"到"合作规制"

司法方式解决各自管辖范围内相关事项上产生的争议。

第二，确立 CJEU 专属管辖（Exclusive Jurisdiction），排除其他争端解决方法的适用。CJEU 通过以 2006 年 EC 诉爱尔兰 MOX 核燃料厂争端案为代表的司法实践，[1] 将欧盟法相对于成员国法律体系的直接效力和优先地位进一步扩展于一般国际法律秩序中。它确认所有外部法源均不影响欧盟基础条约所建立的欧盟体系权责分配机制。CJEU 拥有在有关欧盟基础条约解释与适用上的垄断性司法审查权，[2] 欧盟成员国负有不单方面将此类争端提交欧盟体系外任何其他机构解决的义务，强化 CJEU 的强制管辖。

第三，产生司法裁判效力。所有司法程序即使是先行裁决，以类似国内法体系中司法解释的间接裁判方式所作裁决结果，对欧盟机构及成员国乃至个人产生法律拘束力，并通过 EC 及各成员国国内法律执行机制保障遵守和实施。尤其是统合欧洲三大共同体法律人格的 TEU，为在违反条约之诉中，CJEU 对不遵守法院裁决的国家苛以一次性支付特定款项或罚金的制裁措施提供法律依据。而诸如意见程序和先行裁决这类缺乏惩罚性色彩的所谓确认之诉（Declaratory Judgment），仍可经援引违反条约程序而纳入执行序列，以纠正对这类裁判的不遵守行为，更进一步增强 CJEU 裁决的强制执行效力。

（2）CJEU 确保环境遵约"硬控制"的程序性因素

首先是欧盟法在成员国国内法律体系中的直接效力和优先地位。CJEU 通

---

[1] 该案是因爱尔兰担心位于英格兰西北部的 MOX 核燃料厂对其造成放射性污染，试图通过国际司法方式阻止该核燃料厂的运转。爱尔兰分别依据 1992 年《保护东北大西洋海洋环境公约》和 1982 年 UNCLOS 附件七争端解决程序，单方面启动针对英国的仲裁程序。爱尔兰的维权行为立即引发 EC 的高度关注，并就爱尔兰违反有关 CJEU 在欧体法解释与适用方面的专属管辖权，而向 CJEU 提出违反条约的诉讼。CJEU 最终认定，爱尔兰在共同体框架之外启动针对另一成员国的国际司法程序，会令作为 UNCLOS 缔约方的非共同体国家，就共同体的对外代表权及内部聚合力产生质疑，影响共同体对外行动的统一效力和权威。参见：CURIA. The Case C-459/03, Commission v.Ireland [EB/OL].（2006-05-30）[2016-10-11]. http://curia.eu.int/en/content/juris/index.htm. 根据 UNCLOS 附件七建立的仲裁庭，基于在确定争端方权利义务的国际司法机构间相互尊重与礼让的习惯法原则，为避免与 CJEU 发生管辖权冲突而中止在先启动的仲裁程序。参见：MOX Plant.Annex VII Arbitral Order No.3 [EB/OL].（2003）[2016-10-11]. http://www.itlos.org.

[2] 程保志. 从 MOX 核燃料争端审视欧洲法院专属管辖权之扩张 [M] // 黄进. 武大国际法评论：第 8 卷. 武汉：武汉大学出版社，2008：355.

过 Van Gend en Loos 诉荷兰税务局案等司法判例，❶ 赋予共同体基础条约、条例和决定以及对共同体具有约束力的国际条约，在成员国管辖范围内为个人直接创设权利义务的效力。据此，当明确向个人授权的欧盟环境法律条款满足国内法院承认效力的条件时，即可自动植入国内法体系，与成员方国内环境政策法规相融合，并经国内执行措施获得有效遵守和实施。同时，在共同体法律规范与国内法规范的关系上，依据 Costa v. ENEL 案和 Internationale Handelsgesellschaf 案❷ 判决所阐发的欧盟法优先适用原则，确立成员方国内法体系中处理环境问题的法源秩序。共同体法作为独立法律渊源基于所具有的特殊和原初本质，在发生法律规则冲突时居优先地位。成员方国内任何形式的法律规范，包括宪法都不能排除欧盟环境法的适用，从而确保共同体环境政策不受减损的一体适用。此外，CJEU 通过先决裁判的司法实践，❸ 要求成员方国内法院适用因执行欧盟法而采取的国内法律措施应以符合欧盟法目的和宗旨的方式予以解释，使其对国内立法的司法解释与欧盟法相协调。CJEU 借由这些原则和程序规则的相互依托与配合，为在直接对国家苛以支付罚金（Penalty Payment）等金钱制裁措施之外，确保成员国遵守其生效裁决提供一条国内强制执行的路径。

其次是 EC 的高度介入。欧盟环境遵守控制程序保障的突出特色表现为 EC 在 CJEU 司法程序的启动、运作直至裁决执行等方面全方位的参与配合。在欧盟对遵守国际环境法的整个控制体系中，CJEU 位于系统终端，是处理成员国不

---

❶ The Case C-26/62 Van Gend en Loos [1963] ECR 12: 23. Independently of the legislation of the Member States, Community law therefore not only imposes obligations on individuals but is also intended to confer upon them rights which become part of their legal heritage. These rights arise on only where they are expressly granted by the Treaty, but also by reason of obligations which the Treaty imposes in a clearly defined way upon individuals as well as upon the Member States and upon the institutions of the Community. [2016-10-09]. http://curia.europa.eu/case_information.html.
❷ 赵海峰，李滨. 欧盟法院体系——区域经济一体化司法机构的典范 [J]. 人民司法，2005 (7): 95.
❸ The Case C-14/83 Von Colson [1984] ECR 1891: 26. In applying the national law and in particular the provisions of a national law specifically introduced in order to implement Directive No.76/207, national courts are required to interpret their national law in the light of the wording and the purpose of the directive in order to achieve the result referred to in the third paragraph of Article 189. [2016-10-09]. http://curia.europa.eu/case_information.html.

第三章　全球环境风险社会性规制法律实施机制演进的实证分析：
从"单一规制"到"合作规制"

遵守行为的最后手段。而 EC 不仅以类似国内法体系中的"公诉机关"身份向 CJEU 连绵不断输送案源，提供对成员国遵守国际环境法进行司法审查的启动依据；而且，EC 还通过诉前程序对所发现的遵守问题进行筛查，[1] 在法律推理的基础上运用将问题升级至司法层面的压力，高效、经济地阻断和矫正不遵守行为，保障有控制价值的"优质"不遵守案件进入 CJEU 的司法程序。因此，CJEU 的环境司法硬控制，事实上要求进入司法阶段的案件应用尽欧盟体系所提供的各种非司法解决方式。这不仅体现对司法经济原则的遵循，也反映其通过与 EC 合作，有效实现和维护共同体法治秩序的宗旨。而且，EC 根据 TFEU 第 186 条的规定，还有权向 CJEU 申请采取类似国内司法诉讼中发挥诉前保全作用的"临时措施"（Interim Measures），作为处理紧急环境事件的过渡性救济方式。[2]

此外，在 CJEU 裁决作出后的执行阶段，因成员国并不承担向 CJEU 通报其执行状况的法定义务，而 EC 通过与败诉成员国的积极联系和沟通，以确定其为遵守法院裁决而制定的国家规划。并且，尤其在环境案件中，针对 CJEU 作为国家违反欧盟法最后救济手段而施加的罚金制裁，由于难以直接经由国内法途径实施，而需 EC 承担对国家遵守金钱裁决的实时监督。如 EC 诉希腊的危险废弃物案，针对希腊持续性违反 CEU 执行《巴塞尔公约》的 1991 年危险废弃物指令中，有关危险废弃物填埋场不能直接危及人类健康和造成严重环境损害的处理标准，CJEU 确认 EC 提出苛以罚金措施的适当性。随后，EC 定期向希腊政府发函要求支付从 2000 年 7 月到 2001 年 2 月间每天 20000 欧元的罚金，直至 2001 年 3 月希腊关闭填埋场，并对废弃物予以妥当处理，才因其有效遵守法院裁决并按期交付罚金而决定终结此案。[3]

---

[1] 1996—2015 年，EC 发现成员国不遵守欧盟法的案件中，平均每年最终提交 CJEU 审议的不足 7.5%，显示其诉前审查在解决不遵守问题上的有效性。参见：EC. Report from Commission, 33nd Annual Report from the Commission on Monitoring the Application of Community Law [R/OL]. (2015) [2016-10-08]. http://www.ec.europa.eu.

[2] EC 诉德国水库案（C-57R/89）中，EC 申请 CJEU 就德国境内违反 1979 年欧盟理事会鸟类指令第 4.1 条规定所建造的水库工程，采取临时措施暂停施工直至作出最终裁决。参见：蔡守秋. 欧盟环境政策法律研究 [M]. 武汉：武汉大学出版社，2002：355-356.

[3] CURIA.The Case C-387/97 Commission v.Greece ECR 2000 I-05047 [Z/OL]. (1984) [2016-10-09]. http://curia.europa.eu/case_information.html.

(3) CJEU 环境遵约"硬控制"的程序性限制

首先，国家间控诉程序尘封高阁。欧盟非典型的国际组织特质使其获得超出任何现行政府间国际组织的超国家权能。而这种基于成员国主权让渡所形成的自治性法律秩序，也成为 CJEU 司法活动的核心价值，呈现出向"超国家"法院发展的强烈趋势。但 CJEU 的环境遵守控制实践中，起到关键作用的因素并非作为法院司法管辖授权基础的独立主权国家，而是 EC 和成员国内的私人主体。他们在几乎 CJEU 的所有诉讼程序中拥有主体资格，且基于不受诉讼对抗性而影响互惠关系和不惧未来遭受反向诉讼的中立优势，或以检控方或以利益相关方身份，扮演积极申诉人的角色。

反观欧盟成员国仅出现 1979 年法国诉英国关于渔业保护措施案（Case C-141/78）、2000 年比利时诉西班牙关于葡萄酒罐装地理标志案（Case C-388/95）和 2006 年西班牙诉英国关于直布罗陀案（Case-145/04）等几起罕有的国家间诉讼。况且，除法国就英国为履行 1959 年《东北大西洋渔业公约》(Convention for North East Atlantic Fisheries) 而实施的渔网法令（Fishing Nets Order）未遵守与其他成员方和 EC 进行磋商的义务外，其他案件都未涉及环境争议。这一方面说明欧盟环境司法控制在遏制国家的政治控制方面成效显著。而这无不得益于其强烈的司法对抗，最大限度地发挥司法控制在促进国际环境法遵守上的有效性，使经欧盟基本环境立法转换的 MEAs，甚至是区域环境软法规范都得到较好的遵守。但从另一方面讲，巨大司法对抗的压力之下，作为现今国际社会环境治理中仍起主导作用的主权国家，遵守国际环境法的主动性和环境管理的自主权均受到抑制。可能产生的负面影响就是导致国家环境政策法规调整的不透明性和对共同体环境司法的搁置，进而损及 CJEU 经历 40 多年努力营造的共同体统一环境法律体系。

其次，超国家裁判程序遗存司法控制旧弊。具有突出超国家特质的 CJEU，高度依赖欧盟机构及社会公众的广泛参与。这既构成在国际司法机构中独具匠心的活力之源，亦是对其环境遵守实体和程序性硬控制的重要补充。但其实现司法控制的主要程序缺乏对后续改善状况的有效审查和持续监控，

第三章　全球环境风险社会性规制法律实施机制演进的实证分析：从"单一规制"到"合作规制"

公众参与环境司法程序的准入机制也亟待完善。

就成员国不遵守行为的处理而言，作为在 CJEU 体系中主要承担审议和确认共同体统一政策法令履行情况的违反条约程序，对成员国环境法规的审查主要源于 EC 依自由裁量结果而提交的案件，在相符性审查的启动和事实发现上映现突出的被动性；而且，其事后救济的司法特性决定它仅能通过确认共同体成员既往的背离行为，甚至采取金钱制裁措施以促进裁决执行。CJEU 既无权修改或撤销与欧盟环境基本法相冲突的国内措施，也不能要求其作出未来履行环境义务的国家规划，对成员国实现遵守过程中存在的问题和困难缺乏政策调整和协商的灵活空间。

就私人申诉方的权利保障而言，借助公民诉讼方式提高环境执行措施的透明度和确保对共同体环境规则的遵守，不易被主权国家接受。因而，私人行使基本环境权利，尤其在 CJEU 启动环境公益诉讼仍存在严格条件的限制。如根据 TFEU 第 230 条，要求启动合法性审议程序的个人或环境组织须是"直接和单独相关（Direct and Individal Concern）的主体"，争议所涉共同体环境措施应以清晰和直接方式对其法律地位构成影响。这在成员国不积极行使依据 TFEU 第 227 条触发国家间控诉机制的权利时，无疑成为欧盟层面开展环境公益诉讼不可跨越的障碍。❶ 此外，对个体环境权益损害的赔偿，仍主要通过在国内法院提起诉讼获得间接救济，进一步限制 CJEU 环境遵守控制的效力。

4. CJEU 环境"遵守监控"的效用特点

（1）超国家环境司法控制

CJEU 被认为"兼具国际法意义上的国际法院和国内法意义上的宪法法院、行政法院和普通法院的性质"。❷ 其所实施的环境遵守控制是具有超国家因素的单一司法模式。不同于主要国际性司法机构在遵守控制上的含糊作用，CJEU 以权利为基础，奉行依托法律解释和适用技术的司法能动主义，积极发

---

❶ BARAV A. Direct and Individual Concern: An Almost Insurmountable Barrier to the Admissibility of Individual Appeal to the Court of Justice of the European Communities [J]. Common Market Law Review, 1988 (6): 191.

❷ 刘士元. 区域国际经济法研究 [M]. 长春：吉林大学出版社，2001：80.

展造法性功能，逐步推进共同体法律权威和成员国遵守模式的"超国家"转变，能动地实现超越具体规则的欧洲一体化目标，在欧盟体制中享有打破政治机构决策僵局的超然地位。❶ 因而，CJEU 有关解释和适用 MEAs 的司法裁判，在其成员国境内具有直接和最高的法律效力。它通过为成员国政府机构及其法院在国内法律框架下设定强制约束义务，授权成员国私人主体对未遵守国际义务的政府行为采取救济措施，以借此确保其裁决的遵守和实施。

（2）实体性和程序性的硬控制

CJEU 所进行的环境规制在方式和强度上均体现显著的硬约束表征。但 CJEU 对环保的硬控制措施亦并非僵化刻板的法律枷锁，恰恰是推动各成员国国内环境法趋同化的协调工具。因为，欧盟基本环境规则始终致力于一体化进程中区域整体经济活动的均衡和可持续发展。一方面，通过严格的环境标准法规和执行程序实现区域环保资源的公平配置；另一方面，不孤立处理环保问题，而是将其融入共同体其他领域的政策考量，强调公平市场竞争与环保间的平衡关系，以促进经济、社会与环境要素的互动协调。

当然，CJEU 通过精确解释和适用国际环境规则，严格审议成员国的遵守行为，并对不遵守情势处以罚金、限制成员权利等反映国家责任为主要内容的硬控制措施，尚须与欧盟体系内特别适用于区域内环境管理能力较弱国家的"阶梯式"环境立法和欧盟促进环境合作的约束性内部程序相结合。❷ 并辅之以加强成员国实施环境法的能力建设，诸如欧洲社会基金和欧洲地区发展基金等各类财政机制作为支撑，才能真正发挥功效。

（3）达致双层遵守效果

根据 EC 关于共同体法适用监督的年度报告显示，得益于欧盟各组织机构的有效配合与活跃维权的私人当事方通过国内执行程序促进欧盟法的实施，CJEU 裁决得到共同体各组织机构的全面遵循。各成员国国内法院普遍

---

❶ 方国学.欧洲一体化进程中欧洲法院的作用［M］.合肥：安徽人民出版社，2006：278.
❷ 周珂，高桂林，王权典.突破绿色壁垒方略：企业环保法治的理论与实践［M］.北京：化学工业出版社，2004：59.

第三章　全球环境风险社会性规制法律实施机制演进的实证分析：从"单一规制"到"合作规制"

依从其指示和建议行事，80%—90%的成员国政府能使其行为与CJEU裁决的内容保持相符。不遵守CJEU有关成员国违反欧盟法的裁决比率年均不超过16%，尚未有一起案件的成员方拒绝支付罚金。❶因此，从罗杰·费舍尔"双层遵守概念"的视角看，CJEU所实施的司法控制，既触及通过司法裁决促进遵守欧盟基本法律的初级遵守，也强化以金钱制裁制度为核心，动态监督成员方履行CJEU裁决的二级遵守。它指向更全面的遵守状态，在关注争议事项本身法律裁断的同时，又积极摸索卓有成效的裁决执行监督制度。

（4）借助体现环境民主的程序安排改善司法控制效率

CJEU突出对公众参与环境司法的权利保障。这不仅是在欧盟各组成部分的功能运作中实现公民环境民主权利的映射，也是强化市民社会辅助监管作用的结果。作为被动实施环境遵守控制的司法机构，CJEU司法控制的效用深刻依赖积极申诉人对案件的启动，从而弥补缺乏互惠基础的环境义务在国际争端解决上的动力不足。

（三）展现环境友好型"国际混合诉讼"特征的联合国海洋法法庭体系

伴随着渔业活动、海上航运、海底资源勘探、废弃物倾倒等海洋环境开发不断深入，经历1967年托利峡谷号（Torrey Canyon）溢油污染事故❷后，国际社会意识到有必要对海洋环境损害的责任和赔偿作出进一步响应。UNCLOS因此取代联合国海洋会议在此之前缔结的有关处理领海和毗连区、大陆架（Continental Shelf，CS）、公海、渔业和生物资源养护的4个国际公约，❸并需要运用更有效的手段促进遵守公约。但在国际法律秩序可接受范围内，移植自国内法律体系的ICJ司法审查模式日渐显露出若干排异反应，多数国

---

❶ BULTERMAN M K, KUIJER M.Compliance with Judgments of International Courts [M]. Dordrecht: Nijhoff, 2016: 112-115.
❷ Torrey Canyon是一艘船主为美国人的利比里亚籍油轮。1967年在行驶至英吉利海峡的国际水域时触礁，致使12万吨原油泄漏入海，造成法国和英国海岸线附近区域严重的环境污染。参见：NANDA V P. The Torrey Canyon Disaster: Some Legal Aspects [J]. Denver Law Journal, 1967（44）: 400-425.
❸ 即1958年《领海和毗连区公约》《大陆架公约》《公海公约》《公海捕鱼和生物资源养护公约》。

家都不愿接受关涉其重大利益争端的第三方强制司法解决。法律裁判技巧（Adjudicative Techniques）对协调国家间海洋环境法律关系仅发挥微弱作用。❶

为满足国家对国际司法机构裁判可适应性的需求，具创新性和灵活性的司法解决方法在 UNCLOS 争端解决条款中应运而生。❷

1. UNCLOS 环境遵守控制路径选择的主要特征

UNCLOS 争端解决条款的主旨是能反映不同性质主体间的权益均衡和南北国家司法制度理念的相互妥协与价值协调，为国际海洋争端打造全面、多重的司法控制工具"选购市场"。UNCLOS 通过第 282 条打包性质各异、彼此排斥的多种争端解决工具，以便利争端当事各方选择最佳解决方案。

从全球环境风险社会性规制的法律实施路径而言，UNCLOS 仍重在组合使用传统国际法领域既存的各类争端解决机制，以解决海洋争端的视角实现遵守国际环境法的目标，具有专业化司法控制模式的本质属性。但是，其争端解决"程序链"，表现出维护海洋权益的环境友好取向。依据 UNCLOS 第 287 条的规定，国际海洋法法庭（International Tribunal for the Law of the Sea, ITLOS）、ICJ、UNCLOS 附件七仲裁法庭和附件八特别仲裁法庭，这四大主要强制性争端解决场所初露端倪的多重、平行合作，都使联合国海洋法法庭体系在国际环境法的遵守控制模式中别具一格。

2. ITLOS 保障环境司法控制的权能要素

（1）扩展沿岸国环境管理权以强化对遵守公约义务的约束

事实上，UNCLOS 并未寻求建立一个有关各种形式海洋污染的综合性规则体系，且回避直接触及跨境环境损害行为。它通过对在各类水域中涉及缔约国环保责任的基本原则进行编撰，重在以促成各缔约国国内海洋环保措施

---

❶ 这从 ICJ 受案情况中可窥见一斑：1946—2016 年的 70 年间，ICJ 共受理起诉讼案件 137 起，适用咨询程序的案件 26 起，前 30 年受案总数不足 40 起，年均受案 2 起。参见：OWEN. Compulsory Jurisdiction of the International Court of Justice: A Study of Its Acceptance by Nations [J]. Georgia Law Review, 1969 (3): 704-727.

❷ BERNHARDT. Compulsory Dispute Settlement in the Law of the Sea Negotiations: A Reassessment [J]. Virginia Journal of International Law, 1978 (19): 69-106.

第三章　全球环境风险社会性规制法律实施机制演进的实证分析：从"单一规制"到"合作规制"

的制定和实施，形成对陆源、海床活动、倾倒废物、船舶污染及源自大气等各种来源的跨界海洋环境损害施加间接约束。更重要的是，UNCLOS 第 56 条采用赋权方法，尤其通过确认沿岸国在 200 海里专属经济区（Exclusive Economic Zone）内，实施海洋生物资源管理和控制海洋污染的主权权利，并形成专属经济区内沿岸国自然资源主权和环境邻接权与第三国对环境资源合法获取和利用权之间的协调关系。这不仅将沿岸国置于保护其专属经济区生物资源与环境安全的义务之下，也充分激励沿岸国对超出其领海范围的近海水域采取有利于保障遵守公约义务的环保措施，无疑为 ITLOS 处理沿岸国与资源利用国在专属经济区环境保护和资源利用上的争端奠定法律基础。

（2）海洋环境争端解决自愿管辖与强制管辖的承接递进

司法管辖上，ITLOS 以争端当事方向法庭提交请求书或通知特别协定方式启动诉讼程序的自愿管辖与协议管辖为常态，任择性强制管辖为最终手段，将司法控制的组合效能发挥到极致。

首先，ITLOS 管辖权范围基于司法公正的多元拓展。全球水域法律属性的多层性决定 UNCLOS 须超出传统缔约国管辖的限制，形成融私人主体间权益讼争、超国家裁判和国家间争端解决为一体的混合诉讼体系。一方面，第 11 部分规定，有关国家管辖界限之外海底洋床及底土资源勘探的案件，还容纳政府间国际组织、国际海底管理局（International Seabed Authority，ISA）、国际海底管理局企业部（Enterprise of ISA）、自然人和法人等主体的参与。公约赋予他们在利用 ITLOS，尤其是海底争端分庭（Seabed Disputes Chamber，SDC）争端解决程序上的平等法律地位，维护非国家实体使用和管理海底资源的合法权益。另一方面，不排斥非缔约国对其海洋司法程序的适用。ITLOS 可凭借同意管辖的协议，对非缔约国因任何海事协议所产生的争议行使管辖权。《联合国海洋法法庭规则》（以下简称《规则》）第 117-119 条还就缔约国以外实体，提起有关适用海底争端分庭诉讼程序的案件作出专门安排。

其次，ITLOS 诉讼管辖源自司法效率的强制启动。在自愿管辖协议未能达成时，为向争端方提供高效快捷处理海洋争议的有效司法方法，UNCLOS

提供了4种可选择性的强制争端解决程序。并尤其向ITLOS（包括其海底争端分庭）作出授权，对船只和船员的迅速释放（第292条）、采取争端实质仲裁前的临时措施（第290条），以及对公共海洋水域海底洋床和底土的资源勘探等海底争端行使专属和排他性的强制管辖权。这意味着一旦有争端方选择启动ITLOS解决上述争端，则无论另一争端方是否表示同意，法庭都取得对此案的管辖权。这创造出现今全球性国际司法机构中罕见强制程度的诉讼管辖，避免在无法取得管辖协议的情况下，当事方采取极端和片面的应对措施。当然，为减弱实施强制性争端解决对缔约国行使主权权利和进行军事活动，以及涉及联合国安理会履行维和职务的冲击，UNCLOS第15部分第3节允许缔约国通过声明排除公约管辖涉及海洋划界、历史性海湾的确认及军事活动等方面的争端，对包括ITLOS在内的争端强制解决程序作出必要限制。

3. ITLOS保障环境司法控制的程序机制

以《规则》为核心的程序性规范，在借鉴ICJ程序规则与实践经验的基础上，针对法庭当事主体的特殊性予以灵活调整和改善，形成ITLOS在人员组成、法律适用及运作程序和时效方面完整的规则体系，从程序上确保实施环境司法控制的有效性。

（1）ITLOS组织结构和法官构成与职权保证程序正义

首先，作为对ICJ法官任命的突破，根据《国际海洋法法庭组织法》的规定，审理海洋争端的法官在整体构成上应特别突出国际代表性、体现地理区域的公平分配，使ITLOS主导下的司法裁判机制拥有更为广泛的接受度和正当程序基础。而且，为弥补由于名额限制造成的代表性不足，ITLOS还允许诉讼当事国在缺乏本国国籍法官的情况下，选派具有临时性质的专案法官参加诉讼。尽管专案法官在独立性上与常设法官呈现较大差异，容易受选派国政治控制，但其独特的法律立场和观点，既有利于法庭在全面获悉案件有关信息的基础上建立客观公正的法律分析框架，而且能抵消具有相对方国籍的法官所带有的个人倾向性，促成裁判程序中争端当事方之间的均势对抗。

其次，组织安排方面，针对广泛的管辖职权，ITLOS突出成本效益要求。

第三章　全球环境风险社会性规制法律实施机制演进的实证分析：
　　　　从"单一规制"到"合作规制"

它通过确立法庭议事规则和处理案件的内部规程，如《规则》确立争端方提交诉状的"6个月规则"（Six Months Rule），在保证争端方充分陈述自己意见的平等机会基础上，改善 ICJ 因给予当事国请求延长规定期限的自由，从而导致书面程序低效冗长的状态。同时，还对当事人及其代理人参与庭审活动制定详尽的导引指南，力求确保提交 ITLOS 的案件，尤其是处于紧急情势下的迅速释放和临时措施案件摆脱拖沓延误。实践中，ITLOS 受理的 23 起诉讼案件和 2 起咨询案件，无一例超出 18 个月的审理时限，前两案均是在 2 个月内审结，表现出较 ICJ 争端解决的高效率。

（2）附带程序对普通诉讼程序的辅助影响与灵活调试

作为对 ICJ 程序规则和司法实践的吸纳，ITLOS 也为促进诉讼程序顺利进行创设包含初步反对意见、初步程序、保全措施、反诉、第三方参加和诉讼停止等附带程序。这在辅助基本程序实现争端解决功能的同时，以其灵活多样的适用方式，发挥促进争端相关方利益协调的作用。

首先，最具特色的是经缔约国授权，ITLOS（包含其海底争端分庭）不受各国依据第 287 条就适用强制性争端解决机制所作选择的限制，可对船只和船员迅速释放与临时措施案件行使强制管辖权的附带程序。此类附带程序通常是在进行实体审查的仲裁庭或法庭尚未建立，或还未对实质性问题作出最终裁决的过程中，ITLOS 应当事方申请，为避免紧急情况下因程序迟延可能产生不可恢复的损害后果，而作为优先处理事项预先采取对争端各方均产生法律拘束力的临时性保全措施，从而为后期 ITLOS 裁决的作出和有效实施争取空间。同时，它对争端解决进程的干预并不影响当事方国内法院或处理实质问题的 UNCLOS 司法机构就相关事件展开后续程序，其所作释放指令或暂行措施均可被处理争端实质问题的仲裁庭或法庭加以修改或废除。

其次，ITLOS 还围绕 UNCLOS 第 297 条所涉因沿岸国在其 EEC 和 CS 内行使主权权利而引发的争端，通过 UNCLOS 第 294 条创新性的引介"初步程序"，以审议和确认 ITLOS 对此类特定案件的管辖权等先决问题。它不仅涉及对争议本身法律属性的界定，还包含确认争端解决推进的具体阶段和程度是否符合法庭的受理要求，以及有关ITLOS管辖权所依据的协定或声明的效力问题。正是基于该程序的存在，为UNCLOS规定的强制性争端解决程序配备"过滤"和"缓冲"装置。这既能有效缓解各缔约国对有关EEC和CS争端是否采取强制解决方法的立场冲突，而且最大限度防止缔约国滥用强制程序，危及沿岸国在其EEC和CS等领海以外水域内，行使保护海洋环境的主权权利。

（3）ITLOS与其他争端解决场所间的管辖交叉与机构合作

首先，由于处理事项范围的交叉重叠，ITLOS与其他争端解决机构，特别是与同样作为常设司法机构的ICJ，在解决海洋争端上的相互关系更突出并行独立的一面，弱化一般法院与专门法庭的法律属性区分，从而在UNCLOS框架下形成有利于提高争端解决效率的司法竞争。运行实践中，事实上围绕各种司法解决机制的特点也形成不同的职能分工。如在海洋划界和渔业活动及海洋权益方面的争端主要通过ICJ解决，而涉及迅速释放和临时措施的案件多数交由ITLOS处理。

其次，UNCLOS所提供的各种备选场所间又并非相互封闭隔绝。ITLOS在起诉要求、查明当事方对程序问题的意见、书面与口述程序、初步审议、诉讼书状和裁决的公开透明及附带程序等许多方面，均借鉴参照ICJ程序规则及其最新实践经验，明显呈现趋同化的表现，避免出现差别悬殊的处理结果，确保形成相对协调一致的解释规则和判例法原则。此外，各种争端解决场所间还在审判资源、信息资料方面互通有无。如UNCLOS第292条要求，ITLOS与ICJ应将有关船只和船员迅速释放申请的信息资料进行及时沟通和交换。

4. ITLOS环境遵守监控的效用特点

截至2017年3月，UNCLOS 167个缔约国中，51个国家依据UNCLOS第287条规定作出选择强制性争端解决机制的声明。其中，41个国家将ITLOS列入解决争端的程序清单，15个涉及海洋环保的多边条约和5个双边协定包含有关授予ITLOS管辖权的条款。[1]ITLOS自1997年圣文森特（Saint

---

[1] ITLOS. Jurisdiction [EB/OL]. [2017-03-16]. www.itlos.org.

第三章　全球环境风险社会性规制法律实施机制演进的实证分析：
从"单一规制"到"合作规制"

Vincent）及格林纳丁斯（Grenadines）诉几内亚（Guinea-Bissau）"塞加号"（Juno Trader）有关临时措施的第一个诉讼案件起,❶ 共处理海洋争端 25 件。其中,新西兰和澳大利亚诉日本进行合并审理的"养护南方蓝鳍金枪鱼案",智利诉欧共体"关于在东南太平洋养护和可持续捕捞箭鱼群案"等 3 起案件涉及海洋资源环保。尽管运作初期的案件受理数量无法匹敌 ICJ 及其前身 PCIJ 90 多年的争端解决实践,但其灵活、高效的环境遵守控制已初步显示出如下特征。

（1）"混合诉讼"模式的专业化司法控制

首先,UNCLOS 体系下对海洋环保条约的遵守控制主要通过司法机构以争端解决并作出具有法律约束力裁决的方式加以实施,专注于海洋资源合理和可持续利用、各类性质水域所属国、沿岸国和无害第三国有关海洋环保的权利与义务,以及海洋环境污染损害的责任认定与承担,是管辖范围具有专属特性的司法控制模式。

其次,UNCLOS 建构的司法控制体系呈现显著的"混合诉讼"性质。这不仅表现为 4 个强制性司法程序的多重管辖,以及 ITLOS 与其具有独立法庭性质的海底争端分庭之间既相互关联配合,又适用各自特定法庭规约和程序规则的关系;也体现在所处理的争议既可能存在于主权国家之间,也有可能是非国家行为体对抗国家的讼争,还可能涉及私人当事方间的权属纠纷。

（2）体现环境友好的规制取向

与 ICJ 和 WTO 争端解决机制相较而言,ITLOS 法律适用、程序设计甚至法官构成等方面,都充分考虑国际环境法领域对避免潜在和永久不可恢复的环境损害所附有的特殊需求。它能为在 MEAs 框架下的主权国家,甚至受环境损害影响的利益关系人,提供体现环境正义且符合成本收益平衡的争端解决体系,成为处理环境问题极具竞争力的司法选择。❷

---

❶ ITLOS. The "Juno Trader" Case (Saint Vincent and the Grenadines v.Guinea-Bissau) Application for Prompt Release [EB/OL]. (2004-12-18) [2019-06-18]. www.itlos.org.
❷ ZEIDMAN S J. Sitting on the Dhaka the Bay: The Dispute Between Bangladesh and Myanmar and Its Implications for the International Tribunal for the Law of the Sea [J]. Columbia Journal of Transnational Law, 2012 (50): 475.

首先，UNCLOS 不仅系统整理编撰国际海洋法的既存实体规则，而且采纳反映其制定的 20 世纪 70 年代国际环境规则演进发展的一系列原则措施。第 12 部分以专章形式，对处理各种形式海洋污染的基本国家义务作出具体安排。并且，涉及针对因已发生重大污染事故而缔结的专门领域海洋环保的国际条约，为缔约国编纂一系列有关上述条约的执行原则。此外，公约第 202-203 条还对实现海洋环保目标的技术援助和环境合作，第 204-206 条就海洋环境污染监督和环评程序也作出明确规定，为缔约国检视和改善充分履行公约环境义务的能力提供参考依据。可以说，整个 UNCLOS 处处显露出可持续发展的价值皈依，倾向于促使缔约国以环境友好方式运用海洋资源和解决海洋权益争端，推进海洋环保的国际合作。

其次，ITLOS 首例也是迄今为止唯一一例公海渔业资源保护争端案，即澳大利亚和新西兰诉日本关于"养护南方蓝鳍金枪鱼案"。❶ 该案围绕日本 1998—1999 年以"试验"为目的，在公海水域单方面实施捕捞南方蓝鳍金枪鱼行为的合法性问题。ITLOS 在对管辖权作出裁决时，首先确认 1993 年《养护南方蓝鳍金枪鱼公约》(Convention on the Conservation of Southern Bluefin

---

❶ 该案是 1999 年澳大利亚和新西兰，基于与日本同为缔约国的 1993 年《养护南方蓝鳍金枪鱼公约》下养护南方蓝鳍金枪鱼委员会，1996 年确立的南方蓝鳍金枪鱼可容许捕获量国家配额和养护南方蓝鳍金枪鱼的目标与原则，及 1995 年《执行 1982 年〈联合国海洋法公约〉有关养护和管理跨界鱼类种群和高度洄游鱼类种群规定的协定》第 7 条有关预防原则的规定，认为日本超出南方蓝鳍金枪鱼委员会设定的捕获蓝鳍金枪鱼国家份额，单方面从事试验捕鱼的行为，违反其依据 UNCLOS 第 64 条和第 116-119 条应承担合作采取预先措施养护和管理公海生物资源的国际法义务。故先后提请建立 UNCLOS 附件七仲裁法庭以裁决该争端，并依照公约第 290.5 条的规定要求 ITLOS 作出有关临时措施的规定。对澳、新两国的做法，日本首先强调该案并非单纯涉及法律原则的适用，而是应以科学家独立意见为基础解决的科学争议。日本还认为该案争端不属于因适用 UNCLOS 而产生，超出公约附件七仲裁的管辖范围。同时，主张澳、新两国尚未就争议在 1993 年《养护南方蓝鳍金枪鱼公约》框架下进行谈判，不符合 UNCLOS 第 15 部分第 2 节援引强制性争端解决的程序条件。故而，日本提出对 ITLOS 就此案做出临时措施的管辖权异议。此外，日本还针对澳、新两国的临时措施申请提出反诉，确认其试验捕鱼具有科学上的合理性。而且，ITLOS 采取临时措施：一方面，对改善南方蓝鳍金枪鱼种群的枯竭状况并无任何助力。因为南方蓝鳍金枪鱼母体种群数量在 1997 年降至最低的主要致因源于 1993 年《养护南方蓝鳍金枪鱼公约》非缔约国无序、非正规的捕捞，而不是基于作为该公约缔约国的日本所实施的试验捕鱼规划。另一方面，澳、新两国也不满足请求作出临时措施的紧急情况和损失威胁证明等实体条件。参见：ITLOS. The Southern Bluefin Tuna Cases. New Zealand v. Japan; Australia v. Japan, Provisional Measures, ITLOS/PV.99 [EB/OL]. (1999-08)[2016-10-16]. http: //www.itlos.org/cases/contentious_cases.

第三章 全球环境风险社会性规制法律实施机制演进的实证分析：从"单一规制"到"合作规制"

Tuna, CCSBT）与 UNCLOS 在本案适用上的关系，肯定两者不存在环保权利援引上的排他关系，澳、新两国对公约规定的适用构成仲裁法庭的管辖依据。同时，ITLOS 还指出当事各国履行 1993 年 CCBST 的状况及与公约其他缔约国在养护和管理蓝鳍金枪鱼上的合作关系，均可作为仲裁庭评价其实施 UNCLOS 义务的依据。这肯定了 UNCLOS 项下的司法机构对海洋环境事务拥有与专门性环保条约争端解决机制同等的管辖地位。而且，还将对 UNCLOS 的遵守控制与其他 MEAs 的实施相衔接，无疑强化对国家履行国际环境义务的约束。随后，ITLOS 又在规定"临时措施"必要性的论证中，主张南方蓝鳍金枪鱼作为列入 UNCLOS 附件一高度洄游鱼类名单的珍贵海洋渔业资源，各方应以谨慎行事和充分合作的态度采取有效养护措施。日本单方面实施的试验捕鱼行动严重侵犯澳、新两国依据 UNCLOS 第 64 条及第 116-119 条关于共同养护和管理公海生物资源的权利，削弱 1993 年 CCBST 就沿海国和远洋捕鱼国在蓝鳍金枪鱼养护和适度利用方面的合作计划，增加对该鱼类种群的生存威胁。

ITLOS 在此案中通过引用国际环境法风险预防原则为采取紧急措施奠定正当性基础，反映出对开发利用海洋生物资源的可持续发展理念。这在维护缔约各国合法海洋权益的同时，促进对国际环境法规则的遵守和实施。

（3）侧重实现国际环境法规则的初级遵守

从罗杰·费舍尔"双层遵守概念"的角度看，ITLOS 主要在个案基础上，依据 UNCLOS 及其他可在 SICJ 第 38 条中建立援引依据，并与 UNCLOS 不相抵触的相关国际规范，甚至以当事方同意为前提适用公允善良的一般法律原则，确认当事方环境行为的合法性问题，停留于国际环境法的第一遵守层级。而其司法裁决既不对当事方之外的环境事项产生法律约束力，也缺乏对案件所涉国际法规范及法庭裁决遵守实施的事前预防与事后监督，仅对当事方遵从裁判作出义务宣誓，没有针对不遵守情势施加有效的法律救济和执行措施。

因而，尽管澳、新、日三国都表示遵从"南方蓝鳍金枪鱼案"ITLOS 兼顾双方诉讼请求的临时措施规定，[1]并认为这对促进当事各国秉持诚意就保护南方蓝鳍金枪鱼继续进行合作提供支持，但仍对日本在听证会期间就终止试验捕鱼规划所作的时间安排是否构成对法庭临时措施命令的遵守产生争议。这反映出 ITLOS 作为改革传统国际司法机制的创新升级版，虽在强制管辖、诉讼主体和保全措施上皆取得实质性突破，但"重裁判、轻履行"的国际司法痼疾依旧积重难返。

（四）"裁判监管"模式效用发挥的"寄生性"

在国际环境法产生和发展的初期，遵守控制坚持"司法中心主义"，主要通过国际司法机构以个案形式解决因环境损害而产生的争端。其在推动国际环境法规制范围和效力空间不断扩展的同时，也埋下分散化遵守的祸根，不利于系统性全球环境政策的形成。

由于国际环境法常态化的依附于各国际法部门而存在，其原则与规范体系的独立性与完整性相对不足，更缺乏获得广泛认同的专门性国际环境司法机构，引致这种呈双边结构、权义抗辩和事后救济为特征的被动监管模式，或者裹挟在成熟的海洋管理、贸易、投资及人权领域的国际司法裁判体制中，或者需要依赖活跃申诉者形成充分的诉讼对抗，不能真正遵从全球环境整体利益的需求，统一发挥监管效用。虽然当今国际法律秩序中，环保因素遍布各部门国际法规范，但是也成为一般性国际法庭和各专业领域国际争端解决机制如鲠在喉的"鸡肋"价值。已专门就环保作出过裁决的常设国际司法机构中，无论是 WTO 上诉机构、CJEU，还是 ITLOS 都曾面临"体系自足"与"议题交叉"之间矛盾所引发的规则冲突，在对国际环境法基本原则的一般法律地位进行权威认定和解释上，采取消极审慎的态度。

---

[1] ITLOS 就"南方蓝鳍金枪鱼案"所作的临时措施裁决一方面支持澳、新两国有关南方蓝鳍金枪鱼养护和管理事宜可适用 UNCLOS 予以处理的主张，接受澳、新两国要求将日本未经三国协商所进行的试验捕鱼纳入其可容许捕获量的国家配额中，并终止单方面试验捕鱼规划的请求；另一方面，并未否认日本主张试验捕鱼规划对减少南方蓝鳍金枪鱼种群不确定性的必要，并采纳日本的反诉意见，对三方立即恢复谈判，就养护和管理南方蓝鳍金枪鱼措施达成协议作出安排。参见：赵理海．南方金枪鱼案：国际海洋法法庭的首例渔业争端［J］．中外法学，2000（1）：128．

第三章 全球环境风险社会性规制法律实施机制演进的实证分析：
从"单一规制"到"合作规制"

因此，"裁判监管"模式是将国际法的司法强制执行与国家责任作为保障国际环境法得以遵从的正当因素，其遵守控制实践凸显对具有监管主动性强力因素的吸附和寄生。

二、"管理性监控"模式的运作机制及效能评估

遵从机构监管路径，以国际合作和风险预防原则为基础的"管理性监控"是主要依托政府间委员会或缔约方会议等组织机制，以预防性、遵约管理和促进及非对抗性为特征的监管形式。作为协调各国环境政策、发展国际环境规则、实施环境法律监督，对各国施加共同体压力及解决利益冲突的手段，它主要是凭借条约、议定书和软法提供一种活跃的、能够变化演进的规制体制，以诱导行为体自愿回归遵守状态。这种主要表现为存在遵守问题的缔约方与缔约方全体之间多向关系的条约实施机制，降低监督履行国际环境法义务上对司法裁判的依赖，为解决国际环境领域具有特殊性的不遵守问题，提供一条采用"替代性争端解决方法"的创新路径。

（一）探索新型履约保障路径的多边环境条约遵守机制

1. MEAs 遵守机制的产生

一方面，国际社会的组织结构中，缺乏如同国内政府各部门一样的行政执法机构。国际组织的行政机构既不能解释规则，也未被赋予充足的执法权力和资源。因此，国际法的执行，要么因行政执法权能空虚而只能由当事国单独或集体自助实施，要么由特定国际司法机构通过为其自身裁判所创设的执行路径，某种程度上部分地代行执法职能。如通过 ICSID 公约第 53~55 条，建立如同本国法院终审裁判一样"自治"、"完整"的承认与执行制度。❶但这种法律的

---

❶ ICSID 公约第 53 条规定，ICSID 仲裁裁决对争议双方具有拘束力。而且，排除任何上诉或除公约规定之外任何救济措施对仲裁执行的影响。第 54 条要求，所有缔约国都应承认 ICSID 仲裁裁决的效力。并在缔约国境内，根据本国执行生效判决的国内立法，以执行本国最终裁判的方式执行 ICSID 仲裁裁决所确定的金钱义务。第 55 条规定，缔约国有关执行豁免的现行法律不能减损 ICSID 仲裁裁决的执行效果，全面涉及仲裁裁决承认与执行的所有主要问题。同时，与一般国际商事仲裁不同，ICSID 为平衡投资者与东道国政府在裁决执行地位上的不对等，还排除缔约国国内法对执行程序的影响和约束，具有自治性。

遵守和执行状况,在法律关系异常复杂的国际环境法领域变得越发难以维系。

另一方面,传统国际法上,以关涉根本违反条约义务的条约法规范和国家责任制度为基础的司法控制模式,强调对国际不法行为(International Wrongful Act)的识别和确认,并通过授权实施反措施(Countermeasures)以确保争端各方履行国际裁决或执行所施加的国际义务,从而形成遵守初级国际法规则的间接合法性控制。❶ 然而,直接指向国际法初级规则遵守情况的实时监督,并以协商合作方式促进恢复各主体间因不遵守情势而遭到破坏的环境权义均衡状态,往往超出国际法庭的遵守控制限度,不能充分适应解决 MEAs 遵守问题的需要。

晚近,MEAs 趋向成熟的显著标志就是强化专门的条约遵守和监督机制。❷ 针对包含大量软性、模糊规范的 MEAs 及其不遵守情势引发的"软责任"(Soft Responsibility),以 MPSDOL 不遵约程序为起点和模板,国际环境保护的各主要多边条约体系,均毫无例外地创设适应自身需要的遵约机制。其更多面向处理 MEAs 遵守实践中科学不确定性、法律适用情势的快速变化,以及源自成员方遵约能力欠缺的善意不遵守等特定问题。尽管后续一系列 MEAs 基于不同政治意愿和科技条件以及所涉环境问题的特性,形成诸如气候变化体制、生物多样性体制等匠心独运的遵约程序,但大多仍具有蒙特利尔遵约体制所确立的"管理性"特征。其遵守实践也深受 MPSDOL 遵守控制程序运作的影响和指引,呈现广泛共性。

2. 全球主要 MEAs 遵约框架概述

依据调整环境问题的领域范围、获得缔约方批准的广泛程度及条约安排的代表性等标准,对涉及自然资源保护、危险物质、大气污染、海洋生态保护等领域,16 个 MEAs 的遵约控制方式进行比较分析显示:广义上,主要表现为国家遵约信息审议条款、多边执行机构不遵约处理程序、不遵约反应措

---

❶ FITZMAURIC, MALGOSIA A, REDGWELL C.Environmental Non-compliance Procedures and International Law [J]. Netherlands Yearbook of International Law, 2000 (31): 35-65.

❷ YOUNG O R. The Effectiveness of International Environment Regimes: Causal Connections and Behavioral Mechanisms [M]. Cumberland: The MIT Press, 1999: 57.

第三章 全球环境风险社会性规制法律实施机制演进的实证分析：从"单一规制"到"合作规制"

施条款和争端解决程序四种形式（见表3-1）。其中，几乎所有MEAs都包含对成员方条约义务履行情况审议的信息通报要求，大多数MEAs设有争端解决程序，仅少数MEAs附有关于不遵约程序的规定。

表3-1 全球主要MEAs遵约框架概况

	公约名称	国家履约信息审议条款	多边执行机构不遵约处理程序	不遵约反应措施条款	争端解决程序
自然资源保护	1971年《国际湿地公约》（Ramsar Convention）	√	√	√	×
	1972年《保护世界文化和自然遗产公约》（CCPWCNH）	√	√	√	√
	1973年《濒危野生动植物物种国际贸易公约》（CITES）	√	√	√	√
	1979年《保护野生动物迁徙物种公约》（CMS）	√	√	×	√
	1992年《生物多样性公约》（CBD）	√	×	×	√
危险物质	1989年《巴塞尔公约》（BCCTMHW）	√	√	√	√
	2000年CBD公约《卡塔赫纳议定书》（Cartagena Protocol）	√	√	√	√
	2002年《关于在国际贸易中对某些危险化学品和农药采用事先知情同意程序的鹿特丹公约》（Rotterdam Convention）	×	制定中	×	√
大气污染	1985年《有关保护臭氧层维也纳公约》（VCPOL）	√	×	×	√
	1987年维也纳公约《蒙特利尔议定书》（MPSDOL）	√	√	√	√
	1992年《联合国气候变化框架公约》（UNFCCC）	√	√	√	√
	1997年UNFCCC《京都议定书》（KP）	√	√	√	√

续表

公约名称		国家履约信息审议条款	多边执行机构不遵约处理程序	不遵约反应措施条款	争端解决程序
海洋环保	1946年《国际捕鲸公约》（ICRW）	√	√	×	×
	1954年《防止海洋油污染国际公约》（ICPPSO）	√	×	×	√
	1972年《防止倾倒废弃物及其他物质污染海洋的伦敦公约》（PDWOM）	√	×	×	×
	1982年《联合国海洋法公约》（UNCLOS）	×	×	×	√

资料来源：联合国环境规划署网站。

注：表中"×"说明多边环境条约的法律文本中，未涉及该种遵约控制形式的相关条款。

除用以处理有关条约解释和适用的非专属性争端解决程序外，其他均构成本节所称 MEAs 遵约机制。其中，有关缔约方履约信息义务的条款，不仅作为对缔约方进行信息交换的基本操作性要求，而且是包括国别履约审议、遵约援助、不遵约反应程序的审议及机制整体审议在内，贯穿 MEA 履行全过程各个阶段的重要内容。可信赖、供不同 MEAs 对比参照的高质量遵约信息报告是 MEA 运行，尤其是实施的关键所在，构成任何 MEAs 遵约机制的核心条款。

同时，14 个主要 MEAs 已经或正在发展用以确认缔约方遵守困难，并以非对抗方式促进遵约的独立 NCPs，这在有关公共领域大气保护的 MEAs 中最为常见。多数建立 NCPs 的 MEAs，大都直接通过在条约框架下建立专门制度机制——（多边环境条约）缔约方大会（Multilateral Environment Treaties of Conference of the Parties/Meeting of the Parties，COP/MOP）或其 ImpCom 的协助，对实施此类程序进行决策和管理。

此外，若 MOP 通过有关不遵约的决议，就意味着必须在多边层面采取与具体不遵约案件违反义务程度相称的应对措施，主要可归为"胡萝卜加大棒"

第三章 全球环境风险社会性规制法律实施机制演进的实证分析：从"单一规制"到"合作规制"

两类，即激励措施和制裁措施（见表3-2）。激励措施方面，几乎所有MEAs都涉及关于信息交换和针对国别履约报告的援助、专业技术培训及科学研究合作等方面的规定。而有关大气环保的公约，基本都建立资助不遵约情势的资金机制。制裁措施方面，MEAs往往针对持续性或严重不遵约情形，施加从警告到承担国家责任强度逐渐递增的负面影响。但大多数MEAs仍对这种包含显著对抗性和强制性的不遵约反应机制采取审慎态度，主张通过积极协商与合作，促使存在遵约障碍的缔约方自愿回归遵约轨道。

表3-2 全球主要MEAs不遵约反应措施

公约名称		不遵约反应的激励措施			不遵约反应的制裁措施			
		信息交换	技术援助	资金支持	警告	贸易制裁	中止权利	国际赔偿责任
自然资源保护	1971年《国际湿地公约》（Ramsar Convention）	√	√	×	×	×	×	×
	1972年《保护世界文化和自然遗产公约》（CCPWCNH）	√	√	紧急援助	×	×	拒绝世界遗产委员会成员资格	×
	1973年《濒危野生动植物种国际贸易公约》（CITES）	√	√	×	√	√	秘书处对其签发公约规定物质的贸易许可权利进行控制	×
	1979年《保护野生动物迁徙物种公约》（CMS）	√	×	×	×	×	×	×
	1992年《生物多样性公约》（CBD）	√	×	×	×	×	×	×

续表

	公约名称	不遵约反应的激励措施			不遵约反应的制裁措施			
		信息交换	技术援助	资金支持	警告	贸易制裁	中止权利	国际赔偿责任
危险物质	1989年《巴塞尔公约》（BCCTMHW）	√	技术和国家履行报告援助	√	√	×	×	《危险废弃物越境转移及其处置所造成损害的责任和赔偿问题议定书》
	2000年CBD公约《卡塔赫纳议定书》（Cartagena Protocol）	√	√	√	√	×	×	《责任议定书》
	2002年《关于在国际贸易中对某些危险化学品和农药采用事先知情同意程序的鹿特丹公约》(Rotterdam Convention)	√	×	×	×	×	×	×
大气污染	1985年《有关保护臭氧层维也纳公约》（VCPOL）	√	×	×	×	×	×	×
	1987年维也纳公约《蒙特利尔议定书》（MPSDOL）	√	技术和国家履行报告援助	√	√	在机构安排、资金机制和技术转移上中止权利	中止公约规定物质的贸易、生产和消费权利	×

第三章 全球环境风险社会性规制法律实施机制演进的实证分析：从"单一规制"到"合作规制"

续表

公约名称		不遵约反应的激励措施			不遵约反应的制裁措施			
		信息交换	技术援助	资金支持	警告	贸易制裁	中止权利	国际赔偿责任
大气污染	1992年《联合国气候变化框架公约》（UNFCCC）	√	√	√	×	×	×	×
	1997年UNFCCC《京都议定书》（KP）	√	√	√	×	×	√	中止碳排放贸易权和适用灵活机制的权利
海洋环保	1946年《国际捕鲸公约》（ICRW）	×	×	×	×	×	单边水产贸易或准入限制	×
	1972年《防止倾倒废弃物及其他物质污染海洋的伦敦公约》（PDWOM）	√	×	×	×	×	×	就公约第10条进行进一步谈判的责任
	1982年《联合国海洋法公约》UNCLOS	√	×	×	×	×	×	签订一系列有关公约相关责任的条约

资料来源：联合国环境规划署网站。

注：表中"×"说明多边环境条约法律文本规定的不遵约反应条款，未具体涉及该种不遵约激励或制裁措施。

3. 全球主要MEAs遵约机制的构成识别

（1）遵约信息审议

作为MEAs最常见的遵守控制方式，缔约方遵约信息报告义务通常遵循从基本信息交换到国别履行审议信息通报，再到正常遵约情况下履约援助和不遵约情势下遵守援助的信息报告，直至最终机制整体审议的信息报告，构成一个完整的信息义务循环。

其内容主要包括：第一，缔约方通报履行环境义务可测量的操作数据，主要用于信息交换和公开；第二，缔约方出具申请遵约援助的具体执行信息，主要用作设定促进其自愿遵守的执行方案；第三，缔约方提供年度法律政策和履行绩效信息，主要供条约义务遵守情况的国别审议和机制审议作出定性描述和评价。而履约审议信息的收集，主要来自国家自动报告与第三方遵约核查和监督报告两种途径。

（2）MEAs不遵约处理程序

为对MOP作出有关遵守的重大决议提供辅助支持，MEAs通常并不采用临时性审议专家组的结构，而是在遵循地域代表性原则的基础上选举产生常设性ImpCom。这类专司不遵约情势常规处理的机构设置，事实上构成MEAs管理性监控模式的灵魂和对遵守国际环境法的重大突破。❶无论存在遵约困难的缔约方，还是秘书处和其他缔约方，甚至是MEAs中发挥促进遵约作用的独立第三方，❷都可通过触发NCPs，而将不遵约情势提交ImpCom审议，并向MOP作出关于不遵约事实的评估结果和改善遵约的建议方案。此外，ImpCom还可以自身名义与存在遵约问题的缔约方保持经常性协商讨论，提供没有约束力的遵约信息和建议。

（3）不遵约反应措施

因NCPs引发的不遵约反应措施，最常见的是对缺乏人力资源、信息资料及财政资源的不遵守情势采取执行援助。但同时，这不同于常规条件下公约为缔约方提供的援助。它是与存在遵约困难的缔约方具有纠正不遵守情势的善意，并通过国内立法或国家行动计划采取实质履行措施建立关联的附条件援助。一旦NCPs确认缔约方处在实质不遵约状态，则该问题缔约方就即刻进入MEAs执行机构的"一对一"实时监控，并被苛以额外的、更严格和具

---

❶ YOSHIDA O. Soft Enforcement of Treaties: The Montreal's Noncompliance Procedure and the Functions of Internal International Institutions [J]. Colorado Journal of International Environmental Law and Policy, 1999 (10): 114.

❷ CITES秘书处接受和转入来自国际野生生物贸易研究组织（TRAFFIC）有关野生生物贸易监控网络及其他环境NGO所提供的不遵约信息，以启动NCP；KP项下的专家评审小组也可触发NCP。参见：United Nations Environment Programme. Compliance Mechanisms Under Selected Multilateral Environmental Agreements [R]. UNON/Publishing Section Services, 2007: 110.

第三章　全球环境风险社会性规制法律实施机制演进的实证分析：
从"单一规制"到"合作规制"

有专属定制特点的履约信息审议义务。而这又与作为常规遵约监督方式的缔约方报告义务不同，存在不遵约情势的缔约方因 NCPs 的决议而被指定为集体审查之外的优先审查对象。若不遵约状态持续存在或继续恶化，MOP 则可通过 NCPs 启用包括警告、中止权利、贸易制裁和承担国际赔偿责任等一整套执行工具谱系。

（二）开创环境软法管理遵约过程的 MPSDOL 遵约机制

作为联合国唯一获得全球所有 197 个国家和地区广泛参与的国际公约，1987 年签署的 MPSDOL 是国际环境法领域中为数不多的能对国家及其他行为体承担环境质量责任的行为产生快速和具体影响的最有效 MEA。经由其成效卓然的实施，截至 2022 年全球消耗臭氧物质的减排已超过 98%，地球臭氧变薄的面积已比 2006 年顶峰时期的 2950 万平方公里减少约 310 万平方公里，并有望在 2070 年前后自动修复到 1980 年的基准水平。这很大程度上得益于其遵约机制在维持"软控制"的同时，不断发展"法律化"特征。

1. MPSDOL 遵约监控实体规则的"管理性"特征

（1）体现多边协商的履约报告审议制度

MPSDOL 以建立在透明度原则基础上的报告审查制度为常规遵约监督手段。议定书遵约机制借鉴与其调整的环境事项具有较强共性基础的人权条约报告制度，逐步发展起形式标准日益规范化、信息内容精细化、功能多样化和与 NCPs 紧密配合的报告审查制度。

就报告的形式和内容而言，议定书报告制度细化缔约方提交信息的类型，并从程序上规范提交报告的格式、语言、时限和具体形式，[1] 使对缔约方报告义务的法定要求透明和可预见。

就报告制度的功能而言，MPSDOL 创设依据第 7 条向秘书处提交涉及遵约基准数据和实施条约情况年度数据的强制性报告，以及遵循第 9 条提供用于缔约方信息交流的定期报告两种报告程序。这将按时通报国内实施和遵守

---

[1] 兰花. 多边环境条约的实施机制［M］. 北京：知识产权出版社，2011：87-99.

承诺义务相关进展及存在问题的确切状况与完整数据信息，作为缔约方法定义务。该报告制度除发挥既有的事实发现与信息公开的预警功能外，还肩负遵约审查与评估职责，以对有关不遵约情势作出精准判定。此外，遵约机制的信息来源除主要依靠缔约方正式的国家报告外，还来自议定书项下旨在为淘汰消耗臭氧层物质提供资金支持的多边基金（Multilateral Fund）有关履行信息的汇报和诸如UNEP《全球环境展望年鉴》（Global Environment Outlook Year Book）、世界银行气候变化项目国别报告等其他国际组织发布的环境问题发展报告。并且，依MPSDOL第11.5条接受环境NGO提交有关议定书实施效果和环境问题改善情况的调查报告。因此，报告制度也成为议定书遵约机制与其他具有环境治理职能的国际组织建立机构合作及公众制度性参与遵约控制程序的法律依据。

就报告制度的运作方式和效果而言，它并非孤立封闭的监督程序，而是与NCPs形成唇齿相依的紧密协作关系。一方面，报告制度构成整个遵约机制运作的根基和信息来源。NCPs的启动、对不遵约原因的分析及提出针对性的改善遵约方案，均需依托该制度提供的数据信息和审议评估结果；另一方面，报告义务虽属于基础义务，但违反该义务通常不构成对条约义务的实质违反，这曾是困扰许多条约遵守机制的问题。而MPSDOL发挥NCPs执行措施的作用，为改善缔约方履行报告义务的延迟及数据信息的完整性和准确性问题，提供有效激励。事实上，20世纪90年代议定书报告义务最初的遵守状况差强人意。[1] 主要处理不遵约情势的ImpCom，首先要求相关缔约方解释不提供数据信息的原因，并通过MOP信息报告特别专家组会同多边基金秘书处、世界银行、UNEP等国际机构代表就不遵守原因进行分析，提出促进遵守的建议。

---

[1] 一方面，1990年65个缔约国中52个提交了1990年的消费数据；1991年只有25个缔约国提交数据信息；1994年1/3缔约国没有按要求提交1992年的数据信息；1995年一半缔约国没有提交1993年的数据信息；1996年，1/3缔约国没有提交1994年数据信息。另一方面，1990年65个缔约国中的55.4%和应通报1993年数据的半数缔约国，报告的相关数据信息不完整。参见：VICTOR D G., RAUSTIALA K, SKOLNIKOFF E B. The Implementation and Effectiveness of International Commitments: Theory and Practice [M]. Cambridge Mass: MIT Press, 1998: 153.

第三章　全球环境风险社会性规制法律实施机制演进的实证分析：从"单一规制"到"合作规制"

这种与问题国家在引入外界遵约压力的情况下公开进行遵约磋商的"阳光策略"，才使缔约方提供基准数据信息的情况大为改善。

针对持续不履行报告义务的情形，ImpCom 进一步区分具体原因作对应性处理。①将报告义务履行情况与获得多边基金援助的资格相结合。如根据 ImpCom 第 6 次会议第 VI/5 号决议的建议对毛里塔尼亚进行重新分类，不再作为按照 MPSDOL 第 5 条行事的发展中缔约方接受多边基金的资助，直至其送交基准数据报告。②与免除贸易限制的审议相挂钩。鉴于 MPSDOL 第 4 条规定缔约方与非缔约方间针对受控物质的贸易禁止要求，该条内容的适用伴随 MPSDOL 对受控物质范围和标准的不断修订，延伸至议定书缔约方与议定书各修正案缔约方之间。根据 MPSDOL 第 4.8 条，经 MOP 批准，非修正案缔约方可免于适用此类贸易限制措施。而在 ImpCom 审查波兰等 22 个国家免除贸易限制的申请时，将其向秘书处提交依据 MPSDOL 第 2 条采取国内控制措施的相关数据作为前置程序。由此，通过对蓄意不报告情势采取权利限制，对存在报告困难的状况提供援助，推动缔约方遵守报告义务整体质量和可靠性的提升。

（2）弱化针对不遵约情势的反措施

通常就国家遵守国际法的初级规则来讲，2001 年 ILC 草拟的《国家责任条款》(Responsibility of States for Internationally Wrongful Acts, RSIWA) 第 55 条表明，仅在国家行为违反条约和习惯国际法的约束性规则下导致适用国家责任，这也形成国际司法机构援引国家责任纠正国家不法行为的主要法理依据。然而，议定书遵约机制另辟蹊径，创立专门处理环境不遵守行为的自足体系，形成不同于传统国家责任制度的特别法。

尽管其遵约机制某种程度上也存在处理显著违反条约案件的可能性，因而可据此援引救济国际不法行为的反措施，但从整体看仍体现对不履行条约义务的弱惩罚性。一方面，该机制区分违反约束性条约义务的"显著违法"(Distinct Breach)与不符合非约束性国际宣言和建议的"不履行"(Non-compliance without Wrongfulness)，并确认不得对后者采取除警告和合法贸易限制等方法之外，针对国际不法行为的对抗措施。另一方面，即使确认背离约束性规则，只要不构成 VCLT 第 60 条有关实质性违反多边条约的要件，也对基于"善意不遵守"（Bona Fide Non-compliance）原因导致的违反条约，苛以与不具有不法性的"不履行"行为相似的"软责任"。

综上，MPSDOL 遵约机制这种多边协商特性和避免争端产生、促进遵约的功能，正是其软控制运作获得成功的根本所在。因为不遵守的原因主要限于缔约方的误解或缺乏履约能力，加上议定书为不遵约的缔约方灵活降低完成要求，针对不同缔约方设定可能实现的单独标准，并非"一刀切"地实现统一标准下的履行，使该程序较容易得到缔约方的支持和普遍遵守。

2. MPSDOL 遵约监控程序规则的"软约束"要素

（1）启动 NCPs 的非对抗性

启动程序上，除设置具有类似双边争端解决程序的他国启动方式，还着意突出不遵约国家主动启动 NCPs 的履约问题自行提交程序。这意味着只要国际法主体认为存在遵约障碍，无论是否具备提起环境诉讼的主体资格，是否存在受损害的相对方，都可启动 NCPs。事实上，几乎所有不遵约案件都是通过或被视为以这种非对抗、预防性方式形成并得以解决。

而且，为弥补缔约方和秘书处及其他接收缔约方义务履行报告并作出分析总结的中立机构触发 ImpCom 定向遵约审议的有限性，MPSDOL 甚至刺破借由中间机构申诉的程序面纱，赋予 ImpCom 就其发现的不遵约事实，依职权直接提起 NCPs 的裁断权，行政监察的意味浓厚。此外，对启动遵约监督程序的条件也未作严格规范，通常情况下不以遭受实际损害为申诉前提。

（2）遵约监督机构实际管理和操作程序的非司法性

MPSDOL 遵约监督主要涉及两个机构：一是 ImpCom，由依据地域平等分配原则产生的 10 个缔约方代表组成；二是 MOP，由 MPSDOL 所有缔约方代表构成。其中，ImpCom 应讨论不遵约事实和产生原因，且在尊重议定书条款的基础上向 MOP 提交处理意见。但它并不司职司法裁判，仅被授权接收、考察缔约方遵约信息，或通过秘书处或直接向相关缔约方收集必要额外信息，

第三章　全球环境风险社会性规制法律实施机制演进的实证分析：
从"单一规制"到"合作规制"

且应就引发申诉的不遵约情势作出审议报告。ImpCom 保障议定书全面遵守的措施以建议性的遵约激励措施为主，一般不具有法律约束力。被指控存在不遵约情势的缔约方有权参与 ImpCom 处理案件的全过程，突出遵约监督机构与不遵约当事方的劝导合作与对话交流。同时，有异于司法控制路径核心围绕判定争议行为的合法性问题，遵约机制侧重对缔约方不具有违法性的未履行行为施加适当控制。

若有关各方对是否违反 MPSDOL 项下义务仍存争议，无论是 ImpCom，还是 MOP，都无权依据议定书及一般国际法作出不法性认定。只能由当事方依据 1985 年 VCPOL 第 11 条，通过谈判或调解援引与条约遵约机制平行存在的外置性国际争端解决程序，以获得最终解决。

（3）处理已获确认的不遵约情势突出非强制性

MPSDOL 遵约机制作为整体，在一定程度上被认为构成一个针对不遵守行为的集体反措施体系，❶ 遵循违反"软法"产生"软责任"的归责方法。基于议定书项下义务的软性特征，对不存在蓄意或持续严重违反的不遵约情势，缔约方并不承担国际法意义上的严格国家责任（State Responsibility）。其软责任的内容包括支付相应赔偿等政治或道德义务，以及承担对未履行公约义务进行解释，并尽力实现未来遵守的法律义务。此外，ImpCom 强调执行 MOP 决议应采用"以鼓励遵约为基础的方法"，具有针对性和灵活性，并在促进和便利缔约方恢复遵约的必要措施未穷尽之前，不倾向采取更为强硬的制裁措施。同时，MOP 第 4 次会议还以报告附件五形式，就具体不遵约情势制定包含警告、提供援助及贸易制裁和中止成员权利在内的诱导性措施清单（Indicative List of Measures），❷ 供 MOP 决议时选择适用。基于环境机制压倒一切的共同体利益，而摒弃单边对抗措施，对不遵约规制工具的灵活调节，凸

---

❶ FIZMAURICE, MALGOSIA, REDDGWELL C. Environmental Non-compliance Procedures and International Law [J]. Netherlands Yearbook of International Law, 2000 (31): 35.

❷ Report of the Fourth Meeting of the Parties to the Montreal Protocol on Substances that Deplete the Ozone Lay, U.N.Doc.UNEP/OzL.4/15 (1992), Annex V, "Indicative List of Measures that Might be Taken by a Meeting of the Parties in Respect of Non-compliance with the Protocol".

显多边协商特性。

尽管 MOP 针对不遵约事项所作决议的法律约束力尚存较大争议，但通过调控多边基金和 GEF 等激励机制，使之发展为不遵约反应措施体系内各类程序的连接纽带，从而在事实上对缔约方遵守行为产生重要影响。❶

3. MPSDOL 的 NCPs 实证评估

NCPs 是独立于缔约方政府的专职人员，经授权依据议定书条款对特定缔约方的条约遵守作出评估与建议的专门执行监督机制。该程序不依附于 1985 年 VCPOL 第 11 条争端解决机制，并经 1992 年 MOP 第 4 次会议在 MPSDOL 第 8 条授权基础上正式创立。其旨在发现和确认不遵约情势，并通过灵活和非司法的多边协调，为缔约方重回遵守轨道提供可行方案。❷ NCPs 可因缔约方自愿申请、其他缔约方控告和秘书处依职权而启动。截至 2021 年 12 月，ImpCom 共处理不遵约案件 95 起，❸2000 年之前大多是基于缔约方自愿申请，2000 年之后更多是通过秘书处报告触发，尚未有一起是因其他缔约方控诉而启动。

（1）基于秘书处申诉而启动 NCPs 的案件

秘书处是 MPSDOL 项下承担接收、编撰和公布缔约方国别报告及采纳其他国际机构与 NGO 提供的相关事实信息和法律意见，并向 ImpCom 作出有关受控物质数据信息和 MPSDOL 执行情况评估建议的专门机构。因此，秘书处有机会在对不同来源的信息资源进行比较分析的基础上发现潜在不遵约情况，并在合理期间内未获缔约方令人满意的回复或其他行政及外交途径均未能消除不遵约情势时，将不遵约案件通知 ImpCom 以启动 NCPs。

---

❶ 多边环境协定 NCPs 能否获得成功并不在于其强制措施的实质"硬度"，至关重要的是其在缔约方履约行为与其他奖惩机制间建立衔接关系的能力。参见：VICTOR D. The System for Implementation Review in the Ozone Regime [R] //The Implementation and Effectiveness of International Environmental Commitments: Theory and Practice.International Institute for Applied Systems Analysis, 1998: 138.

❷ SZASZ P C.Administrative and Expert Monitoring of International Treaties [M]. New York: Transnational Publishers, 1999: 127.

❸ Decisions of the Meeting of the Parties to Montreal Protocol [EB/OL]. [2022-01-09]. http://www.ozone.unep.org.

第三章 全球环境风险社会性规制法律实施机制演进的实证分析：从"单一规制"到"合作规制"

从2000年以前秘书处启动的4起不遵约案件来看，即使归属中立第三方发起的不遵约审查，ImpCom和MOP的实践做法仍为确认条约遵守机制法律属性的"软控制"表征提供衡量标准。

首先，与国际环境软法传统的"硬化"实施途径不同，遵约机制并未严格遵循法律标准解释和适用议定书条款，转而以灵活协商的方式赋予实施环境软法新的活力。如秘书处启动NCPs的第一起案件，源于1996年秘书处发现捷克未能履行其1994年逐步淘汰卤代烷（Alkyl Halide）物质的义务。但议定书执行机构没有严格遵照议定书规则苛以法律责任，而是在考虑其1995年已淘汰该物质总量的基础上，将不遵约情势记入MOP决议，并就此展开对捷克遵守状况的持续全面监控，反复通过缔约方全体的公开讨论和评议，促成恢复其良好遵约状态的集体推力。

其次，尽管NCPs是由秘书处触发，但在遵约控制的整个过程中并不存在地位根本对立的当事方，反而彰显遵约共同体内磋商与合作的价值。如1998年秘书处继续报告捷克未按MPSDOL第2条要求履行其在1996年应实施的有关消耗臭氧层物质的控制措施，ImpCom确认其持续不遵守行为，并对其未来的不遵守提出采取惩罚性措施的警示。而捷克则于ImpCom讨论议程中提出对该项认定和执行建议的质疑，引发其他缔约方代表对议定书修正案适用的法律争议进行广泛研讨。最终ImpCom修正决议内容，认定捷克处于"技术不遵约状态"，并作出无须进一步采取任何措施的结论。

最后，基于软法规制特征，议定书NCPs没有因循传统司法程序将违反行为与救济措施严苛对应的做法。相反的，在区分不遵约情势的致因和具体状态的前提下，把负面制裁警告与正面援助支持机动组合，依据缔约方为实现遵守所做的实质性努力确定执行措施的程度。即使是缔约方仍未实现遵守目标的情形，也因其积极作为的良好遵约信誉（Good Standing）而继续为其提供技术和资金支持。如1998年秘书处通报，乌兹别克斯坦1996年未履行MPSDOL第2条A~E款项下关于消耗臭氧层物质的控制义务。尽管MOP第10次会议确认乌兹别克斯坦1996年仍处于不遵约状态，但对其在朝向全面遵约上所取得的显著进展表示赞许。并除要求其提供淘汰消耗臭氧层物质的国家计划外,还将惩罚性措施的警告与提供资金援助的建议打包实施,以"大棒加胡萝卜"模式为缔约方提供动态遵约激励。尽管1998年根据MOP第9次会议IX/35号决议,建立旨在对议定书NCPs进行审查的法律与技术专家临时工作组(简称1998年工作组),并未采纳将ImpCom界定为咨询和调停机构的议案,但也主张MPSDOL第8条和整个NCPs法律文本均反映该程序"软规制"的非司法属性。❶

(2)基于缔约方自愿申请而启动NCPs的案件

源于遵约机制削弱对抗性的结果,实践中发现不遵约情势的最主要渠道并非来自利益相对方和第三方的控告或申诉,恰恰是缔约方的自愿提交。因此,缔约方为查明解决当前遵约困境的有效方法,会自愿通过提交遵约失败的情势,解释未能履行的主要原因,以寻求遵约机制的帮助。

1995年俄罗斯等5国以自愿方式启动NCPs的案件,作为议定书处理的第一起不遵约情势,❷成为检验遵约机制的最佳实践。由此,引发关于该机制"软控制"特性的争论,对机构监管路径的未来走向产生重要影响。

首先,对1995年俄罗斯不遵约案件的处理中,尽管俄罗斯就ImpCom遵约建议所包含的贸易限制措施明确提出反对意见,并予以强烈抵制,MOP仍确认ImpCom依据俄罗斯1995年遵约评估的基准数据对其1996年不遵守情势所作的预期,并适用"协商一致减一"的决策规则(Consensus Minus One

---

❶ UNEP. The Report of the Work of the Ad Hoc Working Group of Legal and Technical Experts on Non-Compliance with the Montreal Protocol, UNEP/Ozl.Pro/WG.4/1/3 [R/OL]. (1998)[2016-10-08]. http://www.ozone.unep.org.

❷ 该案中,俄罗斯代表其他4国在MPSDOL缔约方开放性工作组第11次会议上发表声明,要求减轻其在议定书项下承诺的义务,包括:(1)延迟5年执行其在议定书第2条A款和E款项下,分阶段淘汰氯氟化碳物质的义务;(2)豁免其向多边基金支付资金的义务,直到其恢复社会和经济的稳定;(3)要求提供有关加速向非臭氧消耗技术和消费方式转换的国际援助。参见:UNEP. The Report of the Eleventh Meeting of the Open-Ended Working Group of the Parties to the Montreal Protocol, UNEP/Pzl.Pro/WG.1/11/10 [R/OL]. (1995)[2016-10-07]. http://ozone.unep.org; JACOB W.Compliance and Transition: Russia's Non-Compliance Tests the Ozone Regime [J]. Heidelberg Journal of International Law, 1996 (56): 750.

第三章　全球环境风险社会性规制法律实施机制演进的实证分析：
　　　　从"单一规制"到"合作规制"

Rule），采纳了实施制裁措施的遵约执行决议。❶ 这引发缔约方围绕 NCPs 所应遵循的软规制特征提出广泛质疑，并就硬控制因素的引介条件展开进一步论证。俄罗斯曾就该决议作出严正声明，指称 MOP 该项具有造法性质的决议是对议定书授权的僭越，事实上构成对议定书内容的修订，从而为缔约方创设新的义务。而且，该决议违反一般国际法所要求的比例原则（Principle of Proportionality）滥用执行权力，❷ 导致缔约方进一步遵约困难。此后 1998 年针对乌克兰、白俄罗斯、立陶宛、爱沙尼亚，1999 年针对保加利亚等一系列不遵约情势，MOP 都普遍存在发出惩罚性措施警告的处理实践，遵约控制的强制性和对抗性显著增强。本质上，MEAs 遵约机制是介于司法争端解决机制与政治性磋商和调解之间的一种侧重协商合作与遵约管理的遵守控制模式。其职能边界的模糊性与决议措施的"去司法化"和临时性，必然导致在遵守控制措施软硬程度上的游移不定，产生机制实际运作和发展方向上的困惑。

其次，议定书遵约机制作为"活的有机体"，在程序实践中已显露趋向"硬化"的演进迹象。这集中体现在 1998 年工作组审议 NCPs 修正案时，缔约方代表围绕采取强制实施的惩罚性或不利措施，以处理蓄意和持续不遵约情势（Willful and Persistent Non-compliance）的讨论中。对缺乏遵守善意的不遵约情势，工作组部分专家支持采纳"中止成员权利"（Suspension of Rights）的强制措施作为回应；而另一些则强调机制的最终目的应是帮助缔约方实现遵守而非施加制裁，反对采取强制性执行措施。最终，1998 年工作组就修正 NCPs 提交的报告中表示，ImpCom 应将违反议定书义务的主观故意和持续状态作为考量因素，作出与之相适应的可容纳惩罚性措施或反措施在内的遵守

---

❶ 这意味着仅有一个缔约方反对 ImpCom 提交的决议草案，则该决议仍可通过协商一致的方式作出，仅将该反对意见清晰地反映在 MOP 决议报告中。参见：UNEP. The Report of MOP-7, UNEP/OzL.Pro.7/INF/1 [R/OL].（1995）[2016-10-08]. http://www.ozone.unep.org.

❷ 科斯肯涅米（Koskenniemi）认为 MOP 在发现成员方有违一般国际法的不法行为后，仅能采取符合相应比例的制裁措施。参见：KOSKENNIEMI M. Breach of Treaty or Non-Compliance？Reflections on the Enforcement of the Montreal Protocol [J]. Yearbook of International Environmental Law, 1992（3）：123. 而格林（Gehring）则表示反对，他支持议定书 ImpCom 和 MOP 应具有广泛自由裁量权，不应受严格适用一般国际法的限制。参见：GEHRING T. International Environmental Regimes：Dynamic Sectoral Legal Systems [J]. Yearbook of International Environmental Law, 1990（1）：35.

建议。这标志着议定书遵守实践所衍生的"硬约束"成分，在缔约方有关环境遵约的合作协商导向下，逐步渗入其"软规制"体系。但随之而来的重要问题是，由于一旦缔约方产生不遵约情势，重回遵约轨道前往往会经历较长时间处于不遵约状态，而如何根据国际环境软法界定"不遵约"情势，以及确认"持续或故意不遵约状态"将对促进缔约方有效遵守义务，确保议定书完整性产生重大影响。

（3）MPSDOL晚近遵约实践规制"潜在不遵守"的新趋势

2001年，MOP第13次会议首次就1999—2000年监控期间，孟加拉、乍得、多米尼加等15个依据MPSDOL第5条行事的缔约方，在冻结氟氯化碳物质消费上的"潜在不遵约"（Potential Non-compliance）作出决议。❶自此，遵约机制开始将尚未进一步证实构成实质不遵约，却存在足以导致不遵约的问题缔约方纳入监控范围。

ImpCom根据秘书处报告首先假定此类缔约方处于不遵守状态。一方面，仍旧给予此类国家与具有良好改善遵约信誉的缔约方以相同待遇，使其有资格继续获得MOP遵照执行措施指示清单项目A中所列，为确保履行议定书承诺而提供的国际援助。但另一方面，MOP也基于存在的遵约问题，按照执行措施指示清单项目B发出警告，任何未能及时修复遵约问题的缔约方，MOP都将考虑采取符合执行措施指示清单项目C中，包括贸易限制措施在内的惩罚性措施。议定书执行机构在遵约实践中创制的这种介于良好遵约与经确认的不遵约情势之间的特殊监管类型，充分体现其对特殊不遵约实例作出反应的自由裁量权。这旨在更严密地监督此类缔约方淘汰消耗臭氧层物质的实质进展，督促其及时采取符合议定书要求的特定控制措施。尽管这种"无罪推定"的做法切合国际环境法领域强调风险预防的规制理念，但终究也与因循确定透明的规范标准认定违反行为的法律化方向背道而驰，突出反映机构监管路径的灵活适应性。

---

❶ UNEP. Decision XIII/16 of the MOP-13，UNEP/Ozl.Pro.13/110［R/OL］.（2001）[2016-10-08]. http：//www.ozone..unep.org.

第三章　全球环境风险社会性规制法律实施机制演进的实证分析：
从"单一规制"到"合作规制"

综上，MPSDOL所引领的环境遵约"软控制"，在整体运转上是所有MEAs遵约机制中最为成功的。其MOP决议不仅可将其贸易限制措施适用于不遵守的缔约方，还可涵射非缔约方有关受控物质的贸易行为。在其管理之下，所有被发现存在不遵约情形的问题国家都为重回遵约轨道做出不懈努力。该议定书的环境遵约控制获得成功主要取决于两个因素：第一，通过前述对NCPs的实证分析可发现，不遵约情势的产生并非源于缔约方蓄意拒绝遵守，对相关条款法律解释的误解和缺乏履约能力是遵约需要面对的主要障碍，因此，若能得到充分的技术援助和与其遵约努力相称的资金支持，将有效激励这些问题国家自愿恢复遵约；第二，MOP可在考虑问题国家财政或技术困难的前提下，灵活降低所需实现的目标要求，为其量身打造与遵约能力相符的履约计划。从罗杰·费舍尔有关国际法"两级遵守"的概念来讲，这是在针对既定规则的一级遵守无法企及情况下的次优选择，确保实现问题国家做出遵守努力的二级遵守，并推进遵守状态的不断改善。

4. MPSDOL遵约监控"软法规制"的法律属性

议定书NCPs从建立伊始就在法律文本及后续不遵守情势的处理意见中，处处昭示其确保环境争议友好解决的根本宗旨。整个遵约机制的多边特性和争端管理功能，使其成为解决困扰MEAs各种遵守问题的适当机制。

它在实体上着意强调规则的"管理性"要素，表现在：（1）对缔约方遵约情况的审议评估并未采用甚为严格的法律解释和适用标准，甚至较少直接援引相关实体性规则来确认问题国家环境行为的合法性；（2）针对已发现的不遵约情势往往区分不同致因，施以较为温和的处理办法。同时，该机制也在程序上恪守以合意（Consensual）、非对抗（Non-confrontational）、非惩罚性（Non-punitive）和促进性（Facilitative）为特征的"软约束"。

因此，无论是对不遵约程序法律文本的分析，抑或就其处理不遵约情势实践所作的法律评估，均可得出议定书所开创的机构监管路径具有突出"软法规制"属性的结论。

（三）引入市场手段激励遵约的 KP 遵约机制

1. KP 极尽周密的机构监管安排

作为气候变化领域的标志性协议，KP 不仅在应对气候变化问题上采取更多极富野心的步骤以稳定温室气体排放，而且使缔约方在 UNFCCC 框架下的减排义务更具法律约束力，还通过建构一个可信赖的控制体系确保义务获得遵守。从遵守控制路径的属性而言，KP 延续 MPSDOL "管理性"导向的机构监管模式。但通过其 MOP 一系列后续决议，使最初仅包含 27 条框架内容的议定书血肉丰满，在遵约机制具体制度设置的完备与精密程度上全面推向极致。

（1）KP 最具强制性和精密度的履行信息审议程序

鉴于 KP 遵约目标的量化性质，缔约方对履行条约义务作出精确报告就成为议定书至关重要的遵约管理方式。为此，议定书区分 UNFCCC 附件 I 国家和非附件 I 国家，为前者设定形式完整严密、内容深入彻底的报告义务及强制性的独立专家评审；而对后者也要求在国家信息通报中，详尽阐述其根据 KP 第 10 条制定符合成本效益的国家可持续发展方案与减缓和适应气候变化措施的国家方案，以及相关合作项目和行动的具体细节，堪称当代 MEAs 履行信息审议程序的翘楚。

对附件 I 缔约方而言，基于所承诺的强制减排义务而就履行信息的审议主要存在三方面程序性约束。

第一，常规自我报告程序。KP 遵约机制围绕议定书第 5 条和第 7 条形成完备的国家报告体系。第 5 条要求缔约方编制估算排放量的国家体系和追踪排放单位交易的国家登记册，为实施履行审议和认定灵活机制的适用资格提供基础数据信息。第 7 条则规定，每个附件 I 国家，尤其应在国家定期报告中，提供证明其履行在 UNFCCC 框架下提交的国家信息通报（National Communication）和年度减排清单（Annual Emission Inventory）中所做承诺的必要补充信息，以全面反映缔约方遵守承诺减排义务的具体情况。作为议定书最高决策机构的 UNFCCC 缔约方会议，还通过有关报告指南的决议或最佳实

第三章 全球环境风险社会性规制法律实施机制演进的实证分析：
从"单一规制"到"合作规制"

践做法的指导意见，为附件 I 国家履行上述报告义务提供技术标准引导。❶

第二，额外报告程序。2001 年 UNFCCC 第 7 次 MOP 通过意在敲定遵约机制实施细则的《马拉喀什协议》，将与遵约有关的程序和机制推进到规范化阶段。它明确规定附件 I 缔约方的三项额外报告义务，包括报告承诺期开始时确定所分配的减排目标总额、承诺期终止时对履行 KP 第 3 条有关该国排放分配数量规定的评估，以及本国依据 KP 第 3.2 条要求在履行承诺上取得"可予证实的进展"。

第三，单独审议国家自行报告的第三方程序。本质上讲，KP 继承 UNFCCC 从初始评审、年度评审到定期评审的整套审议监督程序，并通过 MOP 作出更进一步的规程阐述和行动指南。自 2003 年起，由分别来自附件 I 缔约方和非附件 I 缔约方的技术专家组成的专家审议组（Export Review Team，ERT），根据 KP 第 8 条开始对附件 I 缔约方提交的国家信息通报进行强制性审议。为此，议定书缔约方第一次会议还作出有关该项评审具体指南的第 22/CMP.1 号决议，指出通过核查国家年度清单形式要件是否完备恰当的初审（Initial Check）、编排和比较分析国家排放清单信息的综合评价及对特定国家的个别审查三个阶段，最终对议定书缔约方执行议定书义务的各个方面提供周密而全面的技术性评价。这不仅是作为议定书常规性履约的集体监督阶段，最具事实发现价值的审查程序；而且，ERT 向 MOP 提交的评估报告会分送所有缔约方，以公开各缔约方履行状况信息的方式，对所有缔约方遵守决策施加名誉影响。更重要的是，ERT 对在评审中发现的重要遵约问题，拥有提请 NCPs 确认不遵约情势的权力，形成与其他 MEAs 截然不同的专家启动模式。

（2）KP 细化职能分工的 NCPs

KP 为后续气候变化体系，甚至是其他 MEAs 遵约机制的制度设计，提供的最有价值的经验应当是扩大遵约委员会职权，并通过职能分工协作的方式，

---

❶ KP 第一次 MOP 通过第 19/CMP.1 号和第 20/CMP.1 号决议，规定有关 KP 第 5 条确立评估温室气体各种人为排放源和各种清除碳汇国家体系的应用指南，从而取代 UNFCCC 第 7 次 MOP 就该条款适用条件做出的第 20/CP.7 号和 21/CP.7 号决议。此外，该 MOP 还通过了第 15/CMP.1 号决议有关第 7 条缔约方提供补充信息的编制指南。参见：黄婧.京都议定书遵约机制研究［D］.北京：中国政法大学，2009：22.

建立激励性遵守策略与执行性遵守工具的有效结合。

首先，基于议定书着意加强ImpCom处理遵守问题的独立作用和运作职权，使其ImpCom摆脱作为附属于MOP的建议和咨询机构，而成为所有现存MEAs中唯一全权负责对遵约问题进行实质性审查，兼具执行决策和监督实施功能的独立实权机构。MOP仅当缔约方就ImpCom执行事务部关于其履行KP第3.1条减排承诺义务的裁决提出上诉时，保留在维护正当程序基础上对ImpCom施加程序干预的权力。

其次，KP遵约机制依据职能分工的不同，在ImpCom中分别建立：①以提供咨询建议、对议定书技术和资金援助条款实施遵守管理为主要目标的促进事务部（Facilitative Branch，FB）；②致力于监督缔约方对温室气体排放限制和承诺减排义务的实质遵守状况，并对不遵约情势采取干预措施的执行事务部（Enforcement Branch，EB）。

就FB而言，作为遵约问题的早期预警机制和处理大量促进遵约事务的专门机构，被寄予厚望。其有权在遵循共同但有区别责任及国家各自能力原则的基础上，自主决定采取各种措施，包括向GEF及其他基金机制提出资助建议，以促进缔约方间技术转移、开展有关科学研究与技术培训的发展项目及能力建设合作的实现。更重要的是，FB还可依据KP第6条（联合履约机制）、第7条（清洁发展机制）及第17条（排放权贸易机制），对附件I缔约方启用上述灵活履约机制应具备的资格条件确立判定标准。这不仅与提供技术援助和资金支持高度相关，对适用灵活履约机制资格标准的认可或否定本身，也可被视为一种促进遵约的有效措施。

就EB而言，作为不遵约反应机制的核心机构，不仅有权在ERT和独立专家的辅助下审查和确认缔约方存在的履行问题，并依据遵约程序和规则采取包括中止适用京都灵活履约机制资格在内的执行措施。而且，当缔约方与ERT就减排目标不能达成一致时，EB最终决定是否调整该缔约方的温室气体国家清单或修正计算其排放量分配指标的基础数据。这两个职能分支机构相互配合、协同作用，共同建立起严格规范不遵约行为的约束体系。

第三章 全球环境风险社会性规制法律实施机制演进的实证分析：从"单一规制"到"合作规制"

（3）KP激励和制裁得到双重强化的不遵约反应机制

首先，KP一改其他MEAs在不遵约反应措施实施标准上的模糊立场，对不同性质执行措施的适用范围和构成要素，甚至是援用灵活履约机制的适格条件都作出清晰界定。而且，KP第18条详细阐明，任何程序与机制若可能产生具有约束性效果的决议，从而导致修改缔约方在议定书项下的法律权利和责任，则该项决议必须以议定书修正案的方式获得通过方能生效。[1] 尤其是对因履约能力不足而引发的善意不遵约，明确禁止施加强制性措施。

其次，KP为技术援助和资金支持制定详尽的适用指南。通过《马拉喀什谅解协议》（Marrakesh Accords）建立的适应基金，能有效补充GEF涵盖环境领域额外资金的不足，并将所涉信托资金纳入统合管理，从而提高激励性措施的实施效果。此外，FB还可接受EB在审议特定附件I国家不遵约情势过程中提交的相关履约问题，以使有关缔约方能获得解决履约困难的建议或援助。

最后，KP围绕不遵守情势，创设在当今主要MEAs中最具规则性和强制性的处罚措施。除常规适用的中止权利、赔偿责任形式外，议定书还结合灵活履约机制，从以下三方面强化制裁措施的约束效果：其一，EB一旦认定缔约方存在不遵约情势，则作为初步制裁可向所有缔约方公布不遵约认定，利用名誉影响发挥诱导遵约的作用；其二，EB可进一步要求缔约方提供遵约的国内行动计划，用以分析不遵约产生的主要原因，并针对性地提供纠正措施和议程；其三，对附件I国家未能达到设定的减排标准或超出排放限制，则EB有权中止其适用灵活机制的权利，并在此基础上决定是否按超量排放1.3倍的标准，调整或修改缔约方下一承诺期的排放指标。

2. KP不遵约情势处理程序的实证评估

一直以来，KP遵约机制都被视为发展机构监管路径的重要试验场。通过发展和测试ImpCom基本程序规则（见图3-1），反复论证相关市场利益和规范建设在激励国家履行国际承诺上的有效性，以寻求建立促进缔约方遵约的

---

[1] ROSE G.A Compliance System for the Kyoto Protocol [J]. University of New South Wales Law Journal, 2000（24）: 591.

有效方法，并同时抑制缔约方经利益计算而作出不遵约选择。

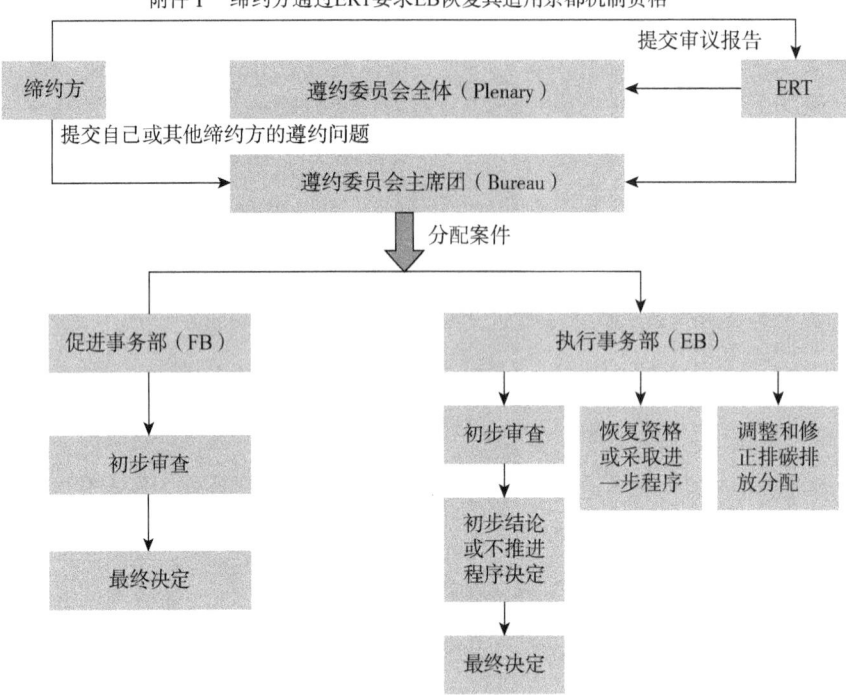

附件Ⅰ　缔约方通过ERT要求EB恢复其适用京都机制资格

图 3-1　KP 遵约委员会基本程序流程

（1）FB 处理的不遵约问题

基于 MEAs 以促进激励为主要遵约控制方式的传统理念和丰富多样的激励实践，KP 遵约机制被赋予独特使命：为适用传统报告审议监督程序提供新视野的同时，尝试将促进遵守与强制执行相结合。

遗憾的是，FB 工作轨迹中，仅存为数不多处理不遵约问题的实例。其中，引发对遵约机制程序规则最广泛讨论的是 2006 年南非以气候变化国际谈判框架下"77 国集团 + 中国"利益集团主席身份提出的申诉意见。[1] 这也

---

[1] 该案是南非声称其代表 77 国集团和中国请 FB 考虑，源自涉及澳大利亚、保加利亚、加拿大、法国、德国、意大利等 15 个附件Ⅰ缔约国，在超出规定期限 6 个月的时间内均未能依《马拉喀什协定》要求，就承诺期内有关履行议定书承诺义务"可予证实的进展"提交额外报告，要求 FB 对所称违反行为进行调查，并对是否具有潜在不遵守更多实质性义务要求的情势进一步采取相关措施作出决定。参见：Letter Submitted by South Africa.CC 2006-1-1/FB［Z/OL］.（2006-01-01）[2016-12-20]. http://unfccc.int/kyoto_protocol/compliance/facilitative_branch/items/3786.php.

第三章 全球环境风险社会性规制法律实施机制演进的实证分析：
从"单一规制"到"合作规制"

是唯一因实体问题要求 FB 启动 NCPs 程序的案件。但由于 FB 成员在南非采用信件方式代表 77 国集团和中国向 ImpCom 提出申诉的有效性问题未能达成一致，无法在南非提出该问题后的 3 周时限内作出是否继续推进程序进程的初步决定（Preliminary Decision）。❶ 此案 FB 在处理与促进和激励缔约方遵约相关问题上所显现的能力不足，本质上反映出遵约机制得不到充分利用的问题。

在有效启动 NCPs 的主体中，除存在遵约问题的缔约方自身外，最主要的就是其他缔约方和 ERT。首先，与 MPSDOL 影响范围有限的约束措施不同，KP 成本高昂的削减碳排放措施和影响本国整体经济发展空间的排放限制义务，致使很难有附件 I 缔约方会自行将不遵约情势提交 ImpCom。其次，对单个缔约方而言，温室气体排放是任何缔约方，尤其是发展中缔约方，都无法做到毫无漏洞地遵守议定书义务。基于避免产生报复性滥用 NCPs 的考量，大多数缔约方也不愿提起相关申诉。最终，事实上承担促进与激励附件 I 国家遵约职责的仅剩 ERT。但一方面，ERT 成员出于以非正式方式促进遵约的宗旨，倾向通过与缔约方协商以形成执行减排义务的折中方案，对将其发现的不遵约情势提交 ImpCom 保持克制。另一方面，ERT 主要审议附件 I 缔约方的国家承诺清单和减排措施报告两方面内容。相较而言，MOP 对承诺清单必须满足的指示条件规定得更为详尽，因而 ERT 就此类问题触发 NCPs 的标准把握更得心应手；但对有关履行 KP 第 3.1 条减排措施的报告，包括对附件 I 缔约方可证实的履约进展应实施的遵守监督，尚待进一步完善相应执行标准。

上述分析表明，FB 工作的有效性须受 ERT 和相关缔约方启动 NCPs 动力的限制。实现 FB 与存在偏离减排目标危险的缔约方之间积极接触和商谈，应是改进其工作效能的可能路径。

---

❶ UNFCCC.The Report to the Compliance Committee on the Deliberations in the Facilitative Branch Relating to the Submission Entitled "Compliance with Article 3.1 of the Kyoto Protocol" (Party Concerned: Canada), CC-2006-3-3/FB [R/OL]. (2006-03-03) [2016-12-20]. http://unfccc.int/kyoto_protocol/compliance/facilitative_branch/items/3786.php.

（2）EB 处理的不遵约问题

截至 2016 年 12 月，EB 共处理包括希腊、加拿大、克罗地亚、乌克兰等 9 起经济转型国家或发达国家的不遵约案件。当中所表现的运作高效和结果公正，开始扭转对 MEAs 一贯"重激励，轻制裁"的认知，成为遵约机制蕴藏巨大发展潜力的源泉。其中，迄今为止在程序运行和规则适用上最完整的是 EB 首次运用 NCPs 处理的希腊不遵约情势。此后其他案件，都主要反映 EB 运作中不断出现的各种新添问题。

首先，总体而言，EB 实践中处理的执行问题主要涉及三类：第一，附件 I 国家不遵守所承诺的排放目标问题；第二，有关温室气体国家清单（Greenhouse Gas Inventories）和国家信息通报的制定方法和报告条件，与议定书条款及其 MOP 决议通过的实施指南间的相符性问题；第三，附件 I 国家适用京都灵活履约机制资格条件的剥夺与恢复问题。由于 EB 并不处理潜在不遵约问题，附件 I 缔约方是否实际遵守其在议定书项下所做的减排承诺，尚需在 2012 年第一承诺期届满后方可作出确实判定。而京都二期强制减排配额谈判的步履维艰，也使提出有关不履行实质减排承诺义务的问题成为极具政治敏感性的争议。因此，EB 推进的包括 2016 年针对乌克兰的 9 起 NCPs 程序中，❶ 所解决的履行问题均与实质减排承诺并无直接关系，而将关注焦点放在对强制报告义务的履行，以及由此产生是否继续享有灵活履约机制适用资格的争议。

---

❶ 2016 年针对乌克兰的不遵约案件中，ERT 确认对乌克兰在 KP 第一承诺期的额外履行承诺期（调整期）到期后进行的单独审评报告所列的减排数量执行问题，涉及乌克兰人为温室气体排放总量超过其留存账户的第一个承诺期经核证的减排单位和减排量，以及配量单位和清除单位等，构成违反其依据 KP 第 3.1 条承担的减排和限制排放量义务。但 EB 事实上对附件 I 缔约方是否违反实质减排义务的审查和认定采取回避态度。它一方面指出乌克兰作为被视为经济转型的附件 I 缔约方，依据 KP 第 3.6 条并考虑 UNFCCC 第 4.6 条的规定，允许其在遵约上存在一定的程序灵活性；另一方面，又鉴于无法获得，能证明乌克兰履行 KP 第 3.1 条的准确信息及相关履行报告的最后汇编与核算报告，进而做出将乌克兰是否遵守 KP 第 3.1 条项下量化的限制或减少排放量承诺，作为未决问题的初步调查结果。参见：UNFCCC.The Decision on Preliminary Finding and Final Decision with Respect to Ukraine.CC-2016-1-4/Ukraine/EB, CC/Ukraine/EB［EB/OL］.（2016-01-06）［2016-10-21］. http://unfccc.int/kyoto_protocol/reporting/items/9044.php.

第三章　全球环境风险社会性规制法律实施机制演进的实证分析：从"单一规制"到"合作规制"

其次，从遵守控制的属性而言，EB 所适用的 NCPs 并非当事双方间的对抗性程序。UNFCCC 秘书处和 ERT，都发挥协同处理遵约问题的中立第三方而非"检察官"作用。EB 成员也未将自己定位于"法官"角色，而是在澄清和发掘关键问题及采取有效应对方法上更为积极的引导遵守合作。

第一，除 2011 年针对立陶宛和 2012 年针对斯洛伐克有关违反 KP 第 5.1 条下国家体系指南（第 19/CMP.1 号决定附件）的 2 起案件外，其他 7 个不遵约情势的处理都适用加速程序（Expedited Procedure）。由于确认或恢复附件 I 缔约国利用京都灵活履约机制的资格具有较强时间敏感性，EB 并未拘泥于常规案件的处理时限。而是在依据遵约程序第 10 节允许对此类问题缩短处理期间的基础上，逐步形成有关加速程序较为连贯一致的"判例"，并为恢复进入京都机制的资格建立特殊规则。如在 2008 年加拿大不遵约案中，ERT 通过对加拿大初次国家信息报告的审议认为，其国家登记册不符合 KP 第 7 条要求的信息编制指南（MOP 第 15/CMP.1 号决议）和第 7.4 条下的配量核算模式。EB 基于计算加拿大承诺期基础配量的争议问题与 MOP 第 3/CMP.1 号决定和第 11/CMP.1 号决定附件所述灵活履约机制的资格要求密切关联，决定适用加速程序，即在 12 周内对其履行问题作出最终决议。

第二，EB 的不遵约处理实践大多牵涉 UNFCCC 附件 I 所列经济转型国家，支持采取任何经 MOP 允许的方式灵活处理其不遵约问题，形成遵循议定书及 UNFCCC 要求，赋予向市场经济过渡的附件 I 缔约方在履行方面一定灵活度的恰当解释和实践支持。如在 2009 年针对克罗地亚的不遵约案中，克罗地亚主张按照 UNFCCC 的 MOP 第 7/CP.12 号决定，在基准年水平上增加 350 万吨二氧化碳当量的做法，符合在适用第 3 条有关附件 I 国家的强制减排义务要求及其配量核算模式上，议定书允许转型国家做出灵活安排的规定。对此，EB 首先承认，由于南斯拉夫解体而产生克罗地亚的具体履约问题一直未在 MOP 中得到有效解决。但 KP 第 3.5 条和第 3.6 条允许附件 I 缔约方在履行承诺上的灵活性具有特定适用范围,❶不足以为克罗地亚在基准期排放水平基础上增加二氧化碳当量提供依据。而且,NCPs推进过程中,EB并未一味追求对缔约方行为合法性的判定;相反,它是通过应涉案缔约方要求举行听证会和允许提交书面意见等方式,与被指控存在遵约问题的国家进行沟通和磋商。即使EB决定采取中止适用京都机制资格的制裁措施,也都在认可相关缔约方做出切实履约努力的情况下尽快予以恢复,表现在处理程序和措施上高度的灵活性和宽容度。

第三,确保EB对不同附件I国家相近不遵守情形处理结果的一致性,成为提高NCPs运作效率和公平性的重要问题。针对希腊不遵约情势的处理程序中,2007年12月,EB初步调查结果(Preliminary Finding)认定希腊未遵守MOP为实施KP第5.1条而制定的关于建立估算MPSDOL未予管制的所有温室气体排放源和清除各种碳汇的国家系统指南(第19/CMP.1号决议),以及议定书为执行第7条而制定的国家履约信息编制指南(第15/CMP.1号决议),处于不遵约状态,因而不满足适用京都灵活履约机制的资格要求。2008年4月,作为回应,希腊提交的书面意见(Written Submission)抛出有关ERT向EB提交不遵约情势的一致性问题。该意见指出ERT在审议中发现其他缔约方的相同情势却并未向EB提出,因而这些问题不应构成延迟希腊适用京都灵活履约机制的原因。这涉及对ERT启动NCPs程序的补充或监督问题,缺乏独立第三方机构为ERT向EB提交履约问题提供一致性保障。为此,有EB成员主张,基于秘书处全程参与ERT准备其报告的全过程,并具有充分相关专业技能足以为EB成员在处理技术性质问题时发挥辅助功能,故能成为确保ERT报告触发EB处理程序一致性的来源。❷但秘书处素以公正无偏私的立场赢得缔

---

❶ KP第3.5条规定仅为正向市场经济过渡的附件I缔约方履行所作减排承诺,而解除适用除1990年以外历史基准年方面的灵活性问题;第3.6条指出KP和UNFCCC缔约方会议允许正向市场经济过渡的附件I缔约方有一定程度的履约灵活度,但限定于履行除第3条承诺以外的议定书其他承诺。参见:UNFCCC.The Decision on Preliminary Finding with Respect to Croatia.CC/Croatia/EB[EB/OL].(2009-01-06)[2016-10-21]. http://unfccc.int/kyoto_protocol/reporting/items/1517.php.
❷ VICTOR D G.Enforcing International Law:Implication for an Effective Global Warming Regime[J]. Duke Environmental Law and Policy Forum,1999(10):27.

第三章　全球环境风险社会性规制法律实施机制演进的实证分析：
从"单一规制"到"合作规制"

约方对其遵守控制职权的笃信，理应在介入 NCPs 程序上保持克制；而且，EB 是处理不遵约问题的专门程序，秘书处的过度参与也会危及自身的独立性。

3. KP 灵活机制的突破创新与局限

KP 遵约机制在精细化"软法规制"的同时，还创造性地纳入排放权贸易机制（Emission Trading，ET）、联合履行机制（Joint Implementation，JI）和清洁发展机制（Clean Development Mechanism，CDM）等市场规制手段。这不仅作为新的履行援助方式帮助和激励附件 I 缔约方实现减排承诺，而且还与制裁措施巧妙挂钩，形成较单纯施加负面评估，更具引导性的不遵约反应措施。

由此，以弹性履约机制为媒介，KP 开始尝试建立打通国家和市场两类治理空间合作壁垒的立体化遵守规制框架。这种融激励与制裁为一体的市场控制机制，能充分激发 MEAs 遵约机制各种规制工具的机制内互动协作，为机构监管路径的发展提供新方向。同时，也因制度安排的有欠成熟而面临规制效力上的认同危机。

（1）KP"市场导向"规制手段的增量改进

KP 序言明确指出提高遵约机制的有效性，使其促进和执行遵守议定书承诺义务的措施，对缔约方应对气候变化的政策产生关键影响，是决定议定书成败的核心问题。该灵活履行机制看似独立于遵约机制之外，未处于任何官方机构的运作之下，但无论议定书常规履行信息的审议监督，还是 NCPs 的运作，甚至是适用针对不遵守情势的激励和制裁措施，都有赖于市场这只"看不见的手"所赋予的遵守引力。它以国家行为体作为理性经济人追求利益最大化的自利性为基础，反映自然资源与环境外部性的商品化趋势。这不仅形成新的遵约激励措施以贯通政府、市场与社会间的相互关系，有效促进议定书对大气环保措施的整合；而且，借助市场机制凝聚更多市场行为体参与减排，为确保碳市场的信用和缔约方之间结算的透明度提供制度支持。

（2）KP 灵活履约机制促进遵约的有限性

尽管 KP 制定之初存在取代 UNFCCC 规制框架的意图，但其制度设置远未对其目标的实现提供有效支持。而且，渗透西方发达国家霸权治理实用主义特征的现行气候变化法律体制，也无法为充分发挥灵活履约机制所赋有的先进性，以实现大气污染治理的全球参与奠定稳固的合法性基础，严重制约整个遵约机制的实际运作效果。

首先，实施减排承诺存在巨大困境和高昂成本的国家，尽管可能被排除在获取经济激励措施所带来的环境收益之外，而且面临被气候变化国际机制孤立或驱逐的碳政治负面评价，但能因此积累环境债务、转移环境成本，从而成为全球应对气候变化的"搭便车者"，对 KP 市场机制置之不理。这种现象在第一期承诺面临期满，"后京都机制"迟迟无法有效建立的时期表现尤为突出。包括加拿大、日本继美国之后宣布退出 KP，许多附件 I 国家都尽力寻求乃至完全拒绝作出第二期承诺，或者在第二承诺期减排目标中融入可预期结果的方式，议定书 ImpCom 的遵守控制权威日益受到挑战。

其次，市场导向的灵活履约机制本身存在实施成本高、项目分配不均、受益国家集中于少数附件 I 国家等制度漏洞。一定程度上，也加剧碳排放交易市场的勃兴与减排成效持续低迷、减排动力锐减的反差效果，造成施行遵约机制的外部环境呈现不确定性状态。灵活履约机制深陷运行困境，直接危及 KP 苦心孤诣打造的强制量化减排模式得以存续的根基，使应对气候变化法律框架的发展逐步向以 2016 年 UNFCCC《巴黎协定》建构的自愿减排模式过渡。全球气候秩序的格局调整，反过来势必瓦解依托量化强制减排义务的弹性履约机制赖以存在的制度架构。

（四）"管理性监控"模式效用发挥的"自愿性"

1. "管理性监控"模式下影响国际环境法遵守效果的独立变量

诱导性遵约主要针对限定有关主体行为规范的国际条约，以"遵守拉力"（Pull of Compliance）为引擎实现环境遵约的良性互动。对 MPSDOL 和 KP 遵约机制的规范和实证研究可知，影响其功能发挥的因素包括：（1）在实践中发展一体化、系统性的条约实施程序和制度；（2）无论是作为常规遵守的控制程序，还是针对不遵约的反应措施，遵约信息的透明度和公共参与构成

第三章　全球环境风险社会性规制法律实施机制演进的实证分析：
　　　　从"单一规制"到"合作规制"

机构监管路径的创新变量，不仅是规制手段的协调性演进，更意味着规制价值的人本变革；（3）提供有力且可信的促进与制裁措施，直接决定规制强度的软硬调配效果；（4）重视遵守控制的成本－收益核算，在既有制度基础上降低政府执行成本，通过制度激励将履约负担转化为实现共赢的环境收益；（5）既要抑制环保合作博弈中的"搭便车"行为，又须对背弃合作的欺诈与违规行为作出应对预案。

2. "管理性监控"模式的主要特征

促进遵守，在 MEAs 专门机构的管理性遵约监控中占据支配地位。履约信息审议、NCP 的启动及不遵约反应措施的适用这三种遵守控制形式，都富含以集体规制与灵活协商为主，面向未来遵约和确保环境合作机制完整性，戒除依赖传统双边对抗模式和软化强制执行工具的"自为"（Self-making）特征。其实际效能的发挥主要依赖要求或协助缔约方制定和实施国家履约计划，采取充分的技术援助和与缔约方遵约善意相称的资金扶持。即使是针对性处理不遵约情势的 NCPs，也是一个兼容磋商、调解等政治性解决程序与弱对抗性程序的复杂混合体。遵约实践中，"管理性监控"始终围绕实现持续性共识建设，并由执行机构依据处于不遵约状态缔约方的实际遵约能力，协商形成有助其自愿履行而设定的专属标准，具有突出的妥协性。

3. "管理性监控"模式自发的"机制内合作"

由于每个 MEA 遵约机制都是在该条约缔结的特定政治背景下生成和运行，受条约谈判过程中达成的敏感平衡关系和 MOP 及其选举产生的 ImpCom（或遵约委员会）成员构成的制约，不同 MEAs 遵守控制仅存微弱的互通潜力。寻求 MEAs 遵约机制的统一整合，或建立各类 MEAs 的 ImpCom 之间在处理不遵守情势上联合运作的条件尚不成熟。

但一方面，具有广泛授权并跨领域运作的国际组织，如 UNEP、UNDP 和世界海关组织（World Customs Organization，WCO）联合发起，致力于促进海关确认和处理非法野生生物与危险物质贸易的"绿色海关计划项目"（Green

Customs Project）；❶ 另一方面，特定领域的 MEAs 秘书处，如与生物多样性有关的 MEAs 秘书处，建立了生物多样性联络组（Biodiversity Liaison Group），❷ 通过旨在建立不同 MEAs 的共享互联，整合遵守控制路径的国际实践，逐步发展出 MEAs 遵约机制联合互动的两种可行方式：其一，通过 MEAs 秘书处之间更趋紧密的协同配合，主要表现为常规遵约信息的互通共享，以增强触发 NCPs 的能力；其二，在对不遵约情势采取应对措施的决策机制方面，跨越不同 MEAs 实现协调合作，避免在实施援助与制裁措施上的零散化和重复性，最大限度地增强遵约机制对缔约方遵守行为的影响。

正是基于这样的内在合作基因，管理性监控在国际环境法遵守领域的效果更为突出，也为合作规制的酝酿生成奠定坚实基础。

三、国际环境法两种主流遵守规制路径实践模式的融合趋同

（一）"裁判监管"模式中协商性因素的强化

1. 国际司法机构重视发挥环境软法的治理功能

以 ICSID 为典型例证，仲裁庭频频触及东道国环境规制底线的刚性裁决，严重侵蚀保护环境公益的国家经济管理权能，也与可持续发展规则取向的国际投资法制，致力于推进投资者期待利益与东道国外资管制权协调共融基础上的环境友好理念背道而驰。并且，直接承受环境行为损害结果的社会公众，也无法在投资仲裁程序中有效实现其环境诉求。因而，ICSID 投资仲裁机制的

---

❶ UNEP. World Conservation Monitoring Centre, Synergies and Cooperation: A Status Report on Activities Promoting Synergies and Cooperation between Multilateral Environmental Agreements, in Particular Biodiversity-related Conventions, and Related Mechanisms [R/OL].（2004）[2016-10-19]. http://www.wcoomd.org/ie/En/search/search.html.

❷ Joint Web Site of the Biodiversity Related Conventions Biodiversity Liaison Group [Z/OL]. [2016-12-16]. http://www.biodiv.org/conventions/blg.shtml.

第三章　全球环境风险社会性规制法律实施机制演进的实证分析：
从"单一规制"到"合作规制"

系统性缺陷及其保障实现国际投资领域公共政策的功效广受质疑，❶ 直接引发投资条约仲裁制度的合法性危机。❷ 晚近，投资者与国家争端解决（Investor-State Dispute Settlement，ISDS）机制的结构性变革表现出灵活性与多元化并行的趋向：在强化缔约国对投资条约的解释控制权和完善投资仲裁上诉程序等司法化争端解决工具的同时，更关注投资争端裁决对东道国环保等社会价值产生的法律冲击。经由软化投资保护的条约义务，并借助裁判机构"公私权益平衡导向"的条约解释和法律适用，因循争端预防和管理机制以探求处理投资与环境关系的软法治理途径。

同样的，敏锐感知全球政治经济力量格局核变的多边贸易秩序，呈现最惠国原则的日渐衰微和贸易政策制定与实施权力的分散化趋势。因此，建立和维持不同贸易强国间的关联协调与动态平衡，成为与通过争端解决程序保障实施WTO既存涵盖协定等量齐观的贸易规制思路。全球多重连锁动荡下国际经贸体系面临存亡挑战的艰难时刻，2022年6月WTO第12届部长级会议秉承多边主义前所未有的制度韧性，跨越地缘政治断层解决全球公域问题，收获了涵盖推进WTO机制包容性改革，以及首份旨在限制海洋过度捕捞、以环境可持续性为核心的《渔业补贴协定》（Agreement on Fisheries Subsidies，AFS）等，"1+4"日内瓦多边贸易规则"一揽子"协议（Geneva Package）。❸ 与此相适应，WTO规则体系也面临借鉴管理性监控模式，积极

---

❶ 一方面，拥有"卡尔沃主义"传统的拉美发展中国家，如阿根廷、巴西和委内瑞拉，对国际投资条约仲裁采取严格限制措施。玻利维亚、厄瓜多尔和委内瑞拉甚至提交退出ICSID公约的通知，更多拉美国家重新调整其在国际投资争端解决上的政策立场，主张以国内法院和国家间争端解决机制替代投资条约仲裁。另一方面，饱受国际投资仲裁"滥讼"困扰的发达国家，也开始转而重视保护东道国对外资的公共规制能力。如2011年4月，澳大利亚有关贸易政策的原则声明表示，拒绝在未来签订的国际投资协定中设置ISDS条款。参见：崔盈.可持续发展的国际投资体制下ICSID仲裁监督机制的功能改进［M］//中国国际法学会.中国国际法年刊：2015.北京：法律出版社，2016：314-342.

❷ SCHILL S W. Reforming Investor-State Dispute Settlement: A (Comparative and International) Constitutional Law Framework［J］. Journal of International Economic Law, 2017, 20（3）: 649-672.

❸ Ministerial Conference Twelfth Session of WTO. MC12 OUTCOME DOCUMENT, WT/MIN（22）/W/16/Rec.1, WT/MIN（22）/W/17/Rev.1, WT/MIN（22）/W/22, WT/MIN（22）/W/23［R/OL］.（2022-06-17）［2022-06-17］. https://www.wto.org/english/news_e/news22_e/mc12_17jun22_e.htm.

发挥软法效用的功能调整。转换"软法"治理的尝试主要表现为：其一，以具有"柔性"特征的国际环保标准改变多边贸易体制规则自足的封闭状态，冲破WTO法律适用屏障，将环境"软责任"注入WTO环境争端解决的法律渊源体系。其二，发挥DSB司法解释功能，软化条约义务。如通过对宽泛、模糊的环境例外条款和优惠条款作出符合环保要求的当代解释，对过于刚性的贸易义务起到明显的缓冲作用。其三，包括DSB在内的WTO众多监督执行机构，对环境敏感问题采"软处理"态度，使成员方有机会将WTO硬法约束转变为相互之间的"协议立法"(Deliberative Legislation)，推动彼此间环境贸易争端以有强制执行保障的司法外和解方式得到解决。

总之，趋向成熟的国际法律机制应是能包容约束性与非约束性规范相互关联的复杂体系，对于行为体多样化、技术快速更新发展和具有高度不确定性的国际环境法领域尤为如此。全球环境风险的司法控制，在发展中已逐步融入对环境治理效果的监测，更多协商性的法律裁决出现，传统命令－控制型环境规制模式引入更多"软法"思想，充分重视利用专家理性和私人信息。

2. WTO强调争端预防和履约审议的制度设计

（1）WTO三大贸易协定理事会对协定实施的监督

首先，WTO透明度原则的演进，强化预防争端的制度保障。透明度原则是国内法治基本要求的"阳光原则"，在多边贸易体制中的延伸。它既遵循现代市场经济法律规范公开性的法理基础，又符合理性经济人对决策信息的充分知情要求，是WTO为国际贸易提供稳定性、可预见性，并对成员方贸易政策法规进行国际法监督及促进WTO义务履行的基石。

GATT时期，由于缺乏一般性监督机制，只能完全依靠GATT1947第10条"贸易条例的公布和实施"、第11条"普遍取消数量限制"，以及第23条"磋商"等条文内容，改进缔约方贸易政策的透明度。伴随WTO非歧视原则从形式要求转向实体义务，为适应对WTO涵盖协定的实施方式由"成员盯梢"转入"组织监督"，有关WTO透明度规则的内容、实施力度和程序保障均呈增强态势。WTO惯常性的要求在更多涵盖贸易协定下，作出成员方国内

第三章 全球环境风险社会性规制法律实施机制演进的实证分析：从"单一规制"到"合作规制"

有效实施的相关法令和政府管理措施及其变更的及时公布、通知和报告。更重要的是，还通过创新性地设立"通知登记中心"，要求成员方广泛建立咨询点或信息点作为信息公开平台，向其他成员方及利害关系方提供就争议措施进行非正式磋商与公开讨论的决策参与机会，发挥预防贸易争端的早期预警功能。同时，程序规则方面，DSB 也在争端解决实践中澄清和确认，透明度对 WTO 义务和规则解释的正当程序价值。此外，以 1996 年 WTO 理事会解除对 WTO 文件的公开传播限制为起点，WTO 决议文件也向社会全面开放。

WTO 有关透明度实体义务与程序保障的基本设计，在争端预防上主要发挥以下作用。

第一，将成员方影响国际贸易的政策法规和措施置于有效的国际监督之下，强调在争端形成的早期阶段，消除有碍国际贸易法制秩序的不稳定因素和信息不对称的潜在隐患。WTO 多边贸易体制通过透明度规则，推动国家管理外贸活动的政策法规和措施能在国际层面的阳光下公开透明，发挥 WTO 体制的威慑作用和声誉诱导与劝诫。这使得原处于国内法规制下的政府行为受到组织化的集体管理和干预，在成员方贸易政策法规的形成阶段，降低贸易风险和国际市场信息失灵对国际贸易体制运行的冲击。

第二，作为 WTO 规则体系正当程序重要内容的透明度原则，已有效融入国际贸易法制，在 WTO 法律监督体系中发挥基础性作用，也为其他监督程序的运作提供条件。无论是 WTO 专门机构对成员方具体政策措施的特定审查，还是贸易政策审议机构的定期全面政策审查，以及 DSB 在个案裁判中的法律审查，都是建立在成员方政府履行透明度义务的基础上，是 WTO 评价各协定执行情况、督促成员方履行承诺义务的依据。

第三，TBT 协定和 SPS 协定中有关事先透明度的规定，要求成员方在拟定有关技术法规、标准和合格评定程序的过程中，预先与利益相关的其他成员方进行沟通，允许和考虑其他成员方提出讨论意见。这为国际社会提供早期参与和影响成员内部贸易决策的机会，恰当预防贸易保护主义政策法规可能引发贸易争端的潜在风险。

第四，作为对透明度制度的补充和救济，WTO《保障措施协定》（Agreement on Safeguards）、《与贸易有关的投资措施协定》（Agreement on Trade-Related Investment Measures, TRIMs Agreement）、TRIPs协定、《关于解释GATT 1994第17条的谅解》及《关于通知程序的决定》等，都引入"反向通知"程序。它通过赋予成员方就有违WTO透明度规则的情况，向违反成员方或WTO有关贸易协定项下监督执行机构提出通知要求的权利，有助于及早发现违反WTO规则的行为，督促成员方遵守WTO义务。

其次，WTO框架下对国家贸易政策协调的细化降低贸易摩擦风险。世界各国在根本国家利益上的矛盾，是导致国际经济关系中自由主义和贸易保护主义政策冲突的内在根源。世界经济逆全球化全面加剧的时代，不同经济体之间的相互依存因素，通过寻求迥异经济复苏情况下的利益契合点，为形成以国际组织为载体，实现世界经济均衡发展的多边贸易政策协调机制奠定必要性基础。然而，与20世纪70年代以布雷顿森林体系为框架、西方社会主导的机构性协调不同，建立在多极化基础上，机构协调与政府协调并举，并具有长效化和全面性特征的WTO贸易政策协调机制，应成为减少贸易争端隐患的重要预防性管理措施。

GATT 1994和《马拉喀什建立世界贸易组织协定》（Marrakesh Agreement Establishing the World Trade Organization, WTO Agreement）中确认，WTO负有服务于协调贸易政策的目标宗旨。因此，通过以透明度为主要工具，具有"软约束"特征的多层次政策协调制度，能促使成员方贸易政策与WTO规则和义务趋向一致，实现在WTO框架下共同体利益的最大化与各成员方单独贸易利益的平衡。同时，还将成员方贸易关系的制度化协商贯穿WTO谈判机制、政策审议机制和争端解决机制三大支柱体系运行过程的始终。这根源于WTO Agreement第3.2条有关WTO致力于为成员方进行多边贸易谈判和磋商对话提供场所的明确规定。而且，它还潜藏在WTO所涉贸易领域的几乎全部协定中，就贸易政策磋商和协调程序所作出的具体安排。制度化协商的逐步成熟增强成员方贸易政策互信，从而提高对彼此间政策法规及执行监督效率

第三章　全球环境风险社会性规制法律实施机制演进的实证分析：
　　　　从"单一规制"到"合作规制"

的同时，更降低了将贸易政策冲突带入司法解决程序的几率。截至2021年11月，WTO正式启动争端解决程序的案件中，通过协商达成双边解决方案、撤回专家组请求，或撤销和搁置争议的共330起，约占全部争端案件的54%。❶

此外，根据WTO Agreement第16.4条的要求，各成员方应确保其政策法规和程序与其在WTO涵盖协定下的承诺义务相一致。并通过WTO对成员方贸易政策法规的相符性审查，消解成员方在贸易政策上蕴藏的对抗性因素。尤其是WTO理事会建立的区域贸易协定委员会、收支平衡限制委员会等特殊机构，有权在贸易争端案件启动专家组程序之前，审查成员措施是否与WTO相符，以引导和协调方式增强成员方对自身贸易政策和法律制度的自查与修正。

（2）WTO贸易政策审议机制的国别审查

作为WTO永久性特征，WTO贸易政策审议机制（Trade Policy Review Mechanism of WTO，TPRM）堪称国际贸易秩序的稳定器。它是在借鉴国际货币基金组织（International Monetary Fund，IMF）和OECD长期对宏观经济政策进行审议的成功经验基础上，定位于定期审查成员方贸易政策和做法及其对多边贸易体制运作所产生的影响。同时，这也将处于多哈发展议程十字路口的WTO，推向在星罗棋布的绿色化FTA之间发挥规则统合和运转协调作用的软规制之路。

首先，TPRM的目标和性质，正经历在非对抗、非司法基础上作为阐明立场、讨论政策及获取信息和表达关注的透明度工具，向对成员方贸易行为具有矫正作用，促进规则实施的执行机制演进。并以WTO结构性改革为契机，建立一种于司法强制和报复威胁之外，利用制度柔性引导和激励成员方遵守多边贸易规则，具有周期性、综合性和普遍性的软监督机制。其一，通过TPRM不具有强制约束力的柔性制度设计，营造国际贸易信息的共享体制，从而卸除成员方维护经济主权的戒备心理。在赢得成员方积极参与的同时，对各成员方贸易政策的形成和发展产生潜移默化的影响。其二，TPRM提供

---

❶ WTO Secretariat.Current Status of Dispute Case［EB/OL］.［2021-11-21］.www.wto.org/english/tratop_e/dispute_current_status_e.htm.

的开放性政策质询与评价论坛，能促使成员方通过自查和 WTO 秘书处审议，更好地理解和执行 WTO 贸易纪律和承诺义务。并且，及时获悉世界贸易整体环境和政策的动态发展，发现其自身贸易政策及执行中所面临的系列公共风险与问题，有针对性地采取措施防范贸易冲突的升级。

其次，TPRM 与多边贸易谈判和争端解决机制互为犄角，盘活 WTO 体系内的机制协作与互补关系。一方面，作为建立在规则基础上的制度安排，WTO 多边贸易体制稳定发展的结构动力来源于多边贸易谈判的制度供给。TPRM 能通过最大限度发挥组织化机制的透明度优势，分散贸易谈判中重复博弈的信息成本，为维护成员方既存贸易利益和拓展 WTO 贸易规制领域提供信息支持。另一方面，作为向多边贸易体制提供安全性和可预见性的安全阀，WTO 争端解决机制是和平解决国际贸易争端、维护国际贸易秩序的重要监督执行机制。TPRM 以其对成员方贸易政策的一般性、面上监督弥补争端解决机制特定性、节点监督的不足，与争端解决机制相互配合共同构成 WTO 监督执行机制的基础与核心。因此，TPRM 透明化及监督功能的运行与强化，在 WTO 规则的谈判形成阶段，可实现贸易政策信息的充分交流与沟通；在 WTO 规则实施阶段，则促成对成员方履行多边贸易义务的全面评估与实时监控，有效抑制因成员方贸易政策冲突而引发争端。

最后，TPRM 审议内容确立了在保证透明度基础上，涵盖三大贸易领域的定期国别审查与影响多边贸易体制的整体国际贸易环境评审。第一，透明功能方面，既包含与国际经济走势和国内经济发展动向紧密结合的成员方贸易政策单独审议，也涉及对整个国际贸易发展环境的宏观评估。其审议标准重在确保成员方贸易政策措施的合规性与相符性，构成具有相当弹性空间的动态制度标准，即以 WTO 规则、纪律和义务为基础的"法律标准"，与强调追求国际贸易质量的实质健康状况，以贸易政策制定与实施的成本收益分析和对多边贸易体制影响的定量分析为依据的"经济标准"，彼此达成兼容合作。第二，监督功能方面，侧重软监督对成员方在互惠协议中"背叛或损害"行为所产生的横向压力和声誉约束，在防止出现成员方单独退回到纳什关税

第三章　全球环境风险社会性规制法律实施机制演进的实证分析：
　　　　从"单一规制"到"合作规制"

水平的投机行为上为多边贸易合作提供信心，激励成员方自觉实施WTO涵盖协定和义务承诺。它以客观中立立场所作的贸易评估，弥补WTO软监督和事先协调不足的缺憾，反映当代国际争端解决重心从处理争端到预防与管理争端的发展趋势，对促进遵守国际环境规则具有重要借鉴意义。

（3）WTO秘书处主导下的成员方遵守能力建设

作为成员方集体驱动的"契约型组织"（Contractual Organization），WTO在组织机构上的非典型组织性和协商一致的决策机制，决定其行政机构的功能定位主要是为多边贸易谈判、贸易政策审议及争端解决三大机制的运行提供服务。而技术援助和能力建设无疑是在其机构发展中，新近产生的一项完全与众不同而又复杂艰巨的职能。

政府或企业是否具有与贸易相关的管理能力，与国家经济发展和参与国际贸易竞争休戚相关。有关贸易规制的能力建设，作为"二战"后对发展中国家技术援助的补充和衍生，意在改"输血式"援助为"造血型"建设，以提高受援方实现可持续发展目标的自主能力。伴随WTO发展中成员适用协定义务的过渡期陆续宣告终结，且规制触角延伸至更广泛、更深层次领域的新一轮贸易回合谈判需提升发展中国家的参与度。因而，通过项目扶持和智力支持帮助更多发展中国家克服解释和执行WTO协定的困难与障碍，有效参与WTO决策进程并充分利用争端解决机制以更积极的姿态融入国际贸易体制，就成为WTO秘书处能力建设计划的核心内容。2001年《多哈宣言》浓墨重彩地阐述在WTO框架下开展技术援助与能力建设的重要性，指出秘书处应发挥确保WTO体制高效运行的作用，在贸易与投资、竞争政策、贸易便利化、贸易与环境及争端解决方面，对发展中成员提供援助。❶

与GATT时期主要通过"贸易政策课程"培训方式开展能力建设不同，❷WTO秘书处在帮助发展中国家拥有更多贸易选择，实现更有效的能力建

---

❶ WTO Ministerial Conference. WT/MIN（01）/DEC/1［R/OL］.［2016-11-22］. www.docs.wto.org.
❷ Press Release，WTO. The Second WTO Trade Policy Course Opens in Geneva［EB/OL］.（1995-08）［2016-10-22］. http://www.wto.org.

设的计划上取得明显改善。

首先，通过制定和公布技术合作指南及年度技术援助计划，对技术援助和能力建设的主要模式、实施步骤、财政来源、资金分配及效果评估等问题予以引导，并促进 WTO 秘书处整合碎片化的能力建设项目，建立更具适应性的发展战略。

其次，WTO 秘书处技术援助和能力建设重视与联合国贸易和发展会议（United Nations Conference on Trade and Development，UNCTAD）、UNDP、世界银行与 IMF 等其他国际组织及区域金融组织加强合作，充分调动各国际机构的资源优势，推动创新满足受援国实际需要的灵活援助方式。

再次，WTO 秘书处所提供的一系列技术援助和能力建设产品，依托新一轮贸易发展议程谈判，通过技术援助基金、多哈信托基金提供稳定的资金机制，获得快速发展与实施的动力支持与可靠保障。

最后，WTO 技术援助与能力建设逐步趋向广泛化。从针对个体的能力培训，演化为涉及广泛领域社会和组织机构的发展态势；援助内容也从单纯的 WTO 规则履行与发展中成员实施 WTO 义务，转入全面综合的贸易促进援助（Aid for Trade）。[1] 对 WTO 秘书处主导遵约能力建设的功能强化，体现 WTO 旨在通过加强发展中国家进行贸易谈判及适用 WTO 规则和利用争端解决机制的能力，以实现预防和管理贸易争端的取向。

（二）"管理性监控"模式中规则性因素的引介

"管理性监控"模式的发展进程中，以处理不遵守情势的不遵守反应体系为代表，管理性措施的法律权威得到显著加强。诸如 KP 等大量 MEAs 遵约机制开始在机构设置、启动程序和处理措施上强化约束因素，并已出现 MEAs 广泛启动议定书修订程序，将有约束力的程序和遵约工具纳入控制体系。

---

[1] WTO 香港部长宣言首先接受"贸易促进援助"的概念，将其定位于旨在推动发展中国家，特别是最不发达国家参与国际贸易体制能力的提升。参见：陆燕.WTO 框架下的促贸援助：提高贸易能力［J］.世界贸易组织动态与研究，2008（6）：18. 随后，日本、欧盟和美国根据宣言主旨，先后公布其贸易促进援助计划。

第三章　全球环境风险社会性规制法律实施机制演进的实证分析：
　　　　从"单一规制"到"合作规制"

1. MEAs 遵约机制规则监督能力的深化

MEAs 大多在订立之初主要定位于为缔约方遵约选择提供建议和帮助，从而以间接方式影响国家遵约行为。直接干预遵约过程的监督功能，则自始较为弱化。但鉴于大量 MEAs 中，不遵守情势机制的引入和法律性质的加强，管理性监控模式也注入更多"硬法调控"的因素。

以《巴塞尔公约》为例，该公约是为将危险废弃物跨境转移，削减至与环境无害管理相符合的最低限度所确立的法律框架。由于未引入具体责任条款和有效执行措施，❶ 其秘书处的实质性监督仅限于协调与核查，政治宣誓意义大过对非法转移废弃物不法行为的现实制约，从而陷入缺乏实施保障的执行困境。有鉴于此，《巴塞尔公约》负责审议和评估公约执行状况的 COP，在 1992—1999 年，先后通过 5 次会议设立技术和法律工作组，为遵守和实施公约提供标准和规则的支持。同时，还逐步赋予 COP 第 12 号决议以强制约束力，以禁止拥有危险废弃物安全管制和处理能力，且属于引发危险废弃物损害全球环境主要源头的公约附件 VII 国家，向非附件 VII 国家出口危险废弃物。❷ 并成功瓦解开放附件 VII 准入条件对第 12 号禁令法律约束造成的侵蚀，使公约遵守机制的法律意味日渐浓厚。此外，1999 年第 5 次 COP 还通过《责任和赔偿议定书》，初步确立违反公约有关危险废弃物跨境转移义务的国际赔偿责任制度。该制度在实体规则上，以"严格责任"为基础，兼采"过错责任"；还进一步完善司法管辖依据和法律适用标准及裁决执行的保障措施等程序规则；更为辅助实施赔偿责任、突出体现风险预防原则的损害预防措施，以及直接有效救济环境受害人，确立强制保险金等资金保障机制，真正为解困公约遵守的踟蹰不前丰富"武器弹药库"。

2. MPSDOL 遵约监控程序"法律化"改进的潜在趋向

MPSDOL 遵约机制在维持其"软控制"本质的同时，也呈现逐步硬化的

---

❶ 张湘兰，秦天宝. 控制危险废物越境转移的巴塞尔公约及其最新发展：从框架到实施 [J]. 法学评论，2003（3）：97.

❷ PUCKETT J. The Basel Treaty's Ban on Hazardous Waste Exports: An Unfinished Success Story [J]. Chemical Regulation Reporter, 2000 (24): 25.

趋势。这促使深受此类措施影响的遵约问题国家，试图通过构建法律化的程序规则框架，约束议定书遵约监控机构的恣意和滥权，以纠正其在不遵约处理实践中偏离软控制本质的行为。而且，怎样以及在何种程度上发展该机制的法律属性，才不致抵消管理性监控促进各国环境规制合作的适应优势，也成为 MEAs 机构监管模式亟待澄清的问题。

1995 年俄罗斯等 5 个经济转型国家的系列不遵约案件，一方面，挑起缔约方因议定书执行机构超出恰当比例的惩罚性措施，是否有损议定书遵约机制软规制特性的争议；另一方面，缔约方围绕遵约监控实体性规则"硬化"取向产生的分歧进一步延伸至 NCPs。这集中表现为，是否需要将对不遵守情势的确认及其处理措施的选择纳入法律框架，推动 NCPs 实现以合法性程序为导向的法律化改进。进而，缔约方开始深入反思遵约机制决策和实施的规范标准，即遵约机制的运作既可表现在达成全面履行议定书的终端承诺，还有必要确立不同缔约方义务履行的中间基准及其与多边基金财政资源分配的量化关系。就此，许多缔约方认为，应引入对议定书遵约机制的规范化改造，将法律框架作为抵御实施武断的硬控制措施，为 NCPs 秉持软规制特性提供稳定性和可预见性的安全网。

（1）决策机制方面

1998 年议定书 ImpCom 第 20 次会议同意，以确认不遵约情势、审查实现遵守的国家计划、选择源于国家计划的特定基准、与当事方协商遵约建议并提交 MOP、监督具体承诺的执行等 5 步骤为基础，推进决策程序的规范化改革。

ImpCom 开始尝试将存在遵约问题的缔约方整体遵约目标进行分解。基于其提交实现全面遵守的国家计划，通过充分协商与咨询，灵活设定和调整评估该国在中间阶段的基准承诺。❶ 这一做法确保对缔约方履行环境义务的要求适应不断发展变化的环境标准，只要缔约方执行其国家计划中与 ImpCom

---

❶ 这些基准承诺可包括：存在遵约问题的国家在特定期间内，为取得 ImpCom 对其遵守状态的认可，而在其履行议定书国家计划的范围内承诺采取的特定政策措施，或减少和分阶段淘汰消耗臭氧层物质的具体方法步骤。参见：UNEP.The Report of MOP-20.UNEP/OzL.Pro.20/INF/1 [R/OL]. (1998)[2016-12-08]. http://www.ozone.unep.org.

第三章　全球环境风险社会性规制法律实施机制演进的实证分析：
　　　　从"单一规制"到"合作规制"

约定的承诺即应被视为遵守了议定书义务。而 ImpCom 通过监控各阶段缔约方基准承诺的执行，动态评估遵约状况，构成进一步采取附加措施的必要前提。决策层面确定遵约规范和指南的公开化，不仅缔约方每个阶段的具体义务标准透明可见，也为确认未来不遵约情势和采取应对措施提供合法性依据。ImpCom 和 MOP 所作遵约决策也不再是自由裁量的结果，而成为建立在对缔约方量化基准承诺的监督基础上更有章可循的遵约促进方案。

（2）处理不遵守情势的程序性规则方面

有关 ImpCom 认定不遵守情势和选择所采取执行措施应遵循的客观标准，也日益受到缔约方重视，并围绕强化该程序的法律特性不断提出各种可行建议。俄罗斯就其自身的不遵约案件中，出于对 MOP 武断裁决适用惩罚性措施的忧虑，主张应就判断一项不遵守情势是否基于问题国家可控范围之外的因素，或是否构成蓄意违约，设定客观评估标准。❶ 澳大利亚也提倡，应为 ImpCom 提供不遵约可能情势的指示清单，并制定行为指南以引导其选择与特殊类型不遵约情势相匹配的处理措施。❷ 秘鲁甚至还建议创设针对 MOP 裁决的上诉机制，借以提供针对 MOP 处理不遵守情势个案的法律监督渠道。❸ 但也许是担忧增强 NCPs 法律性质，会使其在处理具体事实迥异、不遵守原因千差万别的案件上，应具有的高度灵活性消失殆尽；或顾忌因此将与议定书一贯秉持的软控制属性不相符的强制性因素导入 NCPs，上述旨在为 NCPs 建构法律运作框架的努力皆遭遇严重阻碍，至今尚未达成任何实质性成果。该程序的软性特征被认为是横亘在其发展法律特性之上的重要障碍。故而，MPSDOL 遵约机制未来仍需通过法律评估实践，在坚守软规制的基础上发展法律性质。

3. KP 遵守机制促进合作与强制执行的功能并重

不遵守机制在设计之初，定位于 MEAs 体系内便利环境义务遵守的多边

---

❶ UNEP.The Report of the Work of the Ad Hoc Working Group of Legal and Technical Experts on Non-Compliance with the Montreal Protocol. "Various Proposal on Review the Non-compliance Procedure", UNEP/Ozl.Pro/WG.4/1/3: 27［R/OL］.（1998）［2016-12-08］. http://www.ozone.unep.org.
❷ Ibid, p.40.
❸ Ibid, p.53, p.57.

政治性协调程序，避免将遵约带入司法性和对抗性过程。因而，KP 遵约机制的初设功能，仍以促进减排合作为主。但鉴于其减排指标实现的评估效果并不理想，缔约方开始意识到，将加重问题缔约方后续承诺期减排义务等执行措施作为处理不遵守情势的最终执行工具，蕴含重要制度价值。[1]2002 年缔约方第七次会议提出有关加强履行程序约束力的建议，即《关于京都议定书的履行程序和机制的决议》。它改变相较于 MPSDOL 而言处理不遵守情势更趋软化的"多边磋商程序"，在原先"零制裁"的基础上增加诸如减少第二承诺期碳排放分配量等一系列制裁性措施，强化实施措施的强制执行力。

因此，KP 尝试将遵约激励与强制执行相衔接，其 EB 和 FB 对缔约方履行议定书承诺义务的监督审查与援助建议，构成合理利用执行资源的基准。公平有效的执行程序，能够而且也事实上形成对缔约方遵约的结构性激励，成为 MEAs 遵守控制的内在有机体，适应处理从缺乏遵约能力到实质不遵约等一系列问题。

四、"合作规制"路径的实践雏形及效能评估

被称为"复杂多边主义"的 NAFTA，作为南北型区域经济一体化合作的典范，其先进性的主要表现之一就在于环保规制方面的制度创新。NAFTA 率先通过序言和条约附录形式为缔约方实施环境管理措施提供行为指引，还在处理环境与贸易、投资关系上首开专章协调环保问题的先河，成为后续 IIAs 和 FTA 规划环保合作安排的参考范本。涉环境实体性规则中，发展出诸如 MEAs 优先适用、环保一般例外条款与特定事项环境例外条款并行存在的实施模式，并主张确保缔约方环保权利与不降低环境标准义务的对等平衡。同时，程序性规则方面，还强化环境争端解决的国家合作和私人参与。比较特别之处是，NAFTA 有关环保的法律可执行性要求是作为补充协定附属于 FTA 之下，并未真正纳入 FTA 合作框架。其对环境承诺的执行也展露出含蓄迂回的特性，显然有别于当

---

[1] DOELLE M. Early Experience with the Kyoto Compliance System: Possible Lessons for MEA Compliance System Design [J]. Climate Law, 2010, 1（2）: 239.

第三章　全球环境风险社会性规制法律实施机制演进的实证分析：从"单一规制"到"合作规制"

代绿色化 FTA 有关环保问题的相关规则。基于其借助 FTA 平台首做尝试的合作规制实效有限，并存在诸多不成熟之处，因而被认为尚处实践的初始阶段。

（一）NAFTA 推进环保目标实现的巨大缺陷与 NAAEC 的补缺创新

1. NAFTA 有关环保的基本规则体系及其特点

（1）序言

NAFTA 之前，环保尚不作为影响贸易、投资自由化的独立价值，构成 FTA 的普遍规制事项。因此，就环保而言，NAFTA 序言富含两个突出亮点：其一，明确指出协定的经济发展目标必须以"与环保相协调"的方式实施，将促进贸易与环境相互支持的可持续发展，确立为引导缔约方贸易行为的基本原则；其二，环保不再停留于表面的倡议宣誓，而是强调促进缔约方环境政策法律的发展和遵守执行，更多关注投向环境条款的可操作性与执行效力。如此，NAFTA 就在 FTA 发展史上第一次在 RTAs 中为缔约方创设贸易自由化进程中的环保义务。

（2）总则

NAFTA 第 104 条确认多边贸易协定与 MEAs 之间的效力等级关系，主张在履行 MEAs 贸易义务的方法选择尽可能降低两者法律冲突的前提条件下，CITES、《巴塞尔公约》及美、加、墨三国共同参加和列于附件 104.1 中的其他环境协定居优先地位，并承诺各缔约方应通过书面协议不断引入新的环保协定。这是 FTA 首次在正式协定中对处理环境与贸易国际法的规则冲突作出回应，不仅有利于改善贸易与环境国际法部门之间的体系协调，而且对缓解国际环境规则的碎片化状态有所助益。

（3）初现"泛绿"的贸易实体规则

NAFTA 巨细无遗的贸易规制中已开始出现环境关切的一叶扁舟。这表现在：第一，货物贸易领域，只要符合非歧视原则且不对区域内自由贸易构成不必要的障碍或变相限制，缔约方有权在科学原则和风险评估基础上，纳入较国际标准、指南或建议而言，保护标准更为严格的卫生与动植物检疫措施；第二，非关税壁垒领域，确认缔约方所签环保协定赋予的与采用技术标准有关的权利义务，允许缔约方基于环保的合法目标，经合格评定程序建立和维持体现适当保护水平的标准措施，并最大限度促进此类措施的一致和等效适用；第三，投资领域，NAFTA 第 1114 条首次在投资规则中嵌入缔约方环保义务，关注国内环境措施对投资自由化的影响，为 FTA 框架下处理投资促进与环保的关系奠定法律基础。

（4）分散化、合作导向的争端解决机制

NAFTA 争端解决机制首先强调以磋商、调解、调查等政治性协商方式覆盖整个争端解决过程。NAFTA 自由贸易委员会（Free Trade Commission，FTC）依据 NAFTA 第 2007 条可采取斡旋、调解与和解的方法介入争端，但并非如在 WTO 体系内一样完全依赖当事双方的纯粹自愿，某种程度上表现出一定的义务性特征。同时，又突破传统 FTA 争端解决条款通常不包含司法性争端解决方法的羁绊，尝试兼容政治方法与法律方法于一体，为解决糅合各种影响因素的复杂贸易争端提供更多选择。

其次，争端解决的具体模式体现开放性和可选择性。除协定有特殊规定外，申诉缔约方均可在 NAFTA 与 GATT 争端解决机制之间作出选择。而且，一旦依据 NAFTA 第 2007 条或 GATT1947 第 22 条和第 23 条之规定（WTO 建立后为 DSU 所取代）启动任一机制，其受案机构即享有对所诉争端的排他管辖权。这既充分尊重当事方对争端解决途径的自愿选择权，也恰当处理不同争端解决机构间的管辖权平行冲突。

最后，区分争端事项的不同性质，分散性创设各自相对独立的争端解决机构和程序。NAFTA 未设立统一性的常设争端解决机构，并就其所涵盖的货物贸易、服务贸易、投资、知识产权等领域的实体性规则，设计三套争端解决机制。

第一套是第 20 章争端解决程序，以第 2007 条 FTC 主导下的政治解决为前置程序，应任何争端缔约方书面请求临时组建的仲裁小组，提供仅对个案有效的法律裁决与建议，并将针对不履行裁决缔约方所实施、与损害效果相当的利益中止措施（即贸易平行报复及交叉报复）作为强制执行保障。它概

第三章　全球环境风险社会性规制法律实施机制演进的实证分析：从"单一规制"到"合作规制"

括性处理因 NAFTA 所涉问题而引发的争端，包括因解释和适用 NAFTA，或缔约方在 NAFTA 中的条约利益因另一缔约方不履行 NAFTA 义务的行为遭到减损而产生的争端，但排除第 7 章有关农产品贸易和第 14 章涉及金融服务的特殊事项。这样，前述 NAFTA 关涉环境问题的实体性规则，理论上就被纳入 NAFTA 一般性争端解决程序的法律适用渊源。此外，以第 20 章程序规范建立的仲裁小组，还有权应争端缔约方请求或自行决定，就环境科学事宜方面的事实问题要求由其选任的科学审议委员会提供专家报告。

第二套是第 11 章投资争端解决程序，以当事各方同意仲裁为管辖基础，在明示放弃援引其他国内或国际救济方法的前提下，选择根据 ICISD 公约第 39 条及其"附加便利规则"，或者《联合国国际贸易法委员会仲裁规则》建立的仲裁庭，解决投资者与另一缔约国间的投资争端。

第三套是第 19 章反倾销与反补贴税事项的争端解决程序。这是建立在缔约方对国内反倾销法和反补贴法的保留基础上，由争议两国建立的专家组。它允许不经政治解决，而直接以法律方式审议相关反倾销或反补贴税的法律修改与该国贸易承诺的相符性，或取代司法程序审查有关最终反倾销或反补贴税的行政决定。

2. NAFTA 推进实现环保目标的主要不足

（1）投资规则中缔约方环保实体义务的弱操作性

NAFTA 寥若晨星的"泛绿"义务，在通篇秉持高水平贸易自由化和高标准投资保护规则的挤压下，越发显现存在的附赘悬疣。除序言以概括方式论及加强国内环境立法和执行，将环保作为实施贸易协定的关注因素以外，其所有环保相关规范大多流于形式，不能为缔约方维护环境规制主权，积极实施环境措施提供合法依据。以直接设定明确环保义务的 NAFTA 第 11 章投资条款为例，可以说，NAFTA 在投资者和东道国权益关系的天平上，通过覆盖范围广泛的"东道国投资保护义务＋超国家性质的投资者—东道国投资仲裁程序"，显示出片面强调投资保护的政策倾向。而第 1114 条有关环境措施的规定，对通过降低环境规制水平以鼓励投资的行为，仅作出"不适当"的法律评价，并就缔约方未履行此项义务的行为，仅提供要求磋商的非司法性救济方式。简言之，NAFTA整体抑制缔约方以牺牲环境安全为代价，改变贸易投资走向的价值目标形同虚设。

（2）例外规则体系在平衡环保关切上的有限性

NAFTA贸易自由化例外普遍具有较强的目的性和针对性，适用范围特定。以投资章为例，首先，NAFTA第1102条对扩及投资准入阶段的国民待遇义务，采用负面清单管理方式。这一框定东道国规制外资具体范围的主要法律依据，缺少对环保例外措施的考量。其次，NAFTA第1106条涉及对投资业绩等多种履行要求的严格禁止。其所适用的环境例外不仅受非歧视原则制约，而且都指向单一具体义务。最后，专门确立投资例外和保留的第1108条与引发最多投资争议的第1110条征收与补偿条款的例外规定，以及效力涵盖整个NAFTA的国家安全例外条款，所含特定援引条件，均未对环保给予应有关注。

（3）投资争端解决实践环境遵守控制取向的不稳定性

2000年S.D.Myers Inc. v. Government of Canada案，仲裁庭主张，❶作为在先制定的《巴塞尔公约》相对于NAFTA投资规则的优先性，并不足以为加拿大违反NAFTA条款提供合法性依据。东道国仍有义务在履行环境公约义务时，选择与NAFTA相关承诺不符程度最低的投资限制措施。但在2010年Chemtura Corp. v. Government of Canada案，❷针对加拿大环境当局基于遵守1998年控制全球性汞污染的《关于重金属的奥胡斯议定书》承诺义务，而对涉案杀虫剂施加的特殊风险评估，仲裁庭又作出肯定该环境限制措施正当性的认

---

❶ 该案是在加拿大依法投资从事PCB（Poly Chlorinated Biphenyls）废料处理的美国SDMI公司，认为加拿大禁止PCB废料出口美国的临时法令和最终法令，违其依据NAFTA第11章国民待遇、最低标准待遇、履行要求，以及征收条款所承担的义务，而启动争端解决程序。参见：HODEGS B T.Where the Grass Is Always Greener: Foreign Investor Actions Against Environmental Regulations under NAFTA Chapter 11, S.D.Myers Inc.v.Canada[J]. Georgetown International Environmental Law Review, 2001（14）: 367.

❷ 该案是美国农业杀虫剂制造商科聚亚（Chemtura）公司主张加拿大害虫防治局（Pest Management Regulatory Agency, PMRA）终止其林丹杀虫剂产品交易的行为，构成违反NAFTA最低标准待遇和征收条款而提起的投资仲裁。参见：LANGER V.Managing Conflicts between Environmental and Investment Norm in International Law[M]//KERBRAT Y, MALJEAN-DUBOIS S.The Transformation of International Environmental Law.Oxford: Hart Publishing, 2011: 37.

第三章 全球环境风险社会性规制法律实施机制演进的实证分析：从"单一规制"到"合作规制"

定，表现出在 NAFTA 投资争端解决中环境遵守规制立场的游移不决。

3. NAAEC 环境规制的改进与遵约方式的创新

1993 年 NAAEC 作为 NAFTA 附属协定，其最初的谈判是由于担心墨西哥借由 NAFTA 统一市场，以环境倾销方式发展污染工业，并可能进一步诱发 NAFTA 缔约各方在国内环境标准上的逐底竞争。但它在内容上重申《里约宣言》，并依赖充分合作与有效监督以诱导缔约方秉承善意遵守环境承诺，使 NAFTA 成为绿色化 FTA 的标杆。

（1）价值目标直指更广泛意义的环保

NAAEC 条款为缔约方确保提供高水平的环保，并持续改善和执行相关环境法规创设法定义务。但与 NAFTA 专门涉及环境问题的第 1114 条不同，NAAEC 对缔约方的环保要求，既未直接连接贸易和投资增长过程中的环境关切，也不与跨界环境损害问题的解决相挂钩。它是通过第 10 条对北美环境合作委员会（North American Commission for Environmental Cooperation，NACEC）的一系列广泛授权，旨在以对国内环保措施适用目标不加限定的方式，促进实现更普遍意义上的可持续发展。

（2）构建对缔约方环境承诺的独立监督机制

作为环境遵守控制机制的常规监督手段，NAAEC 为其环境义务的遵守和实施创设别出机杼的报告制度。根据 NAAEC 第 12~15 条的授权，NACEC 秘书处可向理事会提交三种类型的报告：其一是年度报告，用以阐述各缔约方采取与其环境承诺相关的措施及其对北美环境状况的定期评估；其二是独立报告，围绕特定环境问题，由秘书处依职权主动展开；其三是事实记录，针对具备申诉资格的公民因 NAFTA 缔约方未有效执行国内环境法规所提起的申诉意见，作出客观认定。上述点面结合、职权式与抗辩式兼容的报告监督，增强对缔约方政府维持环保标准的制度压力。

（3）强化缔约方间的环境遵约合作

与 MEAs 遵约机制强调对公约条款遵守情况的监控不同，NAAEC 将

NACEC❶的核心宗旨定位于巩固各缔约方环保合作的路径整合，突出边境地区环境基础设施和管理能力建设项目的合作，以提升环境问题的联合处理和促进环境条件的整体改善。尤其是 NAAEC 第10条、第20条和第21条要求 NACEC 通过加强缔约方环境合作，确保国内环境标准和环境法的实施，更侧重对缔约方环境执法的监督。实践中，这些条款的净效应也经由诸如"国家污染物排放和转移登记"（National Pollutant Release and Transfer Registers，NPRTRs）项目等处理区域特定环境问题的政府间合作而得以显现。❷

（4）凸显私人当事方和独立专家在环境遵守监督中的关键作用

就义务履行的强制执行机制而言，尽管 NAAEC 远不及 NAFTA 更卓有成效，却在构筑公众环境共识和促进环境事务透明度的发展上扮演重要角色。它完整涉及《里约宣言》公众参与原则涵盖的信息获取、决策参与和司法准入三方面的所有问题。特别是，分别依据第14条和第16条建立的"公民申诉程序"与联合公众咨询委员会（Joint Public Advisory Committee，JPAC），为公众参与提供丝毫不逊色于《奥胡斯公约》的法律救济。并且，通过北美发展银行（North American Development Bank，NADB）为便利社会公众参与环保技术合作提供财政支持，强化市民社会的环保参与因素。

（二）NAAEC"裁判"与"管理"因素互补的"公民申诉程序"

NAFTA 作为首次以补充协议方式对环境问题进行处理的贸易协定，突破裁判监管与管理性监控之间的融合障碍，创设兼具两种路径核心因素的"公民意见书程序"。尽管并未将环境争议纳入准司法争端解决机制中，但

---

❶ NACEC 主要由三部分组成。其一，根据 NAAEC 第8条，各成员方应指派本国最高级别环境官员作为代表构成理事会，原则上以协商一致的决策方式就该协定的运行和效力向缔约方作出建议。其二，NAAEC 的秘书处是在人员构成和职能上具有一定独立性的日常行政机构。NAAEC 第12条还进一步对其在监督机制中独立于理事会控制的职能做出专门授权。其三，联合公众咨询委员会，依据 NAAEC 第16.1条，可就包含拟议方案、预算和秘书处报告在内的任何协定事项及其执行和进一步阐释，提供咨询意见。参见：CEC.North American Agreement on Environmental Cooperation 32 I.L.M.1480 [EB/OL].（1993-09-14）[2017-03-16]. http://www.cec.org/about-us/about-cec.

❷ BLOCK G.The CEC Cooperation Program of Work: A North American Agenda for Action, in Greening NAFTA: The North American Commission for Environmental Cooperation [M]. California: Stanford Law and Politics, 2003: 32-33.

第三章　全球环境风险社会性规制法律实施机制演进的实证分析：
从"单一规制"到"合作规制"

已开始尝试将对环境问题的处置捆绑在贸易协定之上，借助贸易协定形成的缔约方协调机制克服两种路径自身存在的固有缺陷，促使其发挥合作规制的效用。

1."公民申诉程序"促进遵约的"裁判"要素

"公民申诉程序"所包含的以下要素使其形成"以问题为中心"的法理，拥有非常近似于超国家司法裁判的属性特征。

首先，私人以主体身份提起对抗性申诉。大多数 MEAs 遵约机制主要受控于负有履约义务的缔约方自身，从而抑制环境团体和独立专家等私人当事方发挥更为积极的作用。❶ 依据 NAAEC 有关受理公民申诉操作程序的第 14 条和第 15 条规定，NACEC 秘书处可接受和审议来自 NAFTA 境内，不需与环境损害形成实质联系的任何私人当事方主张特定缔约方，而非具体商业主体，未能有效实施其本国环境法的申诉（Complaints）或意见（Submissions）。通过启动调查程序，秘书处可作出最终结论性的报告（Reports）或不遵约事实记录（Factual Records）。有关缔约方环境遵约的大量问题，事实上都以类似超国家诉讼的模式提出。因此，NACEC 主导下的"公民申诉程序"，就国际环境法的遵守控制而言，是在 CJEU 之外，首个允许私人寻求审议主权国家遵约行为的准司法性监督程序。❷

其次，独立专家以公允方式作出评审意见。NACEC 依据 NAAEC 第 9.5

---

❶ 以 MPSDOL 为例，环境团体通常没有正式和有保障的准入渠道以参与遵约机制。因此，他们主要依赖非正式和间接方式影响议定书的遵守。环境 NGO 原则上，仅能通过获得秘书处或 ImpCom 成员方的支持，以提交有关国家遵约的讨论议题。参见：VICTOR D. The Operation and Effectiveness of the Montreal Protocol's Non-Compliance Procedure [Z]. The Implementation and Effectiveness of International Environmental Commitments: Theory and Practice, International Institute for Applied Systems Analysis, 1998: 142.

❷ 伴随整个国际法日益重视增强个人在国际层面的广泛参与，允许私人当事方触发由独立专家对遵守国际环境义务进行公正审议，主要在三类典型程序机制上取得突破进展，包括：(1) 欧盟境内的个人，向 EC 提起欧盟成员方违反欧盟环境法的申诉，并由 EC 决定是否向 CJEU 启动正式违反之诉程序；(2) 世界银行组建的三方核查小组，授权调查私人团体主张因世界银行项目管理层违反内部执行标准而遭受环境损害的申诉；(3) NAFTA 成员方管辖范围内的私人当事方，提请独立秘书处审查 NAAEC 遵守问题的公民意见书程序。参见：KNOX J H. International Environmental Law: The Submissions Procedure of the NAFTA Environmental Commission [J]. Ecology Law Quarterly, 2001-2002 (28): 53-67.

条的授权，指定处理申诉的独立专家，并对申诉进行筛选、审议和评估，发布处理意见。独立专家不仅扮演准司法监督机构的角色，而且在很多方面表现出类似环境争端裁判者的特征。❶ 尤其是 1999 年 NACEC 修订的程序指南，主张有关确认私人申诉资格和要求相关缔约方作出针对性回复的裁决，应作出详细法律解释。❷ 这进一步推动秘书处在晚近实践中倾向以不断增多的法庭操作方法行事，适用诸如对抗性程序、证据评价和支持其结论的法律推理等司法或准司法性质的基本原则。同时，某种意义上，独立专家的最终评审意见不仅是对特定缔约方不遵守 NAAEC 环境义务的确认，而且附加对救济私人权益和改善遵约状况乃至有关未来预防措施的建议，构成处理具体遵约问题的权威"裁决"，为 NACEC 采取进一步措施提供依据。因此，并非由 NAAEC 政治性机构，而是具有司法倾向的独立专家，对私人当事方的申诉进行全面审议。这与超国家司法裁判追求公平、正义的基本理念相符，无论对私人当事方还是涉案缔约方而言，无疑都呈现日益增强的合法性基础。

最后，NACEC 与强制执行机制连接的可能性。总体上，NACEC 对其确认缔约方未履行 NAAEC 第 5 条关于有效实施国内环境法义务标准的事实记录，缺乏必要的强制遵守措施。但在经 NACEC 成员 2/3 多数同意的条件下，围绕存有遵约问题的缔约方持续不能有效执行其环境法的相关事实，NAAEC 有关磋商和争端解决的第 5 部分第 24 条仲裁条款，可为任何缔约方要求启动独立专家组展开国家间控诉提供依据。而且，NAAEC 还进一步就采取罚款、中止利益授予等制裁措施，以诱导缔约方执行独立专家组裁决和争端双方就此达成的解决方案做出机制安排。❸ 从而，NAAEC 以"事实记录"为纽带，建立 NACEC

---

❶ HELFER L, SLAUGHTER. Toward a Theory of Effective Supranational Adjudication [J]. Yale Law Journal, 1997 (107): 341-342.

❷ Commission for Environmental Cooperation. Guidelines for Submissions on Enforcement Matters under Article 14 and 15 of the North American Agreement on Environmental Protection § 7.2 [R/OL]. [2017-03-16]. http://www.ece.org/citizen/guide_submit/index.cfm.

❸ SAUNDERS J O. NAFTA and the North American Agreement on Environmental Cooperation: A New Model for International Collaboration on Trade and The Environment [J]. Colorado Journal of International Environmental Law & Policy, 1994 (5): 302.

第三章 全球环境风险社会性规制法律实施机制演进的实证分析：
从"单一规制"到"合作规制"

与特定强制实施机制的法律链接，有助于提升公民意见书程序的运作效率。

2. "公民申诉程序"促进遵约的"管理"要素

首先，私人申诉方与不遵约国家的持续对话。私人申诉方得以特定主体身份对环境损害事件发表意见和提供信息。但其通过"公民意见书程序"所获得的权利并非实体法律权利，更多的是单方面引发对国家遵守环境承诺的审议程序。通过向 NACEC 申诉，私人当事方实质上与违反环境义务的缔约方建立起非正式磋商机制，以逐步增加对不遵约国家的压力，劝说其改变相关环境行为。

其次，NACEC 对申诉意见的审查和管理。NAAEC 为 NACEC 创设大量关涉环境义务遵守的管理性权责。尤其赋予其在要求缔约方对公民申诉作出回复和采取应对措施方面拥有广泛自由裁量权。甚至还能在针对有关缔约方不遵约事实记录的决策阶段，停止公民意见书程序。NACEC 授权独立专家处理申诉的目的也并不拘泥于解决私人当事方与缔约方间的环境争端，更大意义上还是作为事实发现（Factual Findings）的过程，以弥补其不同于严格司法裁判机构通过独立取证、口头聆讯等方式获取争端事实的不足。NACEC 依赖私人当事方基于自身立场观点和利益取向，提出有别于其管辖国的遵守信息。它借助独立专家在审查国家环境义务履行上足以确保公允、高效的理论积淀和实践经验，验证国家自行报告的相关信息，确认和审查更多具有严重影响或持续性不遵约的实例，实现对国家履行环境承诺具体行为的有效管理。此外，对基于公民申诉程序而得到确认的不遵约情势，NACEC 倾向通过给予当事国充分沟通和协商机会，尽量在推进到最终解决程序前，努力消除当事国在遵约上的误解或解释分歧。并且，NACEC 主张妥善处理其他灵活性问题，避免采取对抗性制裁措施。

最后，缔约方不承担遵守 NACEC 裁决建议的法律义务。与严格意义上的超国家法庭相比，NACEC 任何有关缔约方是否有效执行国内环境法的法律评价，都超出缔约方对事实记录范围的预期。NAAEC 第 38 条也明确禁止缔约方基于另一缔约方与协定义务不符的行为，而采取单边法律措施。因此，除要求涉案国家就意见书所列事项作出回复的程序性裁决外，NACEC 围绕公民申诉所作裁决建议对缔约方并不具有强制约束力。它主要依赖公开不遵约事实记录的"阳光"影响，诱导实现自愿遵守。但由于该程序设计使国家无法运用主权权力屏蔽私人当事方的申诉，并进一步左右独立专家的审议，从而减弱对整个环境遵守监督机制的不当政治控制。这为 NACEC 针对问题缔约方具体不遵守行为的裁决，提供在缺乏强制执行方法情况下发挥效力的可能性。

3. 管理性体制内以申诉为基础"准超国家"监管的双重角色

NAAEC"公民申诉程序"是一种融初始形式或准超国家司法裁判于管理性模式中，发展作为监督国家遵守，充溢中立、法律推理和渐进主义特性的第三方控制程序。它借鉴国际人权法领域"个人申诉机制"，赋予私人主体和独立专家介入条约义务遵守的程序性权利，从而强化遵约社会监督的成功经验。一方面，因循依赖缔约方环境合作、能力建设和监督执行的机构监管路径，主要发挥劝说性、管理性要素与促进国际环境义务履行间的契合作用。另一方面，将私人当事方向 NAAEC 执行机构申诉的"裁判"要素，引入实施常规监督的国家定期报告程序。并且，该程序着力运用个人申诉的对抗性压力和独立专家的审查权威，削弱 MEAs 机构监管中的规制俘虏问题，改善缔约方自愿报告机制的软弱性，确保第三方事实发现程序和监督审议程序的准确有效。整个程序运作既能显现超国家裁判在促进遵约上的潜在效力，又能与尤其是依据 NAAEC 第 13 条确立的报告程序，以及围绕 NAAEC 第 4 部分展开的环境合作项目等其他规制工具形成补充配合，获得在管理性语境中的生存活力。这在恰到好处的融合两种路径功能优势的同时，也为公众及其他国际组织进入 NAAEC 监督实施程序作出制度安排，反映出向合作规制演进的态势。

（三）NAAEC 环境遵约机制效用发挥的"双面性"

各方对 NAAEC 在推动 NAFTA 三方成员环境合作、促进国内环境法实施、做出有关区域重大环境问题的独立报告及协调贸易与环境关系方面的有

第三章　全球环境风险社会性规制法律实施机制演进的实证分析：
　　　　从"单一规制"到"合作规制"

效性，褒贬不一。❶ 而 NACEC 内部也的确存在体制性缺陷，导致理事会通过修改事实记录范围和限定可供秘书处考量的信息类型等方式侵蚀秘书处独立性。进而，公民意见书程序遂在加强环境法遵守和实施方面的公信力和效能呈显著衰落趋势。自 1995 年 NACEC 受理针对美国未能有效执行其《濒危物种法案》可选择性条款的第一起公民申诉起，截至 2020 年 USMCA 正式取代 NAFTA，共 99 项有关 NAFTA 框架下执行和遵守环境法规的申诉意见被提出，年均 4 项；其中，31 项最终向社会公开散发缔约方不遵约事实记录，占比达 28.5%，维持较强活跃度和遵守压力。申诉所涉内容广泛深入水资源利用、有害化学物质及污染废弃物的处理、气候变化、物种保护等众多环境领域。❷NACEC 处理公民意见书的运行实践表明，其环境遵约机制在阐明遵约程序的适用条件与澄清 NAAEC 相关条款的解释规则上，担负司法裁判机构发展法律的关键作用。同时，以在公民申诉意见基础上，通过"化学制品完善管理项目"（Sound Management of Chemicals, SMOC）最终促成有关管控有毒化学制品的北美区域行动计划为代表，在推动区域可持续发展，尤其是对 NAFTA 三方成员中最不发达的墨西哥改善环境执法水平和环保能力等方面所做出的开创性尝试，也彰显机构监管模式对环境合作的激励功效。初显合作规制成效的 NAAEC 环境遵约机制，整体呈现出以下效用特征。

1. 主动性

WTO 为避免将环境与贸易过多挂钩进而诱发关于贸易环境壁垒的争议，所以在对与贸易有关环境措施的合法性认定上，表现出徘徊不定和刻意闪躲。

---

❶ 有些学者持乐观态度，主张 NAAEC 开创遵守国际环境法以申诉为基础管理性监督的新路径，为国际环境协定提供重要范例，参见：KNOX J H. A New Approach to Compliance with International Environmental Law: The Submissions Procedure of the NAFTA Environmental Commission [J]. Ecology Law Quarterly, 2001-2002 (28): 1-122；另一些学者立足谨慎客观的立场，从实证评估角度认为，NACEC 在实现其目标任务和促进 NAFTA 三方成员政策或政府行为改变上，所能发挥的效用十分有限。参见：ALLEN L J. The North American Agreement on Environmental Cooperation: Has It Fulfilled Its Promises and Potential? —An Empirical Study of Policy Effectiveness [J]. Colorado Journal of International Environmental Law & Policy, 2012 (23): 121-199.

❷ North American Commission for Environmental Cooperation. Citizen Submission on Environmental Enforcement: Current Status of Filed Submissions [Z/OL]. [2021-03-19]. www.cec.org/sem-submissions/all-submissions.

但鉴于美国主张墨西哥无底线的环保标准会内化为环境补贴，从而形成不公平的贸易竞争优势。加之，美国又在新兴环境产品和服务贸易方面拥有核心竞争力。❶ 针对同类问题，NAAEC 环境遵守规制展现出与 WTO 截然不同的处理方法。作为对 NAFTA 推进环保目标乏力的修补，NAAEC 以附属协议的方式主动将环境问题纳入 NAFTA 贸易体系，明确将环保义务列入贸易协定承诺义务之中，并以此为范本指导其后 FTA 在环境规制上所采取的基本模式，对各缔约方执行环境标准、履行环保义务形成实质约束。

2. 管理性

NAAEC 从整体上并未建立与 NAFTA 的法律关联，构成与 NAFTA 相关环境规定在"平行轨道"上发展的规则体系，以较 WTO 更为灵活的方式单独处理环境问题。NAAEC 下设 NACEC，配置从兼具处理相关环境争议和环境合作决策功能的理事会，到在技术和实施层面提供行政协助的秘书处，再到作为理事会咨商机构的 JPAC，俨然一个结构松散的微型多边环境组织，致力于寻求尊重缔约方环境规制主权与超国家环境监督合作的恰当平衡。实体性规则上，NAAEC 并不为缔约方创设执行国内环境法的最低统一标准义务。相反，它只强调对缔约方国内环境措施执行情况的监督管理，从而形成具有非约束性、协商合作的规则体系。程序规则上，缺乏对履行 NAAEC 义务的常设性司法审查机构。而 NAAEC 项下争端也不能适用 NAFTA 第 20 章准司法性常规争端解决机制，必须通过 NACEC 主导下的争端干预方式获得解决。其争端解决和执行方式，体现弱司法性。

本章小结

国际环境法遵守的"单一规制"实践中，司法控制方面，从具有国家间

---

❶ 美国作为全球最大的环境产品和服务贸易顺差国，拥有全球最大的环保市场规模，市场份额占比达 19.5%。其环保产业经过 30 多年的发展，2021 年产值已达 5972 亿美元，占全球环保产业产值的 1/3，年均增长近 7%，环保产业贸易额超出全球环保产品和服务贸易总量的 40%，成为全球领先的成熟产业。参见：Environmental Business International Inc Environmental Business Journal [DB/OL]. [2021-11-03]. http://www.e-biusa.com.

第三章　全球环境风险社会性规制法律实施机制演进的实证分析：从"单一规制"到"合作规制"

裁判特征的 WTO 争端解决机制，到突出体现个人对抗国家的 CJEU，直至呈现"混合诉讼"复杂设计的 ITLOS，三种分别在所涉领域极具司法活力，代表同类型国际司法机构中对遵守国际环境法产生独有影响力的司法监督构造，存在如下实践共性：第一，缺乏具有约束力的环境规制实体义务条款，面临在既有传统国际法规则基础上发展适应国际环境法领域特定遵守问题处理办法的实际需要时，国际司法机构的司法能动往往对实现环境遵守控制目标具有重大意义；第二，无论实体还是程序规则都体现出较强的约束性和对抗性，整个遵守控制过程遵循透明度和正当程序要求，具有稳定和可预见的特征；第三，即使是开放度最具突破性的 CJEU，在对公众的法律参与上普遍持谨慎态度，一方面肯定环境事务公众参与的重要辅助功能，另一方面又在司法实践中仅赋予公众介入司法裁判程序的有限主体资格。

管理性机构监督方面，无论奠定 MEAs 遵约基本框架的 MPSDOL 遵约机制，还是代表 MEAs 遵守监督最高水平的 KP 遵约机制，尽管在遵守效果上判若云泥，但都不断尝试在特定环境领域内机构监管工具的创新。它们在各自条约框架下的"试错"，为完善机构监管提供重要启示：第一，普遍在对遵约监督方式尤其是处理不遵约情势上，表现出显著的灵活特色，不拘泥严格的公约条文约束，不依赖强制执行措施的实施，以协商合作为基础宽松有度的调整遵约问题；第二，无论履约报告审议程序、不遵约处理程序，还是不遵约反应机制的运作都不限于个案遵守，更强调集体监督局面的形成，关注从事前预防到后续执行的整个动态遵约进程；第三，重视发挥公众监督在遵约机制各程序环节中的关键作用，尤其是贯穿不遵约处理过程始终的环境信息公开与机制内协商合作，为公众影响遵约控制提供各种正式或非正式渠道。

由于受到树立机构监管标杆的 ILO 监督机制和与环境遵守控制最具类比性的国际人权实施机制，甚至是环境规制跨领域协调典范的世界银行核查小组机制的深刻影响，国际环境法领域两种主流遵守路径出现融合趋势，并在 NAAEC 中产生合作雏形。NAFTA 将其环境附属协定下的环境遵守控制单置于整个贸易协定之外，通过融入超国家裁判因素而改造机构监管模式的"公民申诉程序",对缔约方实施具有合作规制基本样态的遵约管理。NAAEC遵约机制实践证明,司法控制因素的引介并未将整个NAAEC环境遵守控制带离管理性模式,继续延续以劝说与协作为主要方式促进遵约的意旨;而且,"公民申诉程序"对传统机构监管模式的改良,为审查缔约方义务遵守状况提供更多样化的信息来源。同时,也为国家的遵守决策施加具有充分活力的外部压力,成为管理性监督体系中必不可少的组成部分。环境合作规制的有效性,初步展现。

第四章

国际环境法"合作式"遵守控制模式的最新进展及有效性预判

NAFTA之后，在FTA中纳入重大环保义务就构成美国自由贸易战略的基石，并开始在连接贸易自由化与环境管理体制上大踏步跃进。晚近，美国与秘鲁、哥伦比亚、巴拿马和韩国商签的4个双边FTA，均遵循其一贯将环境与贸易义务同等对待的实践，涉及FTA缔约双方共同参与的7个MEAs中的环保实体义务。❶ 标志着美国亚太区域合作模式战略转变的TPP/CPTPP，则成为当今FTA整合环境承诺这一强劲发展势头的最重要代表。可以说，TPP/CPTPP不仅是美国力图撬动全球贸易规则重构的区域贸易协定升级模式，也是为新一轮全球环境规制提供模板的示范性环境协定。

一、TPP/CPTPP探路"WTO+"新型多边贸易治理体制的秩序建构效应

被誉为国际经济格局变革新模式的国际经济法治，❷ 要求以国际经济规则为依据建构、调整和恢复国际经济关系，围绕国际经济规范制定和遵守两个核心环节提升国际经贸领域的良法善治，并最终决定国际经济秩序的动态发

---

❶ 这也是2007年布什政府与国会围绕FTA谈判的贸易促进授权（TPA），而对美国发展FTA网络所确立的基本环境法律条件和标准中明确列明的7个MEAs，包括：CITES、《蒙特利尔破坏臭氧层物质管制议定书》、《海洋污染议定书》、《美洲国家热带金枪鱼协定》、《国际湿地公约》、《国际管制捕鲸公约》、《南极海洋生物资源养护条约》。参见：李丽平，张彬，陈超.TPP环境议题动向、原因及对我国的影响[J].对外贸易实务，2014（7）：12.

❷ LANG A, SCOTT J. The Hidden World of WTO Governance [J]. European Journal of International Law, 2009（20）：575.

展方向和价值取向构划。而作为 WTO 多边贸易体制有关"碳关税"与《环境产品协定》等环保新议题谈判陷入长期僵局，❶ 美国实施"重返亚太"对外经济发展战略之间发生"氧化反应"的结果，TPP/CPTPP 呈现与传统双边 FTA 不同的诸边化、整合性造法特征，在推进国际经济法治及国际法整体制度的系统发展进程中具有重要地位。

（一）治理规则供给：以区域维度突破 WTO 多边体系的"造血"功能障碍

从国际经济法治的良法标准而言，GATT/WTO 开创以多边谈判、贸易政策审议和争端解决为支柱，规则导向的多边贸易体制。在过去半个多世纪的时间里，通过"一揽子"接受的自由贸易纪律，抵御全球金融危机下贸易保护主义的强烈反扑，为便利全球市场自由流通提供具有安全性和可预见性的制度保障。但新兴经济体强势崛起，全球经济格局面临重构与世界市场深度融合驱动乏力的背景下，WTO 造法功能持续边缘化。致力于推进经济、社会和环境相互融合支持的首轮"多哈回合"（Doha Round Negotiations）步履蹒跚，仅在知识产权方面确立有关扶助发展中国家实施公共健康政策等零星举措，❷ 以及为激活多边贸易谈判重燃微弱希望而达成 2013 年《贸易便利化协定》（Agreement on Trade Facilitation）和 2015 年《信息技术协定》（Information Technology Agreement）扩围协定。❸WTO 成员方不仅在农业和非农产品市场

---

❶ 戴瑜.WTO 框架下环保条款的判理演进及挑战［J］. 中国海商法研究，2021，32（1）：102–112.

❷ WTO Ministerial Conference.Ministerial Declaration on the TRIPs Agreement and Public Health，WT/MIN（01）/DEC/2［EB/OL］.（2001-11-20）［2019-09-09］；TRIPs Council，Decision on the Extension of the Transition Period under Article 66.1 of the TRIPs Agreement for Least-Developed Country Members for Certain Obligations with Respect to Pharmaceutical Products，IP/C/25［EB/OL］.（2002-07-01）［2019-09-09］；General Council.Decision on the Implementation of Paragraph 6 of the Doha Declaration on the TRIPs Agreement and Public Health，WT/L/540 and Corr.1［EB/OL］.（2003-09-01）［2019-09-09］；General Council.Decision on the Amendment of the TRIPs Agreement，WT/L/641［EB/OL］.（2005-12-08）［2019-09-09］. http：www.wto.org.

❸ General Council of WTO.Agreement on Trade Facilitation，WT/L/931，Preparatory Committee on Trade Facilitation［EB/OL］.（2014-07-15）［2019-09-09］；General Council.Protocol Amending the Marrakesh Agreement Establishing the World Trade Organization：Decision of 27th November 2014，WT/L/940［EB/OL］.（2014-11-28）［2019-09-09］. http：www.wto.org.

第四章 国际环境法"合作式"遵守控制模式的最新进展及有效性预判

准入上利益分歧巨大,即使是以完善技术性规则为主的DSU改革也遥遥无期。国际经济规范无论是在实体正义方面趋向人本、❶可持续❷与和谐共进❸的价值改善,还是在形式正义层面体现遵守约束刚柔并济、法律监督体系公开透明、权益救济有效可行的正当程序要求,都几乎再无实质进展。❹

TPP/CPTPP的出现意味着多边贸易制度建设陷入停滞时,亟须寻求促动全球经济因素最佳配置的新动力。它以高质量FTA为支点,借助区域经济一体化机制的运行活力,在"WTO+"新领域撬动多边贸易规则的探索与尝试。同时,TPP/CPTPP规则体系暗含现存国际经济秩序的既得利益者与新兴市场力量,在互助合作中围绕构建国际经济治理新规则进行正合博弈。这表现为通过国家经济管理权能的深入协调与互动塑造共同利益,促进国际经济法治。无论是在单边主义和集团化甚嚣尘上之时,以贸易为工具就WTO应对全球化逆流和世界经济复苏注入强劲暖流;还是拆解国家间信任赤字,增强经济合作的韧性与包容度,皆旨在有益于国际经济制度体系遵从自由贸易与公平发展两个维度,实现全球经济的可持续发展。

(二)治理规则创新:以独具特色的规范结构树立国际经贸体制新典范

从动态引领和评价国际经贸规则运行效果的全球经济善治标准而言,

---

❶ 即人类存在和行为的目的是其本身的价值,人在整个社会的价值体系中应位于核心地位,是国际法发展的根本前提和目标取向,其内涵表现为均衡与合作。人本主义价值要求国际经济法律规范应以人的自由与权利为基础,将人的全面发展作为根本出发点和归宿。参见:PETERSMANN E U. How to Constitutionalize International Law and Foreign Policy for the Benefit of Civil Society [J]. Michigan Journal of International Law,1999(20):1-15.
❷ 这意味着国际经济法应兼顾不同人类群体,确立人类可持久、充分利用资源的秩序机制,使人类经济和社会活动与生态环境协调发展。参见:WEISS F,DENTERS E M G,Paul J I M. International Economic Law with a Human Face [M]. Leiden:Kluwer Law International,1998:85-90.
❸ 这要求国际经济体制应依据《联合国宪章》有关主权平等和国际合作的原则,有利于促进不同国家和地区间的充分合作与利益协调,确保背离国际经济法律体系的行为得到有效的程序监督和救济,避免导致以邻为壑的丛林法则盛行。参见:TRACHTMAN J P. The Theory of the Firm and the Theory of the International Economic Organization:Toward Comparative Institutional Analysis [J]. Northwestern Journal of International Law & Business,1997(17):470.
❹ 陈安.南南联合自强五十年的国际经济立法反思:从万隆、多哈、坎昆到香港[J].中国法学,2006(2):14.

TPP/CPTPP 高标准、深层次、强化执行力的规范内容，充分体现对国际经贸规则运行过程和操作原则的显著改善。在继承 WTO 多边贸易体制及 NAFTA 行之有效的秩序框架基础上，进一步从以下三方面强化和创新指向未来全球贸易的治理方式。

第一，国际贸易的重心日益向开放度深受政府管理体制和国内政策法规影响的投资和服务贸易转移。TPP/CPTPP 得以超越传统 FTA 的边境和市场准入等边界议题，关注成员方"国内体制的结构调整"，融贸易自由化与涉及环境、公共健康、劳工、人权等方面的国内改革目标为一体。尤其是嵌入包含责任范围、核心承诺和公众参与内容的严格环保标准，❶凸显对 FTA 非经济利益的有限度塑造。

第二，除治理领域范围广度上的扩展外，多边框架下未能实现的贸易自由化安排，在 TPP/CPTPP 内取得实质性突破。包括加强成员方在贸易、投资和金融等领域非关税壁垒措施的广泛合作，尤其是在金融服务贸易领域市场开放和国内监管的一致性问题，体现 TPP/CPTPP 更为全方位的市场准入要求。对具有高度隐蔽性和不透明性的农产品贸易措施进行深度整合，通过建立专门委员会负责监督有关措施公开和信息交换义务的履行，推动缔约方间 TBT 措施与 SPS 措施的同等性认证，全面超越 WTO 规则的义务约束。

第三，盘绕在 WTO 体制运行始终，却未获体制内解决方案的贸易与非贸易价值的协调问题，TPP/CPTPP 亦提供更具灵活度和包容性的争端解决机制。TPP/CPTPP 争端解决机制在环境遵约控制上，兼采司法控制和机构监管的双

---

❶ 责任范围方面，TPP 环境章对协定项下环保范围和责任作出新的界定。这涉及臭氧层保护（第 20.5 条）、防止船舶污染的海洋环境保护（第 20.6 条）、生物多样性（第 20.13 条）、外来物种入侵（第 20.14 条）、低碳经济模式的转化（第 20.15 条）、海洋渔业（第 20.16 条）、濒危物种的保护（第 20.17 条）和环境友好的产品和服务（第 20.18 条）等特定条款。核心承诺方面，TPP 环境章第 20.3 条一般义务条款要求缔约方遵守制定、实施本国环境法规政策的基本承诺，并确保不断提高环保水平。第 20.4 条则要求缔约方亦应履行各自在 MEAs 框架下所作承诺。公共参与方面，TPP 环境章在第 20.7 条程序事务中，要求缔约方确保相关环境信息和法规政策的透明度及国内救济。此外，还专门在第 20.8 条中，作出有关公众在环境信息获取上的程序权利。并且，在第 20.9 条中，设置具有个人对抗国家性质的公众申诉机制，使任何缔约方国内的私人主体，平等获得对国家环境相关问题提出质疑或采取法律措施的权利。

第四章　国际环境法"合作式"遵守控制模式的最新进展及有效性预判

重路径，试图做到公正高效、宽严适度和充分的公众参与。TPP/CPTPP 对争端解决场所的选择并未排除其他争端解决机构（尤其是 WTO）的管辖，而是允许缔约方将争议转致适用 WTO 体系创制的解决方法。❶ 同时，TPP/CPTPP 将争端解决章的一般规定与环境等领域的特殊争端程序无缝衔接，既体现争端解决适应性方面的机动灵活，又确保相关争议解决的公正效率。此外，在争端解决机制专家组审查案件的适用法源和解释规则上，TPP/CPTPP 强调与包括 VCLT 第 31 条、第 32 条及 WTO 争端解决机构相关判例在内的多种非 TPP/CPTPP 规则建立明确的法律联系。❷ 上述都显现出 TPP/CPTPP 准司法裁判的程序建构能力和法律实践技巧日臻成熟。

同时，TPP/CPTPP 的运作并非孤立存在，而是与协同欧盟"抱团"打造的 TTIP，以及旨在作出全系列高端服务产业市场开放承诺的 WTO《诸边服务贸易协定》（Trade in Services Agreement，TISA）等巨型 FTA（Mega-FTA）互为依托。这对亚太地区乃至全球经济合作新机制的创设和既有制度的升级产生建构效应。同时，呈碎片化发展状态的国际经济法律体系中，通过 TPP/CPTPP 的示范和指引，势必推动竞争性 FTA 间呈现发展趋同，有利于国际经贸规则的整合。

二、TPP/CPTPP 贸易与环境协调机制的开创性规范增益

TPP/CPTPP 环境条款为地理不相邻的跨区域国家间，基于自身和区域整体的可持续发展，在深度贸易自由化的规则体系中，纳入展现 FTA "多功能性"发展目标的环境规制丰富可行思路。

（一）环境非贸易价值从寄生到对等

TPP/CPTPP 之前的 FTA，通常都不对环境承诺施加具体规则约束，或将对环境承诺的遵守置于贸易义务的执行监督机制之外。即使是 NAFTA 也对其

---

❶ The Chapter 27 Dispute Settlement of TPP Full Text，Article 28.4［EB/OL］.［2016-12-28］. http：//ustr.gov/Free_Trade_Agreements/TPP.

❷ Ibid，Article 28.11.

NAAEC 的遵守监督采取与贸易协定相隔离的方式。而 TPP/CPTPP 不仅已将环境从贸易协定的边缘拉入主协定成为独立章节，改进包含能源与气候变化补贴等适应环境商品和服务贸易的自由化规则。而且，对通过"例外平衡"方式消除贸易与环境冲突的传统模式做出实质调整，实现环境政策与利益诉求方面差异巨大的多个缔约方之间，建立具有高水平和代表性的环境遵守规制机制。TPP/CPTPP 在保留 GATT 1994 与 GATS 一般例外主体条款的同时，专章对环境问题进行规定，纠正 WTO 将环境保护与自由贸易两种制度进行主次划分，并使两种制度在 WTO 体制内发展不平衡的弊端。它逐步改善环保在贸易体制下的寄生身份，尝试促进两者在贸易体制内达成平衡局面。

（二）环保义务从抽象宣言到挂钩多边环境条约

传统 FTA 大多以合作宣言方式，彰显缔约方坚持可持续发展目标的基本立场，并承诺不以降低环保标准作为鼓励贸易、投资自由化的方式，允许缔约方在实现贸易自由化进程中基于环保目的，以对自由贸易限制最小的方式暂时偏离 FTA 贸易义务要求。这样，仍将具体环境标准的实施留给各缔约方自行裁断，并未附加关于环保水平的实体义务。

TPP 第 20.3 条除作出要求各方保障实施自身环境标准的规定外，还进一步将美国最新 FTA 实践环境章所列举的 MEAs 具体义务部分植入 TPP。借此，要求缔约方采用、维持和实施环境法规及其他相关措施，以实现在所确认的 MEAs 项下承担的国际义务，使得遵守和履行 TPP 环境承诺与 MEAs 紧密关联。此外，TPP/CPTPP 环境章还针对不同缔约方设定特别环保义务。例如，就 WTO 多哈回合未能达成妥善解决方案的渔业补贴管制问题，及其掩盖下渔业资源实质上不可持续的捕捞现状，TPP/CPTPP 已率先就渔业补贴限制中的利益平衡作出突破性规定。其致力于实现联合国 2030 年可持续发展议程的规划路线图，开启全球渔业新规则的贸易生成机制，也标志着投向过度捕捞的渔业生产或非法捕捞的渔船等诱发全球渔业资源枯竭的政府补贴进入多边约束的发展阶段，对 2022 年 WTO《渔业补贴协定》的最终达成产生深刻影响。又如，TPP 第 20.17 条超出 CITES 保护范围，要求缔约方对野生动植物种群的

第四章 国际环境法"合作式"遵守控制模式的最新进展及有效性预判

非法采伐和相关贸易,作出全面禁止的特殊承诺。

(三)环境承诺的遵守实施从"软监督"到"硬控制"

传统 FTA 通常不包含对环境承诺的强制实施程序,排除将环境争议带入贸易争端解决的可能性。即使是作为 FTA "绿色化"标杆的 NAFTA,也采取围绕"公民申诉程序"的管理性机构监督模式,主要以协商和劝说为主,促进缔约方自愿遵守。加之,大多数被纳入 FTA 调整的 MEAs 环境义务都存在于软法规范之中,普遍缺乏自身有效的条约实施机制,呈现"软监督"特点。

TPP/CPTPP 不仅在环境章采取并入或复制方式固化范围确定的 MEAs 环境义务,还进一步在诸如野生动植物物种保护等领域,扩展缔约方全新实体环境义务。而且,TPP/CPTPP 以独立专章就环境等领域缔约方规制体系的协调性作出集中规定,并探索创制专门性国际规制合作委员会。围绕该专门机构的职权配置,包括主导审议缔约方相关规则执行的合规性、增强环境规制最佳实践的分享效率以及标准措施的透明度,并不断发掘各国贸易与环境规制的合作潜力。更重要的是,TPP/CPTPP 将环境承诺置于同贸易义务相同的地位,设计包含常规争端解决机制和公民申诉程序的"双轨"履约机制。以贸易制裁作为保障履行环境承诺的激励措施,为 TPP/CPTPP 环境义务擦亮问责"刀锋",显现环境遵守控制日趋硬化的趋势。

三、TPP/CPTPP 环境承诺双轨履约机制的"合作规制"内核及效用评价

拘泥于单纯环保视角的传统遵守控制,要么聚焦司法控制路径解决环境争端,要么因循机构监督路径管理环境义务的履行。自 NAFTA 起,出现贸易、投资体制的跨领域环境调控,尝试对遵守其环境附属协定单独采用管理性监督模式下初始状态的超国家司法裁判方式,呈现机构监管对司法控制兼容吸收的趋势。发展至 TPP/CPTPP,则真正实现两种规制路径主辅配合的环境承诺"双轨"实施。

(一)TPP/CPTPP 环境承诺双轨履约程序中"合作规制"的具体表征

TPP/CPTPP 通过与所确认的 MEAs 挂钩,借此在其缔约方关注的特定环境领域设定全新环保标准,并创设出具有可操作性和强执行保障的实体环境义务。而且,TPP/CPTPP 也建立了包含透明度和能力建设、履约审议、公民申诉及争端解决等遵守控制工具,由规制原则、执行机构和各种程序规则构成的环境承诺遵守实施机制。整体而言,已显露合作规制的制度特征。

1. 将多层次履约审议作为环境遵守监督的常规方式

WTO 环境协调机制侧重以争端解决方式处理环保议题,主要依赖 DSB 协调贸易与环境冲突。而 TPP/CPTPP 则截然不同,其为环保切入贸易协议铺设一条以协商评审、劝说对话为主的管理性机构监督路径。根据 TPP 第 27 章有关机构安排的规定,由全体缔约方的部长级代表团组成的 TPP 委员会作为协定执行机构,对与协定实施相关的事项进行评审,并为促进协定的遵守作出建议和发展安排。

围绕 TPP 第 27.2 条赋予 TPP 委员会的遵约监督职能,TPP 形成缔约方定期报告制度。这要求缔约方对履行 TPP 协定义务的实际状况和规划进展向委员会进行报告,并须依据其他缔约方获取有关义务遵守进展额外信息的要求迅速作出回应。同时,TPP 委员会及其设立的附属机构和工作组,还通过协商方式寻求解决关于协定解释或适用的分歧,定期审议协定的运作情况和缔约方间的合作关系,并以第 27.3 条规定的协商一致方式作出有关协定遵守实施方面的决议。

此外,TPP 环境章第 20.9 条要求,在协议生效不超过 3 年及此后缔约方决定的期间内,环境委员会应向 TPP 委员会提交有关环境条款执行情况的报告。所涉内容应包含各缔约方提供在环境章下有关关键遵约行动的书面总结。据此,缔约方对实施 TPP 环境标准和义务的具体情况负有主动报告义务。TPP 执行机构可对其报告进行审议和评价,并在此基础上提出遵守要求和建议。这样,通过借鉴联合国人权机构的国别报告制度和 WTO 的 TPRM 协定,

第四章　国际环境法"合作式"遵守控制模式的最新进展及有效性预判

TPP事实上构建充盈自身特色的条约监督机制。

2. 环境合作与能力建设的规则化

USTR发布TPP环境章官方概要指出,缔约方在环境条款应寻求发展监督执行的有效机构安排与满足能力建设需求的合作框架方面达成共识。❶这表明TPP高度重视在发展水平迥异,实现协定目标能力有别的缔约方间展开有关充分利用环境规则和加强环境合作与能力建设的制度安排。因此,TPP/CPTPP协定文本专章对执行整个协议条款的合作和能力建设进行全面规范。而且,环境章项下,还为加强缔约方在环保领域的沟通联系和信息交换,提高各自环境执法能力建立可操作性合作框架。甚至争端解决条款中,将当事各方通过合作和磋商消除彼此在解释和适用协定上的分歧,并在影响本协定遵守的任何事项上达成相互满意的解决方案,作为解决TPP/CPTPP项下有关各项涵盖义务争端的首选办法。

尽管TPP/CPTPP合作与能力建设章及环境章的合作框架都不具有可诉性,但整个TPP/CPTPP合作与能力建设拥有独立的委员会作为统筹管理和协调的"中枢神经",缔约方可通过依据TPP/CPTPP条文建立的国家联络点,推动具体合作与能力建设活动的执行。同时,TPP/CPTPP还对缔约方可优先发展的合作领域、可供选择的合作模式、合作项目评估与信息经验交流的有效方式,以及技术援助与合作活动资金来源的审议决策,都作出较为详尽的规定。并且,也为相关义务规则的细化、调整和升级,提供法律化路径。

3. 争端解决与公民申诉程序并行接入环境章遵守控制机制

在环境承诺遵守的制度保障方面,一方面,TPP/CPTPP给予环境与贸易义务同等水平的法律保护与救济。首倡在巨型FTA中适用常规争端解决程序处理环境争议,为长期被排除在贸易争端解决之外的环境遵守控制,增添强制威慑力。另一方面,TPP/CPTPP又对环境章的监督执行施以特殊关照。它

---

❶ Press Release, U.S. Trade Representative, Outlines of the TPP [EB/OL]. (2011-11-12)[2016-10-12]. http://ustr.gov/about-us/policy-offices/press-office/face-sheets/2011/november/outlines-trans-pacific-partnership-agreement.

允许任一缔约方境内的公民，以对抗性申诉方式启动对特定缔约方环境义务履行情况的审议和评估，建立以申诉为基础的管理性监督程序。这样，司法化的环境争端解决机制与引入个人申诉的机构监督机制，在 TPP/CPTPP 环境章下实现互补合作的规制格局。

（1）新生 TPP/CPTPP 常规争端解决机制审慎的"一视同仁"

首先，管辖范围和依据。TPP 框架下可适用第 28 章争端解决条款解决的环境争议包括：第一，缔约方因第 20 章环境条款的解释和适用发生的争端；第二，缔约一方认为，另一方实际或拟议采用的措施与其在环境章项下承诺的义务不符，或未能履行 TPP 环境条款设定的义务，即违反之诉。至于缔约方因实施不与环境条款内容相违背的措施，致使其他缔约方依据第 20 章合理期待获得的利益丧失或减损产生的争端，即非违反之诉。由于此种情况下的环境利益无法在贸易协定中获得直接表达，故不属于 TPP 争端解决机制的适用范围。凡满足进入专家组程序时效和磋商要件的任何缔约方，都可通过提交书面通知（包含相关措施或其他争议问题的证明资料及其诉讼主张法理基础的简单概要），单方面启动专家组就所涉环境问题进行事实审查和法律评估。TPP 第 28 章项下专家组一旦建立，就严格遵循该章确立的争端解决规则和程序，享有对环境争议案件排他的强制管辖权。

其次，TPP/CPTPP 规则体系下，实现争端解决公平与效率价值平衡的机制。一方面，TPP/CPTPP 汲取 GATT/WTO 争端解决机制运行的实践经验，力促简化争端解决程序，加速争端解决进程，强调司法效率取向。这主要表现在：第一，裁撤复审程序，改"两审终审"为"一裁终局"。依据 TPP 协定第 28.12 条，TPP 项下一般争端的解决，从专家组建立到作出最终报告最长不超过 240 天。整个审议期限，比 WTO 争端解决机制经过上诉机构复审最终提交审议报告，提速约 125 天。第二，专家组最终报告的法律效力和缔约方中止授予利益的权利都自动获得，无须 TPP 委员会的通过和授权。专家组和胜诉方的权利因此得到极大扩展，胜诉缔约方甚至取得进行单边制裁的权力，旨在提升争端解决裁决的执行力。第三，缩减专家组裁决作出后案件的运行程

第四章　国际环境法"合作式"遵守控制模式的最新进展及有效性预判

序，降低缔约方滥用诉讼权利将争议导入"循环诉讼"（Circulation Action）的可能。依照 TPP 第 28.18~28.20 条的规定，争端当事方应自专家组公开发布最终报告起 45 日内，就裁决和建议的合理执行期限达成一致。否则，由专家组主席在 90 日内仲裁确定。此期间内，被诉方应撤销被认定与 TPP 义务不一致的措施。在被诉方充分履行专家组裁决或双方达成相互满意解决方案前，TPP 第 28.19 条为申诉方提供可选择的临时措施，包括争端双方启动补偿谈判。若在 30 天内仍未就补偿达成协议，或申诉方认为被诉方并未遵守补偿协议的情况下，申诉方得以援引报复措施。作为执行机制上的创新，TPP 采纳多哈回合谈判期间 WTO 成员方对 DSU 执行程序的改革建议，引入金钱赔偿作为贸易报复的替代措施，允许被诉方根据申诉方拒绝授予利益的水平向其提供核定付款额。被诉方可经提请专家组对其裁决履行情况的审议和确认，而主张中止上述临时措施，使获得缔约方利益授予的权利得以恢复。

另一方面，TPP/CPTPP 针对临时专家组的程序特色，强化争端解决的司法导向。这主要表现在：第一，与以往美式 FTA 明显不同的是，TPP/CPTPP 在专家组组成程序和资格审查上极尽细致，确保在审议尤其包含复杂技术问题的环境案件上应有的公正独立与有效权威。第二，在国际司法裁判程序的透明度和正当程序上取得重要进展，确保争端解决的有效性。TPP 第 28.12 条全面增强争端审议的透明度。除适当保密措施外，专家组听证会及各种书面法律文件普遍向公众开放，并明确允许专家组进行法律评估时，接受和考虑来自适格 NGO 提交的"法庭之友"意见书，特别是在环境争端解决上积极寻求技术建议或协助。

最后，触角开始伸向私权领域，初探多元化、混合型争端解决机制的运作方式。除投资章节的 ISDS 条款外，作为受贸易协定最直接影响的缔约方境内私人与企业也在 TPP/CPTPP 争端解决机制中受到重点关注。TPP/CPTPP 争端解决章在常规国家间争端解决条款（Section A）之外，并行规定有关国内程序和私人商事争端的解决规则（Section B）。根据 TPP 第 28.21 条，缔约方境内私人主体不能直接援引 TPP 规则作为国内诉讼及国际民商事纠纷解决的法律依据。然而，TPP 第 28.22 条要求缔约方须提供处理自贸区内私人主体间涉外贸易、投资纠纷的各种争端解决途径，确保遵守仲裁协议及承认和执行有关仲裁裁决。这也为促进公私两极性质迥异的争端解决措施，创造衔接融合的可能。

形式结构上，TPP/CPTPP 争端解决机制尽管仍显露出深受 GATT/WTO 争端解决机制影响的痕迹，但其已并非简单接入或复制，无论在司法公平与效率上的改善，还是对司法技术操作精细度的提升，都实现对 GATT/WTO 争端解决机制超越。TPP/CPTPP 开创性整合不同领域争端解决机制，将环境问题并入这一国家间争端解决机制的适用范围。尽管所覆盖的环境义务有限，而且处理环境争端的程序设计处处表现出谨慎态度，但与 TPP/CPTPP 主要贸易义务内容的实施别无二致。这为号称现行国际经贸协定中最严格环境标准的实施，提供准司法性的制度保障，体现区域贸易争端解决机制的深度发展和环境遵守规制的模式创新。

（2）TPP/CPTPP 机构监督机制独特的"绿色定制"

承袭自 NAFTA 环境遵守的机构监督路径，TPP/CPTPP 除普遍性的履约审议外，还为保障私人及 NGO 等非国家行为体，正式介入遵守控制程序提供制度安排。因而，塑造 TPP/CPTPP 框架下环境问题的个性化处理机制，重视政府、市场和社会的环境遵守合作规制，成为 TPP/CPTPP 环境遵守控制的一大亮点。

首先，TPP 第 20.9 条设置"公众意见书程序"。TPP/CPTPP 环境遵守机制将 NAFTA 行之有效的公民申诉程序引入 TPP/CPTPP 管理性监督过程，充分发挥独立专家理性与公众参与的合作效用，体现"参与式监督"的特点。该程序要求缔约方应接收和考虑来自本国或其他缔约方国民的书面申诉意见，并将国家回复意见向社会公开。任何缔约方都可就公民申诉有关另一缔约方未能有效执行其国内环境法规的主张及所在国作出的回复，要求环境委员会讨论此事项是否构成对环境合作的影响。环境委员会则应在针对该项公民申诉的第一次会议上建立必要程序和专家机构，对所涉缔约方违反环境章义务

第四章　国际环境法"合作式"遵守控制模式的最新进展及有效性预判

的情形进行审议，并作出包含相关事实信息认定和法律评估内容的报告。这种强化协商合作和非强制导向的遵循管理性模式却以对抗性申诉为基础，不仅有助于TPP发现和处理未在国家报告中体现的"不遵守"情势，还能有效制约缔约方对遵守监督的政治干扰，构成激活机构监督各类程序的重要信息来源与效力保障。

其次，建立在新自由主义理论基础上，以资本流动为核心的全球化进程中，贸易、投资与环境的冲突集中表现为资本膨胀与社会发展之间的尖锐矛盾，有关跨国公司环境责任的制度体系亟待完善。全球性金融危机重创下的国际社会，开始反思和调整国际经济治理结构中过度保护资本权益的立法理念，并进一步推动建构国家间合作规制跨国公司环境行为的制度基础。这在TPP/CPTPP环境遵守的机构监督中也得到初步体现。TPP第20.10条鼓励跨国公司将有关环境问题的企业社会责任原则融入经营政策与实践，使其与所在缔约方批准和认可的国际公认标准和准则相一致。尽管TPP环境章并未就跨国公司环境行为的规制为缔约方创设具有约束力的具体义务，并进一步导入TPP争端解决机制的有效执行，但仍可通过管理性监督的方式，促进缔约方境内的跨国企业在履行最低社会责任义务方面作出自愿安排。

再次，TPP/CPTPP对环境义务履行的关注，并未仅停留在国家间正式的环保立法和司法审议及行政执法等规制措施上，而更多地将目光投向公私合作，建立政府与企业在环境遵守上的伙伴关系。TPP第20.11条确认，诸如自愿性环境审计、市场激励、自愿性信息与环境技术共享及政府与社会资本的合作等灵活性自愿机制，对维护和提高环保水平，弥补国内规制措施的不足具有重要价值。缔约方应根据国内法规政策，在认为适当的程度内鼓励市场主体在其管辖下采取此类自愿机制，使包括私人和NGO在内的环境利益相关方，都有机会通过这些自愿机制参与缔约方环境承诺实施标准的发展与完善。在此基础上，TPP还就私营部门实体或NGO以其环境质量标准为依据发展自愿性监督机制，围绕应考虑科学与技术信息，参考相关国际标准、建议或指南及最佳实践，有助于促进竞争与创新，并不得基于环境产品或服务的不同原产地而采取歧视待遇等问题提供规则指引。

（3）TPP/CPTPP 环境遵守双轨监督的并接与融合

TPP/CPTPP 将机构监督机制与争端解决机制并行规定，而且提供相互连接的可能性，形成遵守机制内合作互补的"监督包"（Supervision Package）。

首先，接入 TPP 第 28 章准司法性专家组程序之前，设置层级递进的三重磋商程序。为避免将主权高度敏感的环境问题轻易带入具有强制法律约束的准司法程序，TPP 一改在诸如美韩 FTA 中惯用的"国家间磋商—环境委员会调解—争端解决程序"套路，为缔约方将环境争议导入第 28 章提供了在环境委员会下进行包括环境磋商—高级代表磋商—部长磋商的前置程序。本质上，这是力求通过在不限于存在争议的当事方之间的集体协商合作，处理任何影响环境章运行的相关事务。

其次，TPP 第 20.3 条将有效实施国内环境法，作为缔约方在环境章下的法定一般承诺。因而，禁止缔约方通过持续或反复的作为与不作为，以影响相互间贸易或投资活动的方式，怠于执行环保法规。为对该条款义务的履行提供实质性法律监督，TPP 第 20.9 条公民意见书程序借助"私人主体申诉 + 技术专家协助 + 环境委员会审议"的程序，围绕缔约方未有效执行其环境法的申诉和缔约方的后续书面回复，最终形成环境委员会对申诉所涉事项以事实为基础的评估报告。鉴于 TPP 将基于实施环境章而引发的所有争端，均接入常规性争端解决机制，环境委员会的上述报告就在对 TPP 缔约方施加管理性遵约压力的同时，也成为缔约方在 TPP 框架下启动环境争端解决程序的楔子。

由此，司法控制不再单纯追求"矫正正义"的理念，而逐渐成为落实机构监督政策取向的工具或辅助管制手段，发挥司法裁判的工具性价值；机构监管也不再片面依托协商和劝说，而形成约束缔约方环境遵约行为的主要方法，产生管理性监控的持续效用。TPP/CPTPP 遵约体制中的司法因素和管理因素互相嵌接、紧密咬合，共同促成遵约机制整体的啮合传动。

4. 建立 TPP/CPTPP 贸易规则体系与 MEAs 间的协调机制

TPP/CPTPP 改变 WTO 主要经由 DSB 个案处理其涵盖贸易协定与 MEAs

第四章 国际环境法"合作式"遵守控制模式的最新进展及有效性预判

规则关系的模糊立场。TPP 明确在环境章第 20.4 条中，为缔约方履行所缔结的 MEAs 设定概括性义务承诺，并通过加强缔约方间贸易与环境政策法规的相互支持，持续跟进包括 UNFCCC 等环境协定的后续深入谈判与执行。而且，TPP 还在野生动植物非法交易、自然资源非法采伐和海洋环保等方面，以开放性并入形式与 MPSDOL、《防止船舶造成污染国际公约》（International Convention for the Prevention of Pollution from Ships，MARPOL）、CITES 直接挂钩，为缔约方遵守特定 MEAs 创制实体性环境义务标准。这使得实施效用备受软控制牵制的 MEAs 法律义务，经由融入 FTA 贸易体制而获得强制执行保障，为环境与贸易国际法的体系协调和机制互动提供新的思路。

（二）TPP/CPTPP 新型环境遵守机制促进国际环境法实施的效率优势

1. 博弈论视角下绿色化 FTA 促进环境合作的效率优势

绿色化 FTA 所营造的博弈均衡中，贸易协定稳定发挥贸易自由化与环保规则协调机制的作用，促进自由贸易与环境保护的制度整合溢出叠加效应。

首先，贸易与环境议题的关联交叉，可改进全球环境治理的合作效率。将履行 MEAs，包括环境标准的统一和等效适用，与自由贸易谈判及贸易承诺的实施相链接，能在致力于发展成熟贸易协定的贸易伙伴间加强对执行环境义务的监督管理。一方面，通过将环境成本内在化以处理社会系统可持续发展问题的国际经贸合作，为抑制具有个体行为理性的国家形成"免费搭车"的动机，解决环保公共物品集体提供的"囚徒困境"（Prisoner's Dilemma）降低制度成本；而且，对成员方寻求经济增长极具吸引力的国际市场准入契机，还可产生推动国家实施 MEAs 的潜在经济激励与制衡效用，有助于全球环境治理安排获得发展中国家的认同和支持。另一方面，利用贸易规则框架下的环境合作机制协调和规制各国贸易环境政策措施，既是削弱绿色贸易壁垒影响的必然要求，也是减轻贸易自由化诱发污染转移，并进一步导致各国环境规制水平底线竞争压力的可行方向。

其次，绿色化 FTA 在实现环境合作博弈结果的最佳配置效率上，蕴藏比较优势。一方面，作为既存协调贸易与环境关系的国际机制之一，全球近 30 个纳入贸易限制措施的 MEAs，如 MPSDOL 以管理性监控为基础的资金机制和技术转让安排，在为发展中国家与发达国家间环境合作提出创新思路的同时，也促进新型环保产业的勃兴和全球贸易结构与流向的优化。但此类以环保为核心目标、治理权威脆弱的 MEAs，仍因贸易限制条款与既存多边贸易规则存在显性冲突，而使贸易调控工具在环境体制内的移植昭彰明显的排异反应。另一方面，作为构建贸易与环境政策正合博弈关系的另一条多边出路，GATT/WTO 因其强大的组织凝聚力、完备的机制设置和运行活力，在将环境价值融入贸易规则体系及实现各国环境标准制定的趋同化方面成效斐然。但 WTO 仍始终未能就贸易与环境的协调责任，尤其在碳贸易、碳排放限制措施及气候友好型技术的转让等方面，无法实质回应为应对气候变化提供全球治理平台的需求，依旧在深入"绿化"贸易协定之路上辗转徘徊。相较而言，将环保作为与贸易议题并重的核心价值，已成为晚近 FTA 的规则发展走向。这不仅意味着缔约方作出持续环保改革的外部承诺，FTA 也可运用更全面的协调能力和更完善的协调机制，直面区域环境与贸易联合规制的契合问题。它通过加强区域协定环境遵守的司法约束与惩罚机制，创新促进缔约方环境改进与合作的激励机制，实现多边模式无法企及的执行效果。

2. TPP/CPTPP 贸易投资与环境规制"议题挂钩"的协调性

依据正和博弈理论可证明，贸易、投资与环境问题由于存在紧密的内在联系，能促发谈判各方在更为广泛的博弈空间中，达致实现利益分配均衡的政策共识。这不仅能增强贸易投资谈判的潜在收益，而且有助于国际环境治理体系趋向成熟。然而，若不同挂钩议题的具体内容存在聚合张力，则反而会对各国不同政策领域目标之间的相互支持形成牵制。因此，需要对 TPP/CPTPP 贸易协定具体挂钩环境议题的相容性予以分析，才能有效评价其环境遵守机制的规制优势。

综观 TPP/CPTPP 环境遵守控制的制度安排，注重从以下几方面增强与整个协定执行的相互协调。

第四章　国际环境法"合作式"遵守控制模式的最新进展及有效性预判

首先，在 TPP/CPTPP 涵盖议题与结构框架上，除涉及货物、服务、知识产权、投资等 WTO 常规议题外，还在竞争政策、环境、劳工及中小企业，甚至反腐等领域广泛拓展新议题。就环境章而言，除确立促进贸易、投资与环境相互协调，避免以影响贸易、投资自由化的方式实施环境政策法规的一般承诺外，还主要聚焦淘汰消耗臭氧层物质的产品、船舶运营污染海洋环境、海洋渔业捕捞、生物多样性等与贸易、投资活动紧密相关的 MEAs，作出较为细致的义务约束，暗含与 TPP 核心章间的内在交叉关系。同时，TPP 协定文本除 30 章协定正文外，还分别就缔约方各自在实施条件、关注利益和优势上的分歧，形成由"附件+双边换文+独立解释"构成的具体义务承诺，发挥对正文内容的补充和解释作用，使 TPP 在"一揽子协定"之外实现差异化适用。其中，附件内容是对正文条款的界定和细化，主要表现为特定承诺和负面清单两种类型。而换文则反映在 TPP 议题范围内，相关缔约方就双方关注问题自行公布的特殊安排，属于"TPP 朋友圈"之外的"私信"联系，如新西兰与加拿大关于酒类产品的换文。此外，针对投资章国民待遇和最惠国待遇中"同类情形"的认定标准，还存在一个单独的解释文件，为确定投资者在东道国主张这两种相对性权利提供统一的参照依据。此外，缔约方为履行其在 MPSDOL 和 MARPOL 项下义务而维持或后续提供的同等及更高水平的国内措施，均须以附件方式列于该章正文之后，确保其履行特定 MEAs 的国内立法及其修改处于 TPP 环境遵守机制的监督之下。

其次，未就 TPP/CPTPP 与其他 MEAs 的关系作出明确顺位安排。TPP/CPTPP 是在 WTO 既有框架基础上，以纳入或嵌入相关 MEAs 义务条款方式，既明确自身环境义务的范围和标准，又不取代其他现有 MEAs，形成 TPP/CPTPP 框架下相互并行存在的协调关系。TPP 第 1.2 条申明其保护缔约方既得权的立场，确认缔约方在单独或与其他缔约方共同参加的国际协定中业已存在的权利和义务。若 TPP 与缔约方参加的其他协定义务相冲突，则应通过相关缔约方磋商，以达成彼此满意的解决方法。又根据 TPP 环境章第 20.4 条，缔约方基于 MEAs 对全球及其国内环保的重要意义，确认履行其缔结或参加的 MEAs 环境义务将成为实现 TPP 环境目标的关键环节。各方应通过在具有共同利益的贸易与环境问题上进行对话协商，以加强贸易与环境政策法规的相互支持，尤其是关于 MEAs 与贸易协定的遵守和实施问题。

本章小结

国际环境法遵守规制的大量实践仍集中于司法控制与机构监管的单体分离规制，直至晚近才从 NAFTA 的萌芽中逐渐孕育出合作规制的雏形。它并未扎根于 MEAs 中，却在 TPP/CPTPP 这样的开放性贸易协定中，获得生长契机。TPP/CPTPP 环境遵守控制对合作规制路径的尝试，从本质上讲，是在 NAFTA 附属环境合作协定遵约机制的基础上，显著增强司法因素的结果。

无论环境义务标准的内容逐步清晰具体并持续强化可操作性，抑或改良 WTO 争端解决机制基础上，强化司法性能的常规争端解决机制，初步触及环境义务履行环节相关争端的处理；还是具有私人对抗国家性质的公民申诉程序，都处处彰显 TPP/CPTPP 缔约方致力于增强环境规则执行效力的价值取向。更值得称道的是，TPP/CPTPP 并未止步于整合不同环境争端解决机制，单纯创造两种遵守控制路径合作的连接点，更将其合作视野扩展到公私合作，形成从政府到市场及社会三层规制空间呼应配合的立体化规制图景。总而言之，TPP/CPTPP 所遵循的是一条不同于 NAFTA 简单路径融合的"复合型"遵守规制体系。

尽管如此，TPP/CPTPP 开创全球环境风险社会性规制法律实施的"第三条道路"，究竟是否适合以贸易协定作为实践载体，应采取何种最佳方式衔接两种路径，司法因素的稀释度与机构监管的包容度怎样调配才能实现最优规制条件，如何结合各规制空间的自身优势，仍存分歧与质疑。这些未决问题，都须留待彼此重叠又相互竞争的 TPP/CPTPP、USMCA、RCEP 等一众引领贸易协定第三次发展浪潮的"绿色化"FTA，甚至是美国 2022 年最新打造"对华脱钩"经济抓手的印太经济框架（Indo-Pacific Economic Framework），以及此后承袭合作规制路径的环境遵守控制实践予以验证。

/ 第五章 /

全球环境风险"合作规制"路径的重要运行载体及中国的尝试与深化

一、全球环境风险"合作规制"的 FTA 载体

如同环境遵守控制的单一路径中,裁判监管借助国际司法体系的平台,而管理性监控依托国际环境条约体系的支撑。鉴于国际社会对建立统一的国际环境组织或专门性国际环境法院尚未形成全面的共识基础,合作规制只能从处理环境问题且具有创新活力的既有国际体系中,选择能承载其效能的组织运行安排。20世纪90年代末,区域一体化与经济全球化形成相互作用、协调并存的国际经济领域两条主线。FTA 呈井喷式发展,❶ 截至2022年6月,向 WTO 通知的已生效 RTAs 共计580个,其中包含295个 FTA,并且从1995年起以平均每年新增约20个 FTA 的速度生效实施。❷ FTA 因对世界经济的重大影响和对全球治理的规则重塑作用,能够成为改善环境问题国际规制较为理想的适格场

---

❶ 作为 WTO 最惠国待遇原则的重要适用例外,FTA 是由两个及以上的国家或单独关税区签订,旨在推进区域内各成员经济贸易等方面自由化深度发展,进而实现经济整合的互惠协定。相较于关税同盟、共同市场及经济同盟而言,FTA 属于一体化程度较低、最常见的 RTA,赋予主权国家在贸易自由化政策安排上更灵活的进退空间。参见:WTO. Regional Trade Agreements and Preferential Trade Arrangements [R/OL]. [2017-03-09]. http://www.wto.org/english/tratop_e/region_e/rta_pta_e.htm. 为解决因区域贸易集团过度繁殖引发全球贸易规则的碎片化问题,在 WTO 框架内构建区域主义与多边主义的恰当平衡机制,FTA 在法律形式上须根据 GATT 1994 第24条及东京回合达成的"授权条款"(Enabling Clause)接受 WTO 的监管控制,发挥与多边贸易体制的功能互补。但实质上,FTA 却以强劲发展势头和左右国际经济规则重构的巨大影响力,独立于 WTO 多边贸易体系之外,构成国际经济立法新的重要渊源。参见:FUNG V.Bilateral Deals Destroy Global Trade [N/OL]. FIN.TIMES, 2005-10-04(13)[2016-09-09]. http://www.fta.com/home/us.

❷ WTO.Welcome to the Regional Trade Agreements Information System(RTA-IS)[EB/OL]. [2022-09-09]. http://rtais.wto.org/UI/PublicAllRTAList.aspx.

所。这不仅是环境合作规制路径对中国产生重大影响的渠道,也是未来中国在全球可持续发展格局的重构中对合作规制进行调试与深化的依凭。

(一)FTA 黄金时代环保"多-诸边"国际协调模式形成发展的必然结果

1. 环保国际协调的传统多边模式及其有限性

与 20 世纪 70 年代早期以前跨境环境争端主要依靠当事双方自发寻求解决大相径庭,[1]国际社会为实现可持续发展和提高整体环保水平的有形共识,不断发展出回应有关环境议题全球关注的国际法新规范,大多呈现多边国际条约形式。除就保护臭氧层和生物多样性、处理化学制品和污染废弃物及应对气候变化等专门问题签订 MEAs 作为多边调整的核心内容之外,以 WTO 为核心的多边贸易体制和主要以 ICSID 投资仲裁作为投资关系平衡器的国际投资体制,也纷纷涉入环境价值以实施跨领域国际协调。甚至是国际刑事司法机构、国际人权机构、国际金融机构,也都在多边层面上涉足环保。

随着全球环境治理范式的转变及其对国际环保合作机制实施效能要求的不断深入,原有多边协调模式的弊病逐一显露。

首先,就 MEAs 而言,罗伯特·哈恩(Robert W.Hahn)曾指出行动成本的显著增加,参加成员不断增多,会大幅降低国际环境机制的运行效率。[2]当 MEAs 从软约束的宣言、指南和框架,向具体标准、承诺和行动路线等规则化硬约束推进,更多元化的主体广泛参与全球环境治理当中,其执行力的不足就愈发成为众矢之的。MEAs 一般实践,大多都尽量避免采用可能导致强制执行效果的措辞和控制工具,未纳入具有较强硬度的争端解决规则,无法通过建立具有司法特性的机构,对缔约方违反相关条款的情势形成有效约束。

其次,以全球性金融危机和欧债危机为导火索,建立在布雷顿森林体系基础上的国际经贸格局发生持续分化与重构。WTO 成立后的首轮"多哈发展

---

[1] WTO. Trade and Environment [EB/OL]. [2015-09-09]. http://www.wto.org/english/tratop_e/envir_e.htm.
[2] HAHN R W. Government Analysis of the Benefits and Costs of Regulation [J]. The Journal of Economic Perspectives, 1998 (12): 201-210.

第五章　全球环境风险"合作规制"路径的重要运行载体及中国的尝试与深化

回合"及被置于"一揽子"承诺之外独立进行的 DSU 改革谈判全面僵持。这标志着全球性多边经贸规则体系进入守成大国与新兴经济体为争夺新秩序领导权的利益博弈期,对环境的跨领域调整面临发展停滞。因此,尽管 WTO 争端解决机制和 ICSID 投资仲裁机制依旧极富活力,欧盟甚至提出改良传统 ISDS 的国际投资法庭(International Investment Court)体系,以符合可持续发展的国际投资新秩序对环保等社会价值的平衡要求。但由于多边经济治理机制没能在现有基础上,为缔约方制定与实施环境政策法律创设新的实体义务,不能在激励国家实现特定水平的环境保护方面提供更多支持。全球环境治理需要寻求能容纳多元治理主体,并促进各种规制方法融合互补的合作机制。

2. 第三次区域经济一体化浪潮中 FTA 处理环境问题的源起

经历 1860 年至"二战"初期以英法为中心,具有浓厚歧视性、政治对抗因素和贸易保护色彩的"渐进性双边主义"(Progressive Bilateralism)时代;"二战"后至 20 世纪 90 年代初期,政治力量驱动下,以欧洲统一市场和北美自由贸易区为标志,在拉美、非洲以至亚太地区激发防御战略和追随效应,建立动机以非传统收益、应对其他区域合作进程,乃至地缘政治为主的封闭式"非对称性诸边主义"时代;20 世纪 90 年代末,许多国家不断以"轮轴－辐条"(Hub-and-Spoke)结构,发散形成以自身为中心的 FTA 网络,FTA 迎来以网络化和重叠性为特点的新一轮黄金发展期。尤以跨区域、南北型 FTA 为甚,无论从发展速度还是规则效应上都颇受关注,引发全球经济治理机制呈现以"轮轴国"为关键节点的全球 FTA 网与 WTO 多边贸易体系并行发展的态势。而环境保护作为多边调控模式下治丝而棼的"烫手山芋",仍是第三代新型 FTA 绕不过去的重要议题。

FTA 发展初期,各国基于对环境与贸易相互抑制、彼此排斥的认识,而将环境作为影响贸易自由化和投资保护的外部因素来处理。因此,1992 年之前的 FTA 并未普遍容纳广泛的环境议题,对环保的规制主要表现为环境例外条款。自 NAFTA 开始,当代 FTA 突破以货物贸易自由化为单一规范目标的局限,着力关注缔约方贸易和社会政策的全面协调与多层合作,在规范所涉领域、调整范围及实施手段等方面，广泛触及环境等与贸易相关的其他价值领域。这一趋势主要是受以下因素影响。

（1）FTA规制环保的直接原因

首先，有关贸易与环境政策协调的立法授权和行政干预，构成FTA纳入环境条款的原动力。各国立法机构往往会出于将贸易与环境一体化考虑的需要和对FTA贸易创造产生环境溢出效应的关切，借助授权指令或法案对政府贸易谈判的环境目标作出规范，确定实施FTA环境条款的国内规则框架和机构设置，为FTA引入环境规制提供法律依据。如新西兰2001年通过《一体化环境标准和贸易协定框架》，要求政府将可持续发展原则纳入其所有的国际谈判中，并为整合环境和贸易政策制定原则指南。又如USTR根据《贸易促进授权法案》(Trade Promotion Authority，TPA)"快车道程序"的授权，协同美国环保局（Environmental Protection Agency）主导包括TPP/CPTPP、USMCA在内的美国FTA环境议题谈判。USTR下设的环境资源办公室，不仅对美国贸易、投资协定有关环境条款的谈判及其国内实施进行干预，而且负有法定职责监督影响美国贸易利益的环境措施。

其次，WTO框架下环境制度的发展遭遇阻碍，FTA借机摆脱多边贸易体系规则限制是其介入环保规制的体系致因。一方面，多中心的全球化社会使得以WTO为核心的多边贸易体系面临被边缘化与进行结构转型的处境。作为多边贸易规则框架下致力于增强贸易与环境可持续发展工作的最新行动，2020年11月17日，包括美国、欧盟、中国、俄罗斯在内50个WTO成员方展开，面向所有感兴趣的WTO成员方及其外部利益相关者充分对话与意见交换的"贸易与环境可持续发展结构性讨论"（Trade and Environment Sustainability Structured Discussions）。并在2021年，最终成功激发部长声明启动WTO围绕贸易与气候变化、环境产品和服务的贸易、循环经济以及可持续供应链等新领域的联合倡议。[1]但针对越来越多融入WTO体制的经济体在利

---

[1] WTO Ministerial Conference.Ministerial Statement on Trade and Environmental Sustainability，WT/WIN（21）/6 [R/OL].（2021-12-14）[2022-06-06]. https: //docs.wto.org/dol2fe/Pages/SS/directdoc.

第五章　全球环境风险"合作规制"路径的重要运行载体及中国的尝试与深化

益诉求上存在的巨大差异，多边贸易体系的协调能力依旧日渐式微。尤其是应对新冠疫情危机和地缘政治影响下不断强化的单边贸易保护趋向，愈发显得力不从心。而且，在处理与贸易紧密结合、涵盖范围日渐广泛的诸如环保、劳工标准和竞争中立议题上也捉襟见肘。发达经济体与发展中经济体及各自内部的贸易摩擦和分歧不断积聚，新一轮多边贸易谈判收效甚微，基于既有规则产生的争议却不断增加。WTO决策机制效率低下，争端解决的正当性基础及其司法裁判引致多边贸易规则在适用中的不可预见性等未决问题，都成为迫使多边贸易规则体系进行改革的内部动因。

另一方面，全球经济的多极化格局中，主要经济体的力量消长与战略关系尚存变数，必然引发对权力和资源丧失的忧患，大国争夺尤为激烈。国际公共服务和产品提供的责任分摊因循"集体行动逻辑"，❶多边进程存在众多不利于实现深度贸易自由化和扩展贸易合作领域的因素，不得不转向诸边贸易协定。同时，WTO基于GATT 1994第24条，将双边和区域贸易协定作为最惠国待遇的例外施以体系监控，从而在WTO法律框架下建立起区域主义与全球多边主义间的初始平衡。这也被形式纷繁复杂、呈分散化网状分布的新区域主义安排打破，全球经济深度整合的区域驱动特征显著，❷构成多边贸易规则体系整合的外部竞争压力。至于WTO总理事会1996年专门设置用以规制FTA无序扩张和协调区域经济合作的世界贸易组织区域贸易委员会（Committee on Regional Trade Agreement，CRTA），及其在2006年通过对RTAs进行事实审查的《关于区域贸易协定透明度机制的决定》(Decision on

---

❶ 奥尔森.集体行动的逻辑［M］.陈郁，郭宇峰，李崇新，译.上海：上海三联书店·上海人民出版社，1995：25.
❷ 国际贸易的区域化发展，形成欧盟、以美国为核心的北美贸易体，以及中、日、韩为首的东亚贸易体三个主要贸易区。截至2022年，三大贸易区货物贸易超过全球货物贸易总额的70%，区域内贸易额占总贸易额分别为59.6%、40.7%和19.4%.［2022-06-06］. http://unctadstat.unctad.org/wds/ReportFolders/reportFolders.aspx.

the Transparency Mechanism for Regional Trade Agreement），❶ 终因实践中缺乏针对特定 RTAs 是否与 WTO 规则相符的一贯性审查结论和必要执行程序，而未发挥实质作用。❷

因此，核心议题多边贸易谈判的僵持并未就此阻止各国通过区域与双边经济整合协定，加快经济一体化的步伐。相反，晚近 RTAs，尤其是 FTA 大量增殖，使几乎所有 WTO 成员方都力促以 FTA 为纽带深化彼此间的经贸关系。因此，世界贸易体制进入多边与区域工具"双轨并行"，以重建国际贸易新平衡的发展状态。

（2）FTA 规制环保的间接原因

首先，FTA 是促成各国在公共利益基础上重塑合作关系、防范全球化风险的有效手段。各国际行为体所面临的根本性问题是以合作基础上的集体行动，应对和治理呈现经济与非经济因素复杂交织的全球性公共问题。新区域主义认为，各国参与新型 FTA 除获取区域经济一体化合作的传统贸易利益外，更多的是谋求增强整体国际话语能力和规则影响力的外部收益。当前，强权国家主导下的多边国际机制，寻求有效配置环境治理资源的努力不断搁浅。而双边或区域 FTA 对促进不同国家环境管理制度的相互协调效果随之突显，并与多边环境治理制度构成功能互补，有助于环境遵守控制的灵活实现。

---

❶ WTO 一方面对无序扩张的 RTAs 表现出包容和克制，另一方面也逐步提升对 RTAs 本身及其影响的透明度要求。2007 年开始，WTO 根据 RTAs 透明度机制正在实施审查的 RTAs 包括：泰国和澳大利亚自贸协定、泰国和新西兰更紧密经贸伙伴协议、美国和摩尔多瓦自贸协议及南非发展共同体贸易条约等. WTO Secretariat. Factual Presentation: Free Trade Agreement between Thailand and Australia（Goods）[R]. （2006-08-07）[2015-05-01］. http：//docsonline.wto.org/imrd/directdoc.asp？DDFDocuments/t/WT/REG/185-3.doc.

❷ 事实上，有关双边或区域 FTA 与多边贸易体制的关系问题，WTO 进行的审查包括：1957 年 GATT 对建立欧洲经济共同体的《罗马条约》在相关共同对外关税条款及实践运作上，1965 年 GATT 工作小组对美加汽车部件贸易协定的审查，以及 1989 年 GATT 总理事会对美加 FTA 负面影响的审议。此外，其他诸如欧共体对来自香港地区进口产品的数量限制案（EEC-Quantitative Restrictions against Imports of Certain Products from HongKong, L/5511-30S/129, 12th July 1983）、欧共体香蕉案（European Communities-Regime for the Importation, Sale and Distribution of Banana- Recourse to Article 21.5 Ecuador, WT/DS27/RW/ECU, 12th April 1999）、土耳其纺织品服装数量限制案（Turkey-Restriction on Imports of Textile and Clothing Products, WT/DS34/R, 19th Nov 1999），都是通过 WTO 争端解决机制的司法评议得以处理。参见：代中现. 中国区域贸易一体化法律制度研究：以北美自由贸易区和东亚自由贸易区为视角［M］. 北京：北京大学出版社，2008：25-37.

第五章　全球环境风险"合作规制"路径的重要运行载体及中国的尝试与深化

其次，FTA纳入环境条款也是为区域贸易合作伙伴创造公平竞争秩序的必然要求。世界主要经济体及其所形成的区域集团间一体化政策的互动与竞争，引发新型FTA自我加速增殖的同时，也使融入其贸易条款"血液"中的环境规制产生外溢效应。无论是在FTA缔约方间形成附有履行保障的实体环境承诺，还是建立体现"公共私营合作"（Public-Private-Partnership，PPP）特征的环境合作机制，都能有效弥合不同国家在环境措施及其执行效率上的差异。进而，避免"边界内措施"（Behind-the-border Measures）壁垒，阻断通过不断开放的国内市场冲击国内环保标准，致使国家低水平的环境规制异化为全球价值链时代贸易竞争不合理优势的途径，从而维护正常的贸易关系。

3. 现行FTA框架下环保国际规制的规范分析和基本趋势

（1）有关已生效FTA环境规制的统计学分析

首先，考量的是FTA调整环境问题的具体程度。依据WTO官方数据整理显示，从FTA引入环境条款的情况来看，截至2022年3月，除非英语和无法获得信息的25个FTA，全球共295个生效FTA中，有256个包含环境相关条款，约占86.8%；其中，全球共计90个FTA以环境章节或环境附属协定方式处理环境问题，2003—2022年环境章节年均增加6.4个。❶

时间维度上，NAFTA生效前已存在的23个FTA中，27.3%FTA不涉及任何环境问题，52.2%FTA仅在货物贸易的一般例外条款中涉及环保，整个该阶段环境问题均处在贸易协定的边缘地带。此后，以NAFTA为代表的绿色化FTA开启贸易协定调整范围向环境领域延伸的序幕。20世纪90年代起的自贸区黄金时代，环境议题逐渐成为贸易协定不可或缺的重要组成部分，2014年89.8%FTA涉及各类环境相关问题。

空间维度上，FTA环境条款范围和深度的地区差异巨大。由于美国、欧盟、加拿大、新西兰等发达国家积极推动将环保纳入FTA，90个包含环境章或环境附属协议的FTA中，美国签订的FTA共21个，占23.3%；欧盟（含

---

❶ WTO. RTA database［EB/OL］.［2022-06-06］. www.rtais.wto.org.

英国）39个，占43.3%；加拿大6个，占6.7%；中国、韩国等其他国家共计24个，占26.7%。因此，特别是这些国家与发展中国家签订的FTA通常都包含最为综合全面的环境条款，在环境规制上较为先行；反观发展中国家，除智利在缔结的绝大多数FTA中容纳环境条款，普遍疑虑在贸易协定框架下处理环境问题会对国家管理权造成侵蚀，仍处在FTA环境规制的后发状态。但发展中国家也在广泛推进本国的FTA战略，不断与发达国家缔结FTA的过程中，逐步调整其环境与贸易政策，接受环境条款甚至环境章节在FTA中常态化存在。

简言之，在晚近区域经济一体化和实现可持续发展目标的共同驱使下，国家通过FTA整合贸易与环境关系并非偶然实践，以FTA方式规制全球或区域环境问题已渐为普及。

其次，分析的是FTA环境规制的主要模式。根据OECD关于《环境与区域贸易协定》的研究报告显示，❶在FTA文本序言及其贸易自由化一般例外条款中规定环保内容，是FTA最初也是最常见的环境规制方式。295个FTA中仅21%FTA未在序言和一般贸易例外条款中提及环保问题。而这种所谓的"义务克减条款"（Derogation of Obligations）同时也构成FTA调整环境问题、解决环境争议的基本法律依据。随着贸易协定增加对环保价值的关注，即使未对环境问题单独设章的FTA也纷纷参照WTO的做法，170个未单独规制环境问题的FTA中，51% FTA于协议后续修订过程中，逐步在所涉诸如投资、技术性贸易壁垒、动植物检验检疫、政府采购、服务贸易及知识产权等贸易规则领域，融入有关处理环境问题的措施。

此外，还有一种从环保立场而言最具先进性的规制模式，即通过专门的环境章节或环境附属协议（Side Agreement）全面设定FTA框架下的环境义务体系。以美国为例，从2001年美国-约旦FTA起，建立在对贸易协定潜在环境影响评估的基础上，美国所商签的11个FTA均包含独立环

---

❶ OECD. Environment and Regional Trade Agreements [EB/OL]. (2007) [2014-05-18]. http://www.oecd-ilibrary.org/envionment-and-regional-trade-agreements_9789264006805-en.

第五章　全球环境风险"合作规制"路径的重要运行载体及中国的尝试与深化

境章节，内容广泛涉及从缔约方实施本国环境法规和维持较高环保水平的义务，到环境争议解决和执行，以及处理与MEAs的兼容性等一系列环境问题。还有一些国家则综合运用两种方式，将有关环境规制的基本问题统一通过环境章处理，而就诸如环境合作等特定事宜，则交由补充协定作出具体阐述。如加拿大在其几乎所有FTA的环境章之外，都采取附属协议方式，就缔约方有关特定领域环境合作的细节作出规定。又如欧盟－韩国FTA也在贸易与可持续发展章节之外，以附件13形式列明有关具体合作领域的指示性清单。

再次，研究的是FTA环境规制的实体性内容。第一，FTA实体规则中环境因素最典型的表现在环境合作机制上，是缔约方平衡经济发展的利益最大化与环境保护的和谐共进之间相互关系的重要法律工具，构成FTA环境章的主要内容之一。在包含环境章或环境附属协定的全球90个FTA中，80%涉及从包括促进MEAs的实施、环境产品与服务贸易自由化、环境技术合作及环境治理能力建设和资金机制等方面的宏观制度安排，到缔约方在特定领域的个性化合作内容。

就FTA通过环境合作保障MEAs义务的遵守而言，90个FTA中83%的环境合作条款都承认特定MEAs对全球及各国环保所产生的重要影响，要求缔约方寻求加强MEAs与FTA之间相互支持的有效方法。大多数FTA都强调，缔约方贸易权益与其实施或维持环境规范和标准的权利之间存在相互兼容的关系，并能在可持续发展框架下处理两者的顺位关系。FTA所涵盖的MEAs 56.7%涉及CITES和MPSDOL，而比较特殊的是欧盟与亚洲国家签订的第一个FTA——欧盟－韩国FTA，承诺实施所有双方共同缔结的MEAs。❶此外，欧盟晚近签署的FTA还涉及KP、UNFCCC《巴黎协定》及根据"卡托维茨气候文件"应对气候变化国际制度框架的后续发展成果。

---

❶ The Free Trade Agreement between the European Union and its Members States and the Republic of Korea. Official Journal of the European Union, L127, 2011/265/EU［EB/OL］.（2011-05-14）［2016-10-05］. http：//www.eurlex-europa.eu.

就实施 MEAs 项下环境义务的国内法律保障而言，90 个 FTA 中 87.7% 都要求缔约方采取措施确保本国环境法律和标准的执行，不得以削弱或降低国内环保水平的方式鼓励贸易和投资活动，即所谓的污染避难所条款（Pollution Haven Clause），这也成为涉及美国和加拿大 FTA 的一般实践。多数 FTA 一般仅笼统要求缔约方就维持高水平环保作出承诺，但新西兰晚近缔结的 FTA 还涉及对不恰当降低环境标准的具体认定。

就环境合作资金来源而言，仅有美国－智利、欧盟－加勒比共同体等 4 个 FTA 涉及环保合作的资金机制，对相关环境合作的援助资金渠道提供框架安排，主要涉及的资金提供方包括发达国家贸易伙伴或其他发展援助机构。

就实施 MEAs 环境义务的管理性措施而言，81.6% FTA 涉及增强发展中缔约方实现 MEAs 的国家环境管理能力，帮助发展中国家处理有关履行环境承诺的各层面复杂问题，开展 FTA 项下各类环境合作项目。

第二，包括 SPS 措施、TBT 措施、原产地措施、政府采购措施及其他相关标准措施（Standards-related Measures）等，以各种形式存在的环境标准规则，也是 FTA 环境实体规制的重要组成部分。全球 295 个 FTA 中 33.5% 在 SPS、TBT 或政府采购章中，存在有关环境标准的规定。90 个包含环境章节或环境附属协议的 FTA 中，约 26.5% 承认缔约方建立自身适当环保标准和环境无害生产工艺要求的权利。以基于科学理论，且经过一定的环评程序为前提，在达到适当保护水平又不对贸易造成不必要障碍的限度内，实施保护环境的标准措施，以环境管理的体系协调与环境标准的等效互认等方式促进达成规制一致性。南方共同市场（MERCOSUR）《环境框架协定》还努力寻求环境标准统一的区域合作。

从次，涉及 FTA 环境承诺的实施方式。有关环境事务的程序保障条款，295 个已生效 FTA 中仅有 7% 的 FTA，将由于环境问题引发的争端纳入其争端解决机制或创设适用于环境争议的专门性争端解决机制。而具有这类特点的 FTA 都聚集在 90 个拥有独立环境章或环境附属协定的 FTA 中，仅 7 个 FTA 未包含涉及环境争端的解决条款。

第五章　全球环境风险"合作规制"路径的重要运行载体及中国的尝试与深化

争端解决方法上，政治性方法得到 2/3 多数 FTA 的广泛采纳。就具体争端解决平台而言，欧式 FTA 强调自身争端解决机制对环境问题的排他适用；而美式 FTA 则赋予同时具有 WTO 成员方身份的缔约方以任择权。如同样与韩国缔结的 FTA，美韩 FTA 争端解决程序确认，缔约方一致同意对解决争端具体场所的选择，体现近似平等主体间国际商事仲裁的做法；而欧韩 FTA 贸易与可持续发展章，只允许缔约方诉诸该章专设的政府间磋商程序和专家组程序，司法意味更浓。但在晚近逆全球化风潮、单边主义倾向及 WTO 信任危机的影响下，USMCA 反映出架空 WTO 规则、逸出 WTO 争端解决机制的态势。

在配有环境争端解决程序的 FTA 中，确认环境义务履行情况和处理不遵约情势，都大体因循将国家间磋商作为启动后续准司法程序的前置条件。其对磋商程序的实质性要求甚至要严于其他领域争端的政治磋商，力求在环境问题上争议双方的充分沟通。而且，不同 FTA 还为避免将环境争议拖入准司法解决而降低国家处理环境争议的灵活性，创设出形式各异的机构协调方式。因此，在监督环境义务执行和争端解决的机构运作上，美式 FTA 呈现"交汇结构"，即针对环境争议，尤其是对因履行 MEAs 而引发的问题提供两条解决路径：一是在国家间磋商基础上，环境事务理事会主导的争端解决；二是同样以国家间磋商为基础，楔入 FTA 一般性争端解决机制下的磋商程序或联合委员会的解决程序。两条道路在启动专家组准司法程序上发生交汇关联，并通过专家组最终报告获得一体执行，整个争端解决过程突出充分协商和遵守激励。而欧式 FTA 则更推崇"分流结构"，即国家在通过磋商尚未形成双方都满意的解决方案时，可选择在缔约双方国内事务咨询小组辅助下，运用贸易与可持续发展委员会的调解程序，或启动准司法性的专家组程序，整个争端解决过程强调公众参与和正当程序。而关于争端解决机构裁决的强制执行和针对不遵约行为的救济措施，仅有 3 个 FTA 涉及贸易制裁措施，美欧所订立的 FTA 通常允许缔约方要求对其所遭受的利益减损进行货币补偿，或在协定条款仍未得到遵守而补偿又不可得情况下，采取中止授予条约利益的报复方式。

最后，剖释的是 FTA 在有关环境问题上的不同关注点及其他程序性问题。聚焦 90 个包含独立环境章节或环境附属协议的 FTA，不难发现占比 23.3% 的美式 FTA 和 6.7% 的加拿大 FTA，均关注低水平环保政策法规内化形成有碍公平贸易的竞争优势问题，并以 2020 年生效、体现单边主义倾向与"美国优先"理念的 USMCA，在更严格环保标准上增设"毒丸条款"（排他性条款）❶ 为极端表现。其环境规则楔入相互认可的特定 MEAs，作为衡量缔约方环保水平的标尺，构成对缔约方适用和实施国内环境法的实质约束。其所创设的环境绩效增强机制突出灵活性、自愿性和市场激励的导向。而占比 43.3% 的欧式 FTA 则强调通过在缔约方贸易关系的各个层面整合和反映可持续发展目标的方法，以促进国际贸易的自由化。因此，其环境规则将 MEAs 等国际环境规则视为贸易与可持续发展关系国际协调的内在组成部分。在有关遵守制度的安排上，体现较强的风险预防理念和遵守控制的司法倾向，并辅之以高水平的透明度和公众参与保障。作为全球唯一同时与美国、欧盟和东盟缔结生效 FTA 的区域一体化战略领跑者，占比 10% 的韩国 FTA 呈现借鉴美欧的综合特性。它既有美式 FTA 在环境遵守控制程序上的灵活性，如争端解决场所的可选择性；又在实体性义务上体现欧式 FTA 严谨全面的深刻影响，如承诺有效遵守缔约双方所有共同参与或缔结的 MEAs 及其后续的规则发展，已初步形成适应美欧高标准环保要求的先进环境规制体系。

透明度与环保信息和经验的交流，尤其是市民社会的制度性参与，对在 FTA 中推进环境议题的发展具有重要价值。90 个包含独立环境章节或环境附属协议的 FTA 中，26.7% 涉及透明度及 FTA 谈判与执行的公众参与和协商程

---

❶ 除通过原产地规则排除汽车供应链中非 USMCA 经济体的排他性条款之外，"毒丸条款"泛指非市场经济自由贸易协定条款以及位于投资章、知识产权章等旨在"规锁"和"硬脱钩"中国的特殊限权条款。通常讲，它要求一缔约方与非市场经济国家谈判 FTA，则应将条文提交其他缔约方，赋予其单方面终止现有协定的权利。又如若来自非市场经济体的投资者控制缔约方企业，而该企业与另一缔约方发生投资争议，则该企业不能运用 ISDS 进行救济。参见：白洁，苏庆义.《美墨加协定》：特征、影响及中国应对［J］. 国际经济评论，2020（6）：130.

第五章　全球环境风险"合作规制"路径的重要运行载体及中国的尝试与深化

序；50%涉及面向公众参与的 FTA 环境影响评价程序。绝大多数 FTA 都采取要求缔约方指定联络点或咨询点的方式，建立与其他缔约方和社会公众的公开联系。美式 FTA 有关透明度和公共参与规定的特点主要表现为两个方面：第一，要求缔约方为环境利益相关方开辟获取环境信息、参与环境决策和援引环境行政或司法审议的正当渠道，进而对其所受环境损害提供依法获得救济的国内程序保障；第二，环境事务理事会在监督履行中，应为公众就有关环境章执行问题提供充分的讨论机会，包括通过国家咨询委员会收集公众关于环境章执行的意见，或接受缔约方公民的申诉意见，并原则上将环境事务理事会的所有正式决定和审议报告向公众公开。而欧式 FTA 则对缔约方任何影响贸易的环保措施提出进行正式通知和公众磋商的要求，通过缔约各方的国内咨询小组（Domestic Advisory Group）建立更为缜密的市民社会对话机制（Civil Society Dialogue Mechanism），显现出在环境公众参与和透明度领域较高的制度化水平。

（2）现行主要 FTA 文本有关环境遵守规制发展的本质特征

首先，环境规制范围紧密贴合贸易相关政策措施。与最初 FTA 仅在序言的倡议性描述和一般例外条款中涉及对环境规则的遵守不同，新型 FTA 环境条款几乎散布在与贸易有关的所有涵盖协定中。除传统上以第二代 FTA 为基础建立的贸易环境标准规则、环境合作机构和制度安排、环保法规的国内执行及环境争端的解决机制与执行措施外，还向更为精细化和高水平的渔业补贴、环境产品与服务自由化、公众环境参与权，以及贸易、投资规则与 MEAs 的关系等新议题扩展，体现出将环保纳入贸易体系的规制思路，从根本上决定现行 FTA 所涉环境议题须以贸易自由化的发展需要为要件。尽管伴随社会公众在贸易协定框架下对环境规制的更多介入，FTA 所涉及的环境问题日益趋向复杂多样，但其"贸易导向"的内在价值还是客观上造成大多数 FTA 存在对环保不同领域优先发展顺序的具体选择。正因为如此，新型 FTA 凡就与 MEAs 关系作出界定的，均毫无例外地就其所称 MEAs 具体涵盖内容作出明确说明。进而，MEAs 项下承诺义务被置于优先地位的前提，须是其履行措施奉国际法的善意原则为圭臬,并不得造成对国际贸易的武断歧视和隐蔽性限制。

其次,以 WTO 关于环境规制的主要条款作为基本框架。约 42% 的 FTA 采取类似 WTO Agreement 序言的方式和表述,在贸易自由化的框架下将实现可持续发展及加强环保纳入 FTA 基本目标和宗旨。超过 60% 的 FTA 以 GATT 1994 第 20 条(b)款和(g)款为参照,或通过直接援引来创设自己的环境例外条款。大多数 FTA 不包含适用于环境问题的专门争端解决条款,仿造或通过直接引用 WTO 所提供的争端解决方法构成其争端解决机制。如 2012 年美韩 FTA,不仅其机构条款与争端解决章第 6 条允许将包括环境章的整个协定条款,因解释和适用及履行项下承诺义务而引发的法律争议,直接提交美韩 FTA 一般性争端解决程序或 WTO 争端解决机制予以处理,WTO 争端解决方法被视为可供缔约方自主选择的争端解决场所之一;而且,美韩 FTA 自身的一般性争端解决程序,以由缔约双方外贸主管机构官员组成、对整个 FTA 的实施及其职能机构的工作享有全面监察职权的联合委员会,取代进行司法复审的 WTO 上诉机构。此外,其争端解决规则无论是准司法性的专家组审议,还是违反专家组最终裁决建议的执行措施,包括针对不遵守情势而中止授予条约利益的报复措施,以及对被诉方履行情况的中期复审和"日落复审",都无不显露 WTO 争端解决规则的渗透和影响。仅在 USMCA 生效之后,美式 FTA 呈现出摆脱 WTO 规则束缚的单边主义趋向。

再次,环境规则的遵守控制主要因循单一机构管理路径。现行 FTA 环境遵守控制的管理性特征,首要表现在不以强制执行机制为支撑、没有严格遵守程序、融入多层主体、宽领域参与的环境合作条款上。迄今向 WTO 通报的已生效 FTA 中,所有包含环境条款的 FTA,均无例外地涉及涵盖环境技术转让与援助、促进 MEAs 实施、环境能力建设及资金机制等具体领域的广泛环境合作内容,甚至在 FTA 中构建环境合作框架。如新加坡-韩国直接就压缩天然气领域的技术合作签订谅解备忘录,以转化为具体合作行动。而美韩 FTA 不同,其第 20.8 条通过缔结两国政府间环境合作协定搭建环境合作平

第五章　全球环境风险"合作规制"路径的重要运行载体及中国的尝试与深化

台,借助该平台组建的实施机构,开展包括履行其环境章承诺义务,就评估和处理有关贸易协定和政策的积极与消极环境影响,进行信息分享等环境合作行动。并在此基础上,根据双方的共同环境关注,确立具体环境合作的实施范围。

最后,开始为公众参与环境规则提供程序保障。常见为散布于各章节、涉及FTA各实施环节信息公开的透明度条款和建立公众协商渠道的机构安排条款。晚近,大量FTA均开始就市民社会对环境承诺遵守的辅助监督,做出初步安排。这使包括私人部门在内的非国家行为体,不再局限于"法庭之友"的被动和非正式参与样态,进入拥有特定对话机制和介入程序保障的制度性参与阶段。参与范围也从基本的信息获取和争端事实说明,进阶为关涉启动FTA遵约机构审议程序、FTA环境承诺遵守评估和审议决策的公开论证,以及参与环境合作项目的发展实施等广泛领域。尽管公共磋商机制尚未形成FTA谈判和实施的普遍实践,但相比早期贸易协定闭门谈判、维持最低水平的决策公开,缔约方已越发重视发挥公众参与和社会磋商对FTA谈判和遵守执行的关键性作用。

4. 全球环境治理的"多－诸边"模式凸显FTA的媒介功能

当代国际社会全球环境治理范式的根本转换,逐步促成MEAs及其他领域多边机制与双边或区域FTA环境规范齐头并进的发展景象。这标志着以突破地缘局限的绿色化FTA为媒介,强化国际环境法的遵守控制已拉开序幕,主要基于以下因素的共同作用。

(1)环境遵守规制决策和实施的序参量因素

协同学理论认为,自组织协同系统在外参量的驱动和子系统间的互动作用下,可形成在时间、空间或功能上自组织系统的有序结构。[1] 故而,通过存在永恒差异的贸易、投资与环境子系统间的竞争与合作而产生的协同效应,能实现国际社会可持续发展复杂系统的微观有序状态与宏观整体平衡。其中,

---

[1] HAKEN H. 协同学:自然成功的奥秘[M]. 戴鸣钟,译. 上海:上海科学普及出版社,1988:7.

作为描述系统宏观结构有序程度与结构性能最主要、最有效和最具决定意义的序参量，是由系统内各子系统的协同作用缔造，又反过来成为支配和规定各子系统自组织运行的重要力量。它对系统各组成部分进行有序整合和排列，协调集体行动，促成整个系统由无序转向有序形态的相变，并实现组织化建构。

从协同理论出发，全球环境治理系统的组织状态不应仅局限在多边环境法律框架体系内的考量，更需从社会系统构成的有机整体角度恰当融入流通和贸易环节，甚至是经济贸易的全过程。以包容环保价值取向的贸易自由化规则为工具和媒介协调贸易与环保的关系，通过贸易、投资与环境间的耦合作用形成进入有序状态的临界涨落，推进全球环境治理系统向稳定有序状态的进化。而在区域经济合作实践的初始阶段，贸易、投资与环境间会产生相互抑制的作用，区域经济一体化安排就能通过调整三大子系统及其要素间的内在共生关系，促成系统整体效用的有效增强，以实现贸易、投资自由化与环保目标的多赢效果。

因此，在全球环境秩序的相变过程中，环境治理的各种多边或诸边机制出现对称破缺的基本变化。以 FTA 为代表的区域经济共同体，已发展成为国际层面环境协同治理新的序参量。

（2）环境遵守规制决策和实施的激励因素

FTA 对国际环境法的遵守控制及其促进环境产品与服务市场的进一步开放，也使其成为推动缔约方国内环境政策改革，凝聚环境治理合作共识的重要平台。整个 FTA 从缔约谈判到实施执行，不仅形成促进缔约方国内环境政策的理念更新和提升环保管理能力的巨大推力，而且在很多情形下促成缔约方之间环境合作协定的进一步签署，为在环境治理背景存在显著差异的不同国家间建立合作基础提供契机。韩国 FTA 环境规制的跨越式发展就是最佳佐证。

同时，作为环境遵守的声誉激励，FTA 纳入相较于 MEAs 而言更具执行性的环境规则，也是缔约方重视生态环境及其治理合作国际形象的彰显，有

第五章　全球环境风险"合作规制"路径的重要运行载体及中国的尝试与深化

助于缔约方在未来国际环境治理体系的重构中谋求话语权和决策权发挥更重要的影响。如美国作为全球低碳产业市场规模最大和拥有最成熟环评体系的国家，从 NAFTA 到 TPP/CPTPP 再到 USMCA，不仅将 FTA 作为其扩大环保产业市场准入、推进环境治理合作的主要场所，而且通过 FTA 中不断强化义务约束和可操作性的环境条款，配合美国实现在国际经济治理中的价值立场和政策取向。

（3）环境遵守规制决策和实施的示范因素

作为主导全球环境治理资源分配和规则走向的西方资本主义大国，往往因忌惮贸易协定下国内市场的全面互惠开放，使产品生产和服务提供过程中外化的环境成本形成对本国产业的不公平竞争条件，因而非常重视同其他贸易伙伴，尤其是发展中国家在贸易框架下开展环境合作。美国主导建立 NAFTA 而签订 NAAEC 的初衷，就是为促进墨西哥国内环保水平的改善，使其不因环保法规的落后而获取不正当的贸易利益。作为全球所有法域中唯一在基本法中确立可持续发展理念的欧盟，则通过立法将环保纳入贸易、投资政策的制定和实施。同时，在区域内一体推行污染者付费原则、高水平保护原则和污染物排放源头削减原则等，以强化成员国的生态责任约束。此外，欧盟还要求新加入成员在此基础上，对与欧盟基础条约不相符的环境问题提出协调措施和解决办法，以维持欧盟作为整体在国际环境领域环境政策和标准的相对统一，这也恰是基于与美国相同的战略考量。美欧主导下具有相当影响力的 FTA 一旦形成，就会在其"多米诺骨牌效应"的自我加速循环下，将打上自身标签的环境合作模式和理念迅速向外传递和扩展。因此，迄今为止，在单纯环境体制内签署合作协定的数量十分有限，而且落地缓慢；相反，双边或区域贸易协定已成为当今国际社会在实施效率上远胜多边环境谈判的环境合作场所。

简言之，传统多边模式之外，不断涌现出制定和实施环保规范的新平台。更多国家借助 FTA 工具，将环境利益纳入自由贸易体系中进行协调，呈现出多边与诸边调控并行的环境治理合作模式。

（二）合作规制契合环境与贸易国际法协调机制的区域差异特质

全球环境遵守的跨境合作及其与贸易国际法的协调共进，形成显著的地理不对称性。欧洲和北美力促改善贸易自由化体制下的环境合作，在环境事务公众参与上拥有高度先进性。

与此不同，亚太区域缺乏区域人权条约和有效的区域环境条约对区域跨界环保问题作出基础安排，环境治理合作因而止步于减缓跨界环境损害和推动环保信息共享的初级阶段，缺乏一致性的议题取向，尚未触及区域经济整合的环境影响和国际环境法遵守控制的区域协调等可持续发展问题。如东盟建立从东盟峰会到东盟环境部长会议，以及东盟环境高官组织，包括东盟秘书处下设的环境发展局等，极富自身特色的区域环境合作组织框架。但其2007年主导制定的《东盟环境可持续性宣言》及《东盟关于气候变化的宣言》均以普遍性倡议原则处理跨界环境问题。其对环境与贸易的协调方式缺乏实质执行机构和具体义务约束的支撑，难以真正为实现环境遵守控制提供稳定性和可操作性。而以多样灵活、包容开放合作为特色标志的上海合作组织，虽已开展有关环境规制信息对接平台的多边机制建设，但仍始终专注于在成员国边界互信与裁军及反恐、防务等地区安全的有限领域，主要发挥搭建新型区域安全合作架构的桥梁作用。无论共同体环保机制的完整政策规则体系、制度化组织机构设置，还是高标准监督控制系统等方面都成效微弱。因此，亚太地区推进可持续发展战略与在经济一体化框架下构建环境治理合作防控机制的国际法支持，几乎全部源自全球性环境和人权条约及一般国际法，环境与贸易冲突的机制协调面临地区性制度真空。

环境遵守的合作规制突出反映世界经济一体化对全球环境治理范式的影响。并且，伴随区域经济深入一体化不断推动区域层面环保需求的快速增长，它在应对和解决层出不穷的区域环境新问题上，契合FTA日益强化实现区域贸易与环保价值平衡的核心目标。吸附于新型FTA的环境遵守合作规制，以其协商性内核恰当贴合亚太地区松散型、渐进性和体现协调一致与差别待遇的经济一体化特点，且进一步增强区域经济合作中的环境义务约束，有效填补亚太地

第五章 全球环境风险"合作规制"路径的重要运行载体及中国的尝试与深化

区环境遵守控制制度框架的缺失，实现温和渐进地重塑地区生态环境秩序。

（三）新型FTA改进国际环境法遵守机制的特色优势

与传统FTA突出取消缔约方之间货物贸易关税和非关税壁垒的核心目标不同，晚近呈现更高开放形态的新型FTA，作为推进全球经济一体化深入发展的核心手段，侧重向更广泛的覆盖范围扩展。其环境条款伴随经济整合程度的加深，而逐步向涉及内容更加独立丰富（从序言到环境章或环境附属协议）、管理模式更为立体全面（从环境例外到环境遵守控制）、约束程度更趋精细严格的方向发展，呈现出以下创新特质。

1. 新型FTA环境规制的实体性内容突破传统多边贸易协定的约束水平

新型FTA规则一改多边贸易体系片面突出非歧视原则而对环境遵守措施产生的阻却效用，开放性地将环境议题同等纳入其法律规则体系，成为国际环境遵守合作规制创新试验的优良平台。

（1）环境规制的价值独立

环保开始同贸易、投资自由化一样，成为FTA的核心目标价值之一。这首先表现在FTA环境条款数量的大幅增加，2011年之后平均每年生效FTA环境条款的增加都超过50%。[1] 而且，越来越多FTA开始在贸易框架内将环境问题作为核心内容，订立环境附属协议或单独设立环境章，推动全球环境治理合作的制度化。该趋势的另一表现则是环境条款的具体内容不限于对执行国内环保标准和法规的约束性要求，还通过与缔约方共同缔结或参与的特定MEAs挂钩，增强贸易协定对缔约方环境承诺义务的遵守控制。如TPP环境谈判的主要分歧焦点之一，就是传统上与贸易体系并行分立的多边环境规则体系，其有关遵守和执行的问题，能否以及通过何种方式形成体制内的约束性机制。从TPP最终法律文本来看，澳大利亚、日本、文莱和越南等在环境条款问题上持消极态度的国家，都接受美国积极强化贸易协定框架下独立环境规制的政策主张。与GATT/WTO框架下环保价值的边缘化不同，在第三

---

[1] 李丽平，张彬，原庆丹. 自由贸易协定中的环境议题研究[M]. 北京：中国环境出版社，2015：126.

代新型 FTA 中，环保已不再是贸易、投资自由化发展的边际成本，而被赋予自身独立的可实现价值。

（2）环境遵守实体性义务的约束力增强

FTA 环境遵守规制的内容日益独立和精细，法律效力逐步增强。这在实体性义务上，表现为已由最初序言中宣示性的可持续发展原则和言语模糊的环境例外规则，发展到环境独立章节涉及环保水平、实施 MEAs、国内环境政策法规执行的具体程序性要求、环境遵守的激励机制、环境合作、环境承诺履行监督的机构安排，甚至还涵摄环境争端解决机制和环境遵守事务的公众参与等全方位的遵守规制。从抽象到具体、从笼统到精细、从倡议到约束，FTA 环境义务逐步统一执行标准并趋向"硬化"。因此，尽管新型 FTA 仍然没有脱离贸易协定的本质属性，但其不仅包含所涉具体贸易领域的环境义务条款，还囊括用于执行特定 MEAs 义务的条款。

更为重要的是，这些实体规则引发的法律问题可能是牵涉环境要素的贸易争议，若争端双方同为 WTO 成员，则存在一个"挑选法院"的问题。但同时，FTA 中出现与贸易没有直接关联的纯粹环境争议也成为可能，这原则上超出 WTO 管辖范围，只能寻求在 FTA 框架下获得解决。因此，从产生争议的实体义务类型和范围及选择与之相对应的解决方法而言，FTA 都突破了 WTO 体系处理环境问题须与贸易有关的局限。而且，也允许缔约方根据本国环境现状和紧迫需要设定实体义务范围，在涉及环境议题设置和环境遵守标准设定上采取个性化的设计。这比多边平台拥有更多的自主性和可选择性，体现灵活、渐进特征。

2. 新型 FTA 环境合作机制扫除多边框架下国际环境法的实施障碍

FTA 能解决气候变化政策协调、环境补贴、"同类产品"及加工生产过程与方法的"绿色"界定，以及放松 GATT 1994 第 20 条环境例外的限制条件等现行 WTO 体系无法予以回应的焦点环境问题。其中，最为突出的是可借助 FTA 创设的个性化环境合作机制，强化对 MEAs 的遵守。早期双边 FTA 对环境合作的要求仅停留在协定序言的概括性宣示中，申明双方在推动履行共同作为缔约方

第五章　全球环境风险"合作规制"路径的重要运行载体及中国的尝试与深化

的 MEAs 承诺义务方面所具有的明确意愿。发展至第三代 FTA，鉴于缔约方在缔结 FTA 时能够对范围广度超过 WTO 的环境合作内容，依据本国环保水平和环境政策需要自行选择和进行磋商。这使得遵守 MEAs 具体义务不仅有可能列明在环境条款或环境章节中，而且对缔约方国内法律法规的相符性要求，以及违反环境合作义务所采取的救济措施作出清晰限定。因此，通过环境合作条款确保 MEAs 义务的履行，已经成为新型 FTA 的重要发展趋势。TPP/CPTPP 更是在环境章设计一个双边及多边基础上全方位的合作框架，广泛触及机构设置、合作方法、环境合作项目效能的审查和评估、公众参与及资金支持等众多环节。从而，借此加强缔约方间，甚至是与国际环境组织、非缔约方和 NGO 之间的环境合作关系。这在本质上也解决了一直困扰 WTO 环境遵守规制的贸易与环境冲突问题，在贸易协定内搭建起与国际环境规则相互协调的联动机制。

MEAs 为排解遵守实施的法律约束难题苦苦摸索的可行性制度创新，也基于 FTA 在环境议题上的实质突破和持续拓展而拥有相较于多边环境机制更多元的运行模式。就多边层面的环境协定实施路径而言，2015 年 UNFCCC 第 21 次 MOP《巴黎协定》，依凭"德班强化平台"勾勒出 2020 年后全球气候治理合作的多边框架布局。作为改造 KP 约束性减排模式的突出亮点，气候变化《巴黎协定》第 2 条和第 3 条提出的温室气体减排国家自主贡献（Intended Nationally Determined Contributions，INDCs）方式，冲破气候变化多边法律机制的发展僵局，❶形成"硬法"外壳包裹下，❷着重依赖声誉和非市场激励措施，以确保执行

---

❶ 源自对气候变化协定法律形式的不同选择方案，使此类协定在国际法意义上的"约束性"或"非约束性"成为贯穿气候变化谈判始终的主要分歧和推进障碍。参见：SANDRINE M, SPENCER T, MATTHIEU W. The Legal Form of the Paris Climate Agreement: A Comprehensive Assessment of Options [J]. Carbon & Climate Law Review, 2015（9）：68-84.

❷ 2011 年联合国气候变化利马会议通过的《德班决议》授权 UNFCCC 缔约方会议，在 2015 年底前谈判达成一项接棒 KP、规划 2020 年后温室气体减排进程的新气候变化协议。这成为创制气候变化《巴黎协定》的法律基础，并为该协定奠定"硬法"约束的基调。因此，气候变化《巴黎协定》应构建遵从 UNFCCC 所确立的基本原则和目标宗旨，在共同但有区别原则与各自能力基础上实现应对气候变化最广泛的全球参与，体现多边和规则导向的法律体制。参见：UFCCC. The Decision 1/CP.17 of the Conference of Parties, Establishment of An Ad Hoc Working Group on the Durban Platform for Enhanced Action, UN Doc.FCCC/CP/2011/9/Add.1 [EB/OL]. (2012-03-15)[2017-03-16]. http://www.unfccc.int.

的"软减排"内核。并且,气候变化《巴黎协定》还借助其一系列新机制,如第6.4条创设的可持续发展机制、第13条作出审议国家减排和适应气候变化行动的透明度安排,以及第14条定期评估缔约方集体实施状况的全球总结报告制度等,提升协定义务的遵守效力。这在将所有缔约方"一揽子"纳入减排规则体系,并锁定自主贡献水平的同时,为发展中国家采取理性减排策略提供自决空间。但在2016年气候变化《巴黎协定》生效后的承诺落实问题上,潜藏渐趋纠结的利益交汇和冲突。如2017年6月1日,美国以其在履行自主减排承诺和向联合国"绿色气候基金"(Green Climate Fund)注资方面承受不公平对待为由,宣布退出气候变化《巴黎协定》。❶这一在气候变化国际合作中奉行"美国利益优先"的"退群"决定,无疑给该协定的遵守实施前景笼罩阴影。而且,同属 UNFCCC 规制体系的强制量化与自主贡献两种减排构造实践成果的切换衔接,注定要历经繁复的核算及经由国家间二次博弈予以认定的过程。气候变化《巴黎协定》遵约机制即使是呈现改良传统 MEAs 管理性机构监管特征的新型实施机制,依旧未显露建立机制间内在链接与兼容司法因素的调适意图。简陋的现行框架规则尚待进一步丰实组织机制和制度建设,从而为执行乃至不断升级居核心地位的 INDCs 义务提供机构指引与技术支持,审慎规避适用的不确定性。此外,就包容性而言,FTA 作为合作规制的载体,可有效融入2016年气候变化《巴黎协定》的创新机制和实体义务。反之,2016年气候变化《巴黎协定》却无法兼容并建立与 FTA 等其他平行环境规制的体系关联。因而,无论硬约束的环境条约规范,还是习惯环境标准和原则,甚至是软规制策略,都可经由凭贸易纽带紧密关联的有限成员方,选择性、开放式地渐进纳入新型 FTA。由此,以获得复合型环境承诺遵守规制体系的稳定保障,表现出兼顾国际环境规则实施的灵活性和可信性。

3. 新型 FTA 环境遵守机制提供优于多边模式的履行动力

新型 FTA 环境遵守机制所产生的区域环境治理效果,因遵守激励成本的

---

❶ The White House. President Trump Announces U.S Withdrawal From Paris Climate Accord [EB/OL]. [2017-06-01]. http://www.whitehouse.gov/blog.

第五章　全球环境风险"合作规制"路径的重要运行载体及中国的尝试与深化

降低与遵守控制的强约束，而拥有多边协调模式无法比拟的独特优势。

相比多边贸易体制，区域贸易集团的"协商"气质更浓郁，使多边贸易体制协调贸易与环境关系的不确定性和应对环境风险损害的延迟性，更易在限缩的区域范围内获得解决。以 NAFTA 为例，NAAEC 为在贸易自由化问题上存在"囚徒困境"的美国、加拿大与墨西哥三国之间，打通了旨在平衡环境和贸易政策的协调机制。墨西哥以在环境政策法规上逐步向美国环保要求靠拢为代价，换取防止美、加采取贸易保护政策的保险收益和投资转移机会，并通过"自我加速过程"赓续强化其在区域合作中的影响力。墨西哥虽以不利条件加入 FTA，但由于加入 FTA 意味着锁定自由化政策和持续国内改革的承诺，墨西哥在发达国家主导经济全球化的进程中积聚了先发优势，已成为区域经济合作的主要"轮轴国"之一，❶ 谋求到一条最有利于自身发展的一体化之路。整个区域贸易集团则通过政策交换以实现不断开放区域统一市场的同时，也将各国影响贸易与投资政策的环保标准固定在合理约束水平之上，及时和妥善处理经济深度整合所产生的地区环境影响，这在多边贸易体制下很难实现。

相比 MEAs，FTA 的义务"约束"尤为强力。这从根本上改善了 MEAs 遵约机制运行程序始终挥之不去的缔约方控制和无底线妥协。它以贸易互惠义务的牵制和司法化监督实施机制的调控，确保 FTA 执行机构对其缔约方在处理环境遵守问题上的中立和权威。以 TPP/CPTPP 为例，其在建立贸易体制与环境规制普遍性规则互动的基础上，通过明确列举的方式形成缔约方约束性

---

❶ 根据艾锡桑瓦和尼库考提出的"轮轴-辐条"理论，当一个国家与多个国家分别缔结 FTA 时，这个国家就相当于"轮轴"，而与其缔结协定的各个国家就成为"辐条"。轮轴-辐条结构强调，由于辐条国家之间并无任何 FTA，而且往往签订难度较大。因此，作为轮轴国家来讲，在区域经济合作中能够获得许多独特优惠：可将本国产品通过 FTA 输入辐条国市场，而辐条国之间由于原产地规则的限制却无法相互进入；而且，轮轴国还可凭其豁然地位吸引来自包括辐条国和区域外部国家的投资。在区域大国形成贸易竞争的局面下，轮轴国往往成为众多大国缔结 FTA 必争的优良资源，进而使轮轴国在区域合作中拥有更多话语权，为自身经济的一体化进程赢取更为有利的外部环境。参见：KUNIKO, ASHIZAWA. Japan's Approach toward Asian Regional Security: from 'Hub-and-Spoke' Bilateralism to 'Multi-tiered'[J]. The Pacific Review, 2003 (16): 361-382. 有学者指出，目前至少有墨西哥、智利和新加坡已经或正在成为区域经济合作中的轮轴国。参见：李向阳. 新区域主义和大国战略[J]. 国际经济评论, 2003 (4): 11-16.

环境承诺。其在野生动植物物种保护和有害性渔业补贴方面，还实现对特定 MEAs 义务的实质性突破，并以贸易协定中最具强制力的实施机制保障环境规则的公平适用。无论是为缔约方遵守环境协定设定底线与升级义务内容，还是借助贸易制裁措施为环境承诺提供强制执行效力，FTA 都远远超出 MEAs 遵约机制的效用范围。

4. 新型 FTA 环境遵守机制创造各类规制工具兼容互补的空间

新型 FTA 大多倾向通过法律方法解决国际经济争端，建立强制性争端解决机制，且都不断强化对争端解决机构裁决的执行，环境遵守控制的司法因素进一步加强。在 NAFTA、欧韩 FTA 及 TPP/CPTPP 等美欧主导的 FTA 示范效应影响下，2012 年之后每年签订包含环境争端解决机制的 FTA 已超过 60%，并逐步将遵守和实施特定范围的国际环境法问题纳入 FTA 强制性争端解决范畴。而且，在借鉴其他领域争端解决机制有益创新的基础上，新型 FTA 已由 2003 年前只强调政治性方法的使用，发展出以准司法的专家组机构为主，辅之以仲裁和公民申诉程序，软硬结合的司法化争端解决机制。

此外，FTA 环境义务及裁决的履行与强制执行方面，新型 FTA 加强对缔约方履行状况的监督。国家依据 FTA 环境条款的要求，负有对其环境承诺履行情况进行评估和通报的责任。针对不遵守情势，新型 FTA 还引介具有较强执行力的规制工具。欧盟体系内甚至包含经欧盟司法机构审查，针对违反欧盟共同环境政策法规行为的经济制裁措施，以强调国际环境义务遵守的司法约束，为合作规制的嵌入提供具有供安全性和可预见性的法制框架。

5. 新型 FTA 环境遵守的公众参与制度开拓多元共治的新渠道

晚近 FTA 演进中，多元主体的环境参与权日益获得更为稳定、透明的制度保障。这在增强环境承诺可执行性的同时，进一步提升 FTA 环境治理的民主正当性。其主要反映在 FTA 环境事项的透明度和公众参与条款已逐步成为 FTA 缔约方的核心关注，内容日趋丰富全面。新型 FTA 不仅要求缔约方为公

第五章　全球环境风险"合作规制"路径的重要运行载体及中国的尝试与深化

众建立完善的环境问题质询机制，以确保市民社会在环境信息获取、决策参与及司法和行政审议程序的准入方面享有广泛权利，为遭受环境损害的利益相关个人提供充分的法律救济。而且，还规定FTA环境事务执行监督机构的所有履行决策和争端解决机构的裁决报告，以及国家执行FTA环境义务的政策法规，均应在可能范围内全面公开，并将公众参与和社会磋商作为环境争端解决的重要环节。

此外，公众环境参与程度的提高还体现在环境遵守的直接规制对象已开始出现突破主权国家的限制，向私人主体发展的迹象。TPP/CPTPP环境章甚至还涉及鼓励缔约方管辖范围内的企业法人，自愿实施与环境有关的公司社会责任原则，使其经营运作与国际认可的企业环境标准和指南相一致，开启在国际层面实现对跨国公司环境行为进行全方位法律规制的新时代。

总之，相对于WTO多边贸易协定的"体系自足"，FTA制度安排颇具开放性和灵活度，借由环境合作条款可对缔约方履行协定项下环境承诺的现实问题作出及时反应。尤其是MEAs大多未与具有一定强制力的争端解决机制衔接，启动国际司法控制难度较大。而遵约机制本身又以推动自愿遵守为主要功能，不能奢求仅依靠管理性监督产生立竿见影的遵守效果。在此情形下，新型FTA环境合作条款由于规定了具体的适用范围和义务标准，既为启动FTA搜罗的各种救济方式提供适用可能，又能与特定MEAs遵约机制的管理监督建立体系建立联结，实现国际环境法遵守规制的最优状态。

二、中国既存FTA对全球环境风险社会性规制及其法律实施的后发状态

（一）中国生效FTA环境遵守控制路径选择的总体态势

1. 中国生效FTA环境遵守控制的本质属性

整体上，中国FTA的签署立足地缘优势、贸易伙伴选择主要集中于亚太

地区经济体量有限的发展中国家或新兴经济体，[1] 主要采用先早期收获协议再推及主体和补充协议的"拆分形式"或"一揽子"协议等灵活多样方法渐进实施。协定所涉议题普遍覆盖货物和服务贸易及投资三大领域，致力于建立自由化程度较自身 WTO 承诺义务更高的贸易规则体系。环境领域，20 个已生效中国 FTA 和 1 个优惠贸易安排中，内地与香港、澳门《关于建立更紧密经贸关系的安排》(Closer Economic Partnership Arrangement, CEPA) 作为"一国两制"原则指导下，主权国家管辖范围内不同关税区之间建立制度性合作的新路径，因而在统一环境政策安排上具有一定特殊性。此外，其他 FTA 均不同程度涉及环境问题。即使是中国 2020 年入群的 RCEP，基于为缓解全球经济下行压力而释放区域一体化红利，并未对环境问题独立设章，也基本涵盖现今主流绿色 FTA 的所有环境条款。但相较于 TPP/CPTPP 专章规定环保问题，并开拓性纳入臭氧层保护、船舶污染防治、公共参与环境规制的程序设置、跨国企业的环保社会责任、外来物种入侵、环境产品和服务壁垒等新兴议题，中式 FTA 始终未将环境问题置于 FTA 核心价值目标。相反，促进区域经济一体化和产业链全面融合，甚至是发展贸易与投资便利化的机制才是中式 FTA 亮点。而中式 FTA 各项条款中，涉环保规则的利用率极低，也不对缔约方构成实质性约束。

2. 中国生效 FTA 环境遵守控制的基本模式

除与瑞士和韩国的 FTA 单独设立环境章外，中式 FTA 主要采用最为传统的"序言＋贸易例外"方式在主协定条款中涉及环境问题。通常而言，都是在序言中宣告式提及经济发展与环境保护的相互依存关系，昭示缔约各方在

---

[1] 中国已签订的 20 个 FTA，就地域分布上，在欧洲与冰岛、瑞士，在中美洲与哥斯达黎加；在拉美与秘鲁、智利，在大洋洲与澳大利亚和新西兰，在非洲与毛里求斯，其余 12 个 FTA 所涉及的 16 个贸易伙伴全部位于亚州；经济体量和发展程度上，2015 年除韩国、澳大利亚跻身世界经济总量排名前 20 名以外，其他经济体的 GDP 总量均未超过 1 万亿美元，而中国－东盟 FTA 作为迄今为止活跃度最高的中式 FTA，中国与东盟十国贸易总量在 2018 年之前仅为同期中美贸易额的 86.5%。在全球供应链向区域收缩的影响下，才自 2020 年起超越欧盟和美国。RCEP 作为目前中国通过商签 FTA 而加入的最大规模自由贸易区，对中国产业价值链所产生的实际提升效应和实施效能，仍有待观察。

第五章　全球环境风险"合作规制"路径的重要运行载体及中国的尝试与深化

可持续发展框架下关注环境问题的立场态度，为FTA条约解释提供依据；在批判吸收的基础上，引入WTO涉及环保的GATT 1994第20条和GATS第14条及其解释性注释，作为贸易例外条款。

3. 中国生效FTA环境遵守控制法律依据的缺漏

美国FTA均以2002年TPA及其升级后的2007年《两党贸易协定》（Bipartisan Trade Deal）关于将制定环境章节融入贸易谈判目标，通过贸易协定加强贸易伙伴国环保能力的议会授权为法理基础，体现设置独立环境章节的主要特征。2014年USTR发布公告明确将环保作为美国的核心价值观，在任何FTA谈判中始终坚持设定强有力、全面可执行的环境章节。欧盟则通过SEA第130条将环保纳入共同体行动的所有领域，并依据2006年修订的《欧盟可持续发展战略》和2012年TEU等欧盟法案的要求，在其签订的FTA中设置包含环保的可持续发展条款。而全球经济最具活力的亚太地区，东亚区域经济一体化进程的加速，推动韩国和日本调整实施积极的自由贸易战略。前者以同美欧签订FTA为突破口，逐步确立高水平环保规制框架；后者通过参与TPP/CPTPP谈判也一改在FTA环境条款上的传统消极态度，主动发布有关环境与贸易政策协调的声明，不断扩展环境条款内容的涵盖范围。反观中国，制定FTA并非基于合理的全球战略布局并确定重点推进国家，未将环保纳入国家外贸政策的整体发展规划，缺乏统一的规则范本和指导目标。负责FTA环境议题实施和进行部门统筹协调的国内主导机构缺位，更少见对签订及实施FTA可能产生的环境风险予以必要评价。在环境遵守控制路径选择的法律基础上，存在显著不足。

总之，中国FTA的环境遵守规制形式简陋，是主要以政治协商为手段、遵守激励不足的管理性机构监管；义务抽象，基本以纳入WTO环境相关规则为主，沿袭WTO既有的环境规制状态，仍停留于积聚环保共识、培育环境治理合作理念的初级阶段，尚未涉足处理环境与贸易关系的复杂问题。但中国从2005年首次与智利开始谈判FTA之初，就通过"环境例外"与"环境合作"方式涉足环境规制。❶其环境规制的后续发展符合当前全球 FTA 调整环境问题的新特点，存在主动借助 FTA 推进国际环境法遵守控制机制发展，以提高全球环境治理合作水平的外界压力和内生动力。

因此，应在对中国生效 FTA 环境遵守控制机制的具体内容进行比较分析的基础上，提出有关"一带一路"自贸区群（The One Belt and One Road FTAs）环境遵守合作规制的构想建议。

以下对中国 20 个生效 FTA 环境遵守控制具体内容的实证研究，在分析对象的选取上存在三点考虑：第一，重点分析的 FTA 应能更多地反映中国调整对外经济合作发展战略，构筑以自身为轴心的全球 FTA 网络的最新趋势；第二，鉴于本书旨在对中国"一带一路"自贸区建设提供参考建议，故而应以考察中国与"一带一路"沿线国家签订的 FTA 为主；第三，由于从国际法意义上考察 FTA，诸如缔约主体具有特殊性的 CEPA 被排除在研究范围之外。因此，将本书对中国生效 FTA 环境遵守控制的研究限定于中国与澳大利亚（首个与经济总量较大的发达国家缔结的 FTA）、韩国（东北亚第一个 FTA，中国签订环境规制水平最高的 FTA）、瑞士（首个包含环境章节的中国 FTA）、冰岛（第一个同欧洲国家缔结的 FTA）、新加坡（首个涉及具体环境合作项目的 FTA）、巴基斯坦（为中国与南亚贸易合作提供范本的 FTA）及东盟（建成中国最活跃自由贸易区的 FTA）之间签订的 7 个 FTA。

（二）中国生效 FTA 环境遵守控制实体性规则的基本特征与缺陷

围绕中国生效 FTA 环境遵守控制的实体性规则条款（见表 5-1），主要分析不同 FTA 就涵盖与贸易有关的环境实体义务、国家间环境合作承诺以及国内环境政策法规的执行措施等涉环境议题所存在的规制差异。

---

❶ 《中国与智利自由贸易协定》第 12 章第 99 条一般例外和第 13 章第 108 条劳动、社会保障和环境合作条款均涉及环保内容。其中第 108 条规定：缔约双方应通过劳动和社会保障合作谅解备忘录及环境合作协定，增强缔约方在劳动、社会保障和环境方面的交流与合作。

第五章 全球环境风险"合作规制"路径的重要运行载体及中国的尝试与深化

表 5-1 中国已生效 FTA 涉及环境实体性内容的基本情况

协定名称	中国－新加坡（2008）	中国－巴基斯坦（2009）	中国－东盟（2010年及2015年10+1升级议定书）	中国－冰岛（2013）	中国－瑞士（2013）	中国－韩国（2015）	中国－澳大利亚（2015）
序言	×	与环保相一致的方式促进可持续发展	×	经济、社会和环保是可持续发展相互依赖和促进的组成部分	经济、社会和环保是可持续发展相互依赖和促进的组成部分	经济、社会和环保是可持续发展相互依赖和促进的组成部分	×
环境例外条款	1. 第13章例外：（1）与货物贸易有关的章节：并入 GATT 1994 第20条及其解释性说明；（2）与服务贸易有关的章节：适用为保护人类、动植物生命或健康所必需的例外措施。2. 第7章 TBT 措施与 SPS 措施第54条透明度环境例外	×	《货物贸易协定》第20条和《服务贸易协定》第12条一般例外	1. 第2章货物贸易，第11条纳入 GATT 1994 第20条及其解释性说明 2. 第7章服务贸易，第82条纳入 GATS 第14条及第14.2条第1项	1. 第2章货物贸易，第2.7条纳入 GATT 1994 第20条 2. 第8章服务贸易，第8.15条一般例外规定	第21章例外，第21.1条一般例外纳入 GATT 1994 第20条及其解释性注释、GATS 第14条	第16章一般条款与例外，第16.2条纳入 GATT 1994 第20条及其解释性说明和 GATS 第14条

续表

协定名称	中国–新加坡（2008）	中国–巴基斯坦（2009）	中国–东盟（2010年及2015年10+1升级议定书）	中国–冰岛（2013）	中国–瑞士（2013）	中国–韩国（2015）	中国–澳大利亚（2015）
环境标准规则	第7章SPS措施和TBT措施中第45条、第54条、第56~58条	第6章SPS措施与第7章TBT措施	《货物贸易协定》第7条纳入WTO的TBT协定与SPS协定条款	第2章货物贸易中第19~20条纳入WTO的TBT协定和SPS协定	第6章TBT措施，第7章SPS措施	第5章SPS措施，第6章TBT措施	第5章SPS措施，第6章TBT措施
投资与环境	第10章，投资纳入《中国–东盟投资协议》	第9章投资中，第49条征用条款	《投资协定》第8条征收，第16条一般例外	×	×	第12章投资，第12.9条征收和补偿，第12.16条环境措施	第9章投资中，第8条一般例外
政府采购与环境	×	×	×	×	×	×	×
多边环境协定实施	×	×	《投资协定》第23条不得减损一方作为任何其他国际协议缔约方的现有权利和义务	×	1. 第7章SPS协定协调与《国际植物保护公约》（IPPC）在适用上的关系；2. 第12章环境问题，第12.2条MEAs和环境原则	第16章环境与贸易中，第16.4条MEAs	×
能力建设	×	×	×	第9章合作中，第97条发展合作	第12章环境问题中，第12.5条双边合作	第16章环境与贸易中，第16.7条第5项	第5条SPS措施中，第9条

第五章 全球环境风险"合作规制"路径的重要运行载体及中国的尝试与深化

续表

协定名称	中国-新加坡（2008）	中国-巴基斯坦（2009）	中国-东盟（2010年及2015年10+1升级议定书）	中国-冰岛（2013）	中国-瑞士（2013）	中国-韩国（2015）	中国-澳大利亚（2015）
资金机制	×	×	×	×	第12章环境问题中，第12.6条资源和资金安排	第16章环境与贸易中，第16.8条机构和资金安排	×
环境产品和服务贸易自由化	附件服务贸易具体服务承诺减让表：6环境服务部门	附件服务贸易具体服务承诺减让表：6环境服务部门	《服务贸易协定》附件，环境服务市场准入与国民待遇具体承诺	附件服务贸易具体服务承诺减让表：6环境服务部门	1.第12章环境问题中，第12.3条促进有利于环境的货物和服务的传播；2.附件服务贸易具体服务承诺减让表：6环境服务部门	1.第12章环境与贸易中，第16.7条第1项；2.附件服务贸易具体服务承诺减让表：6环境服务部门	附件服务贸易具体服务承诺减让表：6环境服务部门
环境技术合作	1.第7章TBT措施和SPS措施中，第51条在作为技术法规基础的国际标准上互相合作；2.第11章经济合作中，第87条中国-新加坡天津生态城重点项目	第7章TBT措施中，第39条技术法规、合格评定程序领域加强合作	×	第9章合作中，第95~96条（劳动与环保）	1.第6章TBT措施中，第6.5条 2.第7章SPS措施中，第7.7条技术合作	1.第5章SPS措施中，第5.4条和6章TBT措施中，第6.8条技术合作；2.第16章环境与贸易中，第16.7条第2项	1.第5章SPS措施中，第6条 2.第6章技术性贸易壁垒中，第11条

资料来源：中华人民共和国商务部中国自由贸易区服务网，http://fta.mofcom.gov.cn。

注：表中"×"说明双边经贸条约的该部分法律文本中未涉及有关环境问题的实体性表述。

1. 与贸易有关的环境规制实体性保障条款

（1）主要特点

遵循前述全球 FTA 有关环境规制实体性内容集中分布的具体贸易环节，中国 FTA 除政府采购外，与贸易有关的环境规制实体性规则也大多聚集在这些领域的实体义务章节，主要表现为以下几方面。

第一，货物贸易领域的 TBT 措施和 SPS 措施条款。重点考察的 7 个中国 FTA 均对此作出规定。这些 FTA 均承认缔约方在遵守 WTO 的 TBT 协定和 SPS 协定有关科学依据、协调一致、等效化和区域化原则的前提下，以符合 WTO 透明度要求且不用于贸易保护目的的方式，行使建立与维持自身适当技术法规和动植物卫生标准的管理职权。中国－新加坡 FTA 甚至允许缔约方出于环保紧急状况的需要，暂停有关 TBT 或 SPS 措施章全部或部分附件的实施。❶ 同时，中国 FTA 还通过缔约双方应要求而设立的主管机构与联络点，为实施诸如合格评定程序的互认、技术援助与能力建设等对环境相关标准的自愿协调创造条件，增进 SPS 和 TBT 相关领域的信息交流与合作。

第二，作为服务贸易的分部门之一，有关环境服务的市场准入规定也是 7 个中国 FTA 服务贸易承诺义务的组成部分，并在缔约各方的 WTO 服务贸易具体承诺减让表基础上进一步实现开放。如中国根据与东盟、新加坡、巴基斯坦、瑞士之间的 FTA，在环境服务贸易领域承担超 WTO 义务；同时，澳大利亚对中国还首次在 FTA 中以负面清单方式作出包含环境服务在内的服务贸易承诺。中国也成为在环境服务分部门作出具体承诺的少数国家之一，并在很多 FTA 中允许缔约方服务提供者，采用 WTO 规定的全部四种服务提供模式参与环境服务贸易，显示较高水平的环境服务市场准入水平。

第三，贸易的一般例外条款。7 个中国 FTA 中，除中巴 FTA 不包含被视为自由贸易安全阀措施的一般例外条款外，均引入此类条款作为贸易规则框

---

❶《中国与新加坡自由贸易协定》第 58 条第 2 款规定：当一方出现或可能出现安全、健康、消费者或环境保护与国家安全的紧急问题时，可立即全部或部分暂停任何附件的实施。在这种情况下，该方应立即将紧急情况的性质、涵盖的产品、暂停的目的和原因告知对方。

第五章　全球环境风险"合作规制"路径的重要运行载体及中国的尝试与深化

架下对非贸易价值的平衡器,也体现充分尊重缔约方公共规制权的政策倾向。规范形式和内容上,一方面,唯中国-东盟FTA运用明确列举例外措施的方法,其他大多是直接纳入GATT 1994第20条和GATS第14条内容,笼统、粗糙且缺乏针对性;另一方面,又普遍限定例外条款的具体适用范围,排除投资、知识产权章承诺义务的豁免例外。因此,"绿化"中国FTA的关键入口尚不足以突破WTO环境例外的既有藩篱。

（2）缺陷分析

中国FTA主体协定中,环境规制的实体性保障条款主要存在下述问题。

第一,有关TBT措施和SPS措施的规定,普遍仅在涉及环保考虑而产生相关措施的透明度问题时存在实质义务约束。如中国-新加坡FTA第54条要求缔约各方应通过设立的咨询点,相互通报与有关技术法规和动植物卫生措施的任何生效与修订情况,仅在出于环保需要方可不遵循FTA规定的评议期,采取更紧急的行动。这意味着环保只为改变国内技术法规和标准的通报时间与方式提供动机,而不对TBT或SPS措施的具体内容产生任何影响,降低环保作为技术法规和标准合法性依据的可能性。就相关标准规则的环保水平来讲,中国FTA并未就缔约方是否能依据在一定科学论证基础上的TBT或SPS标准,对具有潜在环境风险的产品或服务施加贸易限制及其适用的必要限度等,平衡贸易与环境关系的精细化问题作出安排,其对遵守环保规则所发挥的促进作用极为有限。

第二,当代各国订立FTA的重要特色之一,就是积极发展以自身为轮轴的重叠式FTA。同一国家可与许多国家均存在有限让渡主权、直接获取利益、内容框架相近的贸易自由化安排,呈现出权利义务互相重叠和彼此交叉的"意大利面条碗"（Spaghetti Bowl）状态。中国FTA未就与不同FTA及其他相关国际条约可能产生的规则冲突予以充分考虑,更缺少诸如秘书处等常设性行政机构承担协定内外部关系的协调事务。而且,对缔约方处理与在MEAs项下所作承诺间的相互关系缺乏必要安排,甚至不要求缔约双方将有效实施共同参与或缔结的特定MEAs,作为其FTA环境承诺的组成部分。这导致中国 FTA 相互之间各自为政，无法连缀成网，也与国际经济和环境治理机制处于隔绝状态。

2. 环境合作条款

（1）主要特点

早在 2008 年中国－新西兰 FTA 中，就包含通过签署《环境合作协定》加强双边环境政策互动的先例。本书所考察的 7 个中国 FTA，除中国－澳大利亚 FTA 和中国－东盟 FTA 外，其余均包含有关环境合作事项的相关条款，体现缔约各方在以可持续发展方式促进经济融合与提升环保水平方面的合作意愿。中国 FTA 在对实施环境合作的管理和监督制度安排上，以借鉴美欧实践经验为主，涉及促进 MEAs 的谈判和履行、环保产业推广、环境技术开发、环境信息交流及环境管理能力建设和环境治理资金机制等多个宏观领域。同时，中国－冰岛 FTA 第 9 章第 96 条还将劳工和社会保障与环保相结合。中韩 FTA 第 17 章经济合作的第 2 节农渔合作规范中，更是涉及两国渔业、林业发展中的环境资源保护合作问题。中国－新加坡 FTA 第 11 章第 87 条有关参与中国区域发展的规定，甚至包含两国具体在"天津生态城重点项目"上的双边区域发展合作，❶成为中国 FTA 涵盖范围最广的环境合作内容。而且，伴随这些中国 FTA 的签署，不断强化中国同相关缔约方的环境合作关系，围绕 7 个 FTA 又都陆续形成协调彼此具体环境利益的环境合作附属协定或谅解备忘录，使中国 FTA 环境规制模式进一步趋向合理。因此，在环境议题中，强调合作获益、突出缔约方间有关环境事务的积极合作是中国 FTA 环境遵守规制的主要特点。

（2）缺陷分析

中国 FTA 在环境合作上所存在的缺陷具体表现在两方面：

第一，有关促进 MEAs 的实施问题。中国 FTA 仅就双方均为缔约方的

---

❶ 《中国与新加坡自由贸易协定》第 87 条第 2 款规定：注意到中国－新加坡天津生态城重点项目是双边区域发展合作的另一重要举措，双方同意紧密合作，争取将其建设成为可持续发展的典型。同时，加强在环保和资源能源节约等领域的合作。

第五章　全球环境风险"合作规制"路径的重要运行载体及中国的尝试与深化

MEAs 谈判中进行与贸易相关环境问题的磋商与合作作出承诺，并未表明在遵守 MEAs 与 FTA 相关义务优先次序问题上的基本态度。即使是在未设定具有约束力的实施义务情况下，针对中国 FTA 所称 MEAs 的具体涵射范围也未作出明确界定，只提及 1972 年《斯德哥尔摩人类环境宣言》、1992 年《里约环境与发展宣言》和《21 世纪议程》、2002 年《约翰内斯堡可持续发展实施计划》及 2012 年"里约+20"峰会成果文件《我们希望的未来》等软法性文件中所体现的环境原则。无论环境义务的约束水平，还是所涉及的具体环境领域都存在明显不足。

第二，合作组织的机构设置上，文本考察的 7 个 FTA，除中韩 FTA 环境章专设环境与贸易委员会专司该章执行监督事宜外，其他均未设立专门处理具体环境合作事务的机构，仅以环境问题联络点在缔约双方间维持最低层次的环境治理合作。即使是中韩 FTA 环境与贸易委员会，对影响其有效运作的制度结构和规模组成都缺乏明确界定。该委员会具体享有哪些监督职权和在争端解决过程中应发挥的作用，如何在环境章的履行监督上建立和维护与市民社会沟通和磋商的渠道，以及有关监督决策的公开事宜也都不置可否。

3. 国内环境政策法规的执行

（1）主要特点

有关国内环境法规和标准执行的保障条款，仅在中韩 FTA 环境章中有所涉及。其内容基本参照美式 FTA 的做法，主要包含三方面：第一，缔约各方在根据所确立的环保发展优先等级，享有制定或修改环境法规、分配环境执法资源的自主权利，不应成为其通过持续或反复的作为与不作为，不恰当执行本国环境法规和措施，以致影响彼此间贸易或投资方式的依据；第二，缔约各方不应为鼓励贸易或投资活动，采取削弱或减损环境法规和政策的方法，而降低本国环保水平；第三，否认一国国内环保法规的域外执行效力。

（2）缺陷分析

中国 FTA 重点关注界清国家宏观环境管理权利和义务的框架规则，缺乏针对国内相关配套制度措施和程序性问题的具体安排，甚至未明确限定 FTA

所涉缔约方国内环境法的指向范围，可操作性明显不足。同时，相较而言，美式 FTA 要求缔约方确保其国内法体系应为由于环境违法行为而遭受环境损害的当事人，提供有效的司法、准司法或行政审查程序，从环境诉权的角度保障国内环境法规的恰当实施。针对环境违法行为，美式 FTA 要求缔约方承诺采取诸如遵守协议、行政处罚、关闭生产设施、罚金、支付污染治理费、监禁等包括行政、民事和刑事等全方位的具体制裁和矫正措施，并对裁处适用措施时应酌情予以考虑的，诸如违法行为的性质和严重程度，以及违法者的经济状况和支付能力等其他相关因素作出详尽规定。此外，作为上述内容的补充，美式 FTA 还力促缔约方发展和运用以市场激励为基础、强化环境遵约的创新机制，以获得和维持环保的较高水平。上述这些就提升缔约方国内环保水平来讲，具有一定先进性和代表性的实施措施，在中式 FTA 中都难觅踪迹。

（三）中国生效 FTA 环境遵守控制程序性规则的主要特点及不足

因循国际条约实体与程序规范结构的平衡发展，从争端解决条款、条约实施机制以及公共参与和透明度程序等关键环节，比较不同中式 FTA 法律文本涉及环境遵守控制程序性规则的制度优劣（见表 5-2）。

表 5-2 中国已生效 FTA 包含环境规制程序性内容的基本情况

协定名称	中国-新加坡（2008）	中国-巴基斯坦（2009）	中国-东盟（2010年及2015年10+1升级议定书）	中国-冰岛（2013）	中国-瑞士（2013）	中国-韩国（2015）	中国-澳大利亚（2015）
政治性解决方法	×	就第9章投资的第49条征用产生涉及环境的国家间投资纠纷应通过外交途径解决	就《投资协议》第8条征收产生涉及环境的国家间投资纠纷进行磋商，可随时进行调解或调停	×	就第12章环境问题产生的纠纷仅可诉诸联合委员会下的双边协商和对话	×	×

第五章　全球环境风险"合作规制"路径的重要运行载体及中国的尝试与深化

续表

协定名称	中国－新加坡（2008）	中国－巴基斯坦（2009）	中国－东盟（2010年及2015年10+1升级议定书）	中国－冰岛（2013）	中国－瑞士（2013）	中国－韩国（2015）	中国－澳大利亚（2015）
法律解决方法	×	就第9章第49条征用产生涉及环境的国家间投资纠纷可提交专门仲裁庭；投资者与东道国间投资纠纷可提交缔约方有管辖权法院或由ICSID解决	就《投资协议》第8条征收产生涉及环境的国家间投资纠纷可设立仲裁庭解决；投资者与东道国间投资纠纷可提交缔约方有管辖权的法院及行政法庭或由ICSID及国际商事仲裁机构解决	第9章合作的第96条环保合作不适用准司法争端解决程序	环境章相关规定不适用第15章争端解决程序	第16章环境与贸易项下产生的任何争端事项不适用第20章争端解决条款	×
环境合作管理机构	×	×	×	×	×	第16章环境与贸易的第16.8条设立环境与贸易委员会	×
争端裁决执行措施	×	×	《争端解决协议》第12条执行条款	×	×	×	×
环保国内程序保障	×	×	×	×	×	第16章环境与贸易，第16.3条、第16.5条	×

续表

协定名称	中国－新加坡（2008）	中国－巴基斯坦（2009）	中国－东盟（2010年及2015年10+1升级议定书）	中国－冰岛（2013）	中国－瑞士（2013）	中国－韩国（2015）	中国－澳大利亚（2015）
针对不履行环境义务的贸易制裁	×	×	补偿和中止减让或利益授予	×	×	×	×
公众参与	第12章争端解决的第99条仲裁庭程序不公开，但不阻止当事方向公众散发文件	1. 第7章TBT措施第40条透明度条款要求给予公众评议技术法规的机会；2. 第8章透明度的第44条通知和信息提供	×	第9章合作的第99条政府采购	第1章总则的第1.5条、透明度条款	第18章透明度条款	第13章透明度条款
其他程序性安排	1. 第14章总条款和最后条款的第110条就贸易协定所涉任何问题指定联系点；2. 附件四设立TBT、SPS措施联系点	1. 建立卫生和动植物卫生事务委员会、技术性贸易壁垒联合委员会确保执行相关规定；2. 建立SPS证书互认和缔约双方咨询点合作机制	《投资协定》要求为所涵盖的任何事务开展交流指定联系点	第9章合作的第100条合作机制，建立国家联络点	第12章环境问题的第12.7条设置促进实施环境规定的联络点	第16章环境与贸易，第16.8条建立实施环境规定的联络点	第14章机制条款的第1条设立自贸协定联合委员会负责协定实施有关事项，第3条设置联系点

资料来源：中华人民共和国商务部中国自由贸易区服务网，http://fta.mofcom.gov.cn。

注：表中"×"说明双边经贸条约的该部分法律文本中未涉及有关环境问题的程序性表述。

第五章　全球环境风险"合作规制"路径的重要运行载体及中国的尝试与深化

1. 争端解决机构和程序

（1）主要特点

中国 FTA 争端解决章节或协议，总体上呈现以温和、粗线条的规范为主，基本覆盖 FTA 争端解决从磋商合作到裁决执行相关环节的主要问题。大多数 FTA 都针对仲裁或准司法程序的运作制定指导规则和争端解决机构成员的行为守则，其具体特征表现为：

第一，争端解决性质方面，除反复重申缔约方在争端解决上的积极合作外，特别倚重磋商、斡旋、调解和调停等政治性解决方法。就法律方法而言，除中韩 FTA 设置"一裁终局"的专家组准司法程序，并对案件事实和相关措施的适用性与相符性进行审查并提供执行建议外，其他 FTA 都明确以临时仲裁方式作为法律解决工具，凸显争端解决的当事方合意导向。

第二，管辖范围方面，涉及有关所属 FTA 解释和适用的所有争端。但其一方面将受理的争端类型限定于未能履行或与协定义务不符的违反之诉；另一方面，包含设立环境专章的中韩 FTA 和中国－瑞士 FTA 在内，所有中国 FTA 争端解决条款都将环境争议排除在外。此外，中国－东盟 FTA 和中国－新加坡 FTA 还明确规定，FTA 争端解决机构对缔约方境内中央、地区、地方政府或权力机构采取影响遵守 FTA 义务相关措施的管辖权问题。

第三，争端解决场所方面，普遍允许缔约方依据所缔结或参加的条约就解决争端作出场所选择，未确立 FTA 争端解决程序的排他管辖，但都设立避免平行诉讼的适用排除条款。

第四，争端解决的解释和适用规则方面，除中国－澳大利亚 FTA 明确建立仲裁或准司法程序的解释规则体系外，[1]其他所有中国 FTA 都笼统规定依据国际公法的习惯解释规则，并在适用法源上概括性规定涵盖所属协定及可适用于各当事方的国际法规则。

---

[1] 中国－澳大利亚 FTA 争端解决章（第 15 章）第 9 条解释规则明确指明，协定项下建立的仲裁庭应以不增加或减损协定授予缔约方的权利和义务为前提。根据包括 VCLT 在内的解释国际公法的惯例，对协定进行解释。同时，考虑 WTO 争端解决机构在裁决和建议中确立的相关解释结论。

（2）缺陷分析

首先，中国FTA争端解决条款充斥浓烈的政治意味，规则导向痕迹淡化。所有中国FTA均沿用GATT/WTO争端解决机制以国家间磋商作为启动仲裁或准司法程序的前置条件。而且，中韩FTA还明确将鼓励缔约方就非关税措施产生的负面贸易影响以及有关货物贸易市场准入的事项，采用调解程序写入协定文本。即使纳入法律解决方法，也明确透露赋予缔约方在自行协商解决方面以充分自决权的立场。这一方面固然保持缔约方对整个争端解决过程的灵活可控，但另一方面也使第三方机制处于受政治摆布的非中立局面，与遵守实施机制规则化、精细化的国际法治要求南辕北辙。

其次，普遍不存在常设性争议解决机构，倾向于类似国际商事仲裁的临时仲裁方式。其虽在程序启动上体现强制管辖的改良，使争端一方援引准司法或仲裁程序不以另一方同意为前提；但无论专家组成员或仲裁员的选任，还是程序运作规则的适用，都凸显作为商事仲裁根基的"双方合意"特征。中国－瑞士FTA甚至允许经缔约双方同意，修改专家组程序的任何时间期限。这虽为缔约方在遵守协定义务上预留充分的政策空间，但也不利于形成对协定规则的一致解释和连贯协调的争端解决判例体系，抑制争端解决机制发挥结合当代实践弥补和发展FTA文本内容的司法能动作用。

最后，有关准司法程序或仲裁程序适用范围的界定欠缺合理性。TPP/CPTPP虽将环境问题纳入一般性争端解决机制的管辖，但对其具体适用范围未作出明确限定。而中国FTA则相反，概括性地排除环境等特定问题的适用，却将其准司法程序或仲裁程序的属事管辖，宽泛界定为涉及有关本协定解释和适用的所有争端。这在为FTA环境遵守控制设置障碍的同时，又使其适用范围形成"口袋型"争端链，仍无法阻挡更多复杂环境事项，以黏合可诉议题的方式进入争端解决视野。

2. 执行措施条款

（1）主要特点

首先，对专家组最终报告或仲裁员裁决的执行，都以消除与FTA协定项

第五章　全球环境风险"合作规制"路径的重要运行载体及中国的尝试与深化

下承诺义务的不一致情形为最终标准。这意味着中国 FTA 执行措施在法律属性上应不具有惩罚功能，只是作为对缔约方未能履行义务的过渡性补偿措施。其次，中国 FTA 普遍以 WTO 裁决执行机制为参照，采取简化程序，即：①被认定存在不遵守 FTA 义务的缔约方，应即时消除终审裁决认定的不符措施（Non-conforming Measures）；②若不可行，则由双方共同商定裁决执行的合理期限；③合理执行期限结束后，可通过启动专家组或仲裁程序进行一致性审查；④若专家组或仲裁程序仍作出存在不一致情形的认定，或被诉方以书面形式明确表示不履行 FTA 争端解决机构裁决，并未能在合理期限内就补偿方案达成协议，则起诉方只在通知相对方具体范围和水平的条件下，即可采取无须经争端解决机构或执行委员会授权的单方贸易报复。

（2）缺陷分析

首先，由于中国所有贸易协定中，除在亚太经济合作组织（Asia-Pacific Economic Cooperation，APEC）框架下建立的以关税优惠和扩展谈判领域为主旨的《亚太贸易协定》(First Agreement on Trade Negotiations among Developing Member Countries of the Economic and Social Commission for Asia and the Pacific) 外，❶ 皆是清一色的双边 FTA 或准双边 FTA（中国－东盟 FTA）。缔约方间相互影响遵约行为的模式固定化，裁决的执行事实上面临着要么善意履行遵约义务，要么关闭合作大门，非此即彼的选择，没有太多可供转圜的余地。因此，采取单边贸易报复措施显然不如在多边条件下更具执行意义，其威慑效力远大于实际产生的执行效果，也与双方缔结 FTA 的目标和宗旨相悖。其次，中国 FTA 执行机制的刻意简省与放松标准，❷ 实质上是对法律解决方式强制效力的削弱，使其在本质上沦为缔约方进一步政治磋商的谈判基础，丧失存在的实际意义。

---

❶ 这是以 1975 年 APEC 框架下签订的《曼谷协定》为蓝本，在联合国亚太经社委员会主持下，与孟加拉、印度、韩国、老挝、斯里兰卡达成的优惠贸易安排。

❷ 如中国－冰岛 FTA 第 117.1 条对仲裁小组报告执行标准所作的描述是"尽可能消除"与本协定项下义务的不一致，用语模糊抽象、标准宽泛，从执行目标上放松对缔约方遵守行为的约束。

3. 公共参与和透明度条款

（1）主要特点

首先，重点考察的 7 个中国 FTA 均对缔约方涉及协定项下承诺义务，尤其是有关 TBT 和 SPS 条款的任何措施，作出迅速公布、及时通知和披露相关信息，以及确保国内司法或行政审议程序等基本公开要求。其次，争端解决条款中，中国－冰岛 FTA、中国－巴基斯坦 FTA 和中韩 FTA 特别规定，仲裁庭为作出裁决有权应当事方要求或依职权寻求科学信息或技术建议。这作为中国 FTA 罕见的公众参与渠道，显著体现大陆法系诉讼模式的职权主义色彩，强调专家组成员或仲裁员对程序进程的职权干预，排除主动提交"法庭之友"意见书的可能。

（2）缺陷分析

首先，缺乏对保障私人环境权给予充分考虑。受特定环境事件影响的利益相关个人请求缔约方权威机构对环境违法事件实施调查，进入环境司法、准司法或行政程序的权利受到限制。尤其中国－冰岛 FTA 和中国－巴基斯坦 FTA 还针对争端解决设有私人权利条款，限制缔约方在国内法框架下为私人当事方提供以另一缔约方措施与 FTA 相关规定不符为由展开诉讼程序的权利。

其次，所有考察的中国 FTA，都在争端解决内容中设置密集的保密规定。磋商和调解程序及仲裁庭或专家组审议程序都不公开进行，提交仲裁庭的书面陈述、听证会记录和其他相关法律文件，一般都对非争端方保密。仲裁员个人发表的意见，均以匿名方式出现。比较特殊的是中国－东盟 FTA，针对存在与争端有实质利益第三方的情况，允许向获取第三方身份的缔约方披露争端各方提交仲裁庭首次会议的书面陈述。

最后，争端解决的正当程序保障较为粗陋，这尤其体现在对仲裁员或专家组成员的选任方面。所有中国 FTA 均未向缔约方提供较为固定的专家组或仲裁员指示名单，以确保争端处理上的一致性和连贯性。而且，选任资格单一，主要集中于法律、贸易领域的专业技能和经验，无法适应处理涉及环境技术标准等方面复杂案件的审理需要，不能确保 FTA 争端解决机制的法律适用权威。此外，在专家组成员或仲裁员的独立性上，仅作出"不隶属或听命于任何缔约方"的规定,未涉及有关回避和违反正当程序的责任问题。

三、中国FTA"网络化"建设中环境遵守控制实践的应然发展与价值调试

中国在国际环境法的遵守实践上,形成以环境外交和国内环保能力建设为主的单一封闭模式。全球治理范式和国内环境公共规制格局的重大变迁,使中国有必要调整遵守国际环境法的传统实践模式,肯定和妥当尝试国际环境法遵守的合作规制路径,借助以中国为轴心的FTA网络载体,对促进环境义务遵守的具体实施机制进行调试。这种新型的区域和次区域可持续发展网络体系,不仅能为中国适应在全球可持续发展格局中主导作用和公共责任的不断提升积极拓展参与空间,而且对其主张全球环境治理的制度性话语,构建人类命运共同体及协调环境保护与社会经济的可持续发展关系具有重要现实意义。

(一)可持续发展格局下中国的规则影响力和执行压力重塑环境遵守机制

1. 中国成为全球环境影响和环境责任持续增长的环境大国

(1)中国在全球环境治理体系中的规则影响力显著提升

首先,中国加快环保产业结构调整,全球市场份额迅速增长。环保产业是未来全球经济的新支柱和动力引擎。其全球市场规模蕴藏巨大潜力,未来将呈每年3.2%—3.4%的态势加速增长。尽管中国在环保国内政策法规和环境技术创新及环境产品与服务的市场化程度上,仍与美欧国家存在较大差距,但根据博思数据发布的《2016—2020年中国环保产业市场分析与投资前景研究报告》显示,2011—2019年中国低碳产业和可再生能源产业市场规模排名全球第2位,市场份额占比达12.9%,仅比环保产业最具代表性、排名首位的美国低6.3个百分点,且需求增长后劲十足,❶成为拉动中国经济转型和产业

---

❶ 博思数据研究中心.全球环保行业发展现状及趋势分析[Z/OL].[2016-11-03]. http://www.bosidata.com; Low Carbon Environmental Goods and Services(LCEGS) Report for 2011 to 2012, BIS/13/P143 [R/OL].[2016-11-03]. www.gov.uk.

结构调整的关键环节。

作为中国重大战略性、智能化新兴产业的节能环保产业，经历40年快速发展逐步形成以环保产业链上下游及横向整合的一站式综合环保产品和服务为主，涉及水资源、大气、土壤、固体废物、可再生能源、生态基础设施等领域全方位发展的产业结构体系。2008年中国为抵御全球性金融危机侵蚀的4万亿元经济刺激方案，亦带有鲜明的"绿色烙印"。其用于节能减排和生态建设的资金占14.5%，展现中国对发展绿色经济施以全球首屈一指的支持力度。❶ 同时，中国共产党十八届三中全会有关建立生态环保市场化机制的产业规划方针，进一步吸引社会资本参与环保投融资机制的改革和创新，更大规模的资本投入将形成对环保产业发展的强劲支持。整个"十二五"期间，我国低碳节能环保产业平均以15%—20%的速度增长，环保总投资已达3.4亿万元；《"十三五"节能环保产业发展规划》更将"十三五"作为我国节能环保产业做大做强的关键期。全国环保投入总量每年将增加至2万亿元左右，社会环保总投资突破17万亿元。"十四五"期间，节能环保产业兼具"新兴经济发展主引擎"和"中国式现代化战略屏障"的双重属性，为我国供给侧结构性改革提供动能的同时也进入高质量发展快车道：一方面，能源消费增量主体多元并存，分区域实现碳达峰，单位工业增加值能耗降幅有望超过20%；另一方面，中国智慧环保市场规模已由2017年的470亿元增长至2022年的772亿元，年均复合增长率11.9%，环保新业态深入释放潜力。因此，中国绿色产业的强势发展和广阔的市场容量，为中国在全球环境治理体系中由被动跟随适应，向主动参与创造的角色转换奠定物质基础。

其次，国际环境合作制度建构中，日渐显要的"中国印记"。中国积极参与构建国际环境合作机制，不但寻求自身在国际体系中的话语表达与利益诉求，而且同发展中国家结成合作联盟，将环境机制的制度设计引向实现环境正义与效率的平衡。当代全球环境治理体现出愈来愈多的中国影响。如作

---

❶ 中国－东盟环境保护合作中心. 中国－东盟绿色产业发展与合作：政策与实践 [M]. 北京：中国环境科学出版社, 2011: 2.

第五章　全球环境风险"合作规制"路径的重要运行载体及中国的尝试与深化

为当今国际社会最富挑战性的环境治理焦点，中国首次以初始缔约方身份参与建立的气候变化国际法律机制。在构建平台和形式的选择上，中国主张由于应对气候变化的减排和适应政策具有较大不确定性，以技术性因素为基础的政治性议题，应置于政治性机构的监督管理之下，以渐进方式谨慎实施。这最终促成了在联合国框架下通过成立政府间气候谈判委员会，启动以"公约+议定书"模式的气候谈判。❶

UNFCCC 目标宗旨和法律原则的设定上，中国指出不能将控制温室气体与促进经济发展简单割裂。应对气候变化须体现可持续发展的要求，保障发展中国家的发展权利。发达国家应率先为其过度利用气候资源承担首要责任，并对发展中国家实施减排提供技术和资金援助。❷这为推动将 UNFCCC 体系内的碳减排措施纳入可持续发展框架，确立共同但有区别原则在国际环境法领域的基础地位奠定基调，并进一步体现在 KP 及巴厘路线图乃至气候变化《巴黎协定》具体减排义务的制度安排中。

UNFCCC 框架下的减排义务分配标准上，由于该问题牵涉挤占各国经济发展空间而产生重大分歧。中国等发展中国家坚持以公平反映国际社会温室气体排放历史与现实的人均历史累计碳排放趋同原则，确定碳排放限额的分配方案。通过准确衡量碳排放的历史责任，增强共同但有区别责任原则的可操作性。尽管 UNFCCC 及其 KP 和《哥本哈根议定书》并未就全球长期碳排放权的分配作出实质规定，但中国的提议仍成为此后气候变化谈判考量的重要依据。

（2）中国作为负责任大国所应承担的全球环境责任日益加重

国际经济格局的重构根本改变了国家在权力格局中的力量对比，引致国际法规则和结构的调整，进而影响国家对遵守机制路径的战略选择。中国作为最大和最有影响力的发展中国家，在当今国际体系，尤其是国际环境治

---

❶ BODANSKY D. The United Nations Framework Convention on Climate Change: A Commentary [J]. Yale Journal of International Law, 1993 (18): 451-558.
❷ ELROY M B, NIELSEN C P, LYDON P. Energizing China: Reconciling Environmental Protection and Economic Growth [M]. Cambridge: Harvard University Press, 1998: 503-540.

理体系中的地位已发生根本转变。以温室气体排放为例，2021年中国的排放量超过119亿吨，占全球总量的33%，是欧美排放量的1.7倍。❶2015年UNFCCC巴黎会议上，中国作出到2030年使单位国内生产总值二氧化碳的排放量比2005年下降60%—65%，非石化能源占一次性能源消费比重达到20%，森林积量比2005年增加45亿立方米的自主贡献承诺。❷这意味着中国逐步累积生成全球环境治理机制改革中的规范性权力，也必将承担与日俱增的环境责任。而中国一贯重视在国际关系中的国家形象和法治声誉，尤其在全球环境治理中，定位于负责任的发展中大国，塑造有约必守观念。因此，中国参与全球环境治理的战略决策及其相应实施机制，亦应同步作出适应性调整。在为中国经济转型赢得发展空间的同时，亦有责任发挥全球系统重要性新兴市场国家的作用，通过FTA建设为全球环境治理输出公共物品。

2. 中国环境外交政策面临的较大实施压力与制度支撑的缺失

自1972年联合国人类环境会议发布《斯德哥尔摩人类环境会议宣言》，标志着有关环境问题的政治活动由自发转向自觉，环境外交就以其预防性、技术性、伸缩性特点进入中国的对外政策。并且，逐步由外交边缘成长为实现国家环境利益的主要政策工具。进而，以周边邻国为基础、"东盟10+3"区域环境合作机制为主导向外辐射，重点采取更灵活与合作的立场积极参与构建国际气候变化法律框架，形成包括双边、区域及多边各层次领域内容丰富的环境外交格局。中国环境外交主要通过积极参与国际环境会议和融入国际环境条约机制，以调整国家间环境关系，推进国际环境法实施和遵守的国际合作，不断提升中国在国际环境治理中的国家形象，却较少关注遵守国际环境法对中国经济发展和社会制度产生的实际影响。当更多国家利益超越管辖疆界以复杂形态凝聚于环境权益的配置时，中国维护生态安全的严峻局势

---

❶ International Energy Agency. Global Energy Review CO2 Emissions in 2021: Global Emissions Rebound Sharply to Highest Ever Level [R/OL]. (2022-03)[2022-05-08]. https://www.iea.org/data-and-statistics/data-product/global-energy-review-co2-emissions-in-2021.

❷ 中华人民共和国国家发展和改革委员会.强化应对气候变化：中国国家自主贡献[R/OL]. [2017-03-20]. www.sdpc.gov.cn.

第五章 全球环境风险"合作规制"路径的重要运行载体及中国的尝试与深化

与在全球环境治理合作体系中环保义务的深度与广度显著增强。加之,由美国主导、着重体现其核心环境利益的 TPP/CPTPP 环境遵守机制,深刻影响中国在地区甚至未来全球环境治理中的话语权。中国环境外交直面在渐趋复杂激烈的环境合作谈判与格局重构中艰难博弈的情势。

(1) 中国提升可持续发展能力与资源环境综合绩效水平的严峻形势

可持续发展能力的系统学评估是反映国家或地区实现低碳经济转型发展与资源环境管理的实际效果,并据以发现特定区域生态环境治理规律、演化态势和战略调整方向的重要参照标准。根据中国科学院可持续发展研究组构建并修正的 2019 年可持续发展能力评估指标体系,[1]可从中国自身可持续发展能力的环境短板、中国生态系统综合绩效同世界主要国家的比较劣势,以及"一带一路"沿线国家资源环境整体压力加剧等三方面的实证分析,得出中国生态文明制度体系改革所面临的现实挑战。

首先,中国可持续发展能力中,生存与环境支持系统的演进相对滞后。一国的可持续发展能力,意味着该国经济发展模式的绿色创新能力与生态环境治理体系的支撑力度,是全面应对多重全球性风险的国家自我调适能力。中国可持续发展能力的总体格局,伴随经济体制改革的深入推进与区域经济一体化战略的强势发展而面临较大调整。国内地区发展各异,整体改善态势主要依靠发展、社会和智力三大支持系统拉动,提升空间受到生存和环境系统发展滞后的制约(见表 5-3、图 5-1、图 5-2):除香港、澳门和台湾外,2018 年 31 个省级行政区中,51.6% 可持续发展能力低于全国平均水平,达到或超过全国平均水平的省市主要集中于中东部地区,西部地区仅有重庆异军突起;而位于全国后 10 名的省份中 8 个来自西部地区,西藏可持续发展能力排名垫底。可持续发展能力构成中,生存和环境支持系统低位增长。全国 471 起突发环境事件中,38.4% 和 26.3% 分别发生在可持续发展能力领先

---

[1] 该体系是在参照世界成熟评价体系的基础上,将统计学增长指数法和多指标综合评价中的线性加权法相结合,通过对涉及中国可持续发展的 58 个变量指数的 430 个基层数据指标进行定量分析,由存在内在逻辑关联的生存支持系统、发展支持系统、环境支持系统、社会支持系统、智力支持系统五大子系统共同构成的复杂巨系统。

的上海、福建、广东、浙江、海南东部五省市和丝绸之路沿线西部六省,形成可持续发展的主要瓶颈。

表 5-3 2018 年中国可持续发展能力综合评估

参评主体	生存支持系统指数	环境支持系统指数	突发环境事件	可持续发展能力指数	可持续发展能力位序
全国	105.5	102.2	471	109.2	
北京(东部最高)	105.6	104.0	11	113.4	1
湖北(中部最高)	105.6	104.2	5	109.4	13
重庆(西部最高)	105.4	103.7	16	109.5	11
长三角地区	105.7	105.2	205	112.1	
东南沿海经济区	105.6	104.9	43	110.8	
京津冀地区	103.1	102.0	25	110.3	
东北地区	108.7	102.5	5	110.1	
西南四省	105.9	104.6	27	108.3	
丝绸之路沿线西部六省	104.9	100.7	124	107.1	

数据来源:可持续发展大数据国际研究中心.地球大数据支撑可持续发展目标报告(2021)[R/OL].[2021-09-28].https://www.mnr.gov.cn/dt/mtsy/202109/t20210929_2683068.html.

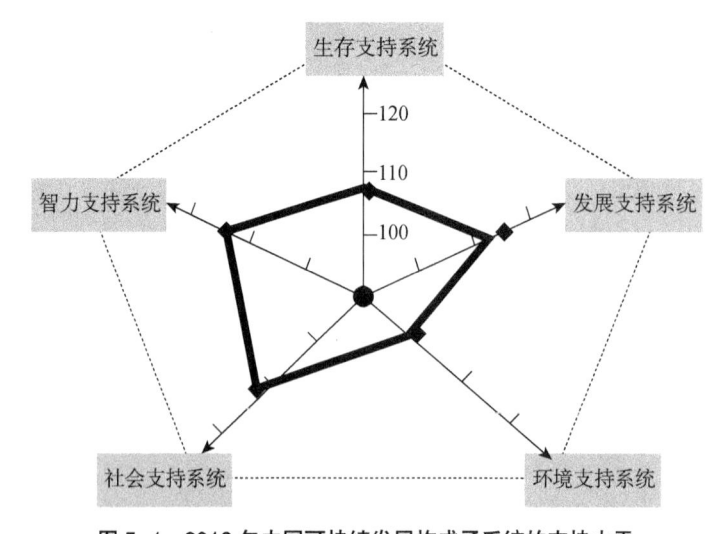

图 5-1 2018 年中国可持续发展构成子系统的支持水平

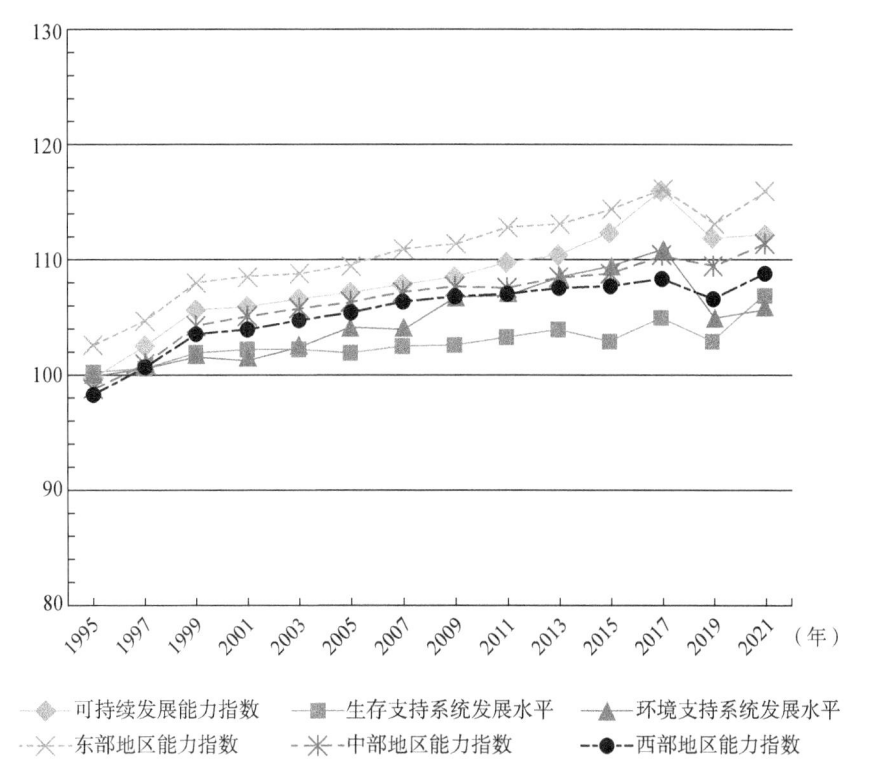

第五章 全球环境风险"合作规制"路径的重要运行载体及中国的尝试与深化

图 5-2　1995—2021 年中国可持续发展能力整体水平变化趋势

资料来源：（1）中国科学院可持续发展战略研究组.2020 中国可持续发展报告：探索迈向碳中和之路［M］.北京：科学出版社，2022.
　　　　　（2）中国国际经济交流中心.可持续发展蓝皮书：中国可持续发展评价报告（2021）［M］.北京：社会科学文献出版社，2021.
　　　　　（3）中华人民共和国国家统计局.中国统计年鉴：2001—2021［M］.北京：中国统计出版社.

1995—2021 年的考察周期，中国进入可持续发展转型的关键期，可持续发展能力以 9.25% 的水平逐年递增，消耗排放控制成效显著。但自 2011 年起，除受全球卫生事件波动因素的异常影响外，整体增幅仍显著放缓；尽管中西部地区增长较快，整体却仍处于全国平均水平之下；东部地区增长后劲不足，生存和环境支持系统改善缓慢且容易出现徘徊波动。

其次，中国资源环境综合绩效的全球相对差距仍然巨大。资源环境绩效的国别评估，不仅揭示各国现存环境问题的主要致因及其在全球环境治理体系中的权重与活跃度，更是推进全球合作解决重大资源环境问题，实现联合国"全球可持续发展目标"的重要前提。作为国家生态效率的衡量指标，中国的资源环境综合绩效指数（Resource and Environmental Performance Index，REPI）[1]自2000年以来虽起伏较大但总体保持下降趋势，平均每年降低2.1%，2013年则降至4.959，反映我国在建设资源节约型社会方面取得一定成效；从全球整体格局而言，这个占全球人口近1/5的发展中大国，在GDP增至全球第2位的同时，随之而来的是严峻的资源消耗与污染物排放形势。1990—2021年的整个变化周期中，中国资源环境综合绩效的世界位序始终处于后10位，各年资源环境综合绩效指数均为世界水平的5—6倍，对全球市场及其可持续性产生一定消极影响（见表5-4、图5-3）。

表5-4 中国资源环境绩效的全球比较

比较项目		中国	世界平均水平	中国权重（%）	中国的世界位序
GDP总量/亿美元（2021）		174580	949400	18	2
GDP年增长倍数（1990—2021）		6.6	2.6	—	2（81）
人口总数/亿人（2022）		14.473	78.98	18.32	1
资源消耗水平	一次能源消费/百万吨油当量（2021）	5240.5	13864.9	37.79	1
	能源消耗增长倍数（1990—2021）	3.6	1.61	—	3（81）
	钢铁表观使用量/亿吨（成品钢材）（2021）	952860	1834204	51.9	1
	钢材消费增长倍数（1990—2021）	15.1	2.58	—	3（81）
	水泥消费量/亿吨（2021）	23.91	41.89	57.8	1
	水泥消费增长倍数（1990—2021）	15.8	4.17	—	3（81）

---

[1] 这是2006年中国科学院可持续发展战略研究组以 $REPI_j = \frac{1}{n}\sum_{i}^{n} Wi \frac{X_{ij}/g_j}{X_{i0}/G_0}$ 公式为基础提出的反映可持续发展状况和演化轨迹的资源消耗与污染物排放监测方法。该指数选取一次能源消费量、成品钢材消费量、有色金属消费量、消耗臭氧层物质消费量、能源使用二氧化碳排放量等7类指标，对具有代表性的81个国家资源环境绩效的相对高度和动态变化进行测评。该指数越高说明经济发展的环境效率越低，绿色发展水平也较低。

第五章　全球环境风险"合作规制"路径的重要运行载体及中国的尝试与深化

续表

比较项目		中国	世界平均水平	中国权重（%）	中国的世界位序
资源消耗水平	常用有色金属消费总量/千吨（2020）	77609.5	92615.05	58.14	1
	常用有色金属消费增长倍数（1990—2021）	20.3	2.31	—	1（81）
	原木消费/千立方米（2021）	493445.2	3787637.5	13.03	1
	原木消费增长倍数（1990—2021）	1.69	0.91	—	50（81）
	年度淡水取用量/10亿立方米（2021）	592.1	4106.7	14.42	2
	渔产品表观消费量/吨（2011）	65996882	167437600	39.42	1
污染物排放水平	化石能源消费CO_2排放量/百万吨（2018）	9524.3	35094.4	27.1	1
	二氧化碳排放量增长倍数（1990—2021）	4.6	1.51	—	4（81）
	消耗臭氧层物质消费量/ODP吨（2021）	21690.57	35219.30	61.59	1
	消耗臭氧层物质消费量增长倍数（1990—2021）	0.43	0.25	—	5（81）
土地退化	陆生生态系统年土壤侵蚀量/亿吨（2021）	63	820	7.7	2
生态足迹	总量/百万全球公顷（2021）	4583.2	21515.7	21.3	1
生态承载力	总生物生产力/百万全球公顷（2021）	1510.3	16008.3	10.6	2
REPI（2021）		3.179	0.985	428.4	75（81）

资料来源：（1）任保平，师博，钞小静，等.中国经济增长质量发展报告：新中国70年经济增长质量的总结与展望[M].北京：中国经济出版社，2020.

（2）National Footprint and Biocapacity Accounts 2021[EB/OL].https://data.footprintnetwork.org.

（3）Food and Agriculture Organization of the UN. Global Forest Resources Assessment 2020[R].2020.

注：生态足迹是能持续提供资源或消纳废物所需生物生产力的地域空间，反映特定范围内的人类需求。它将一国包括粮食、木材、纤维、固碳和基础设施等所有生物生产领域的竞争性需求进行加总评价，构成目前最全面的生物资源核算指标。而生态承载力则是生态系统自身的维持和调节能力，以及社会经济子系统的发展能力，表达资源与环境子系统间的供容能力。

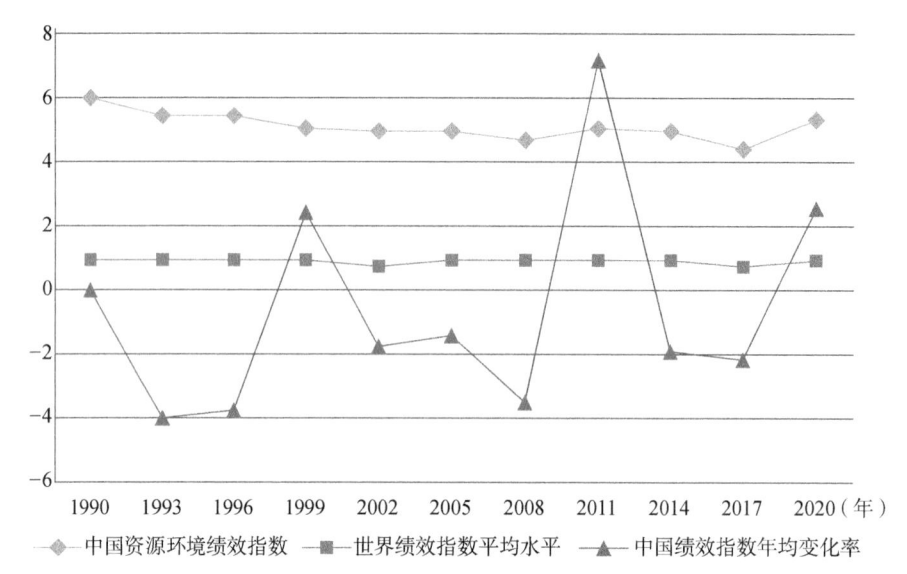

图 5-3　中国资源环境综合绩效变化趋势比较

资料来源：（1）中国科学院可持续发展战略研究组.2020中国可持续发展报告：探索迈向碳中和之路［M］.北京：科学出版社，2022.
（2）World Bank Group Database.
（3）BP. Statistical Review of World Energy 2022.

最后，中国"一带一路"深层次区域合作战略面临"绿色化"的实施障碍。作为对全球经济合作新趋势的彰显，中国政府在与世界深度融合互动的新起点上，主动提出与亚非欧乃至世界各国实现协同联动、共赢合作的"一带一路"发展倡议。❶ 2015年3月国家发改委、外交部、商务部联合发布规划引领"一带一路"建设的纲领性文件——《推动共建丝绸之路经济带和21世纪海上丝绸之路的愿景与行动》。该文件指明中国携手"一带一路"沿线国家和地区构建蕴含自主、包容、均衡、可持续与共享理念的"绿色"区域经

---

❶ 2013年9月7日，中共中央总书记、国家主席习近平在哈萨克斯坦发表题为《弘扬人民友谊 共创美好未来》的演讲，提出"共同建设'丝绸之路经济带'"的倡议。同年10月3日，习近平主席在印度尼西亚国会发表题为《携手建设中国-东盟命运共同体》的重要演讲，又提出"共同建设'21世纪海上丝绸之路'"的重大倡议。近年来，"一带一路"发展倡议轮廓逐渐清晰，从顶层设计、政策沟通，到设施联通、资金融通，中国同30多个沿线国家签署共建"一带一路"合作协议，与20多个国家达成加强国际产能合作意向。新亚欧大陆桥经济走廊、中巴经济走廊、中伊土经济走廊等区域经济合作"大动脉"工程渐趋展开，以亚投行、丝路基金为代表的金融合作创新不断深入，一批有影响力的标志性投资项目逐次落地。

第五章 全球环境风险"合作规制"路径的重要运行载体及中国的尝试与深化

济合作架构。其目标直指在为沿线国家和地区社会经济发展注入新动力的同时，实现区域资源环境综合绩效的整体改善。因此，绿色发展障碍成为有序务实推进"一带一路"倡议亟待突破的关键环节。

第一，"一带一路"沿线主要国家（含中国）经济发展与资源环境的总体现状呈现两面胶着交错的状态（见表5-5）。

表5-5 "一带一路"沿线主要国家整体社会经济发展和资源环境状况

	评价指数	"一带一路"沿线主要国家整体总计	世界平均水平	"一带一路"沿线主要国家占世界权重（%）
社会经济发展指数	GDP/万亿美元（2021）	30.56	96.10	31.8
	人均GDP/美元（2021）	5372.16	12520	42.91
	GDP年均增长率/%（1990—2021）	9.8	2.6	376.9
	农业增加值占GDP比重/%（2021）	12.6	4.234	297.6
	工业增加值占GDP比重/%（2021）	30.7	36.22	111.2
	服务业附加值占GDP比重/%（2021）	51.78	65.73	78.8
资源生产与消费指数	能源			
	每日原油产量/千桶（2021）	52151	69640	56.9
	煤炭产量/亿吨（2021）	63.078	87.73	71.9
	天然气产量/亿立方米（2021）	2026.52	4036.9	49.2
	一次能源消费/百万吨油当量（2021）	6856.8	13847.3	52.2
	钢铁			
	铁矿石生产量/亿吨（2021）	9.568	26	36.8
	单位GDP钢铁消费强度/万吨成品钢/万亿美元（2021）	4388.4	1908	230
	原木			
	原木生产量/万立方米（2019）	104701.3	205700	50.9
	单位GDP原木消费量/万立方米/万亿美元（2019）	621.01	355.88	174.5
	有色金属			
	精炼铝产量/万吨（2021）	4787.9	6734.3	71.1
	精炼铜产量/万吨（2021）	14255	22699.1	62.8
	常用有色金属消费总量/万吨（2020）	4974.16	7760	64.1

续表

评价指数		"一带一路"沿线主要国家整体总计	世界平均水平	"一带一路"沿线主要国家占世界权重（%）
生态需求与供给指数	人口密度/每平方公里土地面积人数（2021）	96.41	59	163.4
	城市化率/%（2021）	49.34	56	88.1
	水资源 可再生内陆淡水资源总量/万亿立方米（2021）	16.89	47.43	35.6
	水资源 年度淡水抽取量/亿立方米（2019）	27611.85	42284.61	65.3
	消耗臭氧层物质消费 单位GDP消耗臭氧层物质消费量/ODP吨/万亿美元（2018）	98.62	34.34	287.2
	森林覆盖率/%（2021）	30.21	31.7	95.3
	温室气体排放 化石能源消费/CO_2排放量/亿吨（2021）	193.14	338.84	57
	生态足迹 生态足迹总量/亿全球公顷（2020）	95.93	209	45.9
	生态承载力 总生物生产力/亿全球公顷（2013）	46.95	120.08	39.1

资料来源：（1）UN-water. World Water Development Report 2020[R/OL]. https://unhabitat.org/cn.

（2）National Footprint and Biocapacity Accounts 2021[R/OL]. https://data.footprintnetwork.org.

（3）World Bank Group Database.

注：本表所指"一带一路"沿线主要国家总计涵盖以可得数据为基础筛选的约56个代表性国家，除中国外，包含东亚的蒙古、韩国、东盟10国（新加坡、马来西亚、印度尼西亚、缅甸、泰国、老挝、柬埔寨、越南、文莱和菲律宾）、西亚北非14国（伊朗、伊拉克、土耳其、以色列、约旦、黎巴嫩、沙特、阿联酋、巴林、也门、卡塔尔、科威特、阿曼、埃及）、南亚6国（印度、巴基斯坦、孟加拉、斯里兰卡、尼泊尔、不丹）、中亚5国（哈萨克斯坦、乌兹别克斯坦、塔吉克斯坦、土库曼斯坦、吉尔吉斯斯坦）、独联体6国（俄罗斯、乌克兰、白俄罗斯、格鲁吉亚、阿塞拜疆、亚美尼亚）及中东欧12国（波兰、立陶宛、爱沙尼亚、拉脱维亚、捷克、匈牙利、斯洛文尼亚、克罗地亚、斯洛伐克、塞尔维亚、罗马尼亚、保加利亚）。

第五章　全球环境风险"合作规制"路径的重要运行载体及中国的尝试与深化

该地区经济发展水平落后，产业结构失衡，发展方式又呈粗放型，但发展活力充沛。"一带一路"沿线国家整体经济发展水平偏低，2021年人均GDP不到世界平均水平的一半；经济结构突出劳动密集型低度化产业，以信息产业为代表的资本与技术密集型产业及服务业在国家经济增长中的支撑作用有限，影响国家在全球价值链分工体系中的竞争地位。但该地区在过去30年时间里经济持续快速增长，GDP年均增长率始终保持在世界平均增长率的2倍左右，是拉动全球经济复苏的核心增长点。同时，该地区单位GDP多项能耗居高不下，正走在发达国家以资源过度消耗和生态环境破坏为代价推进工业化的老路，可持续发展的压力日益加大。

该地区自然资源储量丰富，是世界矿产资源的集中生产区，对资源的消费需求也与日俱增。2021年该区域煤炭、粗钢、精炼铝、精炼锡的生产均超过全球生产总量的60%，并承担全球一次能源过半的供应量；而该区域2021年能源、钢铁、水泥、常用有色金属、原木等的单位GDP的消费量，也都超出世界平均消费量的1倍以上。

该地区人类活动密集、战乱冲突频仍，对资源和环境的影响强度显著增加，生态环境系统适应与修复能力的退化引人关注。这片土地面积不到世界陆地总面积40%的区域里，繁衍生息着全球70%以上的人口，单位GDP国内物质消费量接近世界的2倍；2021年水资源储量不足世界的36%，人均年度淡水取用量却超出世界平均水平6.8个百分点；消耗臭氧层物质消费量占到世界的88.5%，并向地球排放超过总量55%的温室气体。而同时，该地区森林覆盖率未及世界平均水平，生态足迹总量与自然生态系统生产力之间的比例为1.8∶1，生态总需求大于总供给，处于区域生态承载力超负荷的生态赤字状态。

第二，"一带一路"沿线主要国家绿色发展总体水平滞后。而且，基于发展方式的粗放性质，整体处于经济发展的物化阶段，其动态变化呈加剧恶化趋势，资源环境综合绩效的改变与经济结构和人类发展之间分别呈现幂函数关系和指数函数关系。反映该地区经济与人类发展水平构成可持续发展最直

·305·

接的制约因素（见表5-6、图5-4）：GDP总量占世界95.9%的81个国家中，"一带一路"主要国家2020年资源环境综合绩效指数是世界平均水平的近2.5倍。而在2020年资源环境综合绩效的全球排序中，"一带一路"主要国家没有一个挤进前十，却在后十位中占据7席，进一步显示污染控制和环境治理能力的不足。从资源环境综合绩效制度的演变趋势来讲，由于受产业结构升级优化和社会全面发展两方面核心因素的制约，1990—2021年，在全球REPI指数以年均0.02%速度下降的趋势中，"一带一路"沿线主要国家则呈逆势上升态势，年均变化率为0.70%，不仅体现该区域资源环境负荷的日益加剧，也同时牵制全球环境整体改善的实际效果。

表5-6 "一带一路"沿线主要国家资源环境综合绩效指数比较

国家或地区	GDP增长倍数（1990—2021）	能源消费增长倍数总和（1990—2020）	污染物排放增长倍数总和（1990—2020）	人类发展指数（HDI）变化率（1990—2020）	REPI（2020）	REPI世界排序（2020）
以色列	2.45	6.84	2.12	13.89	0.358	12
希腊	1.21	4.52	1.10	13.97	0.428	16
新加坡	9.997	9.50	1.46	27.02	0.652	21
科威特	5.72	12.77	3.31	14.13	0.965	24
匈牙利	1.12	4.55	0.67	17.78	0.988	29
斯洛伐克	8.05	0.93	0.63	14.36	0.730	30
克罗地亚	3.87	0.87	0.91	22.09	0.798	33
波兰	9.21	7.75	1.03	16.90	0.940	35
捷克	5.94	0.58	0.70	14.32	0.963	37
爱沙尼亚	8.05	—	0.55	18.60	0.982	38
斯洛文尼亚	2.38	—	1.12	14.88	0.989	39
韩国	5.43	10.43	2.45	22.85	1.053	41

第五章 全球环境风险"合作规制"路径的重要运行载体及中国的尝试与深化

续表

国家或地区	GDP 增长倍数（1990—2021）	能源消费增长倍数总和（1990—2020）	污染物排放增长倍数总和（1990—2020）	人类发展指数（HDI）变化率（1990—2020）	REPI（2020）	REPI世界排序（2020）
罗马尼亚	6.28	5.18	0.47	12.80	1.153	44
沙特阿拉伯	3.52	18.61	2.88	21.30	1.157	45
土耳其	4.41	15.18	2.31	32.12	1.235	48
阿联酋	6.95	30.53	4.22	15.01	1.281	50
菲律宾	6.80	10.42	2.41	13.99	1.363	52
保加利亚	2.898	3.66	0.61	12.52	1.501	56
巴基斯坦	7.66	10.97	2.73	34.84	1.672	59
马来西亚	7.47	14.86	4.19	21.53	1.697	60
塞尔维亚	1.1	2.27	1.03	7.98	1.712	61
印度尼西亚	10.17	14.89	3.01	22.81	1.755	62
哈萨克斯坦	5.56	0.90	0.98	14.20	1.755	63
俄罗斯	2.42	0.80	0.75	9.47	1.799	64
波黑	16.97	—	1.40	3.23	1.898	66
白俄罗斯	2.81	0.81	0.76	16.84	1.988	67
印度	8.91	18.14	3.01	42.29	2.291	68
泰国	4.93	13.27	3.09	26.92	2.302	69
巴林	8.26	16.46	2.62	10.46	2.616	71
乌克兰	1.46	0.61	0.43	5.96	2.687	72

续表

国家或地区	GDP增长倍数（1990—2021）	能源消费增长倍数总和（1990—2020）	污染物排放增长倍数总和（1990—2020）	人类发展指数（HDI）变化率（1990—2020）	REPI（2020）	REPI世界排序（2020）
伊朗	0.85	15.29	2.22	35.10	2.687	73
埃及	8.398	13.13	2.54	26.37	3.147	74
乌兹别克斯坦	4.16	—	0.93	13.64	3.664	76
越南	54.78	90.93	7.66	—	5.174	79
"一带一路"国家	8.56	11.88	2.21	18.61	2.639	
世界平均	3.25	10.88	1.58	19.20	0.995	

数据来源：任保平，师博，钞小静，等.中国经济增长质量发展报告：新中国70年经济增长质量的总结与展望[M].北京：中国经济出版社，2020.

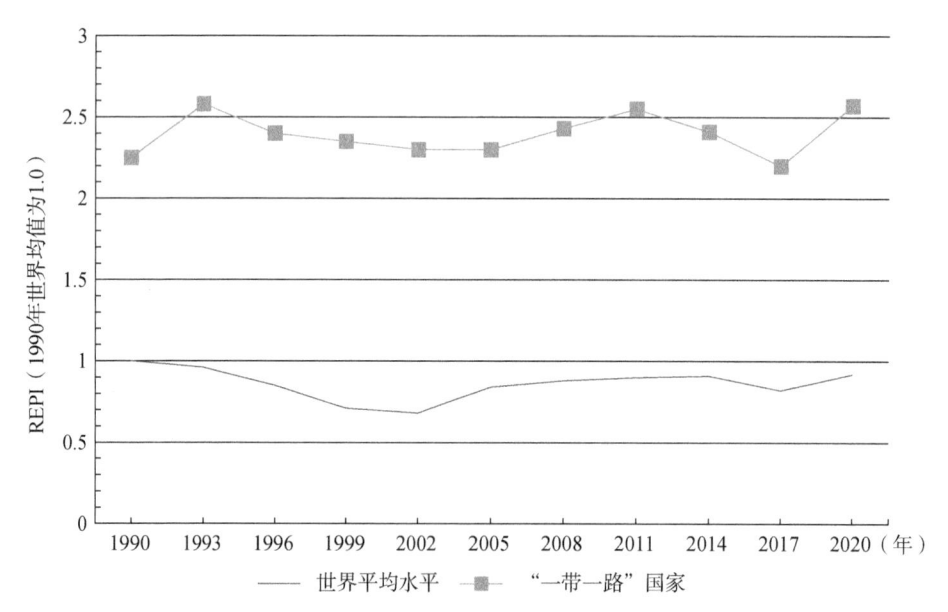

图5-4 "一带一路"沿线主要国家总体资源环境综合绩效指数变化趋势

数据来源：（1）中国科学院可持续发展战略研究组.2020中国可持续发展报告：探索迈向碳中和之路[M].北京：科学出版社，2022.
（2）UNDP. Human Development Report 1990—2021.

第五章　全球环境风险"合作规制"路径的重要运行载体及中国的尝试与深化

上述分析进一步证成，过去30年浓缩发达国家近百年经济发展进程的中国经济奇迹中，也积聚发达国家历史上渐次呈现的环境风险。中国可持续发展面临的不仅是能源安全与资源瓶颈，更深层次的是自身环境问题带来日益凸显的全球影响。无论怎样，中国都无法回避在环境治理的国际合作机制中发挥更重要的建构和引领作用。

（2）中国实施国际环境规则的政治和法律压力

自中国共产党十六大首次提出建设生态文明的战略思想，党的十八大更进一步提出环保国际合作要求，环保及国际环境治理合作已逐步成为中国走和平发展道路的重大国家战略和政治优先领域。党的二十大首次明确将"人与自然和谐共生的现代化"升级为"中国式现代化"的主要内涵之一，不断强化生态资源的法治保障体系和环境产业的高质量发展机制，积极参与应对气候变化的全球治理。中国通过国家执政能力建设不断提升自身环保治理能力和国际环境条约的履行能力，形成具有中国自身特色的环境政策法规体系。然而，发达国家主导下的现行全球环境治理体系，面临重新调整和改革。美、欧在国际环境格局中的领导力和规则决策力有所下降，尚未有新的发展中大国主导力量注入全球环境治理。加之，可持续发展原则和共同但有区别责任原则在实践中作用发挥有限，国家间复杂的利益博弈最终导致环境治理国际合作机制的分化。尤其在国际环境规则的遵守实施问题上，南北方利益诉求分歧加大、共识不足；南南关系出现裂痕、信任缺失，要求中国在加强国际环境法实施效能上发挥重要作用的政治和法律压力不断加大。

首先，发展中国家在环境治理博弈中的地位日趋不利。当前，全球环境治理的协商合作机制在环保优先发展领域、环保权责配置、环境合作途径及资金和技术资源分配供给等方面仍主要由发达国家主导。国际环境谈判中，发展中国家用于利益交换的筹码越来越少，在环境博弈中的退守空间渐趋狭窄。

共同但有区别责任原则的内涵和实现方式发生微妙改变。该原则是以UNFCCC及其KP区分两类国家适用不同量化减排义务为基础，经UNEP管理理事会 1995 年第 18/9 号决议重新定位，在国际环境法可持续发展框架下产生的支柱原则及公平分配全球环境治理责任的核心基础。共同但有区别责任的提出本质上是环境实质正义的体现，因而也为中国环境外交奠定立场基调：一方面从环境治理的宏观制度构架上，要求环保作为人类共同关注事项不能缺乏发展中国家的充分参与；另一方面，从环境治理的具体权义配置上，应将具体责任分担与国家在全球环境压力中所起的作用和应对严重环境威胁的能力相结合，体现差别待遇，从而为实现环境与发展间微妙平衡提供新的方法论支持。但由于该原则产生之初是意欲凸显发展中国家在全球环境事务处理中的必要性和平等地位，打破环境治理的"南北鸿沟"，积聚环保合作共识，故而并未形成确定的实质内涵、法律性质、归责依据及实践。在国际社会构建全球环境安全共同体实践机制的进程中，发展中国家强调以资金和技术援助为前提的区别责任，越来越受到发达国家突出共同体环境安全诉求的挑战。

而且，现行全球环境治理制度并未与其权力分配格局所发生的实质变革保持同步。美国自"9·11"事件以来，由于受国家安全、经济低迷及国内政治对抗等问题的影响，在全球环境治理上的单边主义主张甚嚣尘上。欧盟则因欧债危机、难民问题、英国退欧及俄乌战争等自身一体化内部矛盾，身陷内外交困的局面，在国际环境治理领域所能发挥的领导力日渐衰微。国际环境政策的主导权渐趋分散，主要传统决策者立场僵化，集体性崛起的新兴经济体尚未能将领导力量注入全球性环保合作制度体系。而中国携手金砖国家组建金砖国家新开发银行（New Development Bank），依托"一带一路"发展倡议成立丝路基金（Silk Road Fund）和亚洲基础设施投资银行（Asian Infrastructure Investment Bank），一定程度上改变了现行国际金融资源的不合理配置。但是，其在改善国际环境治理、协调各国环境政策方面不断提升的能力，只能谋求先在区域层面获得突破。

同时，决定全球环境治理合作效果的技术转移和资金援助安排等本质问题的解决，仍在不断分化的利益诉求之间博弈。全球环境治理的参与主体广

第五章 全球环境风险"合作规制"路径的重要运行载体及中国的尝试与深化

泛,交易成本较高,形成各国都能接受的最低治理标准本就困难重重。很多情况下运用政治外交手段进行的环境合作谈判,最终都以达成不具有任何实质约束效力的妥协性共识草草收尾。加之,国际环境问题内生的复杂性、不确定性和极强的敏感性,均对各国产生不同的成本收益影响,进一步侵蚀谈判各方的信任基础。不仅南北方就有关环境权义配置的立场差距日渐增大,即使是南南关系,环境治理尺度不同的发展中国家也在环境治理的优先领域及环保能力建设援助方案上出现严重阵营分化,难以形成积极合作、遵守竞争及相互监督的法律环境,国际环境规则的遵守执行陷入恶性循环。

其次,中国承担国际环境义务数量的迅速积累。以当前国际环境领域最引人关注的应对气候变化问题为例,作为发展中大国,中国在以 UNFCCC 及其 KP 为核心的碳减排机制中,被豁免作出具有约束性的减排承诺。但京都一期以普遍堪忧的履约情况没落收场,京都二期最终令历经 20 年艰苦谈判构筑起的强制量化减排体系走向末路,转向自下而上的"自主贡献"型松散减排模式。因此,将主要以中国为代表的新兴经济体纳入减排义务体系,就成为"后巴黎时代"气候谈判争议的焦点所在。预示重构国际气候法律秩序新方向的气候变化《巴黎协定》,虽未划定各国的具体减排配额,但明确将升温目标限定在 2℃ 以内,意味着时至 2030 年,将有约 150 亿吨温室气体的减排量需在全球范围内实现分配。这对在全球碳排放格局中占比高达 29% 的中国来说,未来 15 年注定需要背负空前繁重的碳中和及减排任务。

再次,中国承担国际环境义务质量的深度发展。晚近,通过大量 MEAs 的缔结和不断修订,国际环境义务得到确定和强化,内容更具体,程序更严格。一国在 MEAs 义务框架下改善环境规制的遵约状况,反映其内化经济与社会发展的外部性,从而提升国家治理的硬实力,而且也触及国家增强维护与促进实现人权的软实力。随着国民经济持续 30 年保持中高速发展,中国在环境技术援助和能力建设方面的角色定位,呈现由绝对受援方向可能条件下的赞助方发展的趋势。这也将中国置于参与和提供多边环境援助并主动塑造援助规范与机制的国际压力之下。

最后，中国面临防止环境恶化与经济下行的双重拉伸。一方面，作为最大的发展中经济体，中国能源约束趋紧，粗放型经济增长模式和以初级产品加工贸易为主的外向型贸易结构，加剧经济发展与人口资源环境的矛盾冲突。城市化和工业化进程蕴藏巨大的生态环境系统风险，日益成为我国可持续发展的主要"瓶颈制约"，必须通过生态环境治理寻求经济社会发展的全面"绿色转型"。另一方面，作为世界资源消耗和污染物排放大国，中国经济又面临众多外部不确定因素影响下，增长势头持续放缓的巨大下行压力。两者的双重拉伸作用，使中国为履行国际环境义务而实施的环境经济政策未免顾此失彼。

3. 中国对各层次国际环境合作机制的控制力亟待加强

（1）中国各层面国际环境治理合作的主要缺陷

首先，规则建构的被动性。中国在双边、区域及多边层面上进行的国际环境治理合作：有的是迫于应对突发性重大环境事件，如为妥善解决松花江跨界水污染的损害责任问题而发展中俄环保合作机制；或出于国家政治关系的考量，单向接受现行环境治理国际机制的义务安排，如加入 MPSDOL 并履行条约有关消耗臭氧层物质的阶段性削减指标；亦有因处在全球公共风险国际责任的压力之下，而选择融入既有环境治理结构中，如中国批准 KP 和气候变化《巴黎协定》，全面介入气候变化国际体制。因此，被动防御是中国现阶段开展国际环境治理合作的主要表现形态。这缺乏在与自身重点关注的环保领域，有序建立和主动实施反映中国可持续发展理念与利益关切的相应国际环境机制，其对国际环境规则体系的掌控度与在国际环境治理格局中的权重不成比例。

其次，全球环境治理国内实施机制完善的倒逼性。我国环境政策将环保定位于国家经济发展宏观调控的闸门，但有关环境治理的国际合作大多体现在政策层面和行政执行领域，并未以法律化形式运作。许多重要的环境配套法规和环保标准及主要 MEAs 的国内实施机构，如环境合作联络点及 17 个部委组成的国家气候变化对策协调机构等，多是在缺乏必要立法规划和可操作

第五章　全球环境风险"合作规制"路径的重要运行载体及中国的尝试与深化

性评估基础上，为履行本国 MEAs 承诺义务而仓促设立。国务院新闻办公室 2006 年发布《中国的环境保护（1996—2005）》白皮书显示：为确保顺利完成 MPSDOL 阶段性削减指标，中国政府相继颁布 100 项有关保护臭氧层的政策和措施。深受美国环境政策法规影响的《环境影响评价法》（2003）、《放射性污染物质防治法》（2003）及排污许可证制度等环保法律创新，也大多形成于这个时期。而对这些法律法规在遵约规制上的实用效果鲜少问津，有欠完整的国内环境法律体系，整体呈现出国际环境义务实施能力的不足。

最后，环境 NGO 制度性参与环境治理的边缘性。公众参与环境规制的主观意识觉醒与环境公众参与权的法律保护阙如，直接导致国内社会中日益激化的矛盾冲突，诸如厦门抗议 PX 项目案、浙江东阳画水镇化工污染案、陕西凤翔"血铅"案等环境群体性事件，并以年均 29% 的增速呈频发态势，[1] 成为危及社会稳定的非传统安全威胁。[2] 而且，集中暴露我国环境公众参与机制建设流于政策宣誓的现状。信息获取上，对环境知情权的权义主体作出过度限制，[3] 笼统设定公开范围；决策参与上，参与者甄选标准和参与方式的确定包含较大随意性，公众意见对决策结果的影响微弱；司法或行政审查程序的准入上，环境仲裁、行政救济和司法诉讼，都不同程度存在对公众就利益相关的环境侵害进行纠正和追责的严重障碍，都阻塞推进参与式环境民主的渠道，更缺乏参与环境治理国际合作的制度基础和资金保障。

（2）美式 FTA 操控亚太环境治理体系的形成发展危及中国环境利益

当前亚太地区正陷入经济力量博弈和区域规则主导权角逐的激烈"暗战"。美国"印太战略"及其推动下代表 21 世纪 FTA 新发展方向的 TPP/

---

[1] 余光辉，陶建军，袁开国，等. 环境群体性事件的解决对策［J］. 环境保护，2010（19）：29.
[2] 中国社科院发布的《法治蓝皮书：中国法治发展报告 No.19（2021）》显示，环境污染是导致万人以上大规模群体性事件的主要原因，几乎占据此类事件的半壁江山。参见：陈甦，田禾. 法治蓝皮书：中国法治发展报告 No.19（2021）［M］. 北京：社会科学文献出版社，2021：99.
[3] 我国《宪法》等基本法均未直接确认公民的环境信息权，故根据 2007 年《政府信息公开条例》，环境信息需依申请予以公开。而有权申请获得环境信息的主体排除外国公民、法人及其他组织，同时申请人还要符合具有"特殊需要"的条件；负有公开义务的主体排除承担公共责任或提供公共服务的其他机构与个人。

CPTPP规则体系迅速搭建。这使得原本在APEC主导下缓慢培育孵化，❶并于2015年APEC第22次领导人非正式会议上全面启动，对实施路线图已作出初步规划的亚太自贸区（Free Trade Area of Asian-Pacific，FTAAP）进程显著加速的同时，脱离APEC体制框架的发展前景也变得更加扑朔迷离。RCEP、TPP/CPTPP和中国"一带一路"自贸区群，一时间都成为亚太经济一体化制度孵化的可能平台。而亚太区域经贸治理机制整合的道路选择，根本上取决于主导国家的政策取向和领导能力，与此密切关联的区域环境治理体系建构亦如此。因此，美国通过TPP/CPTPP深度介入亚太经济一体化轨道，其所包含的环境遵守控制机制必会对未来FTAAP环境治理合作产生重要影响。

首先，尽管与大西洋两岸相比，区域主义在亚太地区相对滞后，却也在20世纪90年代后，迅速走上隔绝欧美介入的横向一体化制度合作轨道。如1992年起，围绕东盟轴心构筑的"轮轴－辐条"式自贸区架构、2002年海湾阿拉伯国家共同市场、2004年南亚和2012年中日韩自贸区建设进程的激发和深入推进，尤其是在区域一体化框架下，稳步推进以东亚双边货币互换网络机制和亚洲区域外汇储备库为基石的亚洲货币合作。因此，美、欧势力为阻止亚太区域形成对其造成歧视的排他性、竞争性一体化组织，纷纷通过大量不对称性FTA的杠杆作用，渗入该地区的战略竞争。这导致区域合作辄集于联结外部经济的能力，更显露"飞地化"复杂多变的局面。东盟始终敏感维护对地区一体化合作的主导权，通过"10+N"机制推进RCEP建设，与TPP/CPTPP形成区域合作的路径竞争。日本作为地区经济大国，在FTA策略上追随美国开始转变专注"多边主义"的立场，同东盟、韩国和新加坡展开具有防守巩固性质的FTA谈判，内容广泛覆盖与TPP/CPTPP范围相符的非贸易

---

❶ 尽管2004年APEC工商咨询理事会首先推出FTAAP合作动议，但在APEC框架下区域一体化合作议题渐趋离散，重心也逐步向国家安全问题偏离。除2001年上海峰会的"贸易便利化"目标与行动方案外，晚近APEC在践行持续推进区域贸易自由化进程的"茂物目标"上几无建树，FTAAP构建方案长期处于研讨阶段。参见：盛斌.美国视角下的亚太区域一体化新战略与中国的对策选择：透视"泛太平洋战略经济伙伴关系协议"的发展［J］.南开学报（哲学社会科学版），2010（4）：74-75.

第五章　全球环境风险"合作规制"路径的重要运行载体及中国的尝试与深化

条款。而且，日本还积极同既是美洲自贸区成员，又与欧盟存在FTA协定的墨西哥和智利进行FTA谈判，显露试图在大国间的全球经济竞争中分一杯羹的对外政策。地区大国对规则制定权的争夺，愈来愈演变为其所主导的区域经济一体化组织之间的权力竞争。因此，承载亚太环境治理合作的各类FTA，在如火如荼发展的同时，也呈现出环境义务范围涵盖内容差异、履行标准要求宽严不一的发展困境。

其次，美式FTA强调环境措施对发展中贸易伙伴的壁垒效应。它主张通过在核心协定中不断升级和强制实施环境义务，为美国在新能源驱动全球经济新增长的贸易秩序变革期，稳固规则制定权、平整游戏场，以适应其作为具有环境技术优势的国家，获取低碳产业市场准入的利益需求。故而，在区域环境治理权力的配置上，选择性吸收贸易伙伴国的TPP/CPTPP必然着力反映守成国家既得利益。其迫使区域内环境产业发展程度和环保管理水平均处相对弱势地位的亚太发展中国家，为在区域贸易谈判中换取更广泛的贸易准入机会，不得不作出调整国内环保政策等"单方面"让步（Side Payment）。亚太地区环境的整体性因此遭到割裂，环境合作的凝聚力减弱，难以形成区域环境政策的横向联合与协调，加剧地区环境治理的离散性。而中国对包括中亚在内的周边地区，有关环境合作国际机制的谋篇布局与治理博弈，始终处于失语状态，区域环境政策展开备受掣肘，存在损及中国生态环境安全的潜藏风险。因此，为在亚太地区抵消TPP/CPTPP环境规制的负面影响，形成"对冲战略"（Hedging Stralegy），甚至是解决TPP/CPTPP发展方向产生异变后环境议题的边界与灵活性等规则改造问题，中国应依托"一带一路"新型区域合作模式，构建体现合作规制的复合型环境遵守控制体系，在FTAAP环境治理机制和区域环境标准的形成中建构中国话语。

总之，传统上，主权国家加强国际环境法的遵守主要依托外交途径和能力建设，突出表现为缔结和执行MEAs，以及参与地区和全球环境事务的重大决策，借此阐明立场主张、表达利益诉求，并根据所承担的国际环境义务，改善国家环境公共事务的管理能力。然而，无论在MEAs体制内，还是在区域乃至全球环境治理合作中，中国都不断面临承担更多约束性环境义务的国际压力，以及新兴经济体崛起必须应对的一系列生态环境挑战，经受经济发展与环境保护的双重考验。而其在国际环境规则实施上的立场态度，也日益成为决定全球环境治理制度走向的关键因素。当今中国对国际社会的生态依存更胜经济依赖，陡增的环境压力与挑战会导致贫困加剧、社会冲突、环境难民，甚至国际冲突，也对其他国家的环境政策和全球环境治理产生间接负面影响。故而，单纯依靠环境外交与政治领域的协调和权利主张，已难以独自应对复杂的博弈形势，需要主动通过相应的环境遵守机制建设予以配合支撑与分流压力。

（二）中国"新区域主义"FTA战略对参与全球环境治理的基本定位

新区域主义认为，无论贸易大国出于扩大自身在多边谈判中的竞争能力和贸易报复能力，以掌握国际规则制定主导权的非经济收益；❶还是贸易小国出于降低排他性FTA负面影响，获得多元化市场准入机会的经济收益，各国都有积极获取"一体化身份"，避免被边缘化的政策动机。中国作为区域大国，同样期望以全面深入发展的国家体制改革和生态环境治理的制度建设为支柱，借助中国为"轮轴"的FTA战略，发挥区域贸易集团在国际层面平衡贸易与环境政策的协调机能，在全球环境治理改革中融入中国对环境遵守控制的权利主张。

1. 中国生态文明体制改革新阶段再塑参与全球环境治理的国内制度基础

（1）生态环境治理体系进入新的发展阶段

2013年《中共中央关于全面深化改革若干重大问题的决定》和2014年《中共中央关于全面推进依法治国若干重大问题的决定》，标志着生态文明建设全面融入国家治理体系和治理能力现代化的发展进程。2015年公布的《中共中央国务院关于加快推进生态文明建设的意见》(以下简称《意见》)进一

---

❶ FERNANDEZ, PORTERS R J. Return to Regionalism: An Analysis of Non-traditional Gains from Regional Trade Agreements [J]. The World Bank Economic Review, 1998（12）: 197-220.

第五章　全球环境风险"合作规制"路径的重要运行载体及中国的尝试与深化

步要求完善自然资源产权和生态空间用途管制制度，明确公共环境资源的法律属性和使用规则；实施主体功能区和国土空间的开发保护制度，建立对国家生态足迹和环境承载力的监控机制，以实现经济社会发展的全方位绿色转型。其中，作为生态文明建设重中之重的是，对包含生态环境管理体制、制度体系和生态环境协调合作机制的生态环境治理体系进行改革与重构。

然而，《意见》指出中国的生态环境治理体系并非仅局限于实现自身可持续发展的内在要求，还应展示中国致力于推动全球环境治理体系改革的外在表现，对全球环境治理的规则与制度安排、治理的重点领域、所涉利益相关方及治理手段等问题产生关键性影响。也正是基于此，中国政府气候变化事务特别代表解振华在出席 UNFCCC 第 22 次缔约方大会时曾指出，中国所进行的生态文明建设与有关 2020 年后全球应对气候变化行动安排的《巴黎协定》，在理念、战略及政策上具有一致性。中国有能力在提高经济增长质量的前提下，实现作为发展中环境大国所承担的气候变化自主贡献目标，为全球环境治理作出应有贡献。因此，中国理应在呈现全局性特征的气候变化领域、区域性环境治理体系的建构与完善，以及在迅速崛起的新兴经济体应对一系列生态挑战的可持续发展治理等方面有所建树，就治理方式问题加强自上而下的南南合作与自下而上的政府、企业和社会的协同共治。因此，作为指导中国环境治理改革实践的生态文明建设重大决策方针及系统完整的生态环境治理体系，就构成中国经济社会发展全面"绿色化"和参与全球环境治理的制度基础。

（2）中国"绿色化"的 FTA 发展战略

中国对 FTA 环境遵守控制的认识，经历从 2005 年中国－智利 FTA 整体排斥、零星涉及环境问题，相关环保政策仅限于国内治理，贸易与环境政策的各自目标平行分离，尚未意识到贸易活动中环境乃至可持续发展的重要价值；到 2013 年中国－瑞士 FTA 设立环境专章调整环境与贸易关系，初步确认应为避免贸易投资活动对环境产生的负面影响而进行环境治理合作；直至 2015 年中韩 FTA 全面覆盖可能涉及的几乎所有环境问题，形成环境规制最严格的中国 FTA。尽管同美欧极具攻击性的 FTA 环境条款存在较大差异，但仍体现渐次接受在 FTA 框架下处理环境议题的立场改变。

与此同时，中国政府调整对外经济发展战略，采取"双轮驱动，全球拓展"的思路，既坚定推进多边贸易规则的发展，积极推进地区经济合作倡议与 WTO 体制的契合；也将加快以不断增强同周边各国利益汇合点和战略依托为基础的 FTA 建设，作为带动国内体制改革深化的新通道，构建开放型经济新体制的"一机两翼"。而沿"毗邻国家自贸区—'一带一路'共同市场—全球自贸区"层级推进的中国自贸区战略，应是有效兼容经济、社会和环境的共赢发展规划，旨在建成实施可持续发展目标、面向全球的高标准 FTA 网络，推动实现区域发展的绿色转型，并有效解决重大资源环境争端。

与以往中国传统 FTA 简单倡议与贸易伙伴开展广泛深入的环境合作不同，以"一带一路"为核心的中国新一代 FTA 战略建构，在环保方面明显体现下述价值目标。

第一，拓展同发展中国家有关环保的经验分享与信息交流。并且，在环境治理机制上，重塑区域环境遵守控制和金融支持制度。携手沿线国家共同改善国际环境法的区域实施状况，建立稳定、有序的环境技术援助和资金制度，有力维护发展中国家的环境权益，创新南南合作新模式，进而提高中国在区域环境治理体系中的政治认同与规则影响力。

第二，不断加强环境产品和服务的市场准入及贸易便利化措施，输出中国具有比较优势的低碳技术，以提升中国企业在全球价值链分工中的竞争力，形成中国外贸新优势。

第三，推进亚太经济均衡增长的同时，增加区域环境政策和标准的协调度，向世界展示中国在实现全球可持续发展目标和改善全球环境治理上所持的坚定立场与切实努力，在环境治理的国际合作机制中为中国营造负责任、敢于担当的大国形象。

2. 中国 FTA 实施区域环境遵守控制应有的基本立场和原则

（1）积极推动 FTA 环境议题谈判，制度化 FTA 环境条款

当今国际贸易体系中，南南贸易异军突起、迅速增长，构成全球贸易新

第五章　全球环境风险"合作规制"路径的重要运行载体及中国的尝试与深化

的活力增长点。环境商品与服务贸易，尤其是可再生能源技术领域，则构成南南贸易的重要组成部分。这不仅在循环经济理念基础上为发展中国家提供新的贸易机会和经济发展动能，促进区域合作、参与全球可持续能力价值链，而且也推动贸易自由化服务于发展中国家的绿色经济转型。

中国在环境商品与服务市场的扩张中取得重大进展，迅速进阶为全球太阳能光伏电池及组件的净出口国和重要市场，在生物质能、小型水电行业及水电站和风能发电机贸易上，占有相当大的全球份额。因此，在FTA中深度涉入环境议题并不断发展环境条款，扩大优势产业环境产品和服务的市场准入，协调贸易与环境政策目标的统一，对中国来讲具有重大的国家利益。同时，面临国际、国内社会严峻的环境治理形势双重压力，中国国内经济体制改革稳步深入推进，国内产业结构和经济发展模式发生根本转变。并且，在全面履行MEAs义务的进程中不断强化健全的国内环境政策和法规体系，为中国FTA环境规制的突破创新提供坚实的经济和制度支持。加之，中国FTA环境遵守控制经历10余年探索借鉴，已形成良好的发展基础，高水平环境规则框架已初露端倪。未来中国FTA的环境议题谈判，以积极态度重新评估对国家核心利益的影响正当其时。

但中国发展FTA环境条款不应延续既往的无序状态。首先，必须清晰FTA环境规制的政治承诺或立法授权，为中国FTA纳入环境条款确立稳定法律依据。其次，应通过创制FTA环境谈判指南或环境章示范文本，建构中国FTA环境谈判在相称性基础上协调贸易与环境关系的基本底线与核心目标。同时，依托对特定MEAs的国内适应性研究和国内环保产业示范基地的实践支撑，制定中国FTA承诺遵守和履行的MEAs指示性清单，以及环境服务承诺的负面清单与FTA环境合作的具体项目规划；进一步构划FTA环境条款实施的国内配套机构及信息通报和资金保障机制，充分发挥利益相关行业及私人的参与作用。最后，还需通过针对FTA的环境影响评价程序，论证贸易政策制定和实施的环境相符性，以增强中国FTA环境规制的合法性基础。

（2）缔约方务实的环境合作是中国 FTA 环境规制的主要内容和特色

中国 FTA 在环境遵守规制的路径选择上，应尝试具有先进性的合作规制，建立适合中国 FTA 的复合型环境遵守规制体系。这一方面体现在，中国 FTA 的环境规制不会采取高标准和强约束性的环境条款。其内容应与缔约各方经济发展阶段和现有环境水平相适应，在环境标准的一致性和环境争端解决的司法性上预留灵活、可操作的政策空间。各国可依据自身技术水平和环境容量，确定环保的重点优先领域，颁布和适用符合自身特点的环境质量与污染物排放标准及环保法规。并且，通过 FTA 环境合作条款内容的不断丰富和完善，实现各方环境治理资源的共享、MEAs 义务遵守的合作、环境产品和服务贸易自由化的推进，以及有关环境治理具体 PPP 项目的展开。因此，中国 FTA 的环境遵守控制应以专门性环境执行机构主导下的能力建设、环境技术转让与合作及资金援助等管理性规制工具为主，强调机构监管特征。

另一方面，在环境承诺实施机制上坚持"软硬兼施"，适度融入司法控制要素。中国 FTA 应打造专属其环境条款实施的遵守控制场所，以避免适用 FTA 一般性争端解决机制，给缔约方就解决敏感环境问题带来不可控因素。具体争端解决方面，既保留准司法或司法性争端解决程序，甚至是强制执行措施以保存对遵守 FTA 约束性环境义务的强制效力。但又不轻易启动司法控制程序，而强调通过包括社会公众参与的各种磋商机制，协调缔约方之间有关环境问题的冲突和分歧。

（3）发展公众参与和协商制度，兼顾私人与社会整体的环境权益

晚近，贸易谈判和贸易政策的制定与实施渐趋由封闭走向公开，融入更多对利益相关个体核心关切的考量，尤其是产生的环境影响。市民社会作为处理环境事务更有力、更具广泛意义的主体，在 FTA 环境议题谈判和实施过程中所发挥的作用日益受到重视。因此，公众制度性参与环境事务的信息公开、决策和司法或行政审议，无论是国内还是全球环境治理都代表环境遵守控制发展的新趋势。美欧 FTA 环境条款从谈判过程到制定实施，直至国内执行的程序保障等，均配置一整套全面系统的透明度与公众参与规则。相较而

第五章　全球环境风险"合作规制"路径的重要运行载体及中国的尝试与深化

言,即使是最具先进性的中韩 FTA 环境章,也根本未包含公众参与的具体条款,仅以透明度条款和环境章国内实施的机构设置条款,为公众参与打开隐晦缺口。因此,作为生态环境治理体系改革的重要组成部分,中国 FTA 环境遵守控制应吸纳包括享有个体环境权益的私人在内,人类可持续发展涉及的所有合作伙伴,将其凝聚在政府、市场和社会三维环境治理框架中,从整体利益出发展开环境公共事务管理的互动合作。这既保障贸易政策措施反映个体环境权益主张,体现环境民主的要求;又立足实现国家整体利益,兼顾不同环境利益的恰当平衡,反映环境效率的价值。

(三)中国主导的"一带一路"自贸区对合作规制的模式创新与调适

国际环境法遵守的"合作规制"趋向,对中国实施"一带一路"自贸区发展战略,平衡国际环保义务履行和经济转型之间的矛盾,深入参与全球环境和经济治理,既是挑战也带来契机。TPP/CPTPP 与中国"一带一路"倡议,在法律属性、合作模式、价值目标、内涵重心、参与主体和配套措施等各方面差异显著。中国需要因循"合作规制"的路径,通过包含争端解决、资金支持、技术合作的 FTA 遵守实施机制,根据不同适应情形设计具体的遵守策略,并参照实践经验的信息反馈,对适用"合作规制"作出调试。

1. 中国"合作规制"实践模式的本土化创新秉持发展中国家导向

与 TPP/CPTPP 单纯突出贸易自由化规则重构的正式条约体系不同,"一带一路"自贸区作为中国构筑新型全球经济治理体制的核心发展战略,更倾向于依托区域合作机制,营造充满灵活性并能充分发挥其经济实力的松散型一体化安排,这本质上也与环境遵守的合作规制恰当兼容。故此,中国 FTA 网络应确立认定各国实施环境政策正当性及限度的总体指导原则,充分发挥环保国际合作对"一带一路"自贸区战略构想关注"互联互通"等经济一体化基础条件建设的"保驾护航"作用。

对环境遵守合作规制路径的具体制度设计,鉴于 TPP/CPTPP 所创制的国际环境法遵守机制,未能更多体现发展中国家的可持续发展要求与国内环境管制的自身特点，限制了灵活机制的施展空间。因此，"一带一路"自贸区群的环境遵守合作规制应遵循共同但有区别责任，着力探索非制衡性的"南南环境治理合作"模式。其复合型遵守规制体系需体现不同类型国家的适用差异，以促进各国在经济发展与环境保护之间寻找符合自身要求的可持续发展平衡点。并且，关注履约能力建设的实施机制、市场机制等灵活机制的运用，防止环境干预。因此，可依托"一带一路"自贸区群环境合作框架协议，兼顾各方在环境法制上的差异。将中国在全球气候变化谈判中无法实现的，诸如重建技术开发与转让机制的提案，以及在与东盟环境合作中确立的包括跨界环境污染、海洋环境可持续利用、气候变化的适应、环境友好型技术、生物多样性保护、环保信息共享在内的10个环境治理优先领域，❶在"一带一路"自贸区建设中试行。

同时，基于各主要多边环境基金存在严重运作漏洞，诸如世界银行、亚开行等既存主要国际金融机构，在向发展中国家直接提供环保资金援助上又极为有限。故而，可在参照中国－东盟合作专项资金的基础上，与亚投行专注基础设施建设的宗旨相互配合，建立新型环保发展援助体系和生态补偿机制。通过遵守控制机制实现环境有益技术开发与转让的制度化，既能促进沿线国家基础设施建设的可持续发展指向，又借助亚投行的金融支持，为技术开发和转让以及实施生态补偿提供充足资金。

2. 依据"盟主博弈"对国际环境遵守合作规制合法性基础的修正

遵照在权力不对等的博弈方之间展开的盟主博弈模型，环境合作博弈的纳什均衡状态，很大程度上取决于环境大国基于自身利益最大化的需要，促成、维持合作关系的意愿与能力。这使得在全球环境格局中所占权重和话语

---

❶ 中国与东盟环境治理合作主要借由以东盟为核心的"10+3"、"10+6"和"10+1"一体化机制得以全面展开，在"10+3"、"10+6"框架下形成环境部长会议机制，推动实现东亚环境合作愿景；而且，也令中国－东盟（10+1）环境合作绽放芳华，既收获实施双方在循环经济、节能环保领域特色化合作交流的专门机构——中国－东盟环保合作中心，又联合编撰《中国－东盟环境保护合作战略（2009—2015）》拟定强化环保合作优先领域，并以此为依托启动"中国－东盟绿色使者计划"具体合作项目。参见：中国－东盟环境保护合作中心.中国－东盟绿色产业发展与合作——政策与实践[M]. 北京：中国环境科学出版社，2011：46.

第五章 全球环境风险"合作规制"路径的重要运行载体及中国的尝试与深化

能力不同的国家，对国际社会共同环境风险的规制存在大相径庭的影响力。只有综合考虑参与环境合作的不同国家实情，才有可能形成博弈各方最优策略的平衡点。因而，与 TPP/CPTPP 在环境承诺实施上较为严厉的机制设计不同，中国主导下 FTA 环境遵守"合作规制"的实践，应适应经济转型国家的环境治理样态，采用对国家经济主权干涉最小化的法律调控措施。其应允许不同国家自主决定本国经济结构调整和环境义务遵守的具体战略和可接受范围，以协商和渐进方式提高遵约水平。同时，还需在各缔约方、环境 NGO、环保企业等各类主体充分参与的基础上，考虑不同国家环境管理和能力建设的需要，确定合理的时间框架，分阶段引入复合型环境遵守控制体系的规则建构，并为缔约方应对敏感环境情势设置过渡期。

3. 中国 FTA 网络体系中构建复合型环境遵守控制机制的考量要素

（1）环境遵守控制机制司法化水平的影响因素和衡量标准

特定水平下的司法化争端解决机制能对管理性监控模式的效果发挥保障和促进作用。因此，在机构监管和司法控制的"软硬"调配上，应对适用管理性监管的环境事项作出较为宽泛的界定，以引导环境合作、减轻司法负担。但同时，应通过"正面清单"列举的方式，对最终进入司法控制管辖范围的环境事项作出明确限定，防止滥诉。在严格恪守法律刚性与充分利用政治协商的弹性之间，实现有机平衡。对环境遵守控制机制司法化水平的调控，要受到 FTA 经济一体化水平（包括其所涵盖的贸易自由化范围）的影响，还要考虑环境义务的特殊性。具体衡量标准体现在以下几方面。

首先是正当程序。自 1354 年英国《伦敦西敏寺自由法》首次使用"正当程序"一词开始，❶ 作为自然正义理论在法律程序上的价值体现，正当程序就构成司法程序区别于立法、行政程序的持久特征和核心标志，也是司法裁判独有的权威来源。在国际法层面，它主要是国际司法机构出于立法迟滞拖延

---

❶ 该法规定："未经法律正当程序进行答辩，对任何财产和身份的拥有者一律不得剥夺其土地或住所，不得逮捕或监禁，不得剥夺其继承权和生命。"参见：吕微平. WTO 争端解决机制的正当程序研究［M］. 北京：法律出版社，2014：2.

和权利保护的需要,通过发挥司法能动的技术性和弹性,平衡考虑整体利益与个体利益的重要性及程序本身的有效性,而为法律的实施和遵守所提供的程序保障。其原则上要求:

第一,程序公正、中立不偏。法谚有云:任何人都不能成为自己案件的法官(Nemo Judex in Causa Propria)。负责裁处争端案件的司法机构或法官应保持中立地位,对自身工作程序享有充分自由裁量权,对管辖案件所包含的法律问题拥有独立审查权和最终决定权。就国际环境法的遵守控制而言,主要体现于处理和评估环境遵守信息、为不遵守情势提供解决建议的专门机构人员选任的独立性、专业性标准及回避制度。他们通常应具有环境相关专业领域的理论和实践专长,以个人身份处理争端,避免涉入与自身可能产生直接或间接利益关联的案件,防止在司法审查中附带个人偏见。如TPP第28.10条参照WTO争端解决程序,从独立性与专业理论背景和实务经验等方面,对其争端解决机构专家组成员的资格要求、回避及遴选程序作出规定;第28.9条针对"专家组成员指示性名单"之外选任审议环境争端的专家组成员,提出应符合的专门资质要求。

第二,公正听讯权。这是司法公正的最低限度要求,尤其在证据规则和评审标准的适用方面,应给予当事双方以平等对待,任何人都应公平的听取他方的申诉辩解。因此,TPP第28.12条要求专家组应确保缔约各方至少1次申请聆讯的权利,以听取各方对案情的口头陈述和辩驳意见。

此外,正当程序的基础应是争议事实的公开披露。环境遵守规制体系的透明度与公众参与制度正是对公正听讯要求的最好诠释,也可使对司法造法的社会控制向公众开放,体现司法机构的社会责任。对此,TPP环境章第20.9条有关缔约方私人行为体就其本国环境承诺执行状况提出意见的"公民申诉程序",为环境事项的利益关系人启动FTA执行监督机构的审查,提供有益参照。

其次是争端解决模式。这存在两方面问题。第一,中国"一带一路"自贸区群处理环境问题的争端解决机制应采取简易的"一裁终局",还是追求程

第五章　全球环境风险"合作规制"路径的重要运行载体及中国的尝试与深化

序正义的"两审终审"。TPP/CPTPP 显然在强化争端解决机制司法性能的同时，简化争端解决程序，选择更注重争端解决效率的"一裁终局"模式。事实上，"一裁终局"抑或"两审终审"，都并非争端解决机制司法性的决定因素。两者在争端解决效率上，各具独特优势。"一裁终局"体现在当事人协商一致基础上争端解决的迅捷高效，充分利用法律资源，避免陷入诉讼循环；而"两审终审"则在监督和纠正司法裁判的错漏和不当行为，确保裁判结果的衡平与连续上发挥突出作用。从 FTA 环境遵守控制而言，辅之以强制磋商的"一裁终局"，更有利于在环境问题处理上，赋予各方灵活考量环境措施最佳贸易协调方式的空间，更有效促成包含不同影响因素的规制工具之间相互补充与配合。但仍需借鉴国际社会所开展的 ICSID 投资仲裁监督机制改革，在 TPP/CPTPP 环境争端解决基本模式的基础上，设立对专家组最终报告的法律监督程序。唯此，以减弱政治等其他非法律因素对环境司法控制影响的措施，形成有利于提高争端解决机制公正性和稳定性的司法先例体系或案例指导规则。

第二，中国"一带一路"自贸区群处理环境问题的争端解决机制应具有常设性质，还是采用临时性结构。WTO 专家组具有临时性质，意在参照类似平等私主体间的国际商事仲裁，赋予当事方寻求彼此贸易争端解决最佳方案的充分自主权，从而实现 WTO 体系的规则自足与成员方独立管理权之间的有效平衡。但这在环境争议如此高度专业化和技术性的领域，不仅争端解决的专业水平与实践能力无法得到持续保障；也不利于在正当程序方面对专家组主导的司法证明过程进行有效控制。从 TPP/CPTPP 的选择来看，已开始实践欧盟早在 2002 年提出设置常任专家组名单的改革方案。其创设由特定成员方指示性名单和专家组主席名册两部分共同构成的专家组成员名单，显现出专家组常设化发展的趋势。因此，建议应参照 WTO 争端解决机制改革中改造专家组结构的建议，设立有限的专家组成员名单。并与专家组构成的特殊要求相配合，确保负责环境个案审议的临时性专家组在人员上的相对固定。取临时性与常设性的折中之道，兼顾环境遵守规制"管"与"放"的价值协调。

此外，无论争端解决程序采独立程序机制模式的存在，还是经"软化"调适后融入其他遵守控制程序，都需避免在 FTA 规则体系内，复制 MEAs 不遵约程序规则与争端解决条款，围绕管辖权和执行措施所形成的平行冲突关系。打通"裁判"与"管理"要素，在 FTA 环境规制中的衔接互补渠道。

最后是规则的解释和适用方法。司法化在法律适用规则上的突出表现，就是确立精细化的法律解释和适用法理，对相关规则的解释和适用方法予以明确指引和规范。如与 WTO 设置常设上诉机构的复审程序及 ICSID 纳入投资争端的仲裁监督程序不同，TPP/CPTPP 在争端解决司法审议的结构模式上极尽简化。它采用剔除法律复审和监督程序的临时专家组"一裁终局"模式，而且大力缩减裁决执行整个流程的时限。但同时，TPP/CPTPP 又在专家组对涉案国内措施的事实评估及 TPP/CPTPP 具体条款的解释和适用规则上做到极致。其明确将 VCLT 第 31 条、第 32 条及 WTO 争端解决机构实践中形成的裁决先例，纳入其规则的解释要素体系。同时，它也为专家组接受包括 NGO 提交的"法庭之友"意见书等非 TPP/CPTPP 法源，并直接适用于争端案件提供明确的法律依据。这使其在法律技术操作上较 WTO 更为全面细致，值得中国"一带一路"自贸区群在形成自身环境遵守控制措施的"软硬调配"策略上，予以吸收借鉴。

（2）启动环境遵守控制程序的适格主体

国际环境法内容和结构的特殊性，决定其遵守机制本质上的民主性和人本化特征。而"合作规制"即是着力通过引介多元治理主体，以提升国际社会的环境"善治"。它要求确认和强化非国家行为体，尤其是环境 NGO 作为国际层面有关环境法律制定和执行的关键主体，在贸易协定框架下能通过直接进入甚至启动环境遵守控制程序，使其相关环境权益与贸易利益的关系得到透明、全面和适当的平衡。因而，围绕"一带一路"自贸区群环境遵守控制程序的主体界定，应重点考量以下问题：第一，就应然法意义而言，"一带一路"自贸区群复合型环境遵守规制体系为有效促进国际环境法的实施，应如何与私人主体形成稳定、恰当的法律互动关系；第二，就实然法意义而言，

第五章 全球环境风险"合作规制"路径的重要运行载体及中国的尝试与深化

探寻环境利益关系人以当事方、第三方、法庭之友和独立专家身份,利用环境遵守机制的局限所在,逐步放宽中国 FTA 环境遵守实施机制的准入条件;第三,合作规制中的公众参与不仅重在法律赋权与程序开放,更应强调权责一致、准入筛查,为私人主体参与实施 FTA 环境承诺可能引发的法律风险,设置有效防范措施和责任机制。

(3)外部法源纳入 FTA 环境规则体系的渠道

由于 WTO 的 DSU 第 7 条对专家组适用法律的限定,未对非 WTO 法的援引问题作出明确阐释,引致争端实践中专家组和上诉机构频频面临在缺乏充分法律依据的情况下,作出是否审查和适用非 WTO 法的司法决策。"一带一路"自贸区群遵循"合作规制"路径创建其 FTA 环境规制体系,应在适用法源上持审慎开放态度。一方面,参照 TPP/CPTPP 法律文本的概括式规定,要求 FTA 缔约方恪守相互间共同做出的环境承诺,不将环境规制的法律渊源限定于 FTA 规则体系自身,赋予其不断吸纳和扩展非 FTA 法的开放空间。遵守控制实践中,可允许借鉴 WTO 美国虾和海龟案上诉机构,❶ 为界定 GATT 1994 第 20 条 g 款"可用竭自然资源"概念发展出的 ICJ 动态演进的条约解释理论,❷ 积极吸纳国际环境法发展的主流影响以解释和适用 FTA 条款,在"规范丛林"中与其他领域法律秩序展开解释上的互动。另一方面,又需借鉴 TPP/CPTPP 环境章的做法,以明确列举涵盖 MEAs 范围的方式设定 FTA 缔约方专属环境义务,避免因过于宽泛的环境承诺而将环境政策措施置于频繁遭受审议的境地。这既是"司法经济"的必然要求,也有利于确保缔约方行使环境

---

❶ 该案是印度、巴基斯坦、马来西亚和泰国诉美国 1989 年《濒危物种法案》第 609 节,对未达美国海龟保护标准的虾及虾制品进入美国市场所实施的法律禁令,违反 GATT 1994 第 11.1 条有关一般禁止数量限制的规定,堪称通过司法手段协调 WTO 贸易体制与环境保护关系的运作范本。参见:WTO. United States-Import Prohibition of Certain Shrimp and Shrimp Products, WT/DS58, WT/DS58/AB/R.WT/DS58/RW [R/OL]. [2015-05-16]. www.wto.org/ dispute_settlement_gateway.
❷ Namibia(Legal Consequences)Advisory Opinion(1971)I.C.J.Rep., p.31, ICJ 指出,若条约中包含在含义上具有演进性质的概念,则其解释活动就不能不受后续法律发展的影响。而且,一项国际文件也必须在做出解释的那个时代占主流地位的整体法律体系框架中,得到解释和适用。参见:JENNINGS, WATTES. Oppenheim's International Law [M]. 9th ed. Vol.I. London: Longmans, 1992: 1282.

规制主权的灵活度和稳定性。

（4）对双层遵守的监督实施和法律救济手段

"一带一路"自贸区群在尝试将环境议题纳入争端解决范畴，赋予特定范围的环境条款以适度强制遵守效力的同时，亦应抑制纯粹对抗和惩罚性程序对环保国际合作的负面影响。与FTA贸易伙伴建立，包含能力建设和促进公共参与法律框架的环境合作机制，及以灵活、自愿为特征的市场激励机制。这既为FTA缔约方接受具有约束性的环境实体义务提供激励和救济渠道，又有助于提升环保议题的政治地位，为在FTA规则体系中，就具体环境合作项目作出进一步制度安排奠定基础。

4.FTA复合型遵守规制体系运作成本和负面影响的控制

（1）FTA环境争端解决机制的重叠竞合与运作低效问题

确保全球环境风险社会性规制的法律实施体现环境正义与环境效率的平衡，应成为合作规制的核心基础和指导原则。而对呈碎片化FTA所附带的各自独立的争端解决机制，因争端解决场所及其所决定的法律适用所产生的冲突和利用率不高的限制，就成为发展合作规制路径需要面对的重要障碍。

FTA环境争端解决的碎片化状态，宏观层面而言，源于国际法在初级和次级规则之外，欠缺协调规则自足的部门国际法之间议题交叉与体系冲突的"第三级规则"，以降低全球化在"法律系统"方面的负面效应，引致相同行为处于平行重叠的国际制度下产生迥异的法律后果。正所谓"一事多罚"和无序的"管制性竞争"，反映国际法体系自身从整体而言不成体系的情况根深蒂固。微观层面而言，本质上还反映FTA贸易规则体系与多边环境规则体系的冲突竞合。由于当代国际社会建立统一的国际环境组织及其争端解决机构的条件尚不成熟，即使在FTA争端解决条款中做出排除适用其他环境争端解决场所的独占管辖权规定，只要不同争端解决机制对遵守国际环境法采取差异化态度，则相关当事方通过"管辖权争议"仍有机会挑选最能体现其利益

第五章　全球环境风险"合作规制"路径的重要运行载体及中国的尝试与深化

取向的司法机构。[1]

因此，将特定领域的专门性 MEAs 楔入 FTA 的法律适用渊源，整合公私利益主体的分权倾向，建立不同规则体系间的法律协调机制，是从效力上缓解 FTA 环境争端解决碎片化和使用率低，进而提升环境规制协作程度的重要途径。但"一带一路"自贸区群对多边环境规则不应是"一揽子"嵌入，而需借鉴 TPP/CPTPP 将一般环保义务与特定领域环境规制相结合的方法。通过确立优先适用 MEAs 的普遍原则和习惯标准，为将这些环保优先领域内环境争端的解决引向统一规范体系提供充分法律依据。

（2）经济规制手段的公平性问题

经济激励机制是建立在成本收益分析基础上，效率优先导向的遵守控制工具。它的原理是通过市场主体间交易成本与损害成本的综合为最小，以求达到全社会的成本最小。其产生作用的前提应是所有受害者与损失都能进行货币评价。然而，追求全社会成本最小化本质上是一种利益至上主义，会出现利益的收益主体同成本与损害的承担主体不一致的公平性问题。比如为促进二氧化碳减排而引入 CDM、JI 及 ET 等市场手段的经济学基础，正是利用发展中国家同发达国家边际减排成本间的差距，在边际减排成本相等时，减排率高的地方多减排无疑是有效率的。但在此情形下，人均二氧化碳绝对排放量分配的不均衡就尤为突显。

因此，应遵循边际效应递减规律，适度运用市场机制，以确保实施的有效性和可操作性。防止由于对经济规制手段的过分强调，从而削弱对发展中国家环保的资金和技术援助，甚至淡化与官方发展援助间的必要界限。同时，还需通过生态补偿责任、资金机制等制度安排，中和市场手段附随的不公平因素，纠正经济激励对环境正义价值的偏离。

---

[1] ALSTON P. Functioning of Bodies Established Pursuant to United Nations Human Rights Instruments: Final Report on Enhancing the Long-Term Effectiveness of the United Nations Human Rights Treaty System, U.N.Doc.E/CN.4/1997/74 [Z]. (1997)[2022-06-06]. www.Unhcr.org.

（3）"一带一路"沿线国家践行合作规制的特殊制度障碍

中国在"一带一路"自贸区建设中，实施环境合作规制的主要障碍，集中于满足沿线发展中国家在环境规制上获得资金支持、技术援助和进行能力建设的可持续发展需求。

因应之策蕴含以下三方面要素：其一，保障在环境资源条件千差万别的发展中国家之间，开展环境友好型技术开发、获取和转让的法律机制；其二，为"一带一路"沿线国家以环境无害方式实施基础设施建设，营造环境合作项目的公私资本投入与管理运作框架；其三，无论环境承诺的遵守控制，还是环境规制的治理合作，都应考虑针对环境管理能力差异显著的不同国家，建立与其所承担环境义务相适应的差别与优惠待遇。

对此，UNFCCC有关气候技术中心与网络的制度设计，中印两国在WTO环境服务贸易谈判中有关贸易与环境基金组织的提案，以及中国–东盟关于环境技术、产品与服务合作的示范项目，皆可为扫除合作规制中技术、资金、标准、交易模式等问题上的制度障碍，提供思路借鉴。

结　论

晚近，国际环境法的演进凸显两方面发展态势：其一，人类享有健康环境、平等获取环境利益的权利日益与基本人权相融合。作为国际环境法调整对象的环境权，越来越多地借助渗入国际人权体系得到主张和保护。其二，环境问题正逐步从经济与社会发展的边缘走向核心地带，环保渐趋成为国家可持续发展的重要影响因素和动力来源。国际环境法的调整方式，更多依附于包容性、高标准区域贸易协定活力迸发与世界贸易体制"多边僵局"交织重构下的国际经济治理规则。全球环境治理呈现法律属性迥异的各类治理主体，利用在国家、社会、市场等分层治理空间的规则互动，在促进国际环境法的遵守上，探索争端解决导向与机构管理特质的治理机制实现跨领域合作的崭新路径。

加勒特·哈丁（Garret Hardin）曾说："没有什么命运是注定不可避免的；更确切地讲，每种命运都与其产生的机制相联系。"❶ 全球环境风险社会性规制法律实施的路径选择，无论从替代分析到互补性分析的理论变迁，还是由单一规制到合作规制的实践演进，都印证其是在全球环境治理范式转换、国际环境法执行阻滞不畅，以及环保公共物品属性与国际社会公共规制先天缺陷的剧烈冲突背景下，受各种内外在遵守因素共同影响的动态发展过程。并且，在不断变换自身内涵的同时，实现自我发展的否定与扬弃。国际环境法的遵守首先就观念塑造和认同建构而言，应促进形成崇尚法律权威的遵守心理、法律传统和文化，依凭应受国际法约束的信念，在环境公共物品的供给上，建立相互依赖的共同体行为模式。其次，从遵守控制的机制建设来讲，应遵

---

❶ 加勒特·哈丁.对《公地的悲剧》一文的再思考［M］//赫尔曼·E.戴利，肯尼思·N.汤森.珍惜地球：经济学、生态学、伦理学.马杰，钟斌，朱又红，译.北京：商务印书馆，2001：167-175.

循成本收益分析对国家遵守行为实施持续监督和法律评价。这需要以协商、非对抗及辅助性技术和财政支持为主导的软性管理机制。而体现强制约束、集体制裁及为严重不遵守情势提供法律救济的硬性裁判程序也同样不可或缺。软硬之间、公私之界、管放之度，无不蕴含法律平衡之美，彰显合作之势，方为提升国际环境机制遵守控制效能和环境治理合作质量的第三条道路。

跨国环境治理机制，理应以某种方式为遵守国际环境规则提供集中监控和充分激励。同时，又需要对全球环境的多样性和国家自治的正当性要求保持弹性空间。从"合作规制"的载体而言，FTA正以其巨大承载潜力影响着国际环境法的遵守和实施，并在当今全球环境治理中显现灵活有效的独特优势。然而，从整体性治理的机构支撑和组织建设的长远角度讲，这种区域或跨区域性经济治理平台，仍是实现全球环境安全共同体架构不得已的次优选择。作为国际环境法遵守机制的维护与创新仍糅合于经贸规则体系，并未能纳入世界秩序的主流建设议题，尚需以外在于国家、又具有持中立场和协调能力的专门性国际环境组织体制为依托。

但无论是存量改革，还是增量创新，都应专注于建构实现全球环境风险社会性规制目标的多样化工具组合矩阵与耦合关系，避免产生更多"机构疲劳"。任何遵守控制模式的创制都需要获得精细校准的授权以确保遵守效率，同时还要为寻求遵守效果的实质公平配给平衡协调装置，以减弱遵守控制与国家主权之间的冲突张力。更重要的是，置身多中心秩序中的全球环境风险的社会性规制既不能再排斥以新兴经济体为代表的发展中国家参与全球环境治理制度的顶层设计和规则重构，更无法屏蔽市民社会充分发挥"辅助规制"的功能。作为环境"善治"的应有之义，理应赋予发展中国家改变霸权依赖局面的合作共赢契机，为公众结构性参与环境决策和审议环境行为的合法性提供法律依据，以积聚国际环境法遵守控制正当合法性的协商民主基础。

唯有如此，深嵌于国际环境领域这一最具合作土壤中的"合作规制"路径，也才能充分汲取司法控制和机构监管的治理精华，最大限度发挥所赋有的工具价值。

附 录

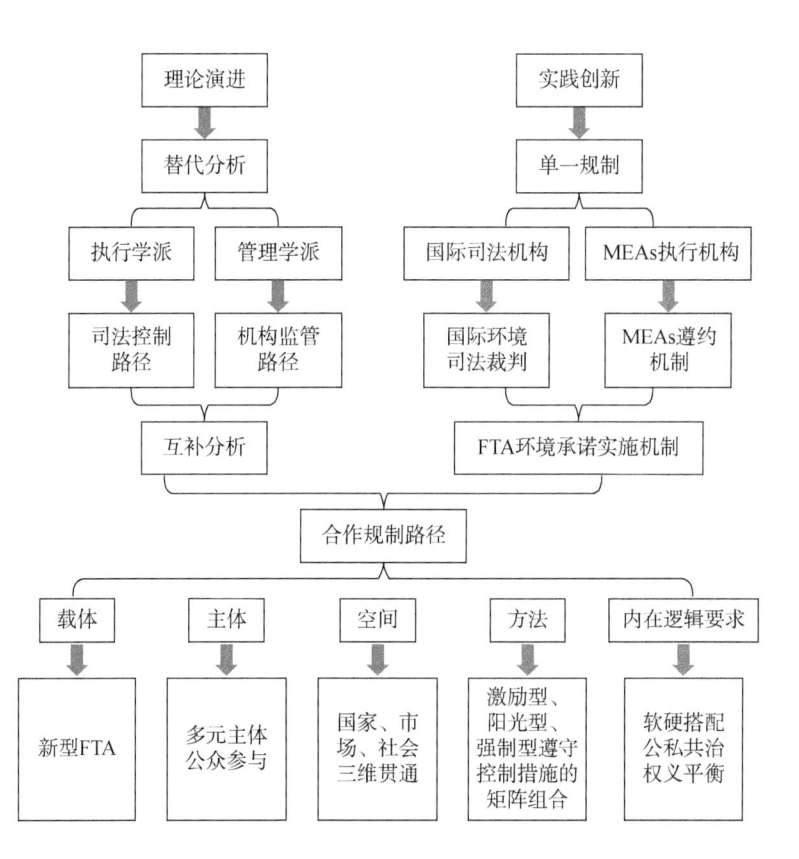

合作规制路径生成与结构特点示意图

参考文献

1. 中文著作

[1] 蔡从燕. 私人结构性参与多边贸易体制[M]. 北京：北京大学出版社，2007.

[2] 陈辉庭. 世界贸易组织体制的变革：经济全球化背景下国际法与国内法的联结[M]. 北京：社会科学文献出版社，2014.

[3] 何志鹏. 全球化经济的法律调控[M]. 北京：清华大学出版社，2006.

[4] 黄辉. WTO与环保：自由贸易与环境保护的冲突与协调[M]. 北京：中国环境科学出版社，2010.

[5] 李威. 气候与贸易的国际法进程研究：以议题交叉与体系协调为视角[M]. 北京：法律出版社，2012.

[6] 李永林. 环境风险的合作规制：行政法视角的分析[M]. 北京：中国政法大学出版社，2014.

[7] 蔺雪春. 绿色治理：全球环境事务与中国可持续发展[M]. 济南：齐鲁书社，2013.

[8] 刘彬. RTAs涌现背景下国际贸易法治秩序的重构：一种外在的法社会学视角[M]. 厦门：厦门大学出版社，2012.

[9] 刘敬东. WTO中的贸易与环境问题[M]. 北京：社会科学文献出版社，2014.

[10] 刘志云. 后危机时代的全球治理与国际经济法的转型[M]. 北京：法律出版社，2015.

[11] 孙红玉. 南北型自由贸易协定非贸易问题演化趋势和中国的对策[M]. 北京：中国社会科学出版社，2015.

[12] 孙玉红. 论全球FTA网络化[M]. 北京：中国社会科学出版社，2008.

[13] 王开，靳玉英. 区域贸易协定发展历程、形成机制及其贸易效应研究[M]. 上海：

上海人民出版社，2016.

[14] 王玉婧.环境成本内在化：环境规制及贸易与环境的协调[M].北京：经济科学出版社，2010.

[15] 王玉主."一带一路"与亚洲一体化模式的重构[M].北京：社会科学文献出版社，2015.

[16] 吴建功.WTO体制下的贸易争端解决预防机制研究[M].北京：经济科学出版社，2010.

[17] 许楚敬.非WTO法在WTO争端解决中的运用[M].北京：社会科学文献出版社，2012.

[18] 张丽华.主权博弈：全球化背景下主权国家与国际组织互动比较研究[M].长春：吉林大学出版社，2009.

[19] 张小平.全球环境治理的法律框架[M].北京：法律出版社，2008.

[20] 庄贵阳，朱仙丽，赵行姝.全球环境与气候治理[M].杭州：浙江人民出版社，2009.

2. 中文译著

[1] 爱迪·布朗·韦斯.理解国际环境协定的遵守：十三个似是而非的观念[M]//王曦.国际环境法评论与国际环境法比较：第1卷.北京：法律出版社，2002.

[2] 奥兰·扬.世界事务中的治理[M].陈玉刚，薄燕，译.上海：上海世纪出版集团，2007.

[3] 贾格迪什·巴格沃蒂.贸易体制中的白蚁：优惠贸易协定如何蛀蚀自由贸易[M].黄胜强，译.北京：中国海关出版社，2015.

[4] 杰克·戈德史密斯，埃里克·波斯纳.国际法的局限性[M].龚宇，译.北京：法律出版社，2010.

[5] 曼瑟尔·奥尔森.集体行动的逻辑[M].陈郁，郭宇峰，李崇新，译.上海：格致出版社·上海三联书店·上海人民出版社，1995.

[6] 缪勒.公共选择理论[M].3版.韩旭，杨春学，等译.北京：中国社会科学出版社，

2010.

［7］莫里齐奥·拉佳齐.国际对世义务之概念［M］.池漫郊,等译.北京:法律出版社,
2013.

［8］P.诺内特,P.塞尔兹尼克.转变中的法律与社会:迈向回应型法［M］.张志铭,译.
北京:中国政法大学出版社,2004.

［9］帕特莎·波尼,埃伦·波义尔.国际法与环境［M］.2版.那力,王彦志,王小钢,
译.北京:高等教育出版社,2007.

［10］约翰·H.杰克逊.国家主权与WTO:变化中的国际法基础［M］.赵龙跃,左海聪,
盛佳明,译.北京:社会科学文献出版社,2009.

3. 学位论文

［1］白嵘.中国参与国际环境机制的理论分析:一种国际机制与国家行为互动的视角［D］.
北京:中国政法大学,2008.

［2］陈奕彤.国际环境法的遵守研究:以北极环境治理为分析对象［D］.青岛:中国海洋
大学,2014.

［3］董青岭.在冲突与合作之间:作为元理论的建构主义［D］.北京:外交学院,2009.

［4］李占一.博弈视角下的国际公共品供给困境与破解之道:以国际环境治理为例［D］.
济南:山东大学,2015.

［5］王明国.国际制度有效性研究:以国际环境保护制度为例［D］.上海:复旦大学,
2011.

［6］王兆平.环境公众参与权的法律保障机制研究:以《奥胡斯公约》为中心［D］.武
汉:武汉大学,2011.

4. 中文期刊论文

［1］薄燕.全球环境治理的有效性［J］.外交评论,2006（12）:56-62.

［2］薄燕.中国与国际环境机制:从国际履约角度进行的分析［J］.世界经济与政治,
2005（4）:23-28.

参考文献

［3］蔡从燕.国际法语境中的宪政问题研究：WTO宪政之意蕴［J］.法商研究，2006（2）：85-91.

［4］蔡从燕.国内公法对国际法的影响［J］.法学研究，2009（1）：178-193.

［5］崔盈.核变与共融：全球环境治理范式转换的动因及其实践特征研究［J］.太平洋学报，2020（5）：40-52.

［6］陈一峰.国际法的"不确定性"及其对国际法治的影响［J］.中外法学，2022（4）：1102-1119.

［7］费秀艳，韩立余.《区域全面经济伙伴关系协定》的包容性评析［J］.国际商务研究，2021，42（5）：22-33.

［8］古祖雪.现代国际法的多样化、碎片化和有序化［J］.法学研究，2007（1）：135-147.

［9］谷德近.共同但有区别责任的重塑：京都模式的困境与蒙特利尔模式的回归［J］.中国地质大学学报（社会科学版），2011（6）：8-17.

［10］韩剑，刘瑞喜.中国加入CPTPP参与全球环境经贸规则治理的策略研究［J］.国际贸易，2022（5）：31-39.

［11］韩立余.TPP协定的规则体系：议题与结构分析［J］.求索，2016（9）：4-13.

［12］何志鹏.国际法的遵行机制探究［J］.东方法学，2009（5）：28-41.

［13］何志鹏.国际经济法治格局的研判与应对：兼论TPP的中国立场［J］.当代法学，2016（1）：43-53.

［14］江国青.略论国际法实施机制与程序法制度的发展［J］.法学评论，2004（1）：86-90.

［15］靳文辉.论公共规制的有效实现：以市场主体行为作为中心的分析［J］.法商研究，2014（3）：99-104.

［16］李寿平.北美自由贸易协定对环境与贸易问题的协调及其启示［J］.时代法学，2005（5）：97-102.

［17］李威.责任转型与软法回归：《哥本哈根协议》与气候变化的国际法治理［J］.太平洋学报，2011（1）：33-42.

［18］马迅.国际投资协定中的环境条款述评［J］.生态经济,2012（7）:184-189.

［19］潘德勇.未来的国际法实施:从强制执行到遵守管理［J］.行政与法,2012（4）:115-119.

［20］全毅,高军行.CPTPP与RCEP的竞争及中国的应对策略［J］.东南亚研究,2022（2）:48-70.

［21］石静霞."同类产品"判定中的文化因素考量与中国文化贸易发展［J］.中国法学,2012（3）:50-62.

［22］宋亚辉.论公共规制中的路径选择［J］.法商研究,2012（3）:94-105.

［23］宋英.《巴黎协定》与全球环境治理［J］.北京大学学报(哲学社会科学版),2016（6）:59-67.

［24］苏晓宏.中国参与国际司法的困阻与对策分析［J］.华东师范大学学报(哲学社会科学版),2004（3）:63-67.

［25］王彦志.非政府组织参与全球环境治理:一个国际法学与国际关系理论的跨学科视角［J］.当代法学,2012（1）:47-53.

［26］易显河.共进国际法:实然描绘、应然定位以及一些核心原则［J］.法治研究,2015（3）:117-125.

［27］殷杰兰.论全球环境治理模式的困境与突破［J］.国外社会科学,2016（5）:75-82.

［28］曾令良.现代国际法的人本化发展趋势［J］.中国社会科学,2007（1）:89-103.

［29］曾炜.论国际习惯法在WTO争端解决中的适用:以预防原则为例［J］.法学评论,2015（4）:109-116.

［30］曾文革,江莉.《巴黎协定》下我国碳市场机制的发展桎梏与纾困路径［J］.东岳论丛,2022,43（2）:105-114,192.

5. 英文著作

［1］BOER B, RAMSAY R, ROTHWELL D R. International Environmental Law in the Asia Pacific ［M］. Hague: Kluwer Law International Ltd, 1998.

［2］CONDON B J, SINHA T. The Role of Climate Change in Global Economic Governance ［M］.

Oxford: Oxford University Press, 2013.

[3] DESAI B H. International Environmental Governance: Towards UNEPO [M]. Boston: Brill Nijhoff, 2014.

[4] EPPS T, GREEN A. Reconciling Trade and Climate: How the WTO Can Help Address Climate Change [M]. Cheltenham, UK & Northampton, MA: Edward Elgar, 2010.

[5] GALLAGHER K P. Free Trade and the Environment: Mexico, NAFTA and Beyond [M]. San Francisco: Stanford Law and Politics, 2004.

[6] HIGGINS R. Problem and Process: International Law and How We Use It [M]. Oxford: Oxford University Press, 1995.

[7] KULICK A. Global Public Interest in International Investment Law [M]. Cambridge: Cambridge University Press, 2012.

[8] KULOVESI K. The WTO Dispute Settlement System: Challenges of the Environment, Legitimacy and Fragmentation [M]. Riverwoods: Wolters Kluwer Law & Business, 2011.

[9] SAMPSON G P. Trade, Environment and the WTO: The Post-Seattle Agenda [M]. Washington D. C: John Hopkins University Press, 2000.

[10] SANDS P. Principle of International Environmental Law [M]. Cambridge: Cambridge University Press, 2003.

[11] SAVERIO D B. International Investment Law and the Environment [M]. Cheltenham, UK, Northampton, MA, USA: Edward Elgar, 2013.

[12] SHELTON D. Commitment and Compliance: The Role of Non-binding Norms in the International Legal System [M]. Oxford: Oxford University Press, 2000.

[13] VITERBO A. International Economic Law and Monetary Measures: Limitations to States' Sovereignty and Dispute Settlement [M]. Cheltenham, UK, Northampton, MA, USA: Edward Elgar, 2012.

[14] WEISS E B. Environmental Change and International Law: New Challenges and Dimensions [M]. Tokyo and New York: United Nations University Press, 1992.

[15] ZENGERLING C. Greening International Jurisprudence: Environmental NGOs before

International Courts, Tribunals, and Compliance Committees [M]. Boston: Martinus Nijhoff Publishers, 2013.

6. 英文论文

[1] AAGAARD T S. Using Non-Environmental Law to Accomplish Environmental Objectives [J]. Journal of Land Use & Environmental Law, 2014, 30（1）: 35-62.

[2] ASGHAR S, MOHAMMAD H R G. The Element of "Access to Information" in Aarhus Convention and Act Regarding Dissemination and Free Access to Information [J]. Journal of Politics and Law, 2016, 9（2）: 103-125.

[3] ATTILA T. On Balancing Foreign Investment Interests with Public Interests in Recent Arbitration Case Law in the Public Utilities Sector [J]. Law and Practice of International Courts and Tribunals, 2012, 11（1）: 47-76.

[4] BRADLOW D D. International Organizations and Private Complaints: The Case of the World Bank Inspection Panel [J]. Virginia Journal of International Law, 1993-1994（34）: 553-613.

[5] BRET P. The Murky Waters of International Environmental Jurisprudence: A Critique of Recent WTO Holdings in the Shrimp/Turtle Controversy [J]. Minnesota Journal of Global Trade, 1999（8）: 343-351.

[6] CHARNOVITZ S. The WTO's Environmental Progress [J]. Journal of International Economic Law, 2007, 10（3）: 685-706.

[7] EARNHARTA D H, GLICKSMANB R L. Coercive vs. Cooperative Enforcement: Effect of Enforcement Approach on Environmental Man-agement [J]. International Review of Law and Economics, 2015（42）: 135-146.

[8] GOETEYN N, MAES F. Compliance Mechanisms in Multilateral Environmental Agreements: An Effective Way to Improve Compliance? [J]. Chinese Journal of International Law, 2011（10）: 791-826.

[9] HANDL G. Compliance Control Mechanisms and International Environmental Obligations [J].

Tulane Journal of International & Comparative Law, 1997 (29): 29-48.

[10] HENDRIK S. Article 9 (3) and 9 (4) of the Aarhus Convention and Access to Justice before EU Courts in Environmental Cases: Balancing On or Over the Edge of Non-Compliance? [J]. European Energy & Environmental Law Review, 2016, 25 (6): 178-195.

[11] KULOVESI K, SHAW S, BURGIEL S W. Trade and Environment: Old Wine in New Bottles? [M] // CHASEK P, WAGNER L. The Roads from Rio: Lessons Learned from 20 Years of Multilateral Environmental Negotiations. London: EarthScan, 2012: 26-33.

[12] LO C F. Environmental Protection through FTAs: Paradigm Shifting from Multilateral to Multi-Bilateral Approach [J]. Asian Journal of WTO & International Health Law &Policy, 2009 (4): 309-334.

[13] MALJEAN-DUBOIS S. The Legal Form of the Paris Climate Agreement: A Comprehensive Assessment of Options [J]. Carbon & Climate Law Review, 2015, 9(1): 68-84.

[14] MARCEAU G. Conflict of Norms and Conflict of Jurisdictions: The Relationship between the WTO Agreement and MEAs and Other Treaties [J]. Journal World Trade, 2001, 35(6): 1087-1137.

[15] MEINHARD D. Early Experience with the Kyoto Compliance System: Possible Lessons for MEA Compliance System Design [J]. Climate Law, 2010, 1(2): 237-260.

[16] MITCHELL R B. Compliance Theory: Compliance, Effectiveness, and Behavior Change in International Environmental Law [M] // JUTTA B, et al. Oxford Handbook of International Environmental Law. Oxford: Oxford University Press, 2007: 39-53.

[17] PAVONI R. Environmental Rights, Sustainable Development and Investor-State Case Law: A Critical Appraisal [M] // DUPUY P M, FRANCIONI F, PETERSMANN E U. Human Rights in International Investment Law and Arbitration. Oxford: Oxford University Press, 2009: 525-556.

[18] PETERSMANN E U. From "Negative" to "Positive" Integration in the WTO: Time for "Mainstreaming Human Rights" into WTO Law? [J]. Common Market Law Review, 2000 (37): 1363-1382.

[19] ROBERT H. The Appellate Body Rulings in the Shrimp/Turtle Case: A New Legal Baseline for the Trade and Environment Debate [J]. Columbia Journal of Environmental Law, 2002, 27(2): 491-516.

[20] SACHARIEW K. Promoting Compliance with International Environmental Legal Standards: Reflections on Monitoring and Reporting Mechanisms [J]. Yearbook of International Environmental Law, 1991(2): 31-52.

[21] SANDS P. International Environmental Litigation and Its Future [J]. University of Richmond Law Review, 1998-1999(32): 1619-1641.

[22] SAUNDERS J O. NAFTA and the North American Agreement on Environmental Cooperation: A New Model for International Collaboration on Trade and the Environment [J]. Colorado Journal of International Environmental Law and Policy, 1994, 5(2): 301-332.

[23] SCOTT J. International Trade and Environmental Governance: Relating Rules (and Standards) in the EU and the WTO [J]. European Journal of International Law, 2004, 15(2): 307-354.

[24] SINGH S, RAJAMANI S. Issues of Environmental Compliance in Developing Countries [J]. Water Science & Technology, 2015, 47(12): 301-304.

[25] VISEK R C. Implementation and Enforcement of EC Environmental Law [J]. The Georgetown International Environmental Law Review, 1994-1995(7): 1-12.

[26] WEISS E B. Strengthening National Compliance with International Environmental Agreements [J]. Environmental Policy and Law, 1997(27): 145-152.

[27] Williams D R. Toward Regional Governance in Environmental Law [J]. Akron Law Review, 46(4), 2013: 1047-1090.

[28] YOSHIDA O. Soft Enforcement of Treaties: The Montreal Protocol's Noncompliance Procedure and the Functions of Internal International Institutions [J]. Colorado Journal of International Environmental Law and Policy, 1999(10): 95-126.

7. 主要案例

［1］Ad Hoc International Arbitral Tribunal. Lake Lanox Arbitration（France v. Spain），1957.

［2］Ad Hoc International Arbitral Tribunal. Trail Smelter Arbitration（United States v. Canada），1938, 1941.

［3］Court of Justice of the European Union. ADBHU Case, C-240/83［1985］ECR 531.

［4］Court of Justice of the European Union. Case C-459/03, Commission v. Ireland, 30 May 2006.

［5］GATT. Canada-Measures Affecting Exports of Unprocessed Herring and Salmon, GATT Doc. BISD 35S/98.

［6］GATT. Thailand-Restrictions on Importation of and Internal Taxes on Cigarettes, GATT Doc. L. DS10/R.

［7］GATT. United States-Prohibition of Imports of Tuna and Tuna Products from Mexico, Canada and EEC, GATT Doc. DS21/R, Doc.L/5198, Doc. DS29/R.

［8］GATT. United States-Taxes on Automobiles, GATT Doc. DS31/R.

［9］ICJ. Barcelona Traction Light & Power Company Limited Case（Belgium v. Spain），5 Feb 1970.

［10］ICJ. Fisheries Case（UK v. Norway），18 Dec 1951.

［11］ITLOS. Southern Bluefin Tuna Cases（New Zealand, Australia v. Japan），ITLOS/PV.99, August 1999.

［12］WTO. Canada-Measures Relating to the Feed-in-Tariff Program, WT/DS426/6.

［13］WTO. China-Measures Related to the Exportation of Rare Earths, Tungsten and Molybdenum, WT/DS 431, 432, 433/R.

［14］WTO. EC-Measures Affecting Asbestos and Asbestos-Containing Products, WT/DS135/AB/R, WT/DS135/R.

［15］WTO. United States-Import Prohibition of Certain Shrimp and Shrimp Products, WT/DS58/AB/R, WT/DS58/R.

［16］WTO. United States-Standards for Reformulated and Conventional Gasoline, WT/DS2/AB/R, WT/DS2/R.

8. 国际机构文件、国际条约

［1］EU. Treaty of Lisbon: Amending the Treaty on European Union and the Treaty Establishing the European Community, Official Journal of the European Union, 2007/C 306/01.

［2］General Assembly of UN. In larger Freedom: Towards Development, Security and Human Rights for All, Report of the Secretary-General, A/59/2005/Add.1, 23 May 2005.

［3］IMF. Regional Economic Outlook: Asia and Pacific Stabilizing and Outperforming Other Regions, World Economic and Financial Surveys, April 2015.

［4］OECD. Environment and Regional Trade Agreement, 2007.

［5］UNCTAD. Investor-State Dispute Settlement: Review of Developments in 2014, IIA Issues Note, May 2015.

［6］UNCTAD. World Investment Report, 2012-2021.

［7］UNDP. Fighting Climate Change: Human Solidarity in a Divided World, Human Development Report 2007/2008.

［8］UNECE. The Aarhus Convention: An Implementation Guide, 2nd edition, 2014.

［9］UNEP. Compliance Mechanisms under Selected Multilateral Environmental Agreements, 2007.

［10］UNEP. Regional Assessment for Asia and the Pacific, Global Environmental Outlook GEO-5, GEO-6.

［11］UNEP. Year Book: Emerging Issues in Our Global Environment, 2011-2021.

［12］United Nations. Global Sustainable Development Report, 2016-2021.

［13］WTO. GATT/WTO Dispute Settlement Practice Relating to GATT Article XX, paragraphs (b),(d)and(g), adopted on 8 March 2002, WT/CTE/W/203

［14］WTO. Preparations for the 1999 Ministerial Conference-EC Approach to Trade and Environment in New WTO Round, Communication from the European Communities, WT/GC/W/194, 1 June 1999.

［15］WTO. Trade and Development: Recent Trends and Role of the WTO, Annual Report 2014-2021.